现代交换技术
（第4版）

主编 张中荃

参编 白文华 杨 恒 王程锦 金 凤

电子工业出版社
Publishing House of Electronics Industry
北京·BEIJING

内 容 简 介

本书基于新技术成果和新型交换设备的发展应用，结合作者多年教学的心得和体会，在第 3 版的基础上重构教材内容编写而成。本书以程控交换、ATM 交换、MPLS、软交换到 IMS 技术的发展为线索，对现代交换技术进行系统介绍。全书分为 8 章，包括交换技术概述、程控交换技术、移动交换技术、ATM 交换技术、MPLS 技术、软交换技术、IMS 技术和新型网络交换技术。本书注重基本概念、基本原理和实用性，力求做到内容新颖、知识全面、由浅入深、通俗易懂。

本书可作为通信工程、电子信息工程专业的本科教材和相关行业技术人员的培训教材，也可供相关专业的硕士研究生学习参考。

未经许可，不得以任何方式复制或抄袭本书之部分或全部内容。
版权所有，侵权必究。

图书在版编目（CIP）数据

现代交换技术 / 张中荃主编. —4 版. —北京：电子工业出版社，2024.4
ISBN 978-7-121-47500-9

Ⅰ. ①现… Ⅱ. ①张… Ⅲ. ①通信交换 Ⅳ. ①TN91

中国国家版本馆 CIP 数据核字（2024）第 055848 号

责任编辑：张小乐
印　　刷：中煤（北京）印务有限公司
装　　订：中煤（北京）印务有限公司
出版发行：电子工业出版社
　　　　　北京市海淀区万寿路 173 信箱　　邮编：100036
开　　本：787×1092　1/16　印张：16　字数：410 千字
版　　次：2003 年 11 月第 1 版
　　　　　2024 年 4 月第 4 版
印　　次：2025 年 8 月第 3 次印刷
定　　价：55.00 元

凡所购买电子工业出版社图书有缺损问题，请向购买书店调换。若书店售缺，请与本社发行部联系，联系及邮购电话：(010) 88254888，88258888。
质量投诉请发邮件至 zlts@phei.com.cn，盗版侵权举报请发邮件至 dbqq@phei.com.cn。
本书咨询联系方式：(010) 88254462，zhxl@phei.com.cn。

前　言

交换设备是通信网中的关键设备，交换技术是通信网中的核心技术。随着人们对信息的需求日益扩大，通信网不断向数字化、智能化、综合化、宽带化、个人化方向快速发展，传统交换技术的局限日益显现，各种新型交换技术不断涌现并得到应用。因此，掌握现代交换技术及设备的基本原理，对从事通信工程、电子信息工程等专业相关工作的技术人员来说是十分必要的。

本书基于新技术成果和新型交换设备的发展应用，结合作者多年教学的心得和体会，在第 3 版的基础上重构教材内容编写而成。由于技术发展得很快，需要讲述的内容很多；但限于篇幅，不可能对所有内容都进行详细的叙述。因此，本书以程控交换、ATM 交换、MPLS 到 IMS 技术的发展为线索，重点介绍了程控交换、MPLS 和 IMS 技术，简述了移动交换的技术特点、ATM 交换的基本机理和软交换技术，最后简述了光交换、SDN、NFV 等新型网络交换技术。

全书共 8 章。第 1 章是交换技术概述，从人们较为熟悉的电话通信入手，引入交换的基本概念和交换技术的发展，并对基于电路交换和分组交换的各类交换技术进行了比较。第 2 章是程控交换技术，重点讨论了 T 型时分接线器的工作原理、用户/中继接口电路的功能组成，按照用户摘机呼出、去话分析、拨号识别、号码分析、来话分析与呼出被叫、状态分析到话终处理的日常拨打电话工作流程，分析讨论了呼叫接续工作原理，讲述了电话交换信令方式。第 3 章是移动交换技术，在系统概述的基础上，着重介绍了移动交换中的控制原理和越区切换、漫游、网络安全等基本技术，并简述了移动交换的相关接口和技术演进。第 4 章是 ATM 交换技术，在简述 ATM 基本概念、系统组成和协议参考模型的基础上，重点讨论了 ATM 交换网络的构造机理。第 5 章是 MPLS 技术，首先解释了 MPLS 的网络体系结构和工作原理，然后讨论了标记分配协议（LDP）、标记交换路径（LSP）等关键技术，最后介绍了 MPLS 技术在流量工程、QoS 实现等方面的工程应用。第 6 章是软交换技术，包括软交换的基本概念、网络结构、相关协议。第 7 章是 IMS 技术，从 IMS 的概念与标准化进程入手，引入了 IMS 的网络架构、相关接口协议和呼叫流程，并介绍了典型 IMS 系统应用。第 8 章是新型网络交换技术，简述了光交换技术、SDN 技术和 NFV 技术的相关内容。

本书主要有以下几个特点：

（1）内容安排独具匠心。将传统继承与技术发展相结合，合理精选教材内容，将交换技术的过去、现在和将来有机地编排在一起，既能使学生通过本书的学习对各种现代交换技术有一个全面的认识与了解，又能以技术发展的脉络增强学生的创新意识和创新热情。

（2）知识层次深浅得当。将现实应用与未来发展相结合，以典型设备的直观应用引导学生对深奥理论的理解和掌握，注重基本概念和基本原理，力求做到内容新颖、概念准确、知识全面、深浅有度。

（3）语言通俗流畅。用通俗易懂的语言表述枯燥抽象的技术原理，以提高学生的阅读兴趣和阅读效率。

本书由张中荃主编，参加编写的还有白文华、杨恒、王程锦、金凤，全书由张中荃教授统稿和修改，王程锦负责校对。由于编者水平所限，书中错误与不当之处难以避免，敬请读者斧正。

编　者

2024 年 1 月

目　录

第1章　交换技术概述 ……………………………………………………………………… 1
1.1　交换的基本概念 ……………………………………………………………………… 1
1.1.1　交换的引入 ……………………………………………………………………… 1
1.1.2　交换节点的基本功能 …………………………………………………………… 2
1.2　交换技术的分类 ……………………………………………………………………… 2
1.2.1　模拟交换与数字交换 …………………………………………………………… 3
1.2.2　布控交换与程控交换 …………………………………………………………… 5
1.2.3　电路交换与分组交换 …………………………………………………………… 5
1.2.4　窄带交换与宽带交换 …………………………………………………………… 10
1.3　交换技术的发展 ……………………………………………………………………… 10
1.3.1　电话交换技术的发展 …………………………………………………………… 10
1.3.2　分组交换技术的发展 …………………………………………………………… 13
1.3.3　ATM 交换技术的发展 ………………………………………………………… 15
1.3.4　IP 交换技术的发展 ……………………………………………………………… 17
复习思考题 …………………………………………………………………………………… 21

第2章　程控交换技术 ……………………………………………………………………… 23
2.1　程控交换机的总体结构 ……………………………………………………………… 23
2.2　话路系统的硬件实现技术 …………………………………………………………… 24
2.2.1　数字交换网络 …………………………………………………………………… 24
2.2.2　用户级话路 ……………………………………………………………………… 33
2.2.3　中继接口电路 …………………………………………………………………… 38
2.2.4　信号部件 ………………………………………………………………………… 40
2.3　呼叫处理的基本原理 ………………………………………………………………… 41
2.3.1　呼叫接续过程概述 ……………………………………………………………… 42
2.3.2　用户线监视扫描及呼叫识别 …………………………………………………… 45
2.3.3　去话分析处理 …………………………………………………………………… 49
2.3.4　用户拨号扫描及识别接收 ……………………………………………………… 52
2.3.5　号码分析处理 …………………………………………………………………… 56
2.3.6　来话分析与呼出被叫 …………………………………………………………… 57
2.3.7　状态分析处理 …………………………………………………………………… 59
2.3.8　接通话路及话终处理 …………………………………………………………… 61
2.4　电话交换信令方式 …………………………………………………………………… 62
2.4.1　信令的概念 ……………………………………………………………………… 62

2.4.2　信令的类型 ··· 63
　　2.4.3　用户线信令 ··· 65
　　2.4.4　局间信令 ·· 66
复习思考题 ··· 70

第3章　移动交换技术 ·· 72
3.1　移动交换系统概述 ··· 72
　　3.1.1　移动通信系统组成 ··· 72
　　3.1.2　移动交换的主要特征 ·· 75
3.2　移动交换控制原理 ··· 75
　　3.2.1　移动呼叫处理 ·· 75
　　3.2.2　移动交换的基本技术 ·· 78
3.3　移动交换的相关接口 ··· 82
　　3.3.1　5GC 接口 ··· 82
　　3.3.2　gNB 接口 ··· 84
3.4　移动交换技术演进 ··· 85
　　3.4.1　移动通信系统发展 ··· 85
　　3.4.2　4G 系统相关技术 ··· 87
　　3.4.3　5G 系统相关技术 ··· 88
复习思考题 ··· 89

第4章　ATM 交换技术 ·· 90
4.1　ATM 概述 ·· 90
　　4.1.1　ATM 的基本概念 ·· 90
　　4.1.2　ATM 交换系统的基本结构 ··· 93
　　4.1.3　ATM 交换的协议参考模型 ··· 95
4.2　ATM 交换网络的构造机理 ··· 99
　　4.2.1　基本交换结构 ·· 99
　　4.2.2　ATM 多级交换网络 ·· 104
复习思考题 ··· 108

第5章　MPLS 技术 ·· 110
5.1　MPLS 网络和关键技术 ·· 110
　　5.1.1　MPLS 的网络体系结构 ·· 110
　　5.1.2　MPLS 网络工作原理 ··· 116
　　5.1.3　实现 MPLS 的关键技术 ··· 117
5.2　标记分配协议（LDP） ·· 122
　　5.2.1　LDP 及其消息 ·· 122
　　5.2.2　LDP 操作 ··· 123
　　5.2.3　LDP 协议规范 ·· 131

5.3 标记交换路径（LSP） ··· 132
5.3.1 LSP 概述 ··· 132
5.3.2 LSP 路由选择 ·· 134
5.3.3 LSP 隧道 ··· 136
5.3.4 LSP 的快速重选路由 ·· 137
5.4 MPLS 的工程应用 ·· 139
5.4.1 MPLS 在流量工程中的应用 ····································· 140
5.4.2 MPLS 的 QoS 实现 ·· 146
复习思考题 ·· 150

第 6 章 软交换技术 ·· 152
6.1 软交换概述 ·· 152
6.1.1 软交换的基本概念 ·· 152
6.1.2 软交换的基本功能 ·· 153
6.2 软交换的网络结构 ·· 153
6.2.1 基本功能架构 ··· 153
6.2.2 各功能层描述 ··· 154
6.2.3 网络结构实例 ··· 156
6.3 软交换的相关协议 ·· 157
6.3.1 软交换接口及其协议 ·· 157
6.3.2 H.323 协议 ··· 159
6.3.3 MGCP ·· 161
6.3.4 H.248/Megaco 协议 ·· 164
复习思考题 ·· 166

第 7 章 IMS 技术 ·· 167
7.1 IMS 的概念与标准化进程 ··· 167
7.1.1 IMS 的概念与发展背景 ·· 167
7.1.2 IMS 的标准化进程 ·· 170
7.2 IMS 的网络架构 ·· 173
7.2.1 IMS 体系结构 ·· 173
7.2.2 IMS 的功能实体 ·· 174
7.2.3 IMS 的 QoS ·· 179
7.2.4 IMS 与软交换的区别 ·· 180
7.3 IMS 的相关接口协议 ··· 181
7.3.1 SIP ··· 181
7.3.2 SDP ··· 187
7.3.3 其他相关协议 ··· 187
7.4 IMS 呼叫流程 ·· 188
7.4.1 用户注册流程 ··· 188

		7.4.2 用户基本会话流程	191
		7.4.3 用户与 CS 网的互通流程	194
	7.5	IMS 系统应用	197
		7.5.1 典型 IMS 设备	197
		7.5.2 设备组网应用	204
	复习思考题		208
第 8 章	新型网络交换技术		209
	8.1	光交换技术	209
		8.1.1 光交换概述	209
		8.1.2 光交换器件	210
		8.1.3 光交换网络	212
		8.1.4 光交换系统	218
		8.1.5 光交换在 ASON 中的应用	220
	8.2	SDN 技术	222
		8.2.1 SDN 概述	222
		8.2.2 SDN 的整体架构	223
		8.2.3 SDN 技术的应用场景	225
	8.3	NFV 技术	227
		8.3.1 NFV 概述	227
		8.3.2 NFV 系统的整体架构	228
		8.3.3 NFV 技术的应用场景	229
	复习思考题		230
附录 A	英文缩略词		231
参考文献			246

第1章 交换技术概述

通信网是由用户终端设备、传输设备和交换设备组成的。它由交换设备完成接续，使网内任一用户可与其他用户通信。数字程控交换机是通信网中的关键设备，起着非常重要的作用。为了更好地掌握交换技术的相关知识，本章从交换的基本概念入手，介绍交换节点的基本功能、交换技术的分类和发展，并通过对不同交换方式的比较，使读者能准确理解交换的概念。在本章的最后介绍了电话交换信令方式。

1.1 交换的基本概念

1.1.1 交换的引入

通信的目的是实现信息的传递。自从 1876 年 A. G. Bell 发明电话以来，一个电信系统至少应由终端和传输媒质组成，如图 1-1 所示。终端将含有信息的消息（如语音、文本、数据及图像等）转换成可被传输媒质接收的电信号，并将来自传输媒质的电信号还原成原始消息。传输媒质则把电信号从一个地点传输到另一地点。这种仅涉及两个终端的通信称为点对点通信。

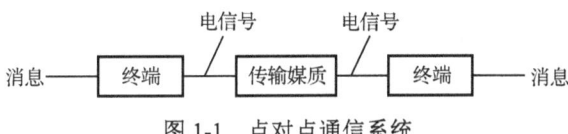

图 1-1　点对点通信系统

当存在多个终端时，人们希望其中任意两个终端之间都可以进行点对点通信。当用户数量很少时，可以采用个个相连的方法（称为全互连方式），再加上相应的开关控制即可实现，如图 1-2 所示。此时，若用户数为 N，互连线对数为 $N(N-1)/2$，如 $N=8$，则互连线需要 28 对。这种连接方式存在下列缺点：互连线对数随终端数的平方增加；当终端间距离较远时，需要大量的长途线路；为保证每个终端与其他终端相接，每个终端都需要有 $N-1$ 个线路接口；当增加第 $N+1$ 个终端时，必须增设 N 对线路。因此，这种全互连方式是很不经济的，且操作复杂，当 N 较大时，这种互连方式无法实用化。于是引入了交换设备（也称交换机或交换节点），所有用户线都接至交换节点上，由交换节点控制任意用户间的接续，如图 1-3 所示。

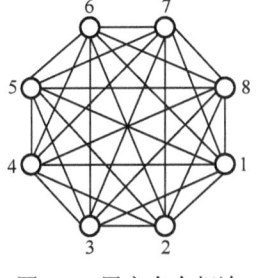

图 1-2　用户个个相连

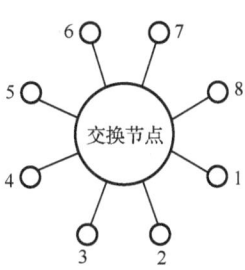

图 1-3　引入交换节点

由此可见，要实现通信，必须具备三个要素：终端、传输和交换。

电话交换是电信交换中最基本的一种交换业务。它是指，任何一个主叫用户的信息可以通过通信网中的交换节点发送给所需的任何一个或多个被叫用户。

当电话用户分布的区域较广时，就需设置多个交换节点，交换节点之间用中继线相连，如图1-4所示。

当交换的范围更大时，多个交换节点之间也不能做到个个相连，此时需要引入汇接交换节点，如图1-5所示。可以推想，长途电话网中的长途交换节点一般要分为几级，形成逐级汇接的交换网。

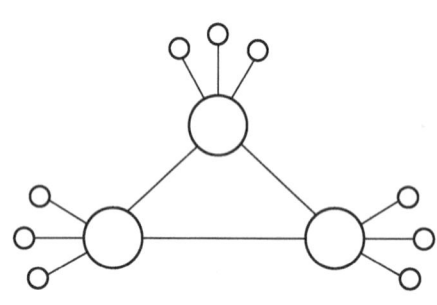

图1-4 采用多个交换节点

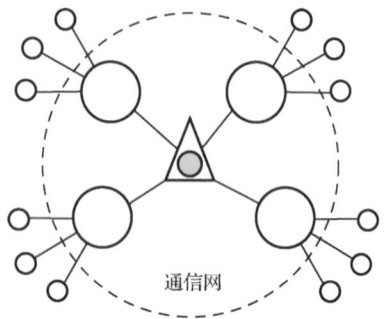

图1-5 引入汇接交换节点

1.1.2 交换节点的基本功能

交换节点可控制以下4种接续类型。

（1）本局接续：本局用户线之间的接续。
（2）出局接续：用户线与出中继线之间的接续。
（3）入局接续：入中继线与用户线之间的接续。
（4）转接接续：入中继线与出中继线之间的接续。

为完成上述交换接续，交换节点必须具备如下最基本的功能。

（1）能正确接收和分析从用户线或中继线发来的呼叫信号。
（2）能正确接收和分析从用户线或中继线发来的地址信号。
（3）能按目的地址正确地进行选路及在中继线上转发信号。
（4）能控制连接的建立。
（5）能按照所收到的释放信号拆除连接。

1.2 交换技术的分类

众所周知，通信所传输的消息有多种形式，如符号、文字、数据、语音、图形和图像等。根据不同的通信形式，交换技术有着多种不同的分类方法。按照传输信号方式分类，可以分为模拟交换和数字交换；按照接续控制方式分类，可以分为布控交换和程控交换；按照传输信道的占用方式分类，可以分为电路交换和分组交换；按照传输带宽分配方式分类，可以分为窄带交换和宽带交换。下面就按照不同的分类方式，介绍各种交换技术的基本概念。

1.2.1 模拟交换与数字交换

通信所传输的消息虽然有多种形式，但大致可归纳成两种类型：连续消息和离散消息。连续消息是指消息的状态是随时间连续变化的，如强弱连续变化的语音等。离散消息是指消息的状态是可数的或离散的，如符号、文字和数据等。通常，将连续消息和离散消息分别称为模拟消息和数字消息。

1．模拟信号和数字信号

对应两种不同类型的消息，可以有两种信号形式，即对应模拟消息的是模拟信号，对应数字消息的是数字信号，如图1-6所示。

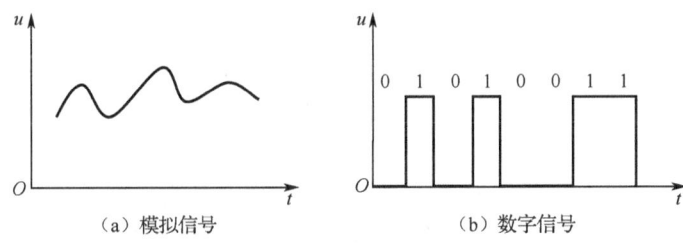

图1-6 模拟信号和数字信号

（1）模拟信号

模拟信号是指代表消息的信号及其参数（幅度、频率或相位）随时间连续变化的信号，如图1-6（a）所示。这里，"模拟"二字的含义是指用电参量（如电压、电流）的变化来模拟信息源发送的消息，如电话信号就是语音声波的电模拟，它是利用送话器的声/电转换功能，把语音声波压力的强弱变化转换成语音电流的大小变化。

（2）数字信号

数字信号是指信号幅度并不随时间连续变化，而是取有限个离散值的信号。通常用两个离散值（"0"和"1"）来表示二进制数字信号，如图1-6（b）所示。电报通信用5位、计算机通信用7位"0"和"1"的组合来表示传输的数据和控制字符就是采用了这种形式的信号。

需要指出的是，模拟信号和数字信号虽然是两种不同的信号形式，但它们在传输过程中是可以相互转换的。

2．模拟通信和数字通信

（1）模拟通信

以模拟信号为传输对象的传输方式称为模拟传输，而以模拟信号来传输消息的通信方式称为模拟通信。图1-7所示为简单的模拟通信系统模型，信息源输出的是模拟信号。调制器和解调器分别起着发信机和收信机的作用，它们实质上是一种信号转换器，对信号进行各种变换，使其适合于传输媒质的特性；经过调制器调制的信号仍然是一种连续信号，称为已调信号；解调器则对已调信号进行反变换，使其恢复成调制前的信号形式。在某些场合，未经调制的模拟信号也可以直接在信道上传输，通常称这种原始信号为基带信号，所以模拟通信系统又有基带模拟通信系统和调制模拟通信系统之分。用于传输模拟信号的信道称为模拟信道，用于传输数字信号的信道称为数字信道。在模拟通信中，传输信号的频谱较窄，信道利用率较高；但也存在明显的缺点，诸如抗干扰能力弱、保密性差、设备不易大规模集成及不适应计算机通信飞速发展的需要等。

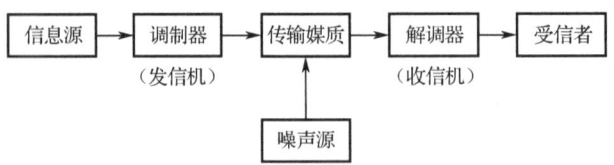

图 1-7　模拟通信系统模型

（2）数字通信

以数字信号为传输对象的传输方式称为数字传输，以数字信号来传输消息的通信方式称为数字通信。如果信息源输出的是模拟信号，可以通过取样、量化和编码等数字化处理，将其转换为数字信号进行通信，如图 1-8 所示为数字通信系统模型。图中信源编码器的作用是把信息源输出的模拟信号进行数字化处理，转换成数字信号，它具有提高数字信号传输有效性的作用。信道编码器的作用是将信源编码器输出的数字信号（码序列）按照一定的规则人为地加入多余码元，以便在接收端发现错码或纠正错码，从而提高通信的可靠性。调制器和解调器仅对采用模拟传输的数字通信系统有用，其作用与模拟通信系统中的类似。信道译码器的作用在于发现和纠正信号传输过程中引入的差错，消除信道编码器加入的多余码元。信源译码器的作用是把数字信号还原为模拟信号。

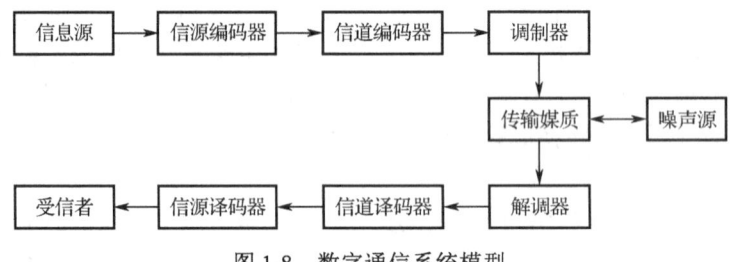

图 1-8　数字通信系统模型

数字通信与模拟通信相比，具有抗干扰性强、保密性好、设备易于集成化和便于使用计算机技术进行处理等优点；其主要缺点是，所用的信道频带比模拟通信所用的信道频带宽得多，降低了信道的利用率。但随着信道性能的改善，这一问题会逐渐得到解决。

3．模拟交换和数字交换

要完成两个不同用户间的通信，交换起着关键性的作用。

（1）模拟交换

以模拟信号为交换对象的交换称为模拟交换，传输和交换的信号是模拟信号的交换机称为模拟交换机。在模拟交换机中，交换网络的交换功能是通过交叉接点矩阵实现的，通过控制交叉接点的闭合来完成输入线和输出线的连接。

（2）数字交换

以数字信号为交换对象的交换称为数字交换，传输和交换的信号是数字信号的交换机称为数字交换机。在数字交换机中，话路部分交换的是经过脉冲编码调制（Pulse Code Modulation，PCM）的数字化信号，交换网络为数字交换网络（Digital Switch Network，DSN）。

1.2.2 布控交换与程控交换

布控就是布线逻辑控制（Wired Logic Control，WLC），布控交换是利用逻辑电路进行控制的一种交换方式。步进制、机动制和纵横制等机电制交换机都是布控交换机。

程控就是存储程序控制（Stored Program Control，SPC），程控交换是利用计算机软件进行控制（即存储程序控制）的一种交换方式。程控交换包括模拟程控交换和数字程控交换。模拟程控交换是指控制部分采用存储程序控制方式的模拟交换。数字程控交换是指控制部分采用存储程序控制方式的数字交换。

1.2.3 电路交换与分组交换

1. 电路交换

1）传统的电路交换

电路交换（Circuit Switching，CS）是指固定分配带宽（传输通路），连接建立后，即使无信息传输也占用电路的一种交换方式。电路交换是最早出现的一种交换方式，例如，早期的人工电话的交换机采用的就是电路交换方式。电路交换是一种实时交换，当任一用户呼叫另一用户时，应立即在这两个用户间建立电路连接；如果没有空闲的电路，呼叫就不能建立而遭受损失，故应配备足够的连接电路，使呼叫损失率（简称呼损率）不超过规定值。电路交换的基本过程包括呼叫建立阶段、信息传输（通话）阶段和连接释放阶段，如图 1-9 所示。

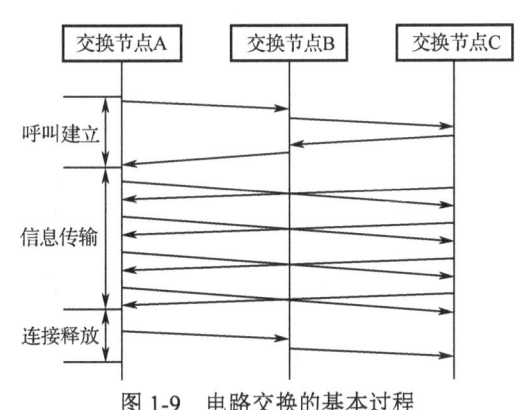

图 1-9　电路交换的基本过程

传统电路交换的特点是：采用固定分配带宽，电路利用率低；要预先建立连接，有一定的连接建立时延，通路建立后可实时传输信息，传输时延一般可以不计；无差错控制措施，数据交换的可靠性不如分组交换的高；用基于呼叫损失制的方法来处理业务流量，过负荷时呼损率增加，但不影响已建立的呼叫。因此，电路交换适合电话交换、文件传输、高速传真等，不适合突发业务和对差错敏感的数据业务。

2）多速率电路交换

多速率电路交换（Multi-Rate Circuit Switching，MRCS）是基于传统电路交换的一种改进形式，它可以对不同的业务提供不同的带宽，包括基本速率（如 8kbit/s 或 64kbit/s）及其整数倍；在节点内部的交换网络及其控制上可以采用两种方法来实现多速率交换的要求，即采用多个不同速率的交换网络和采用一个统一的多速率交换网络。多速率电路交换具有以下缺点：基本速率较难确定；速率类型不能太多，否则很难实现，缺乏灵活性；固定带宽分配，不能满足突发业务的要求；控制较复杂，等等。

3）快速电路交换

快速电路交换（Fast Circuit Switching，FCS）是电路交换的又一种形式，是为了克服传统电路交换中固定分配带宽的缺点和提高灵活性而提出的。快速电路交换的基本思路是，只在有信息要传输时才分配带宽和有关资源，并快速建立通道，用户没有信息要传输时则释放传输通道。其具体过程是：在呼叫建立时，用户请求一个带宽为基本速率的某个整数倍的连接，有关交换节点在相应路由上寻找一条适合的通道；此时并不建立连接和分配资源，而是将通信所需的带宽、所选的路由编号填入相关的交换机中，从而"记忆"所分配的带宽和去向，实际上只是建立了"虚电路"（Virtual Circuit，VC）或称为逻辑连接（Logical Connection，LC）；当用户发送信息时，通过呼叫标识可以查到该呼叫所需带宽和去向，才激活虚电路，迅速建立物理连接。由于快速电路交换并不为各个呼叫保留其所需带宽，因此，当用户发送信息时并不一定能成功地激活虚电路，有可能引起信息丢失或排队时延。

2．分组交换

为了克服电路交换中各种不同类型和特性的用户终端之间不能互通、通信线路利用率低及有呼损等方面的缺点，提出了报文交换的思想。报文交换的基本原理是"存储-转发"。在报文交换中，信息是以报文为单位的，包括报头（由发信站地址、终点收信站地址及其他辅助信息组成）、正文（传输用户信息）和报尾（报文的结束标志，若报文长度有规定，则可省去此标志）三部分。报文交换的主要缺点是：时延大，且时延的变化也大，不利于实时通信；需要有较大的存储容量。

分组交换（Packet Switching，PS）采用了报文交换的"存储-转发"方式，但不像报文交换那样以报文为单位进行交换，而是把用户所要传输的信息（报文）分割为若干个较短的、被规格化了的"分组"（Packet）进行交换与传输。每个分组中有一个分组头（含有可供选路的信息和其他控制信息）；分组交换节点采用"存储-转发"方式对所收到的各个分组分别处理，按其中的选路信息选择去向，发送到能够到达目的地的下一个交换节点。

1）分组交换中的相关概念

（1）通信线路的资源共享

分组交换的最基本思想就是实现通信资源的共享。现有通信线路（模拟信道和数字信道）具有一定的传输能力，而数据终端对实际通信速率的要求随着应用的不同，差别是很大的，经济有效地使用通信线路的方法就是组合多个低速的数据终端共同使用一条高速的线路，也就是多路复用。从如何分配资源的观点来考虑，多路复用方式可以分为两类：预分配（或固定分配）资源法（预分配复用）和动态分配资源法（统计时分复用）。

（2）交织传输

在预分配复用方式下，每个用户传输的数据都在特定的子信道中流动，接收端很容易把它们区分开。在统计时分复用方式下，各个用户数据在通信线路上互相交织传输，因此不能再用预先分配时间片的方法把它们区分开。为了识别来自不同终端的用户数据，可在用户数据发送到线路上之前，先给它们打上与终端（或子信道）有关的"标记"，通常是在用户数据前加上终端号（或子信道号），这样在接收端就可以通过识别用户数据的"标记"把它们清楚地分开。

用户数据交织传输的方式有三种：比特交织、字节（或字符）交织和分组（或信息块）交织。比特交织的优点是时延最小，但是每一个用户数据比特都要加"标记"，传输效率很低，一般不采用。分组交织的传输效率最高，因为增加的"标记"信息与用户数据相比所占比例很小；但是它可能引起较大的时延，该时延随着通信线路的数据传输速率的提高而减小。字节交织的性能（时延和传输效率）介于比特交织与分组交织之间，计算机和数据终端常常以字节（或字符）为单位发送和接收数据，因而可以采用字节交织方式。通常，中高速线路适合采用分组交织方式，低速线路适合采用字节交织方式。

（3）分组的形成

从上述分析可知，把一条实在的线路分成许多逻辑上的子信道，将线路上传输的数据附加上逻辑信道号，就可以让来自不同数据源的数据在一条线路上交织传输，接收端很容易将它们按逻辑信道号区分开，从而实现线路资源的动态分配。为了提高复用的效率，将数据按一定长度分组，每个分组中都包含一个分组头，其中包含所分配的逻辑信道号和其他控制信息，这种数据组就称为分组。

（4）分组交换

分组交换将报文分成多个分组来独立传输，收到一个分组即可发送，减少了存储的时间，因而分组交换的时延小于报文交换的时延，如图 1-10 和图 1-11 所示。分组长度的确定是一个重要的问题，分组长度缩短会进一步减小时延而增加开销（每个分组都有分组头），分组长度增大会减少开销但会增加时延。通常，分组长度的选择要兼顾时延与开销这两个方面。

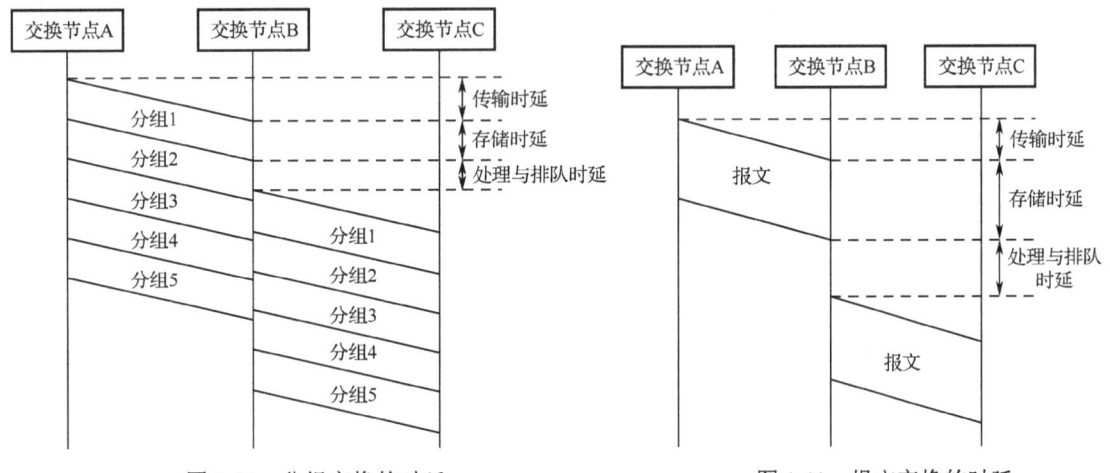

图 1-10　分组交换的时延　　　　　　　　图 1-11　报文交换的时延

分组交换的主要优点是：第一，为用户提供了在不同速率、不同代码、不同同步方式、不同通信控制协议的终端之间能够相互通信的灵活的通信环境；第二，采用逐段链路的差错控制和流量控制，出现差错可以重发，提高了传输质量和可靠性；第三，采用线路动态分配方式，使得在一条物理线路上可以同时提供多条信息通路。

分组交换的缺点是：协议和控制复杂，信息传输时延大，通常只用于非实时的数据业务。

2）虚电路和数据报

分组交换可提供虚电路（Virtual Circuit，VC）和数据报（Datagram，DG）两种服务方式。所谓虚电路方式，就是在用户数据传输前要先通过发送呼叫请求分组，建立端到端之间的虚电路；虚电路建立后，属于同一呼叫的数据分组均沿着这一虚电路传输，最后通过清除请求分组拆除虚电路。

虚电路不同于电路交换中的物理连接，属于逻辑连接。虚电路并不独占线路，在一条物理线路上可以同时建立多个虚电路，也就是建立多个逻辑连接，以达到资源共享。但是从另一方面看，虽然只是逻辑连接，毕竟也需要建立连接，因此不论是物理连接还是逻辑连接，都是面向连接的方式。虚电路有两种：交换虚电路（Switched Virtual Circuit，SVC）和永久虚电路（Permanent Virtual Circuit，PVC）。前述通过用户发送呼叫请求分组来建立虚电路的方式称为SVC；如果应用户预约，由网络运营者为之建立固定的虚电路，就不需要在呼叫时临时建立虚电路，可直接进入数据传输阶段，则称为PVC。

不需要预先建立逻辑连接，而是按照每个分组头中的目的地址对各个分组独立进行选路的分组交换方式称为数据报方式。这种不需要建立连接的方式，称为无连接方式。图1-10所示可理解为采用数据报方式的分组交换的时延，如果是虚电路方式，还应增加呼叫建立和拆除阶段。

下面对虚电路与数据报进行比较。

（1）分组头

数据报方式的每个分组头要包含详细的目的地址，而虚电路方式由于预先已建立逻辑连接，分组头中只需含有对应所建立的虚电路的逻辑信道标识即可。

（2）选路

虚电路方式预先有建立过程，有一定的处理开销，但一旦虚电路建立，端到端之间所选定的路由上的各个交换节点都具有映像表，存放出入逻辑信道的对应关系，每个分组到来时只需查找映像表，而不用进行复杂的选路。当然，建立映像表也要有一定的存储器开销。数据报方式则不需要建立过程，但对每个分组都要独立地进行选路。

（3）分组顺序

虚电路方式中，属于同一呼叫的各个分组在同一条虚电路上传输，分组会按原有顺序到达终点，不会产生失序现象。数据报方式中，由于各个分组是独立选路的，可以从不同的路由转送，有可能引起失序。

（4）故障敏感性

虚电路方式对故障较为敏感，传输链路或交换节点发生故障可能引起虚电路的中断，需要重新建立。数据报方式中，各个分组可选择不同路由，对故障的防卫能力较强，因此可靠性较高。

（5）应用

虚电路方式适用于较连续的数据流传输，其持续时间显著大于呼叫建立时间，如文件传输、传真业务等。数据报方式则适用于面向事务的询问和响应型数据业务（突发业务）。

3）路由选择

路由选择是指选择从源点到终点的信息传输路径。分组能够通过多条路径从源点到达终点，这是分组交换网的重要特征之一。因此，选择什么路径最合适就成了交换机必须解决的问题。分组交换网无论采用虚电路方式还是数据报方式，都需要确定网络的路由选择方案，不同的是，虚电路方式是为每一次呼叫寻找路由，在一次呼叫之内的所有分组都沿着由路由选择软件确定的路径通过网络，而数据报方式是为每一个分组寻找路由。路由选择方法通常有扩散式路由法、查表路由法和虚电路路由表法三种。

（1）扩散式路由法

扩散式路由法是指分组从一个节点发往与它相邻的每个节点，接收该分组的节点检查它是否已经收到过该分组，如果已经收到过，则将它抛弃；如果未收到过，则把分组发往其所有相邻的节点（除了该分组来源的那个节点）。这样，一个分组的许多副本便尝试着通过各种可能的路径到达终点，其中总是有一个分组以最小的时延首先到达终点，此后到达的该分组的副本将被终点抛弃。

扩散式路由法的路由选择与网络的拓扑结构无关，即使网络严重故障或损坏，只要有一条通路存在，分组就能到达终点，因此分组传输的可靠性很高。但是其缺点是分组的无效传输量很大，网络的额外开销也大，网络中业务量的增加还会导致排队时延增大。

（2）查表路由法

查表路由法是在每个节点中使用路由表，它指明从该节点到网络中的任何终点应当选择的路径。分组到达节点之后按照路由表规定的路径前进，分组从一个节点前进到另一个节点可以有多个路由，其中可以区分出主用路由和备用路由，或者是第 1、第 2、第 3…路由。分组首先选择第 1 路由前进，如果网络故障或通路阻塞则自动（或人工）选择第 2、第 3…路由。路由表是根据网络拓扑结构、链路容量、业务量等因素和某些准则（如最短距离原则、时延最小原则等）计算建立的。

查表路由法与网络结构参数有关。它又分为最短距离法和最小时延法。最短距离法是指分组经过的中继线数越少越好，这样会使分组的时延减小；但是当许多分组都按照这一原则蜂拥到某些路径上时，将导致分组的队列变长而且时延增大。最短距离法主要依赖网络的拓扑结构，因网络结构不经常变化，故这种路由表的修改也不很频繁，因而有时也称查表路由法为静态路由表法。最小时延法依据的是网络结构（相邻关系）、中继线速率和分组队列长度，因分组队列长度是一个经常变化的因素，当某条线路上的分组队列较长时，计算的该线路上的时延也较大，按路由原则将导致一些分组绕道。这种随着网络的数据流或其他因素的变化而自动修改路由表的方法即为最小时延法，也称为自适应路由法（或动态路由法）。

（3）虚电路路由表法

虚电路方式是对一次呼叫确定路由，路由选择是在节点接收到呼叫请求分组之后执行的，在此之后到达的数据分组将沿着由呼叫请求分组建立的路径通过网络。也就是说，在网络中存在一个端到端的虚电路路由表，该表分散在各节点中，指明了虚电路途经的各节点的端口号和逻辑信道号（Logical Channel Number，LCN）之间的链接关系，同一条线路两端的端口号可以不同，但是与同一条虚电路相对应的 LCN 必须相同。有了这个虚电路路由表，数据分组可以快速地找到输出方向，传输时延较小。虚电路路由表的内容随着呼叫的建立而产生，随着呼叫的清除而消失，是随呼叫而动态变化的。

虚电路的重连接（Reconnect）是由虚电路交换方式工作的网络提供的一种功能。在网络中，当线路或设备发生故障而导致虚电路中断时，与故障点相邻的节点能够检测到该故障，并向源点和终点发送清除指示分组，该分组中包含了清查工作的原因和诊断码。当源点接收到该清除指示分组之后，就会发送新的呼叫请求分组，而且将选择新的替换路由与终点建立新的连接。所有未被证实的分组将沿新的虚电路重新发送，保证用户数据不会丢失，终端用户感觉不到网络中发生了故障，只是出现暂时性的分组传输时延增大的现象。如果新的虚电路建立不起来，那么网络的源点和终点交换机将向终端用户发送清除指示分组。

3．帧交换

分组交换通常是基于 X.25 协议的。X.25 协议包含了三层：第一层是物理层，第二层是数据链路层，第三层是分组层。它们分别对应开放系统互连（Open System Interconnection，

OSI）参考模型的下三层，每一层都包含了一组功能。而帧交换（Frame Switching，FS）则只有下面两层，没有第三层，简化了协议，加快了处理速度。

帧交换是以帧方式（Frame Mode）来承载业务（Bearer Service）的，在数据链路层上以简化的方式来传输和交换数据单元。通常，在第三层传输的数据单元称为分组，在第二层传输的数据单元称为帧（Frame）。帧方式将用户信息流以帧为单位在网络内传输。

帧交换与传统的分组交换相比有两个主要特点：一是帧交换是在第二层（数据链路层）进行复用和传输的，而不是在分组层；二是帧交换将用户平面与控制平面分离，而传统的分组交换则未分离。用户平面（User Plane，UP）提供用户信息的传输，控制平面（Control Plane，CP）则提供呼叫和连接的控制，主要是信令（Signaling）功能。

4．快速分组交换

快速分组交换（Fast Packet Switching，FPS）可理解为尽量简化协议，只具有核心的网络功能，以提供高速、高吞吐量、低时延的交换方式。有时，FPS 专指异步传输模式（Asynchronous Transfer Mode，ATM）交换，但广义的 FPS 包括帧中继（Frame Relay，FR）与信元中继（Cell Relay，CR）两种交换方式，信元中继为 ATM 所采用。实际上，ATM 是源自 FPS 和异步时分交换的。

帧中继是典型的帧方式。与帧交换相比，帧中继进一步简化了协议，非但不涉及第三层，连第二层也只保留了数据链路层的核心功能，如帧的定界、同步、透明性和帧传输差错检验等。帧中继只进行差错检验，错误帧被丢弃，不再重发。帧中继采用 ITU-TQ.922 建议的帧中继链路接入规程（Link Access Procedure for Frame-Relay，LAPF）的一个子集，对应数据链路层的核心子层，称为数据链路层核心协议（DL-CORE）。帧中继采用可变长度帧，其数据传输采用数据链路连接标识符（Data Link Connection Identifier，DLCI）来指明信息传输通道，DLCI 被填入交换机的路由表中，不分配网络资源。只有当数据在终端用户之间传输时，才在相邻交换节点之间或端局节点和终端之间快速分配传输资源。帧中继可适应突发信息传输，适用于局域网（Local Area Network，LAN）的互连。

1.2.4　窄带交换与宽带交换

传统的电话交换和数据交换分别适用于语音和 2Mbit/s 以下的数据交换，提供的业务速率限定为 64kbit/s 或 $n×64$kbit/s（$n=2\sim30$），这种方式称为窄带交换。

20 世纪 80 年代初期以来，随着宽带业务的发展及其业务发展的某些不确定性，迫切要求找到一种新的交换方式，因而产生了以 ATM 为代表的宽带交换方式，包括 IP 交换、IP/ATM 集成交换、标记交换、帧中继交换及光交换等。

1.3　交换技术的发展

1.3.1　电话交换技术的发展

1．机电式电话交换

1876 年 A. G. Bell 发明电话以后，为适应多个用户之间电话交换的需求，1878 年出现了

第一部人工磁石电话交换机。磁石电话机要配有干电池作为通话电源,并用手摇发电机发送交流的呼叫信号。后来又出现了人工共电交换机,通话电源由交换机统一供给,共电电话机中不需要手摇发电机,通过电话机直流环路的闭合向交换机发送呼叫信号。共电式交换机相比磁石式交换机有所改进,但由于仍是人工接线,接续速度慢,用户使用也不方便。

在1892年开通的第一部自动交换机是由A. B. Strowger于1889年发明的步进制史端乔式自动交换机。用户通过电话机的拨号盘发出的直流脉冲信号,可以控制交换机中电磁继电器与上升旋转型选择器的动作,从而完成电话的自动接续。步进制的得名源于选择器的上升和旋转是逐步推进的。从此,电话交换技术由人工时代开始迈入自动化的时代,这是第一个有意义的转变。史端乔式自动交换机最先在美国开通,不久又出现了德国西门子式自动交换机。这些交换机虽然在选择器结构和电路性能等方面有所改进,但其共同特点仍然是由用户电话机发出的脉冲信号直接控制交换机的步进选择动作,因此还属于步进制的直接控制方式。之后,开始引入间接控制的原理,用户的拨号脉冲由交换机内的公用设备(记发器)接收和转发,以控制接线器的动作。采用了记发器,可以译码,增加了选择的灵活性,而且也可以不按十进制工作。旋转制选择器中的弧刷做弧形的旋转动作,升降制选择器中的弧刷做上升下降的直线动作,可统称为机动制。不论是步进制还是机动制,选择器均需进行上升和/或旋转的动作,噪声大,易磨损,通话质量欠佳,维护工作量大。

纵横制交换机的出现,是电话交换技术进入自动化时代以后具有重要意义的转折点。纵横制最先在瑞典和美国获得较广泛的应用,有代表性的是瑞典开发的ARF、ARM及ABK等系列和美国先后于1938年、1943年和1948年开通的1号、4号和5号纵横制交换机。日本也研制了系列化的产品,并有所改进和提高,如C400和C460用于市话,C63和C82用于长话,C410则具有集中式用户交换机(Centrex)功能。法国和英国也都研制了自己的纵横制交换机,如法国的潘特康特型、英国的5005型等。我国从20世纪50年代后期开始也致力于纵横制交换机的研制,并陆续定型和批量生产,主要型号有用于市话的HJ921型,用于长话的JT801型,HJ905型和HJ906型则属于用户交换机。

纵横制的技术进步主要体现在两个方面:一是采用了比较先进的纵横接线器,杂音小、通话质量好、不易磨损、寿命长、维护工作量减少;二是采用公共控制方式,将控制功能与话路设备分开,使得公共控制部分可以独立设计,功能增强,灵活性提高,接续速度快,便于汇接和选择迂回路由,可以实现长话交换自动化。因此,纵横制远比步进制、机动制先进,而且更重要的是,公共控制方式的实现孕育着计算机程序控制方式的出现。

步进制、机动制和纵横制都属于机电式自动交换。从20世纪初到50年代,机电式电话交换技术日臻完善。在话路接续方面,从笨重、结构复杂的选择器发展到动作轻巧、比较完善的纵横接线器;在控制方式上,从十进制直接控制(Direct Control)逐步发展到间接控制(Indirect Control),以至完全的公共控制(Common Control)方式。

2. 模拟程控交换

1965年,美国开通了世界上第一个程控交换系统,在公用电信网中引入了程控交换技术,这是交换技术发展中具有更为重大的意义的转折点。从此,各国纷纷致力于程控交换系统的研制。世界上较具代表性的模拟程控交换系统有美国的1ESS、2ESS、3ESS和1EAX,日本的D10、D20和D30,法国的E11,德国的EWS系列,瑞典的AXE10,加拿大的SP-1,荷兰的 PRX-205，国际电话电报公司（ITT）的梅特康特型。

相对于机电式自动交换而言，程控交换的优越性可以概括如下。

（1）灵活性大，适应性强

程控交换可以适应电信网的各种网络环境、性能要求和发展变化，在诸如编号计划、路由选择、计费方式、信令方式和终端接口等方面，都具有充分的灵活性和适应性。

（2）能提供多种新服务性能

程控交换主要依靠软件提供多种新服务性能，如缩位拨号、热线、闹钟服务、呼叫等待、呼叫前转、会议电话等。

（3）便于实现共路信令

共路信令（即公共信道信令）是在交换系统的控制设备之间相连的信令链路上传输大量话路的信令，控制设备必须进行高速的处理。显然，只有在采用了程控交换方式以后，才能促进共路信令的实现与发展。

（4）操作维护管理功能的自动化

使用软件技术，可以使交换系统的操作维护管理自动化，并增强其功能，提高其质量。例如，硬件的自动测试与故障诊断、话务数据的统计分析、用户数据与局数据的修改等功能，都是机电式交换所无法比拟的。此外，程控交换还可适应集中的维护操作中心和网络管理系统的建立和发展。

（5）适应现代电信网的发展

现代电信网要不断开发新业务，要与计算机技术和计算机通信密切结合，因此电信网的交换节点的程控化显然是现代电信网发展的基础条件之一。

3．数字程控交换

20世纪70年代开始出现数字程控交换，到20世纪80年代初期，数字程控交换在技术上已日趋成熟，众多型号的数字程控交换系统纷纷推出，如阿尔卡特的E10、贝尔电话设备制造公司（BTM）的S1240、AT&T的4ESS和5E5S、爱立信的AXE10（全数字化）、西门子的EWSD、北方电讯的DMS、富士通的FETEX-150、日本电气（NEC）的NEAX-61，以及ITATEL和UT-10等系统。其中，1970年的E10A和1976年的4ESS分别是最早推出的市话和长话数字程控交换机；1980年推出的DMS-100是最早的全数字市话程控交换机；1982年开通的S1240和5ESS是最早的分布式控制系统，前者基于功能分担，后者基于容量分担（话务分担）；稍后推出的UT-10则实现了对呼叫处理更完全的分布式控制。

数字程控交换发展的初期，有些系统由于成本和技术上的原因，曾采用过部分数字化，即选组级数字化而用户级仍为模拟型，编译码器也曾采用集中的共用方式，而非单路编译码器。随着集成电路技术的发展，很快就全面采用了单路编译码器和全数字化的用户级。

数字程控交换普遍采用7号共路信令方式，即一方面从随路信令发展为共路信令，另一方面又从适用于模拟网的6号共路信令发展为适用于数字网的7号共路信令。

随着微处理机技术的迅速发展，数字程控交换普遍采用多机分散控制方式，灵活性高，处理能力增强，系统扩展方便而且经济。在软件方面，除部分软件要注重实时效率和为了适应硬件要求而用汇编语言编写以外，其他软件普遍采用高级语言，包括C语言、CHILL（CCITT High Level Language，CCITT高级语言）和其他电信交换的专用语言。对软件的要求不再是节省空间开销，而是可靠性、可维护性、可移植性和可再用性，使用了结构化分析与设计、模块化设计等软件设计技术，并建立和不断完善了用于程控交换软件开发、测试、生产、维护的支撑系统。

我国虽然起步较晚，但由于起点较高，在 20 世纪 80 年代中后期到 90 年代初相继推出了 HJD04、C&C08、ZXJ10 及 SP30 等大型数字程控交换系统，这些数字程控交换系统在我国电信网中所占的比重逐步增加，有些还出口到国外，使我国的数字程控交换技术和产业跻身世界先进行列。

相对于模拟程控交换而言，数字程控交换显示了以下优越性：体积小，节省机房面积；交换网络容量大、速度快、阻塞率低、可靠性高；便于采用数字中继，可灵活组网，与数字中继配合不需要模数转换，便于构成综合数字网（Integrated Digital Network，IDN）；能适应综合业务数字网（Integrated Service Digital Network，ISDN）的发展。

4．POTS 交换节点的发展趋势

用于公用电话交换网（Public Switched Telephone Network，PSTN）的电话交换系统提供的是普通传统电话业务（Plain Old Telephone Service，POTS）。数字程控交换适应了电信网数字化的发展，为了进一步适应电信网综合化、智能化、个人化的发展，自 20 世纪 80 年代中期以来，数字程控交换节点的功能在 POTS 的基础上不断增强，主要有以下三个方面。

（1）增强为窄带综合业务数字网的交换节点：在 POTS 交换系统中增加必要的硬件和软件，可以将交换节点增强为窄带综合业务数字网（Narrowband-ISDN，N-ISDN）的交换节点。

（2）增强为智能网的业务交换点：智能网（Intelligent Network，IN）可以在 POTS 的基础上提供很多先进的智能网业务，POTS 交换系统通过功能增强可以成为智能网的业务交换点（Service-Switching Point，SSP）。

（3）增强为移动网的移动交换局：实现终端移动性以至个人移动性的个人化是电信网发展的又一主要方向，移动交换中心（Mobile Switching Center，MSC）实际上是在数字程控交换平台上增加无线接口和相应的移动交换功能而构成的。

1.3.2 分组交换技术的发展

1．早期的研究和试验

1964 年 8 月，P. Baran 在以分布式通信为题的一组兰德（Band）公司的研究报告中，首先提出了分组交换的有关概念。这一研究是为了建立安全的军事通信系统而做的，包括分布式的分组交换、数字微波和加密能力，但这一计划未能实现。在 1962—1964 年期间，美国国防部高级研究计划局（Defense Advanced Research Projects Agency，DARPA）对通过广域计算机网链接分时计算机系统产生了强烈的兴趣，亦未付诸实施，但激励了后继的研究工作。

在英国国家物理实验室（National Physical Laboratory，NPL）工作的 D. Davies 于 1965 年构想了存储转发分组交换系统的原理，并在 1966 年 6 月的建议中提出了"分组"这一术语，用来表达在网络中传输的 128Byte 的信息块，1967 年 10 月 NPL 公开发表了关于分组交换的建议。尽管分组交换显示了不少优点，但通信界仍然难以接受，使得英国在之后的几年内并未建设多节点的分组交换网。Davies 则在 NPL 实现了具有单一分组交换节点的局部网。

L. G. Roberts 于 1964 年 11 月提出计算机网的重要性及需要新的通信系统来支持。他于 1967 年 1 月加入 DARPA 后促进了计算机网的研究工作，1967 年 6 月发布了 ARPANET 计划，用专线将多个节点的小型计算机互连，每个计算机都可用作分组交换和接口设备。截至 1969 年 11 月，具有 4 个节点的 ARPANET 已有效地运行，并且很快地扩展，至 1971 年 4 月可支持 23 个主计算机，1974 年 6 月支持 62 个主计算机，1977 年 3 月支持 111 个主计算机。ARPANET 的一个重要特性是完全分布式，对每个分组采用基于最小时延的动态选路算法，并考虑了链路的利用率和队列长度。ARPANET 的成功运行，表明动态分配和分组交换技术可以有效地用于数据通信。

1972 年 10 月，在第 1 届计算机与通信国际会议（International Conference on Computer and Communications，ICCC）上。分组交换被首次公开演示。在会议地点装设了一个 ARPANET 的节点，具有约 40 个接入终端。在 20 世纪 70 年代，动态分配技术在不少专用网中进行了试验，例如，SITA、TYMNET、CYCLADES、RCP 和 EIN 等网络采用了不同的分组长度和选路方法，包括虚电路方式和数据报方式。RCP 是法国邮电部门的分组试验网，被用作公用分组交换网的试验床。

2. 分组交换公用数据网

ARPANET 和一些专用分组交换网的试验，促进了分组交换进入公用数据网，形成分组交换公用数据网（Packet Switched Public Data Network，PSPDN）。20 世纪 70 年代前期，不少国家的邮电部或通信运营公司宣布了各自的公用分组交换网计划，如英国的 EPSS、美国的 TELENET、法国的 TRANSPAC、加拿大的 DATAPAC 等。

在 1974—1975 年间，已有 5 个独立的公用分组交换网在建设之中，于是产生了接口标准化的要求，继而在 1976 年 3 月制订了著名的原 CCITT（Consultative Committee of International Telegraph and Telephone，国际电报电话咨询委员会）的 X.25 协议。在这之后，又陆续制订了其他有关的协议，如 X.28、X.29 及 X.75 协议等。

作为第一个公用分组交换网，美国的 Telenet 于 1975 年 8 月开始运行。开始时只有 7 个互连的节点，到 1978 年 4 月增加到 187 个节点，使用了 79 部分组交换机，为美国 156 个城市服务，并与 14 个国家互连。X.25 协议产生后，Telenet 即采用 X.25 协议。

1971 年，英国的 EPSS 和加拿大的 DATAPAC 均宣称投入运行；另外在美国，TYMNET 也开始提供公用数据业务。DATAPAC 于 1978 年实现了与 Telenet 的互连。法国的 TRANSPAC 于 1978 年开始运行，日本、德国、比利时等国家的公用分组交换网此后也相继开放了公用数据业务。这些公用分组交换网均基于 X.25 协议，可以兼容。随着这些公用分组交换网的投入运行，分组交换技术得到了广泛的应用和发展。

3. 分组交换系统的分代

从技术发展来看，分组交换系统大致可以划分为三代。

（1）第一代分组交换系统

第一代分组交换系统实质上是用计算机来完成分组交换功能的。它将存储器中某个输入队列中的分组转移到某个输出队列中，典型的代表如 ARPANET 中所用的分组交换系统。不久后，在系统中增设了前端处理机（Front End Processor，FEP），执行较低级别的规程，如链路差错控制，以减轻主计算机的负荷。在第一代分组交换系统中，分组吞吐量受限于处理机的速度，一般每秒只有几百个分组，这与当时传输链路的速率基本适配。

（2）第二代分组交换系统

第二代分组交换系统采用共享媒体将前端处理机互连，计算机主要用于虚电路的建立，不再成为系统中的瓶颈。共享媒体可以是总线型或环型的，用于 FEP 之间分组的传输。共享媒体采用时分复用方式，每个时刻只能传输 1 个分组，因此吞吐量将受到介质的带宽限制。为此可采用并行的媒体，设置多重总线或多重环。

第二代分组交换系统在 20 世纪 80 年代得到了充分的发展，例如 AT&T 的 1PSS、阿尔卡特的 DPS2500、西门子的 EWSP、北方电讯的 DPN-100 等系统，吞吐量达到每秒几万个分组。比较完善的第二代分组交换系统的设计目标和技术特征如下：高度模块化和多处理机分布式控制结构；容量和应用系列化的系统结构；适应各种终端接口和网间接口；先进的处理机和高速处理能力。

（3）第三代分组交换系统

第三代分组交换系统用空分的交叉矩阵来取代共享媒体这一瓶颈。交叉矩阵一直是电话交换和并行计算机系统感兴趣的研究领域。通常是用较小的基本交换单元来构成多级互连网络，增强并行处理能力，可以大大提高吞吐量。实际上，第三代分组交换已进入快速分组交换的范畴。

1.3.3　ATM 交换技术的发展

1. 早期的研究

20 世纪 80 年代初以来，宽带业务的逐步发展及其业务发展的某些不确定性，迫切要求找到一种新的交换方式，能兼有电路交换与分组交换的优点。1983 年出现的快速分组交换（FPS）和异步时分（Asynchronous Time Division，ATD）交换的结合，推动了 ATM 交换方式的产生。

1983 年，美国贝尔实验室提出了 FPS 的原理，研制了原型机，FPS 源自分组交换，减小了数据链路层协议的复杂性，以硬件来实现协议的处理，从而大大提高了速度。同年，法国 J. P. Coudreuse 提出了 ATD 交换的概念，并在法国电信研究中心研制了演示模型。ATD 源自同步时分（Synchronous Time Division，STD）交换，采用标记复用方式。

FPS 和 ATD 交换的概念提出以后，很多设备制造公司、邮电管理部门和标准化组织很快就表示了强烈的兴趣，许多公司均进行了深入的研究、模拟和试验。例如，1984 年即报道了 Starlite 宽带交换机。

ATD 交换与 FPS 由于发展的背景不同，存在着一些差异：

（1）ATD 交换源自 STD 交换，位于 OSI 模型的第一层，因而控制头的功能减到最少，只用来识别呼叫连接；FPS 则从 PS（分组交换）发展而来，控制头中含有其他功能，这些功能在 ATD 交换中移到了高层。

（2）ATD 交换采用固定长度的分组，信息域长度为 8~32Byte；FPS 为可变长度帧，平均约 100Byte。

（3）ATD 交换用于数据、视频和语音的综合交换，侧重于视频；FPS 则主要用于高速数据的传输和交换。

1985年，原CCITT也开始了这种新交换方式的研究，最开始称之为新传输模式。在1987年的原CCITT第18研究组会议上，决定采用信元来表示分组。其中重要的研究课题是采用固定长度信元还是可变长度信元，以及如何规定信元和信头的长度。这些问题与带宽的使用效率、交换速率、实现的复杂性及网络性能等重要因素均有密切关系。原CCITT第18研究组在1988年的会议上决定采用固定长度的信元，将此技术定名为ATM，并认定将ATM用作宽带综合业务数字网（Broadband-ISDN，B-ISDN）的复用、传输和交换的模式。1990年，原CCITT第18研究组制订了关于ATM交换的一系列协议，并在以后的研究中不断地深入和完善。

2. 公用ATM交换网

从20世纪80年代后期到20世纪90年代初期，不少计算机领域和通信领域的厂商致力于ATM技术的研究和ATM交换系统的开发。首先推出的是吞吐量在l0Gbit/s以下的一些小容量ATM交换机，用于计算机通信网。随着宽带业务的发展和ATM技术的逐渐成熟，ATM交换技术的应用开始从专用网扩大到公用网，其标志是公用网大容量ATM交换系统的纷纷推出和一些公用ATM宽带试验网的运行。

（1）公用ATM宽带试验网

1994年8月投入运营的美国北卡罗来纳信息高速公路，是美国第一个在州的范围内采用ATM和SONET（Synchronous Optical Network）同步光网络的公用ATM宽带网，被看作未来国家基础信息设施的雏形，用于远程教学、远程医疗、商务、司法和行政管理等领域，可以支持ATM信元中继业务、交换型多兆比特数据业务、帧中继业务及电路仿真业务。

在欧洲，由法国、德国、英国、意大利和西班牙等国发起的泛欧ATM宽带试验网，于1994年11月开始运行，后来扩大到欧洲的十多个国家，是覆盖面较广的ATM宽带试验网。

在亚洲，日本也建设了ATM宽带试验网，在东京、大阪、京都等地设置了ATM主交换机，进行局域网（LAN）互连、高清晰度电视（High Definition Television，HDTV）和多媒体业务等试验。我国在北京、上海、广州等地也建设了ATM宽带试验网，并在部分城市之间建成了ATM宽带信息网且投入应用。

（2）公用网ATM交换系统

公用网ATM骨干交换系统必须具有高吞吐量和可扩展性，吞吐量通常为40～160Gbit/s，应能支持各种接口、业务和连接类型，随着宽带信令标准的日益完善，除永久虚连接（Permanent Virtual Connection，PVC）以外，还应能提供交换虚连接（Switch Virtual Connection，SVC）。公用网ATM交换系统还应具有能保证服务质量的业务流控制功能。目前公用网ATM交换系统有富士通的FETEX-150、爱立信的AXD301和ESP等。此外，我国的中兴、华为、上海贝尔等公司均推出了公用网ATM交换系统。

3. 研究的重点

（1）ATM交换结构：自从提出ATM的概念以来，ATM交换结构就一直是研究重点之一，包括拓扑结构、缓冲方式、控制机理、性能分析等。

（2）ATM网的业务流控制：如何有效而公平地分配带宽等资源，保证各种特性不同的业务和各种呼叫连接的服务质量，是业务流控制要解决的重要而复杂的问题。

（3）ATM语音：ATM网的最终目标是实现包括语音在内的各种业务的综合交换。由于语音实时性强，对时延和时延抖动有严格要求，因此 ATM 语音（Voice over ATM，VoATM）技术也是 ATM 研究的热点之一。

（4）与智能网的结合：智能网的能力集 3（Capabilities-3，CS-3）的目标是将智能网（IN）与宽带综合业务数字网（B-ISDN）结合。ATM 交换机是 B-ISDN 中的宽带交换节点，同时也将是 IN 中的业务交换点。

4. 光交换

光交换一直作为新一代交换技术而在被不断地研究，光交换的实用化，是实现包含光交换的全光宽带通信网的技术关键之一。光交换和 ATM 交换一样，是宽带交换的重要组成部分。在长途信息传输方面，光纤已经占据了绝对的优势。用户环路光纤化也得到很大发展，尤其是 B-ISDN 中的用户线路必须要用光纤。这样，ISDN 中的宽带交换系统上的输入和输出的信号，实际上就都是光信号，而不是电信号了。

光波技术已经在信息传输中得到了广泛的应用，其传输过程一般是先把光信号转换成电信号，才能送入电交换机，从电交换机送出的电信号又要先转换成光信号才能送上传输线路。因此，如果是用光交换机，这些光电转换过程就都可以省去了，减少了光电转换的损伤，并可以提高信号交换的速度。

应用光波技术的光交换机也应由传输和控制两部分组成；把光波技术引入交换系统的主要课题，是如何实现传输和控制的光化。光交换的传输路径采用空分交换方式、时分交换方式或波分交换方式。

1.3.4 IP 交换技术的发展

1. 发展背景

近年来，Internet 的应用在全球范围内快速增长，从 1989 年开始，大约每隔 56 周，Internet 上的主机数就翻一番，呈指数级增长。2000 年以后，每隔 23 周 Internet 上的 Web 服务器数就翻一番。Internet 上的主要业务由传统的文件传输（FTP）、电子邮件（E-mail）和远程登录（Telnet）等转向多媒体应用丰富的 WWW。经过 30 多年的发展，根据中商情报网的"2021 年全球互联网用户规模大数据分析"，2016—2021 年全球互联网用户数仍然呈波动上升趋势，如表 1-1 所示，2021 年达到 40.47 亿；截至 2021 年 12 月，中国网络用户数达 10.32 亿，较 2020 年 12 月增加 4296 万，互联网普及率为 73.0%。

表 1-1　2016—2021 年全球互联网用户数

截止时间/年	2016	2017	2018	2019	2020	2021
用户数/亿	32.74	34.92	37.42	36.69	39.03	40.47

由于用户数的剧增和网上信息流量的持续增加，初期阶段着手解决的重点问题包括：Internet 骨干网的传输容量太小、带宽资源不足、路由器寻址速度低、吞吐量不够及用户接入速率太低；无连接的 IP 不能使服务质量（带宽、优先级等）与商业上的优先级对应起来；网络规模进一步增大，而路由器的端口数受限；分层路由器结构和可堆叠式配置使得 IP 分组需要经过更多的路由器，导致传输延迟增加、性能下降；IPv4 协议对实时业务、灵活的路由机制、地址资源短缺、流量控制和安全性能的支持不够等。为建立更大规模的网络，许多互联

网服务提供商（ISP）进行了积极的探索和实践，人们认为在路由器网络中加入交换结构是一个比较好的解决方案。

2. IP 与 ATM 的融合

Internet 是一个统一的、协作的、通用的、透明的信息网络系统，它具有结构简单、容易实现异型网络互连，有统一的寻址体系、网络扩展性强，几乎可以运行在任何一种数据链路高层，适用范围极其广泛等优势。但由于面向无连接的特性，以 IP 为技术基础的 Internet 无法适应一些新业务的质量要求。ATM 是一种信息复用和交换技术，由于它只涉及 OSI/RM 的下两层，对每个分组的处理过程大大简化，处理时间大大缩短，并采用定长单元（信元）进行发送，具有带宽大、吞吐容量大和伸缩性强等特点，可为不同等级的业务提供相应的服务质量（QoS）。但因 ATM 采用的是信令协议，与其他网络的互通互连能力差，因此，IP 在技术上需要 ATM，而 ATM 在商业应用方面又需要 IP，能否将 IP 和 ATM 的优势相结合（融合），构筑新一代宽带网络，正是人们所关心的问题。

从 IP 与 ATM 的协议的关系划分，IP 与 ATM 融合的技术存在两种模型，即重叠模型和集成模型。不管是哪种模型，均需要解决 ATM 中面向连接的特点与 IP 中面向无连接的特点之间的矛盾，也需要解决 IP 和 ATM 在地址和信令方面的各类问题。

重叠模型就是将 IP 当成一个网络与 ATM 网络互连，不更改 ATM 网络的协议模块，而将 IP 的功能层叠加在 ATM 上。从应用角度看，其主要存在传输 IP 分组的效率较低，地址和路由功能重复等缺点。

集成模型是将 IP 路由器的智能和管理性能集成到 ATM 交换中形成的一体化平台。它将 ATM 单元实体与 ATM 网络地址分配策略和路由选择协议分离；ATM 层被看作 IP 层的对等层，ATM 网络实体采用与 IP 协议完全相同的协议体系和地址分配策略；ATM 系统仅需要分配 IP 地址，网络中则采用 IP 选路技术，不再需要 ATM 的地址解析规程。其优点是传输 IP 分组的效率比较高，不需要地址解析协议等。采用集成模型方法的技术主要有：IP 交换、标记交换和多协议标记交换等。

3. IP 交换

IP 交换（IP Switching）是 Ipsilon 公司提出的专门用于在 ATM 网上传输 IP 分组的技术，它克服了传统 IPoA（IP over ATM，ATM 上的 IP 协议）技术的一些缺陷（如在子网之间必须使用传统路由器等），提高了在 ATM 网上传输 IP 分组的效率，是一种典型的采用集成模型的技术。

IP 交换的核心是 IP 交换机，由 ATM 交换机、IP 交换机控制器组成。IP 交换机控制器主要由路由软件和控制软件组成。ATM 交换机的一个 ATM 接口与 IP 交换机控制器的 ATM 接口相连接，用于控制信号和用户数据的传输。在 ATM 交换机与 IP 交换机控制器之间所使用的控制协议为 RFC 1987 通用交换机管理协议（General Switch Management Protocol，GSMP）；在 IP 交换机之间适用的协议是 RFC 1953 Ipsilon 流管理协议（Ipsilon Flow Management Protocol，IFMP）。

IP 交换把输入的数据流划分为持续期长、业务量大的用户数据流（如 FIP 数据、HTTP 数据及多媒体音频、视频数据等）和持续期短、业务量小、呈突发分布的用户数据流（如 DNS 查询、SN-MP 查询等）两种类型。对于前者，IP 交换的传输时延小，传输容量大，用户数据流在 ATM 交换机硬件中直接进行交换；对于后者，由于节省了建立 ATM 虚电路的开销，所以交换的效率得到了提高，用户数据流通过 IP 交换机控制器中的 IP 路由软件进行传输，即与传统路由一样，也是一跳接一跳（hop-by-hop）地进行存储、转发的。IP 交换的缺点是只支持 IP，同时它的效率有赖于具体用户业务环境。

利用在 ATM 网上传输 IP 分组的技术构造 Internet 的骨干网，可以克服上述阻碍网络扩展的局限因素，具有许多明显的性能优势，比如：网络性能大幅度提高、设备费用降低、服务质量得到保证、可靠性大大增强、可管理性增加、可扩充性提高等。

4．标记交换技术

标记交换是 Cisco 推出的一种基于传统路由器的 ATM 承载 IP 技术。虽然 IP 交换技术与标记交换技术一样是 IP 路由技术与 ATM 交换技术相结合的产物，但两种技术的产生却有着完全不同的出发点。IP 交换技术认为路由器是 IP 网中的最大瓶颈，它希望借助 ATM 技术完全替代传统的路由技术；而标记交换技术则不然，标记交换最本质的特点是没有脱离传统路由技术，但在一定程度上将数据的传输从路由变为交换，提高了传输的效率。另外，标记交换机既不受限于使用 ATM 技术，也不仅仅转发 IP 业务。

标记交换是一种多层交换技术，它把 ATM 第二层交换技术和第三层路由技术结合起来，能充分利用 ATM 的 QoS 特性支持多种上层协议，能在各种物理平台上实现，是一种性能比较优越的 IPoA 技术。标记交换使处于交换边界的路由器能将每个输入帧的第三层地址映射为简单的标记，然后把打了标记的帧转换为 ATM 信元。

标记交换的体系结构既能在交换信元的系统上运行，又能在交换包的系统上运行。标记交换技术可在各种不同的物理媒体上使用，包括 AIM 链路、HSSI 及 LAN 接口等。标记交换网络一般包括标记边界路由器、标记交换机和标记分配协议三个部分。

标记交换技术不依赖于路由过程中使用的特定网络层协议，因此标记交换技术支持不同的路由协议（如 OSPF、BGP 及 IS-IS 协议等）和各种网络层协议（如 IP、IPX 等）。标记交换技术也不修改现有的路由协议。标记交换还支持多点广播功能，可以保证有一定 QoS 要求的用户数据的传输。但由于标记交换是 Cisco 公司的专有技术，并非统一的标准，构建标记交换网络时端到端都要使用 Cisco 的设备，才能完成通信。因此，国际标准化组织开展研究制订统一的多协议标记交换标准成为必然。

5．多协议标记交换技术

多协议标记交换（Multi-Protocol Label Switching，MPLS）是 ITU-T 推荐的一种用在公用网上的 IPoA 技术，它基于标记交换的机制，在 ATM 层上直接承载 IP 业务。MPLS 之所以称为"多协议"，是因为 MPLS 不但可以支持多种网络层协议，如 IPv4、IPv6、IPX 及 CLNP 等，还可以同时兼容第二层上的多种数据链路层技术。

MPLS 的核心思想就是在网络入口处根据某种特定的映射规则对分组进行分类；依据不同的类别为分组打上标记，将数据流分组头和固定长度的短标记（32 位报头）对应起来；各个 MPLS 设备运行路由算法，在逻辑相邻的对等体间进行标记分配，通过标记的拼接建立起从网络入口到出口的标记交换路径；随后在 MPLS 网络中只依据标记将分组在预先建立起来的标记交换路径上传输。

以 MPLS 设备构成的骨干网上的 MPLS 核要优于常规的路由器核和 ATM 核，这是 MPLS 发展的重要技术动力之一。其网络性能在以下各个方面得到了有效改进。

（1）MPLS 简化了分组转发机制

MPLS 技术把第三层的包交换转换成第二层的交换，其分组转发采用不再需要常规的 IP 基于最长地址匹配路由查找的一跳接一跳的转发方式，也不再需要对网络中的所有路由器进行第三层路由表的查询，而是基于定长短标记的完全匹配，用硬件实现表项的查找和匹配及标记的替换，减小了传输路径中后续节点处理的复杂性，大大提高了包的转发性能。

（2）MPLS 实现了有效的显式路由功能

显式路由技术是一种很有效的骨干网路由技术，它是指由网络中某个标记交换路由器（LSR）（通常是标记交换路径的入口或出口节点）规定好标记交换路径（LSP）中的部分或全部 LSR，而不是每个 LSR 自己独立决定下一跳的选择。显式路由技术在实现网络负荷调节、保证用户需求的 QoS 要求、提供差分服务等方面起着重要作用。在纯数据报的无连接选路网中，难以实现完全的显式路由功能；而对 MPLS 而言，在建立标记交换路径时所用的信令分组允许携带显式路由信息，但并不需要每个分组都携带，这就意味着 MPLS 可以利用显式路由带来许多好处。

（3）MPLS 有利于实现流量工程

在数据报路由方式下，流量工程的实现非常困难，通过调整与网络链路相关的度量能实现一定程度的负载平衡；尤其在大型网络中，每两个节点之间都有多条路径，仅仅靠调整一跳接一跳的路由度量是难以实现所有链路间的流量平衡的。MPLS 可识别并测量特定的入口节点与出口节点之间的业务流量，又可采用显式路由的标记交换路径，这就为实现业务流量工程提供了有利条件。

（4）MPLS 支持 QoS 选路

QoS 选路是指对特定的数据流，按其 QoS 要求来为它选择路由的机制。对 QoS 路由计算来说，由于各种原因（如带宽需求、链路可用带宽等），有时候路由器用于计算的信息可能有些过时，这意味着为一个 QoS 敏感的数据流选择特定路径有可能会失败。而 MPLS 支持显式路由，初始化节点会被告知指定的网络单元不能传输该数据流，需要另外选择一条路径，从而避开网络拥塞点。

（5）从 IP 分组到转发等价类的映射

从 IP 分组到 QoS 级别的映射可能需要知道发送 IP 分组的用户，从而才可能根据源地址、目的地址、输入接口或其他特征实现分组过滤，但某些信息只有在网络入口节点才能获得。MPLS 只需要在其域的入口进行一次从 IP 分组到转发等价类（FEC）的映射，并可在入口处按照所需的 QoS 级别加以标记，在网络核心实现标记交换转发。

（6）MPLS 支持多网络功能划分

MPLS 引入了标记粒度的概念，能分层地将处理功能划分给不同的网络单元，让靠近用户的网络边界节点承担更多的工作；而核心网络的工作则尽可能地简单，只处理纯标记转发。MPLS 分层数据流聚合功能将使构建全交换骨干网和业务量交换点成为可能，并将使数据以完全交换的方式通过网络；在到达 MPLS 网络出口时，再将聚合传输的数据流拆分开，送往各自的最终目的地。

（7）MPLS 实现了用户不同服务要求的单一转发规范

在常规的无连接网络环境中，需要逐段对分组进行分析，检查分组的第三层报头，根据从网络层路由算法中获得的信息做出独立的转发决策。MPLS 允许在同一个网络中用单一的转发模式支持多种类型的业务,由于有了单一的转发规范,因此就容易在同一个网络单元上实现不同的服务要求,而不需要过多地考虑控制平面协议。

(8) MPLS 提高了网络的扩展性

在 MPLS 网络的路由协议方面,由于所有的 LSR 都运行标准的路由协议,某一 LSR 需要通信的路由器的数量减少到与之在路由层次上逻辑相邻的对等体的数量,去掉了路由器之间全网格状的 n^2 个逻辑链路连接,提高了网络的扩展性。

6. 软交换技术

传统的基于 TDM(Time Division Multiplexing,时分多路复用)的 PSTN 语音网,虽然可以提供 64kbit/s 优良品质的语音业务,但由于其交换机的体系结构封闭,控制、交换和接入以设备厂家非标准的内部接口互连,并在物理上合为一体,以及新业务提供能力差,其业务提供能力完全由程控交换机的软硬件固化,要提供新业务需要较长的周期,因此面对竞争日益激烈的市场显得力不从心。随着 Internet 的快速发展并建成了一个覆盖全球的 IP 网,IP 网接入简单、互连互通方便等优势使国内外电信运营商纷纷利用 IP 网的廉价资源,大力发展 VoIP(Voice over IP,互联网电话)技术,特别是新兴电信运营商更是把 VoIP 看作发展语音通信的唯一途径,程控电话网 IP 化、宽带化、网元功能软件化已成为发展方向。

软交换最早由朗讯公司的贝尔实验室于 1997 年提出,我国于 1999 年开始研究。软交换是相对于 PSTN "硬"交换机而言的。"软"主要体现在软交换系统的核心——硬件采用通用 ATCA(先进电信计算平台),核心功能都由软件实现。2011 年我国已全面使用软交换设备。中国电信在国际、省际部署了固网软交换,同时省内利用软交换实现了固网智能化;利用移动软交换对 C 网进行 IP 化改造,所有 TDM MSC 均由软交换替代。中国联通在省际、省内部署了固网软交换;2G、3G 网络共用核心网,均为软交换设备。中国移动的 2G、3G 网络共用核心网,均为软交换设备。软交换的主要缺点是业务和控制未完全分离,分层体系结构未完全实现,限制了业务提供能力;标准化水平不高,协议种类多,不同厂家软交换设备之间的互通性不是很好;主要面向固定网(简称固网)业务,对移动多媒体的支持不够。

7. IMS 技术

IMS(IP Multimedia Subsystem,IP 多媒体子系统)是从事 3G 研究的标准化组织 3GPP(3rd Generation Partnership Project,第三代合作伙伴计划)在 2002 年 3 月的 3G R5 版本中提出的。当时提出在 3G 核心网中使用 IMS 的目的,是为了在移动通信网上以最大的灵活性提供 IP 多媒体业务,以弥补软交换的不足。后来,IMS 被国际标准化组织采纳,TISPAN(Telecommunications and Internet converged Services and Protocols for Advanced Networking,电信和互联网融合业务及高级网络协议)主要针对固网应用制定 IMS 标准,补充和加强了固网的功能及固定、移动融合的功能。基于 IMS 的功能优势和相应技术规范的不断完善,目前我国已经全面部署使用 IMS 设备。

复习思考题

1. 为什么要引入交换?
2. 交换节点有哪些基本功能?

3. 通信的三要素是什么？
4. 交换节点有哪些接续类型？
5. 什么是模拟信号？
6. 什么是数字信号？
7. 数字通信与模拟通信相比，具有哪些优缺点？
8. 模拟交换与数字交换有什么本质区别？
9. 什么是布控（WLC）和程控（SPC）？
10. 什么是分组交换？
11. 分组交换中，交织传输主要有哪些方式？各有何特点？
12. 什么是虚电路（VC）？
13. 如何理解虚电路方式和数据报方式？
14. 比较虚电路和数据报的不同点。
15. 电话交换技术的发展主要经历了哪些阶段？

第 2 章　程控交换技术

程控交换技术是电路交换的最典型形式，程控交换机由硬件系统和软件系统组成。为了更好地掌握程控交换机的工作机理，本章首先从程控交换机的总体结构入手，介绍了程控交换机硬件系统的基本组成；然后重点介绍话路系统的硬件实现技术；最后结合用户日常拨打电话的过程介绍软件系统及呼叫处理的基本原理。

2.1　程控交换机的总体结构

程控交换机由硬件系统和软件系统组成，以数字程控交换机为例，其总体结构如图 2-1 所示。

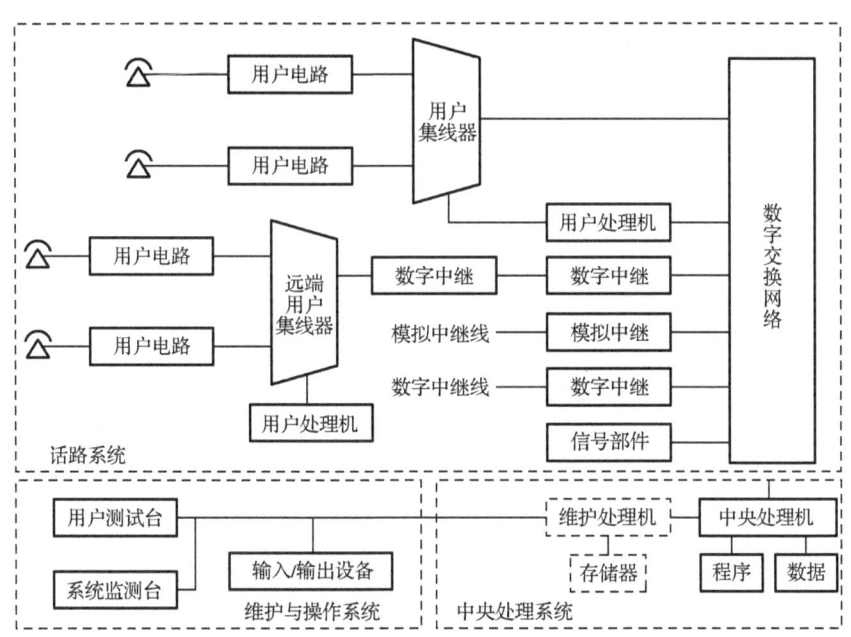

图 2-1　数字程控交换机的总体结构

从图 2-1 中可以看出，程控交换机的硬件包括话路系统、中央处理系统（控制系统）、维护与操作系统三部分。话路系统的作用是构成通话回路，又分为话路设备和话路控制设备，包括用户电路、集线器（用户集线器和远端用户集线器）、用户处理机、中继电路、信号部件、数字交换网络。中央处理系统的主要作用是存储各种程序和数据，进行分析处理，并对话路系统、各输入/输出设备发出指令。中央处理系统主要由中央处理机及各种存储器组成，如果是多级系统，则还有维护处理机和相应存储器。维护与操作系统主要完成系统的操作与日常维护工作，包括用户测试台、系统监测台、输入/输出设备等。

2.2 话路系统的硬件实现技术

话路系统可以分为用户级和选组级两部分,用户级是用户/中继终端与数字交换网络之间的接口电路,包括用户电路、集线器、中继电路、信号部件等;选组级就是数字交换网络,它是话路系统的核心设备。

2.2.1 数字交换网络

数字程控交换机的交换功能是通过数字交换网络来实现的,交换机的容量主要取决于交换网络的大小和处理机系统的呼叫处理能力。

1. 时隙交换原理

数字程控交换机的根本任务就是通过数字交换来实现任意两个用户之间的语音交换,即在这两个用户之间建立一条数字语音通道。

如图 2-2 所示,A 用户的语音信息 a 在 TS_1 时隙时,通过 A 用户的发送回路送至交换网络的语音存储器中的 1#单元暂存,在 TS_2 时隙时将 a 从 1#单元中取出,经交换网络的输出线送至 B 用户的接收回路送给 B 用户。B 用户的语音信息 b 在 TS_2 时隙时,通过 B 用户的发送回路送至交换网络的语音存储器中的 2#单元暂存,在 TS_1 时隙时将 b 从 2#单元中取出,经交换网络的输出线送至 A 用户的接收回路送给 A 用户,完成了 A 用户和 B 用户之间的信息交换。

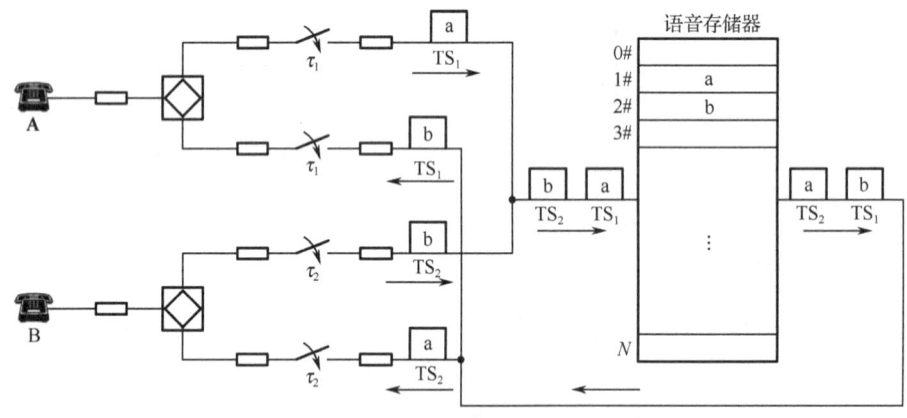

图 2-2 时隙交换原理

由上所述,时隙交换的实质就是将一个语音信息由某个时隙搬移至另一个时隙,它是通过时分接线器来完成的。由于时分接线器的容量不大,组成一个电话交换局显然是不够的,还必须利用空间交换来扩大其容量。这里讲的空间交换仍是时分制的数字交换,信息仍是在某个时隙内传输,仅仅是由这一条复用线上交换到另一条复用线上,时隙不变。因此,数字交换网络包括 T 型时分接线器和 S 型时分接线器两种基本部件,分别用于完成时间交换和空间交换。这里必须强调的是,目前由于大规模可编程集成电路技术的发展,程控交换机多采用模块化的分散控制结构,每个模块的交换网络多采用单 T 结构,但为了保持技术理论的完整性,本节除了重点介绍 T 型时分接线器,还对 S 型时分接线器、T-S-T 型网络做了简单介绍。

2. T型时分接线器

1）T型时分接线器的基本组成

T型时分接线器又称时间型接线器（Time Switch），简称 T 接线器。它由语音存储器（Speech Memory，SM）和控制存储器（Control Memory，CM）两部分组成，其功能是进行时隙交换，完成同一母线不同时隙的信息交换，即把某一时分复用线的某一时隙的信息交换至另一时隙。

语音存储器用于暂存经过 PCM 编码的数字化语音信息，由随机存取存储器（Random Access Memory，RAM）构成。语音存储器的每个单元都可以存储一个话路时隙的 8 位 PCM 编码信息。语音存储器的容量（即存储单元数）应等于输入或输出时分复用线上的时隙数。已编码的语音信息周期性地写入语音存储器内，并从语音存储器内周期性地读出。在语音存储器内，可以进行若干次读操作，但写操作却只能在规定的时间内进行一次。

控制存储器也由 RAM 构成，用于控制语音存储器中信息的写入或读出。也就是说，其内容表示语音存储器写入或读出语音信息的地址，由处理机控制写入。控制存储器存储的是其所控制的语音存储器地址，其单元数应等于语音存储器的单元数，单元内容的位数由语音存储器的容量来决定。例如，输入/输出时分复用线的时隙数为512，则语音存储器和控制存储器的容量均为 512 个单元，语音存储器的位数为 8 位（8 位 PCM 编码信息），控制存储器的位数为 9 位（语音存储器地址）。

通过 T 接线器交换后输出的信息总是滞后于输入的信息，但最长不会超过一帧时间。

2）T接线器的工作原理

按照控制存储器对语音存储器的控制关系，T 接线器的工作方式有两种：读出控制方式和写入控制方式。若出线数等于入线数则称为分配器；出线数小于入线数则称为集线器；出线数大于入线数则称为扩展器。

（1）读出控制方式

语音存储器的存储单元数在读出控制方式中标志着接线器的入线数，而控制存储器的存储单元数标志着接线器的出线数（在写入控制方式中恰与此相反）。如图 2-3 所示，读出控制方式的 T 接线器是顺序写入、控制读出的，其语音存储器的读出是受控制存储器控制的，写入是在定时脉冲控制下顺序写入，也就是说，其输入时分复用线上的语音信息内容在时钟控制下顺序写入语音存储器中；在控制存储器的控制下，把控制存储器的内容作为语音存储器的读出地址，读出语音存储器中的信息送到输出时分复用线上。而控制存储器的写入是受中央处理机控制的，为控制写入；读出则是在定时脉冲控制下，顺序读出。

现假定 A 用户（占用 TS_1）与 B 用户（占用 TS_8）通话，即 $TS_1 \leftrightarrow TS_8$。

【$TS_1 \rightarrow TS_8$】：主叫 A 的语音信息 a 要向被叫 B 传输，中央处理机根据这一要求，向控制存储器下达"写"命令，令其在 8#单元中写入"1"。写入后，这条话路即被建立起来，用户可进行通话。当 TS_1 时隙到来时，语音信息 a 在此刻被送到语音存储器的输入端，定时脉冲将给语音存储器提供写入地址"1"，将输入端的语音信息 a 写入 1#单元，这就是顺序写入，它是在定时脉冲的控制下进行的。

控制存储器的读出是在定时脉冲控制下，按时间的先后顺序执行的。当定时脉冲到 TS_8 时隙时，就读出控制存储器的 8#单元的内容"1"，这一内容被送给语音存储器，作为语音存储器的读出地址,将语音存储器 1#单元内存储的语音信息 a 读出,送到输出线上的 TS_8 时隙中。可见,语音信息 a 是在 TS_8 这一时刻读出的,而此时刻正是 B 用户接收语音信息的时候,所以语音信息 a 就送给 B 用户。

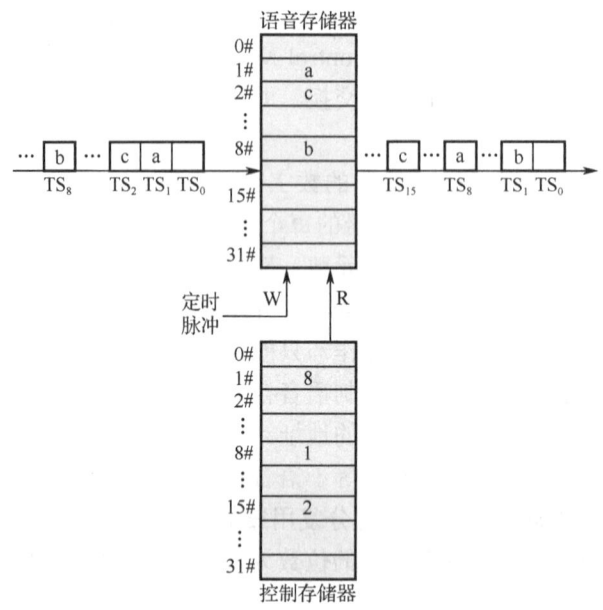

图 2-3 读出控制方式的 T 接线器工作原理

【$TS_8 \rightarrow TS_1$】:B 用户的回话信息 b 如何传输,也要由中央处理机控制,向控制存储器下达"写"命令,令其在 1#单元中写入"8"。写入后,这条回话话路即被建立起来,B 用户可进行回话。从 B 用户的发送回路送出语音信息 b,在语音存储器输入侧的 TS_8 时隙中送入,当定时脉冲为"8"时,将语音信息 b 写入语音存储器 8#单元内。何时读出,则要由控制存储器控制,当定时脉冲到 TS_1 时隙时,就读出 1#单元内存储的内容"8",这一内容被送给语音存储器,作为语音存储器的读出地址,将语音存储器的 8#单元内的语音信息 b 读出,送至输出线上的 TS_1 时隙中。因为语音信息 b 是在 TS_1 时送至输出线的,此时正是 A 用户接收语音信息的时候,所以语音信息 b 就送给 A 用户。

这两条语音通道是同时建立的,即中央处理机向控制存储器下"写"命令时,两个写入内容是同时下达的。但这种"写"命令在整个通话期间,只下达一次,所以控制存储器的内容在整个通话期间是不变的。只有通话结束时,中央处理机再下一次"写"命令,将控制存储器单元中的内容置"0",才将这两条通道清除。

由上述情况可看出,控制存储器的单元地址与输出时隙号相对应,在其单元内写入的内容与输入时隙号相对应,该内容就是输入信息(主叫的语音信息)在语音存储器中的存储地址。例如,TS_2 的语音信息 c 要交换给 TS_{15},则控制存储器就应在 15#单元里写入地址"2",15#与输出时隙号 TS_{15} 相对应,而地址"2"与输入时隙号 TS_2 相对应。语音信息 c 存放在语音存储器的 2#单元,2#单元是主叫的语音信息在语音存储器中的存储地址。

在图 2-3 中,语音存储器有 32 个单元,每个单元都有一个单元地址,这样由输入时分复用线上送来 32 个时隙,每个时隙都对应一个存储单元。在控制存储器中也有 32 个存储单元,它对应着 T 接线器的输出时隙。如果存储器有 256 个单元,则地址码就应为 0~255。

（2）写入控制方式

如图 2-4 所示，写入控制方式的 T 接线器是控制写入、顺序读出的，其语音存储器的写入受控制存储器控制，读出则是在定时脉冲的控制下顺序读出。也就是说，在控制存储器的控制下，把控制存储器的内容作为语音存储器的写入地址，将输入时分复用线上的语音信息写入语音存储器的相应单元中；在定时脉冲控制下顺序读出语音存储器存储的内容送到输出时分复用线上。

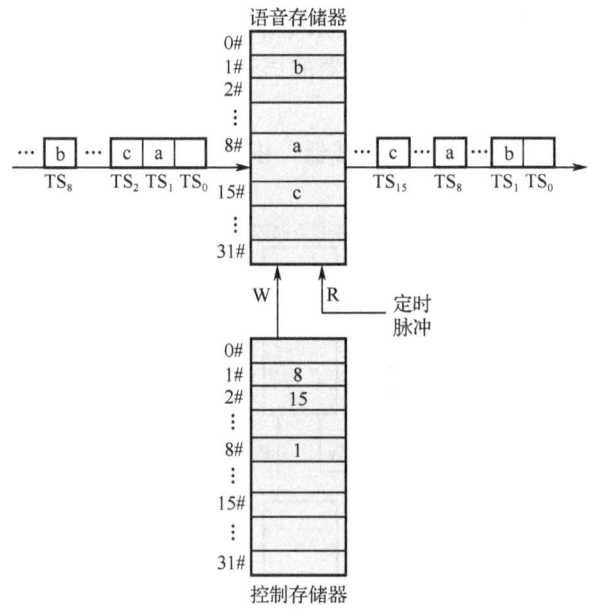

图 2-4　写入控制方式的 T 接线器工作原理

现在仍以上述的一对用户（即 $TS_1 \leftrightarrow TS_8$）为例，说明时隙交换原理。

在中央处理机得知用户要求后，即向控制存储器下"写"命令，在控制存储器的 1#单元写入"8"，在 8#单元写入"1"。单元地址与输入时隙号相对应，在单元里写入的内容仍是主叫的语音信息在语音存储器的存储地址，与其输出时隙号相对应。在控制存储器内写入地址后，语音通道即建立起来，用户可以进行通话。

【$TS_1 \rightarrow TS_8$】：在 TS_1 时隙时，A 用户的语音信息 a 送到，存放地点由控制存储器决定，不是按顺序存入的。控制存储器的读出是按顺序的，所以在此时刻（即 TS_1 时刻），在定时脉冲的控制下，读出控制存储器 1#单元的内容"8"，并通过写入控制线送向语音存储器，作为语音存储器的写入地址，语音存储器根据这个地址，将此时到来的语音信息 a 存入 8#单元。语音存储器在定时脉冲的控制下，按时隙的先后顺序读出相应单元的内容，即在 TS_8 时，读出 8#单元的内容 a，送至输出线上。语音信息 a 在 TS_8 时读出的时刻，B 用户接收语音信息，完成了将语音信息从 A 用户的 TS_1 信道，交换到 B 用户的 TS_8 信道。

【$TS_8 \rightarrow TS_1$】：在 TS_8 时隙时，控制存储器在定时脉冲控制下，按顺序读出 8#单元的内容"1"，通过写入控制线送向语音存储器，作为语音存储器的写入地址，语音存储器则根据这个地址，将此时送来的语音信息写入 1#单元。此时输入线上送来的语音信息就是 B 用户的语音信息 b，所以 b 就被写入 1#单元。语音信息 b 要等到下一个周期的 TS_1 时隙时才能读出，并送到 A 用户的接收回路中。控制存储器的写入每次通话只写一次，直到通话结束。

这种控制方式下，控制存储器单元地址是与输入时隙号相对应的，而单元内存放的内容（语音存储器的地址码）则与输出时隙号相对应。例如，TS_2 用户的语音信息 c 要送给 TS_{15} 用户，则中央处理机在控制存储器的 2#单元写入"15"。在 TS_2 时，语音信息 c 存放到语音存储器的 15#单元，在 TS_{15} 时从 15#单元中读出。

3）T 接线器的电路组成

T 接线器的交换容量主要取决于组成该接线器的存储器的容量和速度，多以 8 端或 16 端 PCM 交换来构成一个交换单元，每一条 PCM 线称为一条 HW（Highway）。如果输入端接 8 条 HW，每条 HW 均有 32 个时隙，T 接线器的语音存储器就应有 256 个存储单元；接 16 条 HW，语音存储器就应有 512 个存储单元。

图 2-5 所示为 8 端 PCM 输入的 T 接线器，由复用器、语音存储器、控制存储器和分路器四部分组成。

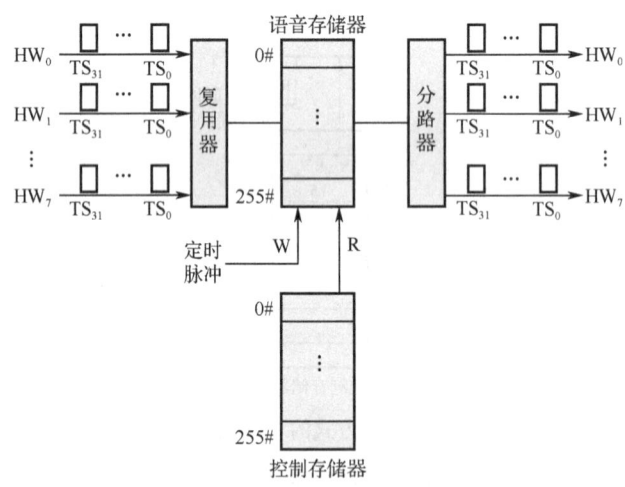

图 2-5 8 端 PCM 输入的 T 接线器

（1）复用器

如图 2-5 所示，复用器的输入端是 8 条 HW（$HW_0 \sim HW_7$），每条 HW 均有 32 个时隙（即 $TS_0 \sim TS_{31}$），并以 2Mbit/s 的速率、串行方式传输码流信息；复用后送给语音存储器时将变成 8×32=256 个时隙，复用器输出时隙与输入时隙之间的对应关系为 ITS=TS×8+HW，其中，ITS 是输出时隙号，HW 是输入线编号，TS 是输入线上的时隙编号。如果整个过程都以串行码流方式进行传输的话，输出速率将为 2×8=16Mbit/s，这样就提高了对半导体器件存取数据的速率要求，同时，由于语音 PCM 编码信息是 8 位的、语音存储器的每个存储单元也都是 8 位的，串行码流显然不便于存储操作，因而复用过程先将串行码流转换成 8 位并行码流，再将 8 条 HW 的并行码流信息进行合并复用，这样速率就由 16Mbit/s 降回了 2Mbit/s，而且 8 位并行码可以同时写入语音存储器中，存储操作方便。这里需要提醒注意的是，复用前后每帧周期均为 125μs，复用之前，每条 HW 上每个时隙的持续时间是 3.9μs；复用后每条线上有 256 个时隙，每个时隙的持续时间变成 488ns。因此，复用器的基本功能是串/并转换和并路复用，利用复用器既可以降低数据传输速率，便于半导体存储器件的存储和取出操作；还可以尽可能利用半导体器件的高速特性，使每条数字通道中能够传输更多的信息，提高数字通道的利用率。

（2）分路器

分路器的功能与复用器正好相反，完成并/串转换和分路输出。

因此，对于 T 接线器来说，多条输入 HW 的串行码，经复用器后输出的是并行码，送到语音存储器；从语音存储器输出的也是并行码，经分路器后，转换成串行码输出至各条输出 HW 上。

4）T 接线器的实际电路与应用

MT8980 是 MITEL 公司生产的一种典型的数字交换电路（T 接线器），能完成 8 HW×32 信道（TS）的数字交换功能，它的内部包含串/并转换器、数据存储器、帧计数器、控制接口、接续存储器、控制寄存器、输出复用电路及并/串转换器等功能单元，如图 2-6 所示。数据存储器就是语音存储器，接续存储器就是控制存储器，控制接口和控制寄存器用于处理机向芯片写入控制信息。

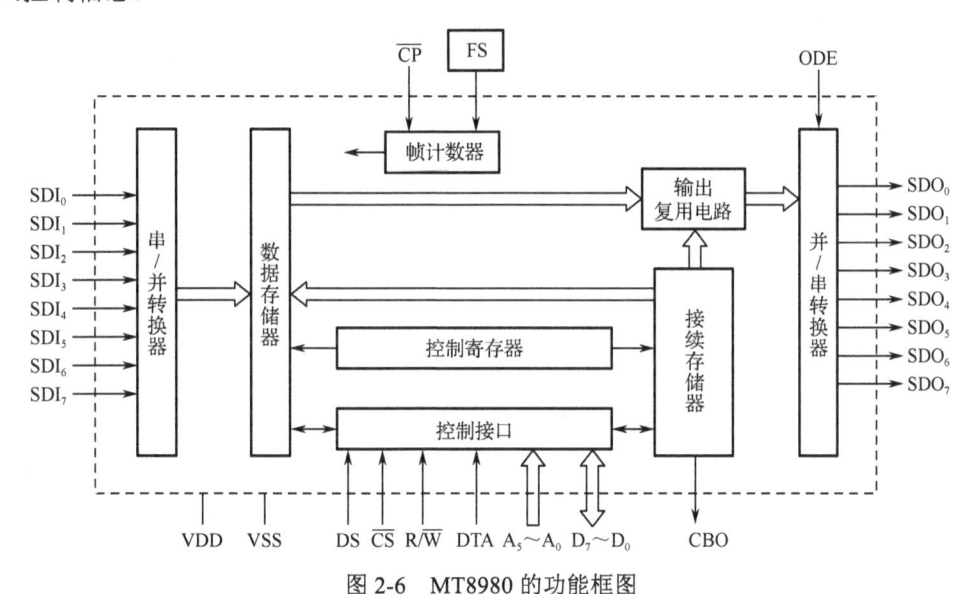

图 2-6 MT8980 的功能框图

MT8980 的基本原理如下：串行 PCM 数据流以 2.048Mbit/s 的速率分 8 路由 $SDI_0 \sim SDI_7$ 输入，经串/并转换，根据码流号（PCM 号）和信道（时隙）号依次存入数据存储器的相应单元中。控制寄存器通过控制接口，接收来自微处理器的指令，并将此指令写入接续存储器。这样，数据存储器中各信道的数据按照接续存储器的内容（即接续命令），以某种顺序读出，再经复用、缓存、并/串转换，变为时隙交换后 8 路 2.048Mbit/s 的 $SDO_0 \sim SDO_7$ 串行输出码流，从而达到数字交换的目的。

电路内部的全部动作均由微处理器通过控制接口控制，微处理器可以读取数据存储器、控制寄存器和接续存储器的内容，也可以向控制寄存器和接续存储器写入命令。接续存储器的容量为 256×11 位，分为高 3 位和低 8 位两部分，前者决定本输出时隙的状态，后者决定本输出时隙所对应的输入时隙。电路不仅可以工作于交换方式，在接续存储器的控制下进行数据存储器内信息的读出；而且可以工作于消息方式，把接续存储器低 8 位的内容作为数据直接输出到相应时隙中去；此外，电路还可以工作于分离方式，即微处理器的所有读操作均读自数据存储器，所有写操作均写至接续存储器的低 8 位。

例如，要想把输入线 SDI_3-TS_5 的内容交换到输出线 SDO_1-TS_{20} 中，微处理器可以按照以下步骤向芯片写入控制指令。

（1）向 0#控制寄存器（$A_5=0$，$A_4 \sim A_0=00000$）写入 8 位控制信息"00010001"（即 $D_7 \sim D_0=00010001$）。其中，$D_7=0$ 表示非分离方式，$D_6=0$ 表示交换方式，$D_4D_3=10$ 表示指向接续存储器低 8 位，$D_2D_1D_0=001$ 表示输出码流号"1"（SDO_1），D_5 备用。

（2）向接续存储器 20#信道（$A_5=1$，$A_4 \sim A_0=10100$，对应输出时隙号 20）所对应的存储单元写入低 8 位控制信息"01100101"（即 $D_7 \sim D_0=01100101$）。其中，$A_5=1$ 表示指向接续存储器，$D_7D_6D_5=011$ 表示 SDI_3，$D_4D_3D_2D_1D_0=00101$ 表示 TS_5。

（3）向 0#控制寄存器（$A_5=0$，$A_4 \sim A_0=00000$）写入 8 位控制信息"00011001"（即 $D_7 \sim D_0=00011001$）。其中，$D_7=0$ 表示非分离方式，$D_6=0$ 表示交换方式，$D_4D_3=11$ 表示指向接续存储器高 3 位，$D_2D_1D_0=001$ 表示输出码流号"1"（SDO_1），D_5 备用。

（4）向接续存储器 20#信道（$A_5=1$，$A_4 \sim A_0=10100$，对应输出时隙号 20）所对应的存储单元写入高 3 位控制信息"00000001"（即 $D_7 \sim D_0=00000001$）。其中，$D_7D_6D_5D_4D_3$ 备用，$D_2=0$ 表示交换方式，$D_1=0$ 表示从 CBO 输出内容为"0"，$D_0=1$ 表示当 ODE=1，控制寄存器 $D_6=0$（交换方式）时允许将数据存储器中的数据输出到相应码流和时隙中。

（5）置 ODE 为"1"，表示输出驱动允许。

完成芯片控制信息设置后，MT8980 将自动把来自输入线 SDI_3-TS_5 的语音信息交换到输出线 SDO_1-TS_{20} 中。反方向交换时的控制信息设置读者可以自己完成。

3．S 型时分接线器

S 型时分接线器是空间型接线器（Space Switch），简称 S 接线器，其功能是完成"空间交换"，即一条输入线可以选择任何一条输出线与之连通。它与一般的空间接线器不同的是输入线和输出线的连接只是在某一时隙内接通。根据控制存储器是控制输出线上还是控制输入线上交叉接点的闭合，S 接线器的工作方式可分为输出控制方式和输入控制方式两种。

1）输出控制方式

如图 2-7 所示，一个语音信息在 TS_2 时隙内传输，现将 TS_2 时隙内的语音信息 a 由 HW_0 交换到 HW_7 上。根据这一要求，CPU 向 7#控制存储器下"写"命令，令它在 2#单元里写入输入线号"0"。当时序到达 TS_2 时，在定时脉冲的控制下，读出控制存储器 2#单元内容"0"，即在 TS_2 时，控制存储器控制 7#输出线与 0#输入线的交叉接点闭合，从而使语音信息 a 在 TS_2 时隙时由 HW_0 输入线通过交叉接点传到 HW_7 输出线上，完成"空间交换"。注意，S 接线器是时分复用的，只完成了语音信息的空间位置交换，时隙并没有交换。

2）输入控制方式

如图 2-8 所示，输入控制方式的 S 接线器，每条输入线上都配有一个控制存储器，控制该输入线的所有与输出线的交叉接点。若 HW_0TS_2 中的语音信息 a 要交换到 HW_7TS_2 中，则 CPU 向 CM_0 下"写"命令，令其在 2#单元里写入输出线号"7"，当时序到达 TS_2 时，在定时脉冲的控制下，读出控制存储器 2#单元里的内容"7"，即在 TS_2 时控制 0#输入线与 7#输出线的交叉接点闭合，使语音信息 a 从 HW_0 输入线交换到 HW_7 输出线上。

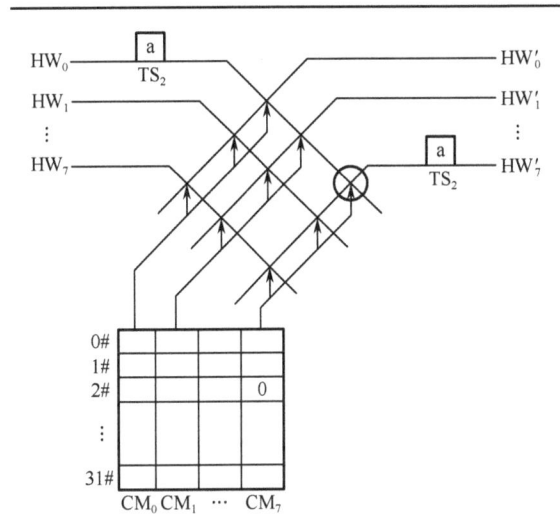

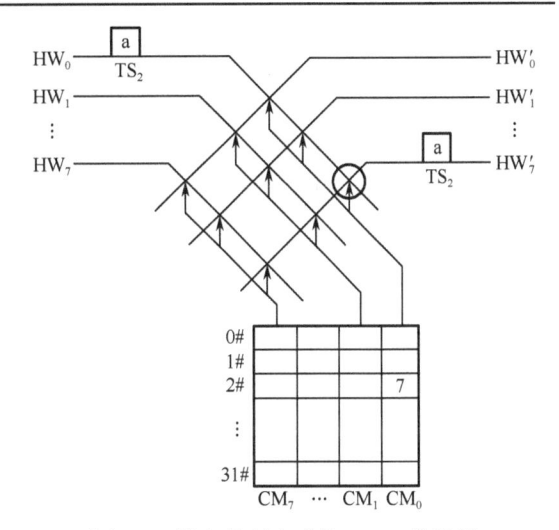

图 2-7 输出控制方式的 8×8 S 接线器

图 2-8 输入控制方式的 8×8 S 接线器

4．T-S-T 型时分交换网络

1）读-写方式的 T-S-T 型时分交换网络

T-S-T 型时分交换网络是由输入 T 级（TA）和输出 T 级（TB），中间接有 S 接线器组成的。图 2-9 所示为 16 个输入侧 T 接线器和 16 个输出侧 T 接线器，中间是 16×16 的 S 接线器的交叉点矩阵。每个 T 接线器的容量都是 256 个单元。输入侧 T 接线器采用读出控制方式，8 端 PCM 串行输入，8 端并行码输出；输出侧 T 接线器采用写入控制方式，8 端并行码输入，8 端 PCM 串行输出，每条 HW 有 32 个时隙。S 接线器采用输出控制方式，在 S 接线器内传输的是并行码，8 套 S 接线器并行工作。

S 接线器上的时隙既不是主叫用户时隙，也不是被叫用户时隙，而是内部时隙（Internal Time Slot），也称中间时隙，CPU 可以就近任选一个空闲时隙。内部时隙一般都是成对选取的，一发一收要同时选择。为了选择方便和简化控制，一发一收的两个时隙可按某种固定关系选择：奇偶关系或相差半帧的关系等。

（1）奇偶关系：若主叫用户至被叫用户方向选用偶数时隙 TS_{2p}，则被叫用户至主叫用户方向即应选奇数时隙 TS_{2p+1}，两者应相差一个时隙。

（2）相差半帧的关系（反相法）：若主叫用户至被叫用户方向选用时隙 TS_i，则被叫用户至主叫用户方向即应选 $TS_{i+F/2}$，F 是一帧的时隙数，两者应相差半帧。

图 2-9 中可以看到分布在不同 HW 的两用户之间互相通话的接续通路。A 用户（HW_0TS_3）的输出语音信息为 a，其所占用的时隙 HW_0TS_3 经复用器后变成了 ITS_{24}（8×3+0=24）；B 用户（$HW_{127}TS_{31}$）的输出语音信息为 b，其所占用的时隙 $HW_{127}TS_{31}$ 经复用器后变成了 ITS_{255}（8×31+7=255）；中间时隙按照反相法分别选用 ITS_2 和 ITS_{130}。

A 用户的语音信息 a 在 TS_{24} 时存入输入级 TA_0 的 24#单元，在 CMA_0 的控制下，于 ITS_2 时读出 SMA_0 的 24#单元里的语音信息 a 送至 S 接线器的 0#输入线；此时，读出 CMS_{15} 的 2#单元内容为 0，控制 0#输入线与 15#输出线接通，而使 a 送至输出级 SMB_{15}；在 CMB_{15} 的控制下，写入 SMB_{15} 的 255#单元，在定时脉冲控制下，于 ITS_{255} 时从 SMB_{15} 的 255#单元里读出语音信息 a，经 P/S（并/串）转换，在 HW'_{127} 输出线上于 TS_{31} 时隙送出语音信息 a 给 B 用户。

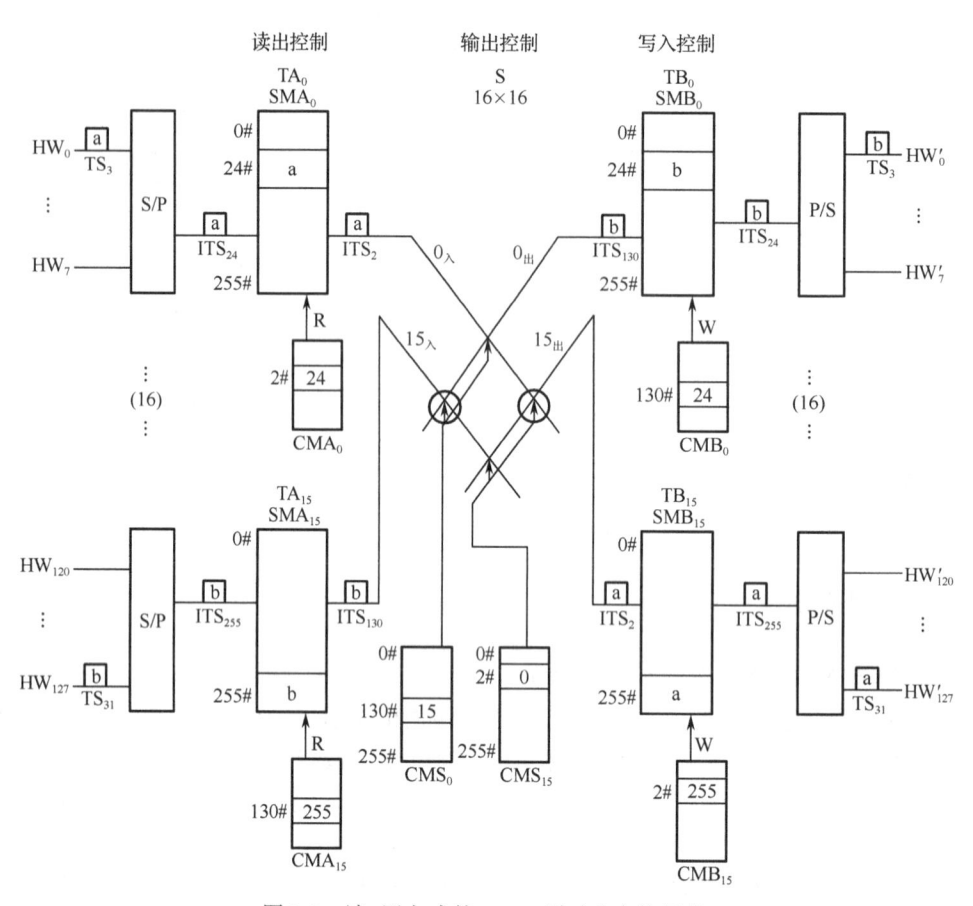

图 2-9 读-写方式的 T-S-T 型时分交换网络

同理，B 用户的语音信息 b 要存入输入级 TA_{15} 的 255#单元，在 CMA_{15} 的控制下，于 ITS_{130} 时读出 SMA_{15} 的 255#单元里的语音信息 b 送至 S 接线器的 15#输入线；此时，读出 CMS_0 的 130#单元内容为 15，控制 15#输入线与 0#输出线接通，而使 b 送至输出级 SMB_0；在 CMB_0 的控制下，写入 SMB_0 的 24#单元，在定时脉冲控制下，于 ITS_{24} 时从 SMB_0 的 24#单元里读出语音信息 b，经 P/S 转换，在 HW'_0 输出线上于 TS_3 时隙送出语音信息 b 给 A 用户。

2）写-读方式的 T-S-T 型时分交换网络

写-读方式的 T-S-T 型时分交换网络如图 2-10 所示，与图 2-9 只在控制方式上有所不同。TA 级为写入控制，TB 级为读出控制，S 接线器仍为输出控制。

仍以 $HW_0TS_3 \leftrightarrow HW_{127}TS_{31}$ 这两个用户的通话接续为例，中间时隙分别为 ITS_2 和 ITS_{130}。A 用户占用的是 HW_0TS_3 时隙，传输的语音信息为 a，经 S/P（串/并）转换后，其时隙为 ITS_{24}。B 用户占用的是 $HW_{127}TS_{31}$ 时隙，传输的语音信息为 b，经 S/P 转换后，时隙为 ITS_{255}。通路建立好后就可开始通话了。

在 HW_0TS_3 时隙里送来的语音信息 a，经 S/P 转换后，在 ITS_{24} 时 CMA_0 的控制下，写入 SMA_0 的 2#单元；在 ITS_2 时读出语音信息 a，此时 CMS_{15} 控制 0#输入线和 15#输出线接通，使语音信息 a 通过该接点写入 SMB_{15} 的 2#单元，在 CMB_{15} 的控制下于 ITS_{255} 时隙时读出，最后经 P/S 转换后送至 B 用户。

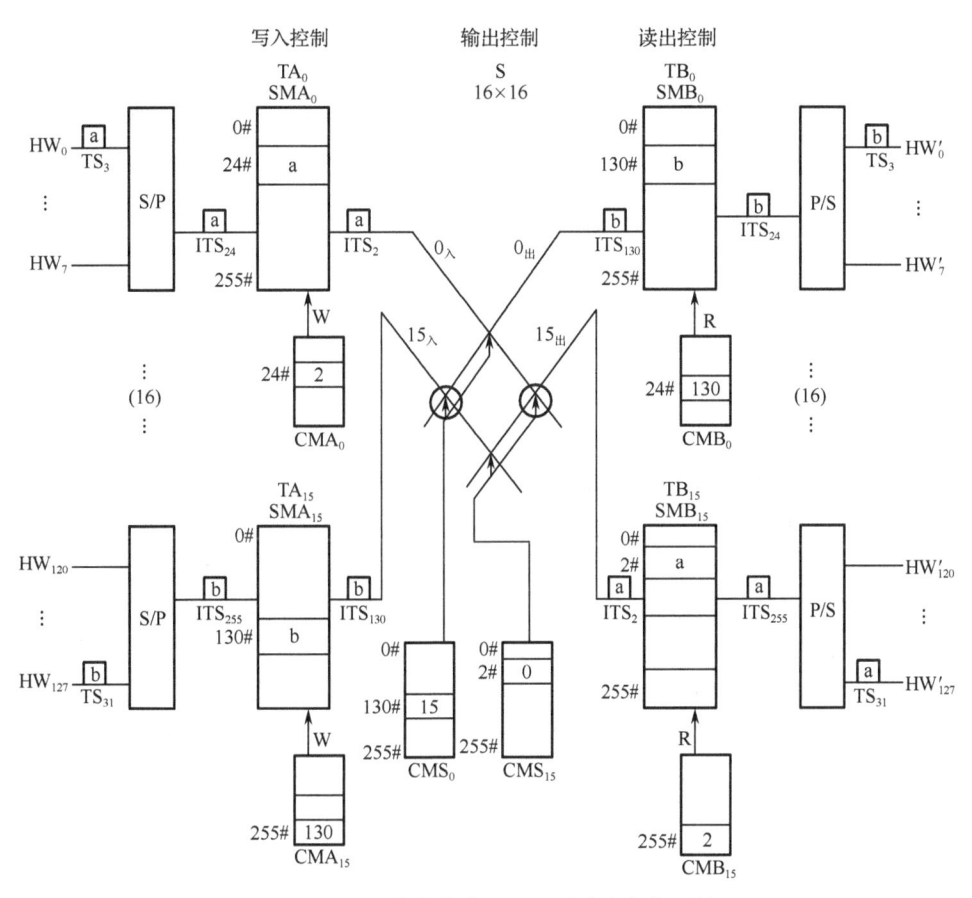

图 2-10 写-读方式的 T-S-T 型时分交换网络

同理，B 用户的语音信息 b，由 $HW_{127}TS_{31}$ 时隙送出，经 S/P 转换后，在 CMA_{15} 的控制下，于 ITS_{255} 时写入 SMA_{15} 的 130#单元，于 ITS_{130} 时读出并通过 S 接线器的接点（15#输入线和 0#输出线的交点）而送至 SMB_0 的 130#单元中，在 CMB_0 的控制下，于 ITS_{24} 时隙时输出，经 P/S 转换后，送至 HW'_0TS_3 时隙输出至 A 用户。

2.2.2 用户级话路

用户级话路由用户电路（Subscriber Line Circuit，SLC）和用户集线器（Subscriber Line Concentrator，LC）组成。用户电路是用户线与交换机的接口电路，若用户线连接的终端是模拟话机，则用户线称为模拟用户线，其用户电路称为模拟用户电路，应有模/数（A/D）转换和数/模（D/A）转换的功能。若用户线连接的终端是数字话机，则用户线称为数字用户线，其用户电路称为数字用户电路，它不需经过 A/D、D/A 转换，但需有码型转换和速率转换等功能。

1. 模拟用户电路

在数字程控交换机中，用户电路应具有七大功能（即 BORSCHT 功能），其功能框图如图 2-11 所示，BORSCHT 是七大功能的英文字头。

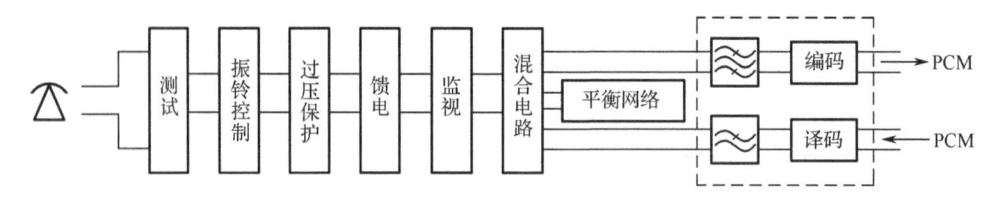

图 2-11 用户电路的功能框图

（1）馈电（B）

交换机向用户话机馈电采用-48V 的直流电源供电。在馈电电路中串联着电感线圈，如图 2-12 所示。电感线圈对语音信号呈现高阻抗，对直流则可视为短路，这样可防止不同用户间经电源而产生串话。通话时的馈电电流应控制在 18～50mA 之间，使送话器处于最佳的工作状态，因此环路电阻应小于 1900Ω。为了满足远距离用户的需要，环路电阻超过 1900Ω 的用户，可在 b 线串接+24V 的升压电池，但环路电阻最大不能超过 3000Ω。

（2）过压保护（O）

用户外线可能遇到雷电袭击、高压线相碰等情况，高压进入交换机内部就会毁坏交换机的相关部件。通常在总配线架上对每一用户都装有保安器，它能保护交换机免受高压袭击。但是从保安器输出的电压仍可能达到上百伏，这个电压也不允许进入交换机内部。因此，用户电路中进一步对高压采取了保护措施，称为二次保护。用户电路中的过压保护电路通常采用钳位方法，图 2-13 所示是由热敏电阻和二极管组成的过压保护电路，4 个二极管组成了一个桥式钳位电路，使 a、b 线间的输入电压限制在-48V 与地电位之间。

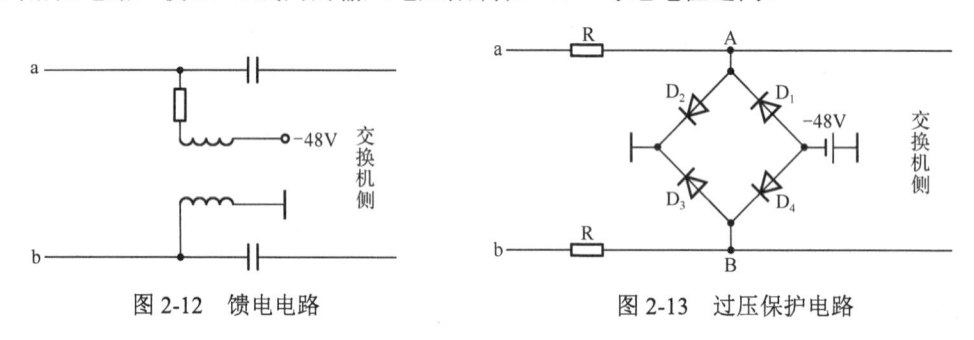

图 2-12 馈电电路　　　　图 2-13 过压保护电路

（3）振铃控制（R）

由于振铃电压为交流 75V±15V，频率为 25Hz，因此当铃流高压送往用户线时，必须采取隔离措施，使其不能流向用户电路的内线，否则将引起内线电路的损坏。一般采用振铃继电器实现，如图 2-14 所示，需向用户送振铃信号时，由中央处理机发出控制信号至用户处理机的信号分配存储器，在用户处理机的软件控制下，从信号分配存储器读出要送给被叫用户振铃的控制信息。该信息控制相应的振铃继电器（RJ）吸动，使 RJ_1 和 RJ_2 的接点由 1 转接至 3，接点 2 与 3 接通，铃流通过振铃继电器的接点 2 和接点 3、话机电铃、隔直流电容器到电源和地，形成铃流环路。

（4）监视（S）

监视功能主要是监视用户线的通/断状态，及时将用户线的状态信息送给处理机处理。由于馈电电源通过用户线、用户话机等构成回路，一旦用户摘机，用户线就有直流电流；用户挂机，用户线就没有直流电流；用户拨号（脉冲拨号）时，用户线上就是一串通/断变化的直流信号。所以处理机可根据用户线电流的有/无,也就是用户线的通/断情况来判断用户摘机、挂机或拨号,如图 2-15 所示。

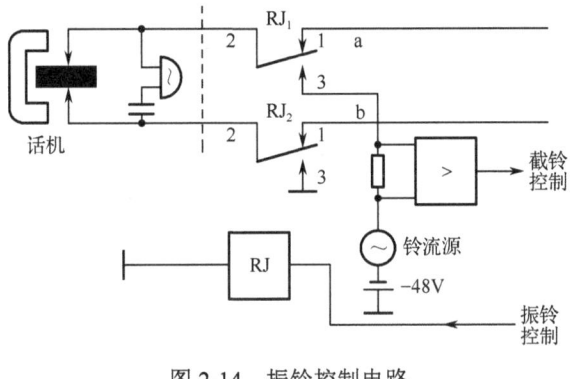

图 2-14 振铃控制电路

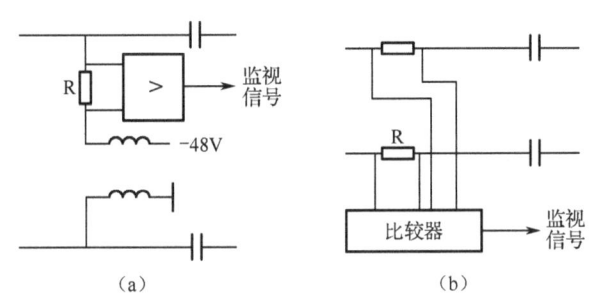

图 2-15 监视电路

(5) 编译码和滤波（C）

编译码和滤波功能完成模拟信号和数字信号间的转换。由用户话机送话器送出的语音信号是模拟信号,在送入数字交换网络前,要由编码器将其转换成数字化 PCM 编码信号。由于模拟信号在编码前要进行抽样,故需将模拟信号的频带限制在 300～3400Hz 范围内,因此要在编码器前加一个带通滤波器。从数字交换网络送出的 PCM 编码信号要通过译码器变成脉冲幅度信号,再通过低通滤波器还原成模拟信号送至用户话机的听筒,所以,在完成模/数和数/模转换时,编码器、译码器和滤波器是密不可分的。目前编码器、译码器和滤波器都采用专用集成电路（如 MC145503 等）,每个用户电路中都单独配备一套编码器、译码器与滤波器。

(6) 混合电路（H）

混合电路的功能是用来进行二/四线转换。用户线上传输的是模拟信号,一般采用二线双向传输。而数字信号的传输必须是单向的,即发送时要通过编码器,接收时要通过译码器,需要四线传输。所以在二线和四线交接处必须要有二/四线转换接口,如图 2-16（a）所示。图 2-16（b）所示是一种由集成电路构成混合电路的原理示意图,从接收端 C_1-C_2 接收的信号,经 BG_1 送至 BG_2 和 BG_5。BG_5 是一个反相器,信号经反相后送至 BG_6。BG_2 和 BG_6 驱动功放电路向用户传输输入信号,由 Z_A 接收,但还会不可避免地回输给差动放大器 BG_3,这一回输信号通过 R_3 传输至发送端的放大器 BG_4,形成回波。为了抵消这一回波信号,在 BG_1 和 BG_4 间加入一个平衡网络 R_1、R_2 及 Z_B,这就使 BG_1 的输出信号有一部分要通过平衡网络送至放大器 BG$_4$ 的另一输入端，通过调整 Z$_B$ 使得该信号与 BG$_3$ 回输的信号幅度相等、相位相反，合成后的值为 0，使 BG$_4$ 无输出（消除了回波）。

(a) 二/四线转换接口

(b) 由集成电路构成混合电路的原理示意图

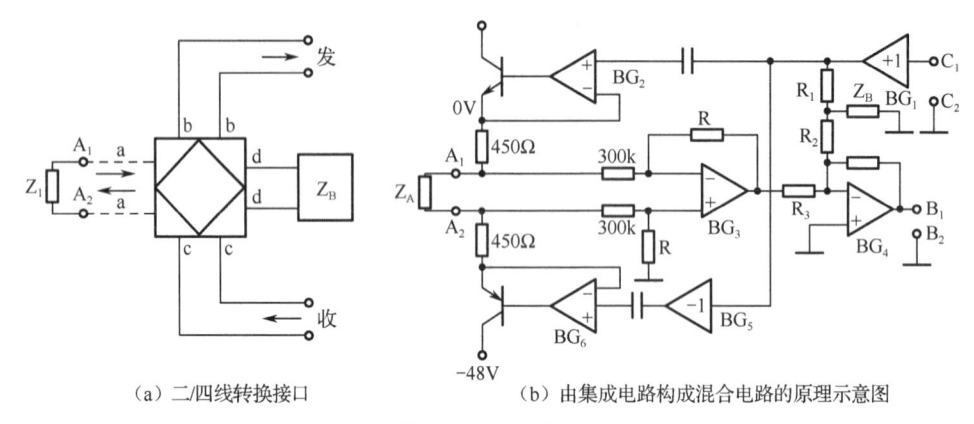

图 2-16 混合电路

（7）测试（T）

测试功能主要用来及时发现用户终端、用户电路和用户线接口电路可能发生的混线、断线、接地、与电力线碰接和元器件损坏等各种故障，以便及时修复和排除。用户电路中提供了一些测试接点及开关。这些接点及开关多用继电器控制。当需要测试外线时，驱动外线测试继电器动作，使内、外线断开，将测试仪表与外线接通，进行测试；当需要测试内线时，则控制内线测试继电器动作，断开外线，将测试仪表与内线电路相接，测试内线。对内线和外线的测试一般采用周期巡回自动测试或指定测试方式，测试电路如图 2-17 所示。

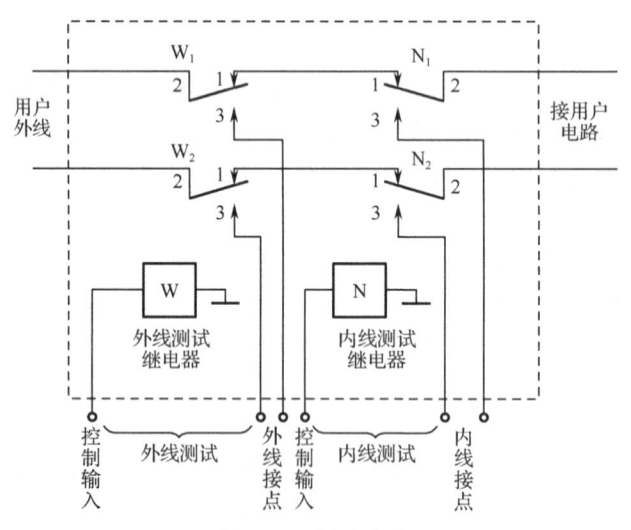

图 2-17 测试电路

图 2-18 所示为采用 MC3419 和 MC145503 设计构成的实际模拟用户电路，MC3419 与外部 2 个达林顿管（T$_1$ 和 T$_2$）配合提供馈电功能（B），与振铃继电器（RJ）及控制接口电路配合提供振铃控制功能（R），与外部上拉电阻配合提供监视功能（S），与平衡网络配合提供混合电路功能（H）；MC145503 完成编译码与滤波功能（C），其编译码所需的时钟信号和帧同步信号由时序分配电路提供；两个热敏电阻和 4 个二极管组成过压保护电路（O）；由两个

测试继电器（NJ和WJ）提供内外线测试功能（T）。在实际交换机中，除继电器和达林顿管之外，其余部分通常都统一做到一块厚膜电路上，每块电路板可以放置24、32或64个用户电路。

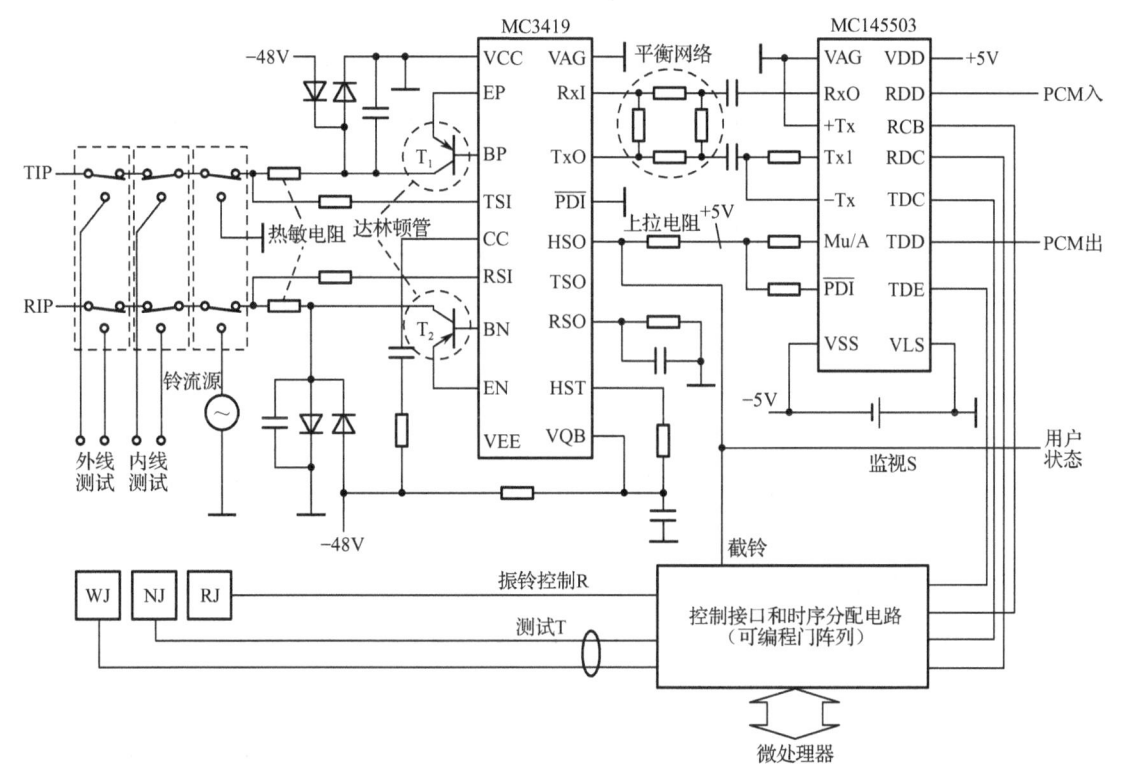

图 2-18 模拟用户电路设计举例

2．用户集线器

用户集线器是用来进行话务量的集中（或分散）的。对于每个用户来说，话务量是很低的，一般小于 0.12～0.2Erl，如果每个用户都在交换网络中占据一条话路，显然是很不经济的。为此采用用户集线器进行话务量集中。通常以 120 个用户为一群，出线为 4 套 PCM 线路（128 个时隙，120 条话路）。每群有一个用户级 T 接线器（原理上与数字交换网络的 T 接线器相同），可以有多个用户群复接（到数字交换网络去的各群的语音存储器输出复接，由数字交换网络来的则输入复接），从而将几百上千个用户共用的 120 条话路接到数字交换网络，复接的用户群数就是集中比。集中后，话路的话务量可达到 0.8Erl，这样既节省了投资，又能使用户级话路至数字交换网络间采用传输质量高的 PCM 线路，改善用户线的传输质量。

图 2-19 和图 2-20 所示是集中比为 16∶1 的用户集线器（即用户级 T 接线器），由 16 个群复接而成。从用户话路的发送端经用户集线器输出送至交换网络的通道称为上行通道，采用了集中话路的办法，将几百个甚至上千个用户话路集中到 120 条话路上，送入数字交换网络进行集中交换；交换后输出，经过用户集线器将话路中的信息分送至相关用户接收端的通道称为下行通道，故用户集线器包含具有集中话路功能的上行用户级 T 接线器和具有扩展功能的下行用户级 T 接线器两部分。在实际交换机中，集中比通常为 4∶1。

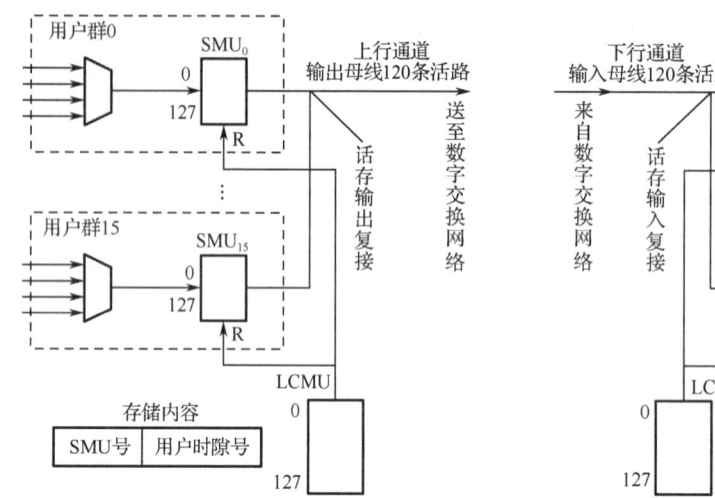

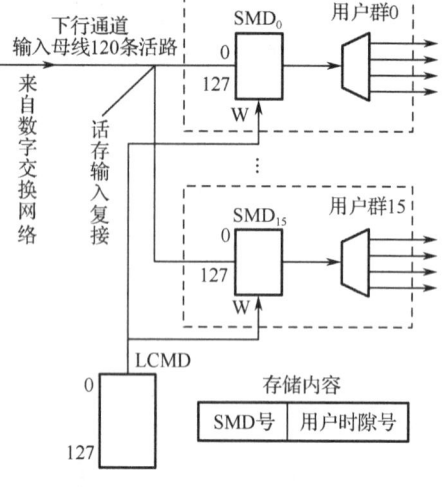

图 2-19 用户级 T 接线器复用示意图

图 2-20 用户级 T 接线器分路示意图

远端用户级是指装在距离交换局较远的用户分布点上的话路设备。它的基本功能与模拟用户级相似，也包括用户电路和用户集线器，只是把用户级装到了远离交换局的用户集中点，它将若干个用户线集中后以数字中继线连接至母局。远端用户级也可称为远端模块。

3．数字用户电路

数字用户电路（Digital Line Circuit，DLC）是数字用户终端设备与数字程控交换机之间的接口电路。数字用户终端设备有数字话机、个人计算机、数字传真机及数字图像设备等，它们都以数字信号的形式与交换机相沟通。数字用户电路与模拟用户电路不同，为了在二线制的用户线上进行数字信号的双向传输，需要采用一些特殊的技术，如时间分隔复用法（Time Division Multiplex）、回波消除法（Echo Cancellation）。

2.2.3 中继接口电路

中继接口电路分为模拟中继电路和数字中继电路两大类。

1．模拟中继电路

模拟中继电路是数字交换机与其他交换机之间采用模拟中继线相连接的接口电路，它是为使数字交换机适应模拟环境而设置的。如图 2-21 所示，其功能与用户电路类似，也有过压保护（O）、编译码及滤波（C）和测试（T）功能，不同的是它不需要馈电（B）和振铃控制（R）功能。

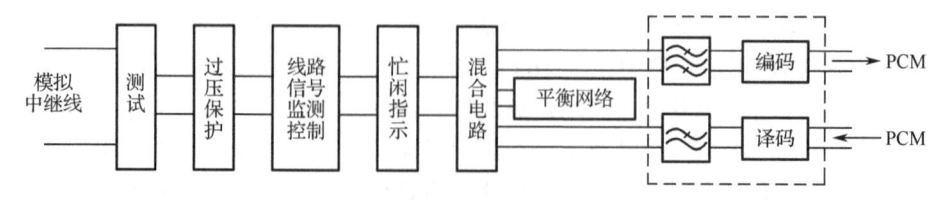

图 2-21 模拟中继电路的功能框图

2．数字中继电路

数字中继电路是连接数字交换机的数字中继线与数字交换网络的接口电路，它的输入和输出都是数字信号，因此，不需要进行模/数和数/模转换。由于线路传输的码型与机内逻辑电路所采用的码型不同，因而需要码型转换。此外，由于从各条数字中继线送来的码流不同，决定码流速率的时钟频率和相位都会有些差异，码流中的帧定位信号也会与本局的帧定位信号不同步等，都需要接口设备加以调整和协调。数字中继电路的功能组成框图如图 2-22 所示。

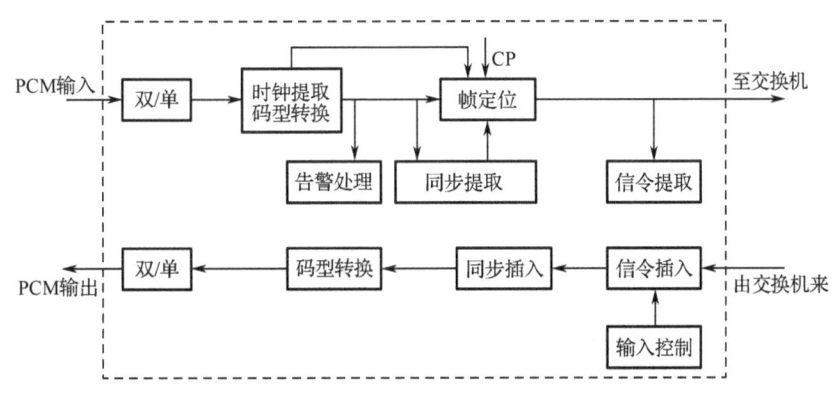

图 2-22　数字中继电路的功能组成框图

数字中继电路主要有以下功能：码型转换、时钟提取、帧定位、帧和复帧定位信号插入、信令提取、告警处理等。

（1）码型转换

从外线接收时，码型转换是将线路上传输的 HDB3 码转换成适合数字中继器内逻辑电路工作的 NRZ 码。HDB3 码是连"0"抑制码，它将每 4 个连"0"码用"000V"或"B00V"取代节代替。所以码型转换设备要将其恢复成 AMI 码，再经整流后转换成 RZ 码，最后转换成 NRZ 码。

在向外发送时，码型转换是将内部的 NRZ 码转换成 HDB3 码，送至 PCM 传输线上。

（2）时钟提取

时钟提取电路用于从 PCM 传输线上送来的码流中提取发端送来的时钟信息，以便控制帧同步电路，使收端和发端同步。传输线上传来的 HDB3 码转换成 AMI 码后，在码型中没有时钟频率成分，故需要将 AMI 码经整流转换成 RZ 码，从 RZ 码中提取时钟频率成分。

（3）帧同步和复帧同步

帧同步的目的是使收端帧的时序一一对应，即从 TS_0 开始，使后面的各路时隙一一对应，保证各路信息能够准确地被各收端所接收。同步提取电路要从发端送来的码流中检测出偶帧的 TS_0 中所发来的帧同步码"×0011011"（×表示国际备用，一般为 1），经过比较、鉴别和调整，确认其为帧同步信号时发出帧定位的控制信号。

奇帧同步码为"11A11111"，对奇帧 TS_0 中送来的帧失步告警信号，还需辨别其真假。当确认其失步时，应通知控制系统和维护管理系统，以便采取措施进行处理。

帧同步并不等于复帧也同步。在复帧的各个 TS_{16} 中传输的是各条话路的线路信令码，若复帧不同步，将会造成各路的信令错位，使通信无法进行。复帧同步就是要在传输码流中，检测出 F0 帧 TS_{16} 的前 4 位码"0000"，一经检测出复帧同步码"00001B11"，即可发出定位控制信息，使收端的复帧时序和发端的复帧时序一一对齐，以便做到帧和复帧与发端同步，使通信准确无误。A 和 B 分别用于帧和复帧失步的远端告警（正常为 0）。

（4）帧定位

帧定位指的是使输入的码流相位和局内的时钟相位同步。

发端局和收端局的时钟可能会出现一些偏差或者传输的码流因时延的影响而与局内时钟在相位上有些偏差的情况，这些都会影响局间信息交换的正常进行。所以必须把发端局送来的各时隙传输的信息，准确地按照本局的时钟传输，这就是帧定位的任务。

帧定位一般采用弹性存储器来实现。弹性存储器的写入，是由时钟提取电路从接收的码流中提取的发端时钟来控制的，而读出则是由本局的时钟控制的。经过弹性存储器内的串/并转换及锁存器的处理，其输出的各时隙，无论是在频率上还是在相位上均与本局时钟一致。弹性存储器可以采用移位寄存器，也可以采用随机存取存储器（RAM）。

（5）信号控制

信号控制功能是通过信令插入和信令提取电路来完成的。在接收方向上，将传输线上通过 TS_{16} 时隙送来的信令码提取出来，按复帧的格式将其转换为连续的 64kbit/s 信号，在输入时钟的控制下，写入控制电路的存储器，在本局时钟的控制下，从存储器中读出。在发送方向上，信令信号在本局时钟控制下送入 TS_{16}，送往收端交换机。

（6）帧和复帧定位信号插入

因为交换网络输出的信号中不包含帧和复帧的同步信号，故在发送时，应将帧和复帧的同步信号插入，这样就形成了完整的帧和复帧的结构。帧和复帧定位信号插入是伴随帧和复帧同步信号的插入过程实现的。

2.2.4 信号部件

交换机需要向用户发送各种信号音，如拨号音、忙音和回铃音；也需要接收和向其他交换局发送各种局间信号，如多频信号；这些信号都是音频模拟信号。信号部件主要有信号音发生器、多频接收器和发送器等，它们都是接在数字交换网络上的，因此这些模拟信号必须经过数字化后才能进入交换网络，以达到传输信号的目的。必须要指出的是，目前的实际交换机中，信号部件的相关功能主要是利用数字信号处理器（DSP）的软件来实现的，这里只是简单说明信号音数字音频信号的产生、发送和接收过程的基本原理。

1．数字音频信号的产生

数字音频信号是由数字信号发生器产生的。该发生器内有只读存储器（Read Only Memory，ROM）、计数器和译码器等器件。对要求产生的信号音进行抽样，抽样频率为8000Hz，也就是每隔 125μs 的时间抽样一次；再将每次抽样的幅度进行编码，写入 ROM 中；最后在计数器的控制下，按一定的规律读出 ROM 中的内容，就产生了数字信号音。例如，要产生500Hz 的信号音。首先是抽样，抽样周期为125μs，可抽取 16 个样值；然后是编码，每个样值编成 8 位码，第 1 位为极性码，第 2～8 位为幅度码；最后是写入 ROM 中。ROM 的读出是受 0～15 循环计数器控制的，在帧脉冲控制下，每来一个帧脉冲，计数器加 1；当计数器加到 15 时，若再输入一个帧脉冲就复位为 0。计数器输出的 4 位码通过译码器形成 ROM 的读出控制信号，按 4 位码的顺序控制将 ROM 各个单元内容读出。再如，要产生 450Hz 的信号音，则要求 450Hz 的信号能够经过几个周期后，恰是 8000Hz 抽样频率的周期的整数倍。即应求出 450Hz 和 8000Hz 的最大公约数为 50Hz，因此，要求 ROM 有 160 个单元，存储 160 个样值编码。

2．数字音频信号的发送

在数字程控交换机中，各种数字音频信号大多是通过数字交换网络送出的，和普通语音信号一样处理。

（1）用 T 接线器发送数字音频信号

要想将数字音频信号发送给某个用户，首先要将数字音频信号存放在 T 接线器的某个指定单元内，当需要对某个用户送去音频信号时，则将音频信号从该单元中取出并送至该用户所在的时隙上。一般选 TS_0 或 TS_{16} 所对应的存储单元存放音频信号，因为在交换网络内，这两个时隙是空闲的，可以移作他用；当然也可以选用其他时隙。

（2）T-S-T 链路半永久性连接法

T-S-T 链路半永久性连接法是在开局时，就将各链路连接好。数字音频信号接在 T-S-T 网络入口处的指定时隙 TS_i 中，指定一条链路作半永久性连接，将各模块的链路 TS_i 和 $TS_{i+半帧}$ 腾出来专门用来接续拨号音（其他音频信号均可）。

3．数字音频信号的接收

各种信号音都是由用户话机来接收的。这种数字音频信号在用户电路中经过译码转换成模拟信号被自动接收。

多频信号是由接收器接收的，一般采用数字滤波器滤波。接收器中采用的数字滤波器和传统的窄带滤波器不同，它的滤波过程实际上是一个计算过程，是将输入信号的序列数字按照预定的要求转换成输出序列。

多频信号主要有两种：一种是由用户电路送来的双音多频（Dual-Tone Multifrequency，DTMF）信号；另一种是由中继线接口电路送来的多频互控（Multi-Frequency Compelled，MFC）信号。这些信号在数字交换机中都转换成了数字信号，通过数字交换网络送到相应的接收器。对于 DTMF 信号，由 DTMF 信号接收器接收；对于中继线送来的 MFC 信号，则由 MFC 信号接收器接收。以实际交换机 ZXJ10 为例，ASIG 电路板就是用来接收各种多频信号的，由于其内部功能的软件化实现，它可以根据用户需要随意配置 DTMF 信号接收器、MFC 信号接收器、CID（来电显示）、会议电路等功能。

2.3 呼叫处理的基本原理

程控交换系统中的硬件动作均由软件控制完成。软件是为完成各项功能而运行于交换系统各处理机中的程序和数据的集合；程序又是由若干条指令组成的，所以交换机的软件系统非常庞大和复杂。这就要求软件系统具有高可靠性、高时效性和较强的多重处理能力。

程控交换机的程序系统可分为两大部分。一部分是运行处理所必需的在线程序（也称为联机程序），是交换机中运行使用的、对交换系统各种业务进行处理的软件的总和，它可分成系统程序和应用程序。系统程序是交换机硬件同应用程序之间的接口，包括内部调度、输入/输出处理、资源调度和分配、处理机间通信管理、人机通信、系统监视和故障处理等程序；

应用程序包含呼叫处理、执行管理、系统恢复、故障诊断和维护管理等程序。另一部分是运行处理非必需的支援程序（也称为脱机程序），是软件中心的服务程序，多用于交换机的设计开发与调试、软件生产与管理、生成交换局及开通时的测试等，按其功能可划分为设计子系统、测试子系统、生成子系统和维护子系统，主要包括编译程序、连接装配程序、调试程序、局数据生成、用户数据生成等，它与正常的交换处理过程联系不大。所有有关交换机的信息都可以通过数据来描述，根据信息存在的时间特性，数据可分为半固定数据和暂时性数据；半固定数据包括系统数据、局数据和用户数据；暂时性数据用来描述交换机的动态信息，这类数据随着每次呼叫的建立过程不断产生、更新和清除。

呼叫处理程序是程控交换机实现交换功能的最重要软件，它负责整个交换机所有呼叫的建立与释放及交换机各种新服务性能的建立释放。本节在介绍呼叫接续基本过程和状态迁移的基础上，结合某用户打电话的呼叫接续过程，详细叙述了呼叫处理的基本原理。

2.3.1 呼叫接续过程概述

1. 呼叫处理的基本过程

呼叫接续过程都是在呼叫处理程序控制下完成的，基本过程如下。

（1）主叫用户摘机：交换机通过周期性地对用户电路的状态监视线（S）进行扫描，检测到 A 用户的摘机状态；交换机调查主叫用户类别、话机类别、服务类别。

（2）送拨号音：交换机为主叫用户寻找一个空闲收号器及空闲路由；交换机通过对信号音通路的连接驱动，向主叫用户发送拨号音，并监视收号器的输入信号，准备收号。

（3）收号：主叫用户拨第一位号码，收号器收到第一位号码后，停拨号音；主叫用户继续拨号，收号器将号码按位接收并储存；对"已收位"进行计数；将号首送到分析程序进行预译处理。

（4）号码分析：进行号首（前几位号码）分析，以确定呼叫类别，并根据分析结果是本局、出局、长途还是特服等决定该收几位号；根据号码分析结果，检查这一呼叫是否允许接通（是否限制用户等）；检查被叫是否空闲，若空闲，则予以示忙。

（5）接通被叫：测试并预占主、被叫通话路由；找出向被叫送铃流及向主叫送回铃音的空闲路由。

（6）振铃：向被叫送铃流，向主叫送回铃音；监视主、被叫用户状态。

（7）被叫应答和通话：被叫摘机应答，交换机检测到后，停振铃和停回铃音；建立主、被叫通话路由，开始通话；启动计费设备开始计费；监视主、被叫用户状态。

（8）话终挂机：主叫先挂机，交换机检测到后，路由复原、停止计费、向被叫送忙音，被叫挂机后，转入空闲状态；被叫先挂机，交换机检测到后，路由复原、停止计费、主叫听忙音，主叫挂机后，转入空闲状态。

结合日常拨打电话过程，程控交换机某用户一次呼叫的处理流程如图 2-23 所示。

2. 呼叫处理的状态迁移

（1）稳定状态的迁移

状态迁移是由输入信息引起的。没有输入信息的激发，状态是不会改变的。例如用户的挂机状态（称为空闲状态），如果没有输入摘机信息，空闲状态就会保持不变，一旦摘机（即输入一个摘机信息),就会使空闲状态改变。空闲状态向哪个稳定状态改变,则要进行分析处理,这就是所谓的内部分析。经内部分析,知道了用户及话机的类别后,若允许用户发话呼叫,就可向用户送拨号音,并给这个用户接上一个相应的收号器,转入等待收号的稳定状态,这就是输出处理。同样,在交换机等待收号的稳定状态(用户听拨号音的状态)下,如果输入一个新信息(如拨号信息),收号器就会收到该号码信息,并把号码信息送给内部分析程序(号码分析程序)进行分析,通过号码分析,知道了这是用户拨出的首位号码,就会控制拨号音发送器停止送拨号音(输出处理),从而交换机就会从等待收号的稳定状态转入收号的稳定状态。实际上,整个电话呼叫接续过程就是交换机不断接收外部信息(如摘机、拨号、应答、挂机等),通过对外部输入信息的分析处理,执行相应的输出任务(如送拨号音、停拨号音、送铃流、接通话路、释放话路等),完成从一个稳定状态转入另一个稳定状态(如空闲到等待收号、等待收号到收号、收号到振铃、振铃到通话、通话到空闲等)的一系列过程。

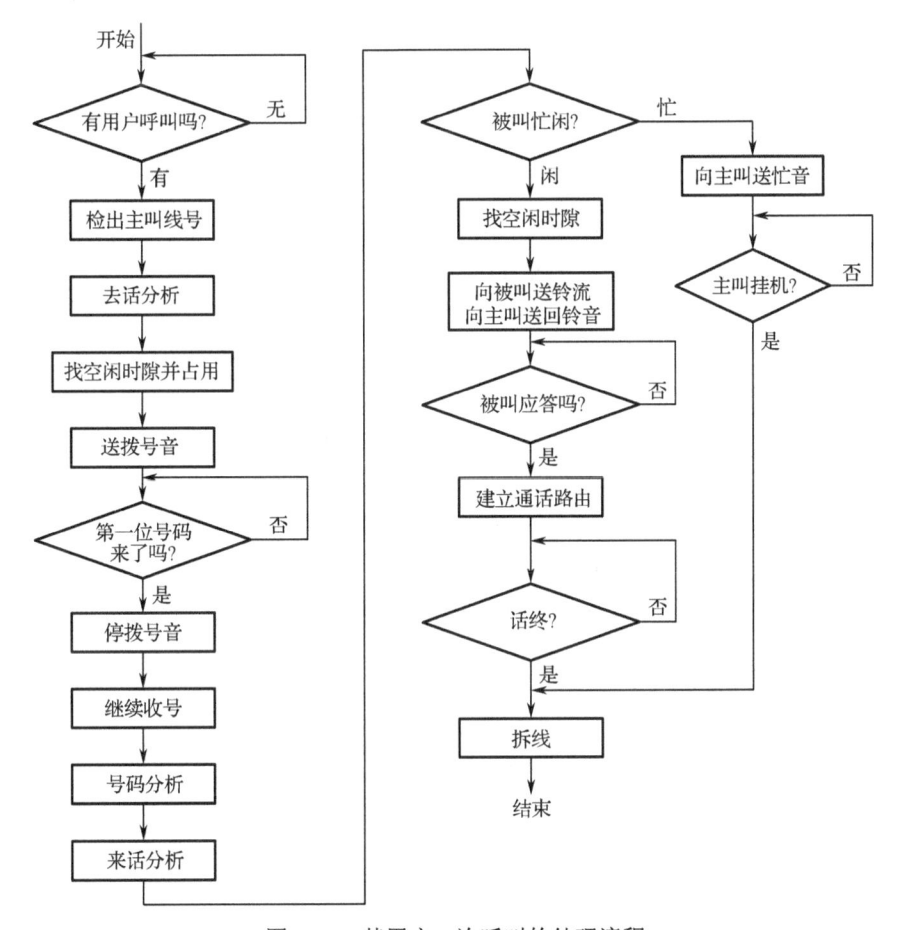

图 2-23 某用户一次呼叫的处理流程

从前述可以看出,由一种稳定状态向另一种稳定状态迁移时,必须要经过 3 个步骤:输入处理、内部分析和输出处理。每次状态迁移都要执行这一过程,这就是呼叫处理程序的基本组成,如图 2-24 所示。输入处理是指对用户线和中继线的状态进行监视、检测和识别,及时发现新的处理要求,然后将输入信息放在队列中或相应的存储区,以便进行内部分析处理,主要有用户线扫描、脉冲号码扫描、双音频号码扫描、中继线扫描等。内部分析是指根据输

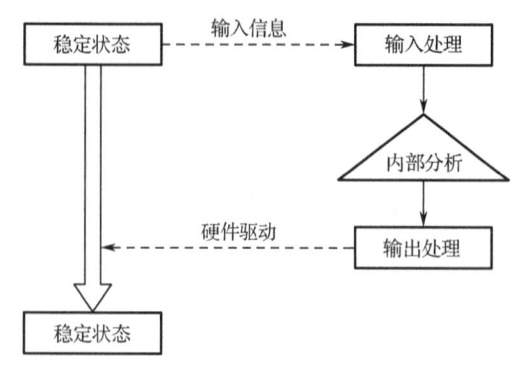

图 2-24 呼叫处理程序的基本组成

入信息、当前状态及内部情况，确定应执行的任务及向哪一种稳定状态迁移，主要有去话分析、号码分析、来话分析和状态分析。输出处理是指根据内部分析结果，形成外部驱动控制命令，启动硬件执行任务，并从目前的稳定状态迁移到另一个稳定状态，主要包括各种硬件驱动控制。

（2）状态迁移图

从上面的叙述中，我们还应该看到，一种稳定状态迁移到另一种稳定状态并不是只有一种迁移方向，而是根据输入信息、所处状态及环境情况的不同而有不同的迁移方向，主要有如下几种可能：

一是在同一状态下，由于输入信号的不同，会得出不同的处理结果。如在等待收号的稳定状态下，如果输入信息不是拨号而是主叫挂机，那么下一个状态就不再是收号状态而是空闲状态。又如在振铃状态下，主叫挂机，应按中途挂机进行处理；如果被叫摘机，则应按通话接续处理，转入通话状态。

二是在不同的状态下，输入同样的信号，也会迁移到不同的状态。例如，同样的摘机信号，若是在空闲状态下输入的，则认为是主叫摘机呼叫；若是在振铃状态下输入的摘机信号，就被认为是被叫摘机应答。

三是在同一状态下，同样的输入信息，但环境条件不同，也会得出不同的结果。例如，在空闲状态下，主叫摘机，若此时交换机内有空闲的收号器，则应送拨号音，将状态迁移至等待收号的状态；若此时交换机内没有空闲的收号器，则应向主叫送忙音，将状态迁移至送忙音的稳定状态。

因此，呼叫接续过程无法用简单的流程来表示，而用状态迁移图就可以一目了然地反映出来，图 2-25 所示是状态迁移图所用符号，图 2-26 所示是局内呼叫的状态迁移图。

符号图形	注释	符号图形	注释
状态号 状态名 符号图形	稳定状态	ⓣ	计时器
△	挂机	◇	分支
△	摘机	▭	内部任务
外部 内部	交换设备范围	-----	连通备用
⊃	收号器	⟩	输入
⊂	发送器	⟨	输出

图 2-25 状态迁移图符号举例

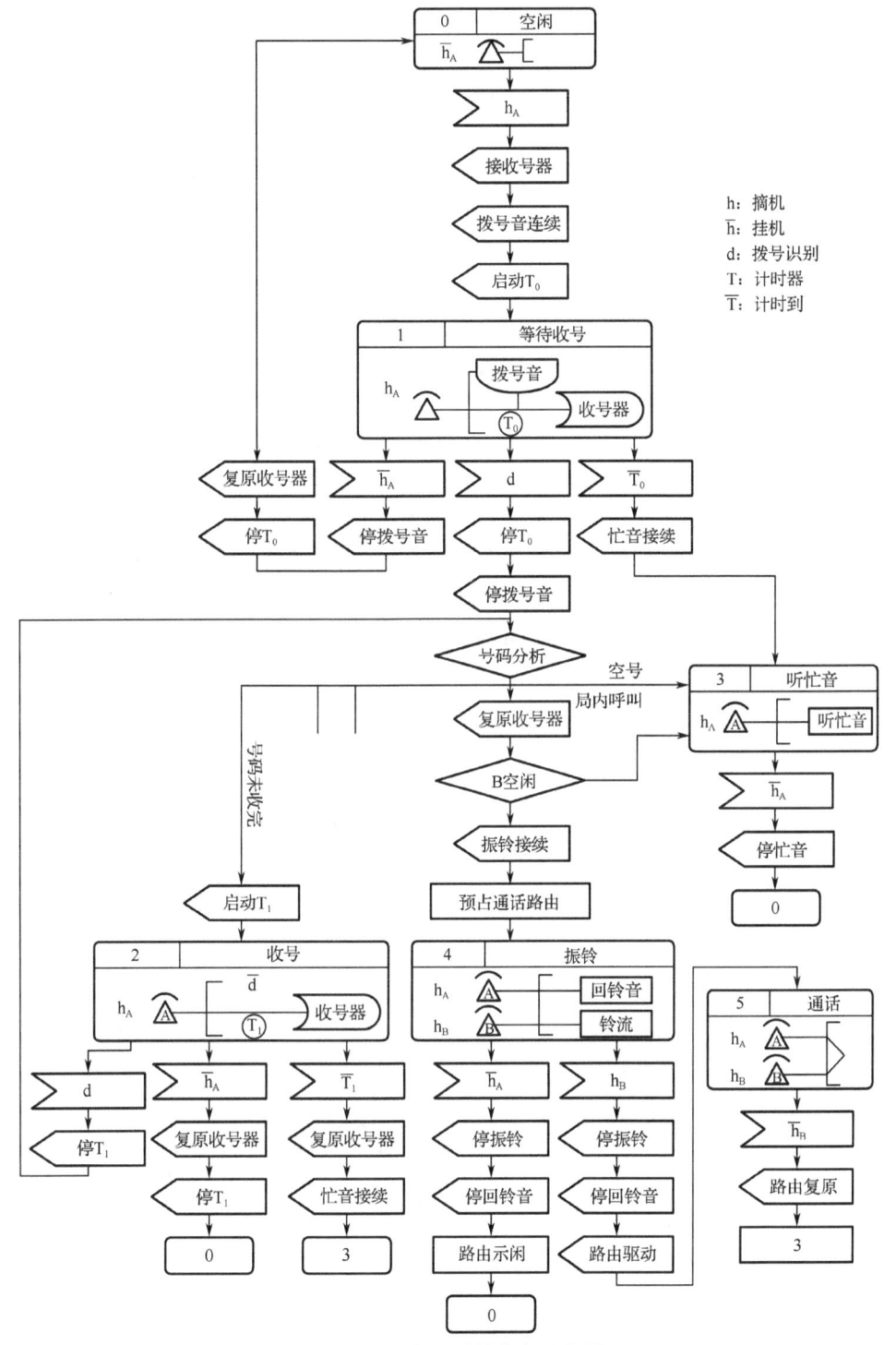

图 2-26 局内呼叫的状态迁移图

2.3.2 用户线监视扫描及呼叫识别

用户线监视扫描的目的是收集用户线回路状态的变化,以确定是用户摘机、挂机,还是拨号脉冲等。处理机通常采用定期地、周期性地对用户电路的状态监视(S)进行扫描的方法，来获取用户电路的状态信息，其扫描周期可以较长，一般可为100～200ms；若是监视识别拨号脉冲，则扫描周期就应短一些，可为8～10ms。

用户线的状态有两种，即"通"或"断"。形成直流回路为"通"（或称续），用"0"表示；断开直流回路为"断"，用"1"表示。用户话机的摘机或挂机，反映在用户线状态上即为"通"或"断"，脉冲话机的拨号脉冲反映在用户线状态上也是"断"和"续"。

1. 用户摘机识别

用户摘机识别是找出状态从"1"变为"0"的用户。为此必须有两个存储器：一个用来存放本次扫描结果，用LSCN表示；另一个用来存放前一次的扫描结果，用LM表示，代表用户忙闲状态。识别程序将这两次扫描结果进行逻辑运算，只要判断运算结果是否为"1"，就能"及时"地识别出摘机用户。

图2-27所示为用户摘机识别原理图。摘机识别的扫描周期约为192ms，即每隔192ms对用户线状态扫描一次，若用户线状态为挂机状态，则本次扫描结果为"1"；若为摘机状态，则本次扫描结果为"0"。前次扫描结果是192ms前的扫描结果，为了使摘机动作发生时，逻辑运算出"1"，故将本次扫描结果取"非"，再和前次扫描结果相"与"，其结果可从图中看出，逻辑运算结果在摘机动作发生后的那个扫描时刻为"1"，在其他时刻均为"0"，则可断定在该时刻前的扫描周期里用户摘机。图2-28所示为用户摘机识别的程序流程图。

图 2-27 用户摘机识别原理图

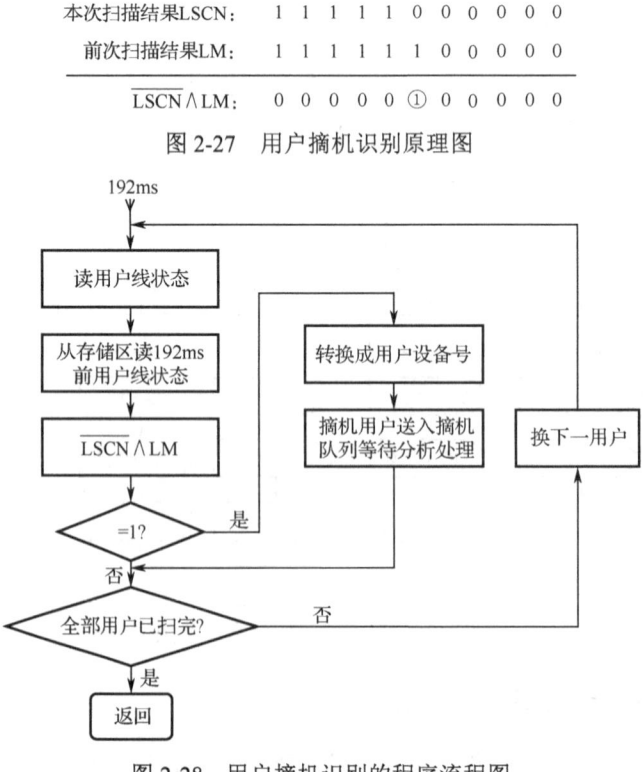

图 2-28 用户摘机识别的程序流程图

2. 用户挂机识别

用户挂机识别与摘机识别的原理差不多，将前次扫描结果取"非"与本次扫描结果相"与"即可，识别出"1"就是用户挂机。图 2-29 所示为用户挂机识别原理图。

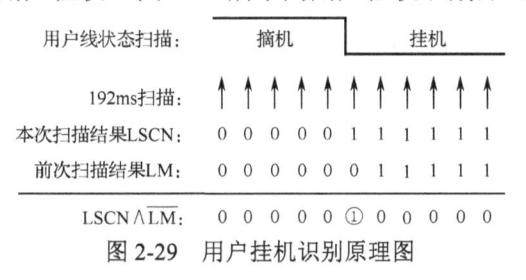

```
用户线状态扫描：     摘机        挂机
192ms扫描：       ↑ ↑ ↑ ↑ ↑ ↑ ↑ ↑ ↑ ↑
本次扫描结果LSCN：  0 0 0 0 1 1 1 1 1 1
前次扫描结果LM：    0 0 0 0 0 1 1 1 1 1
LSCN∧LM̄：         0 0 0 0 ① 0 0 0 0 0
```

图 2-29 用户挂机识别原理图

3. 群处理

由于处理机要监视的用户数量很大，为了提高效率，多采用群处理的方法。图 2-30 所示为群处理的用户线状态扫描示意图，图中 8 个用户为一组（都在同一块电路板上）。扫描存储器每个单元里有 8 位，每个用户占用一位，用来反映用户线的断/续状态。扫描存储器的写入是由硬件控制的，即用户电路中的监视信号通过扫描电路直接向扫描存储器写入，写入的周期一般为 4ms。读出则是在用户处理机的程序控制下，每 192ms 读出一次。在内存中还划出一个区域，称为用户存储器，用来记录 192ms 前的用户线状态扫描结果，每个单元有 8 位，每个用户占用 1 位，与扫描存储器的单元一一对应，用来反映用户的忙/闲状态（摘机为忙，挂机为闲）。

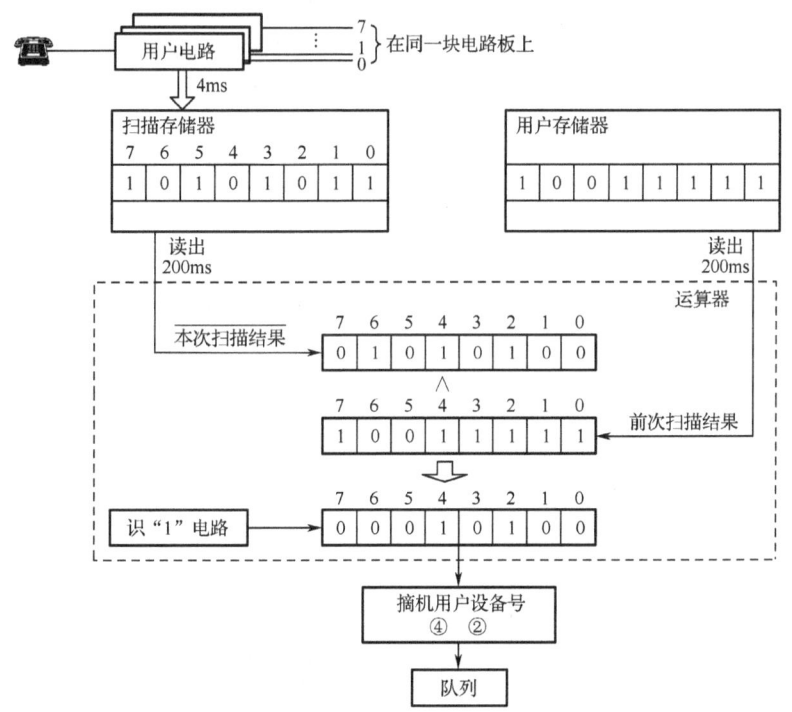

图 2-30 群处理的用户线状态扫描示意图

用户摘机识别程序在 192ms 周期性中断的启动下，从扫描存储器中读出某个单元的数据，取"非"后送入运算器，同时，从用户存储器中读出与之相应的单元里的数据，送入运算器，在运算器内将两者相"与"，看其结果是否为"0"。若为"0"，则说明这一组内无摘机用户。

若不为"0",则说明这一组内有摘机用户,可进一步查找这个单元中哪些位是"1",是"1"的位就是摘机用户,即可将该位的坐标号(即设备号)送入队列。此后应将扫描存储器存储的数据送入用户存储器中,作为下次 192ms 扫描时的前次扫描结果。

这种摘机识别是一组一组地进行的,称为群处理,其识别原理如下。

```
用户设备号：      7 6 5 4 3 2 1 0
本次扫描结果LSCN： 1 0 1 0 1 0 1 1
前次扫描结果LM：   1 0 0 1 1 1 1 1
─────────────────────────────────
$\overline{LSCN} \wedge LM$：  0 0 0 ① 0 ① 0 0
```

上例中摘机用户为 2#和 4#用户。群处理识别用户摘机的程序流程图如图 2-31 所示。

为节省时间,一般采取摘、挂机一起识别的方式,这样扫描一次就全解决了。摘、挂机识别的程序流程图如图 2-32 所示。例如,对某组用户群处理的结果如下,可见摘机用户为 2#和 4#用户,而挂机用户为 5#用户。

```
用户设备号：       7 6 5 4 3 2 1 0
本次扫描结果LSCN：  1 0 1 0 1 0 1 1
前次扫描结果LM：    1 0 0 1 1 1 1 1
──────────────────────────────────
$\overline{LSCN} \wedge LM$：  0 0 0 ① 0 ① 0 0
$LSCN \wedge \overline{LM}$：  0 0 ① 0 0 0 0 0
```

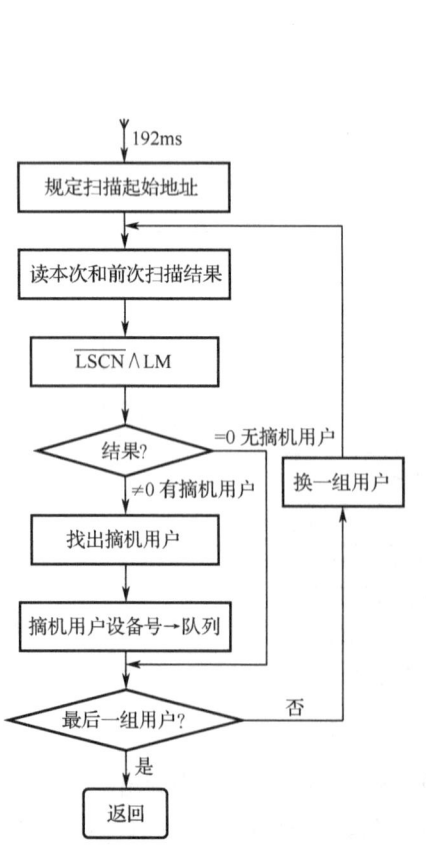

图 2-31　群处理识别用户摘机的程序流程图 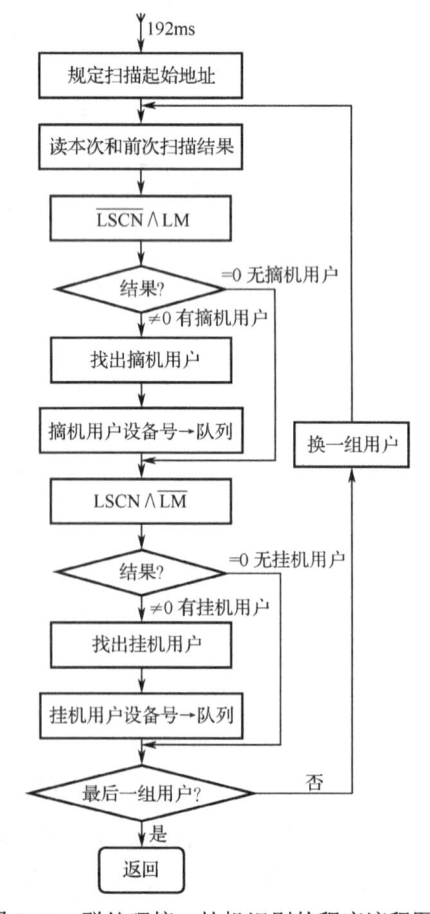　　图 2-32　群处理摘、挂机识别的程序流程图

2.3.3 去话分析处理

去话分析属于内部分析处理程序,其任务是对各种输入信息进行分析,以决定下一步应执行的任务。由于这种程序对实时性要求不太严格,且没有固定的执行周期,因此,属于基本级程序。包括去话分析在内的 4 种内部分析处理程序都要应用表格查找,因此,这里先介绍一下表格查找的基本方法。

1. 表格查找

数据常以表格的形式存放,包括检索表格和搜索表格两种。

1)检索表格

此表格以源数据为索引进行查表来得到所需要的目的数据,它分为单级和多级两种。

(1)单级检索表格

所需的目的数据直接用索引查一个单个表格即可得到。例如,在程控交换机中将用户电话号码译为设备号码的译码表,就属于这种表格。

图 2-33 所示为单级检索表格。在表格中索引号码为 FA+(ABCDEFG),FA 为首地址,(ABCDEFG)为七位用户电话号 ABCDEFG 所对应的表中地址。它是按次序排列的,作为检索地址,根据这一地址,就可查到相应表格单元中所存放的设备号。若每个设备号在译码表中占一个单元,则有:FA+(ABCDEFG)→设备号。若每个设备号在译码表中占 n 个单元,则有:FA+n×(ABCDEFG)→设备号。

(2)多级检索表格

只有通过多级表格检索查找,才能得到所需的目的数据,也就是说,表格安排成多级展开的形式,即为多级检索表格。查第一张表格得到下一张表格的地址,依次类推,最后得到所需要的数据。要连续查找的表格数目可以是固定的,也可以是可变的。图 2-34 所示为三级检索的用户译码表,XYZ 为用户电话号码,X 可对应局号,Y 可对应千位号,Z 可对应用户号码的最后三位号码。根据局号 X,在 N_1 表中可查到千位号译码表的首址 N_2X;根据千位号 Y,在 N_2X 表中可查到后三位号码译码表的首址 N_3Y,根据后三位号码 Z,在 N_3Y 表中可查到所需信息或所需信息的地址,即该用户的设备号。

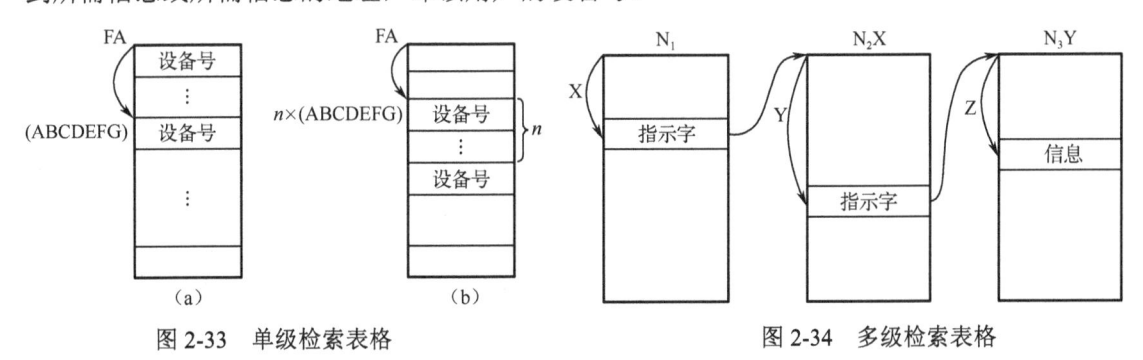

图 2-33 单级检索表格　　　　图 2-34 多级检索表格

2)搜索表格

在搜索表格中,每个单元都包含源数据和目的数据两项内容。在搜索时,以源数据为依据,从表首开始自上而下地依次与表中的源数据逐一比较,当在表中找到要搜索的源数据时,搜索停止，即可在相应的单元中得到目的数据。

图 2-35 所示为搜索表格。表中的源数据可形象地称作"键孔"，而输入的源数据称作键，在搜索时，将键依次插入键孔试试看，如果一致，就停止搜索并取出目的数据。搜索表格主要用于用户线和中继线的联选。每个单元中均表示了该相应的用户线或中继线是否空闲，若空闲，即被选中；若不空闲，则指示该群中的下一条用户线或中继线的表格地址。

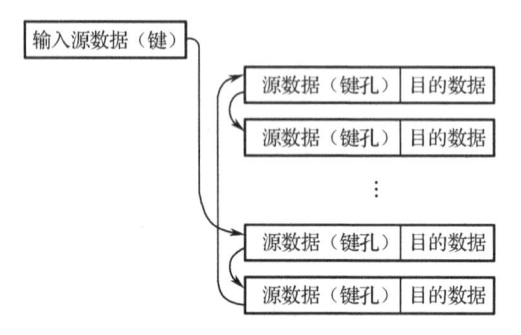

图 2-35 搜索表格

选用哪一种表格，主要取决于处理机的编址容量及在处理某些格式的数据时其指令系统的效率。

2．去话分析

去话分析的主要任务是分析主叫用户的用户数据，以决定下一步的任务和状态。

1）用户数据

用户数据是去话分析的主要信息来源，用户数据主要包括以下内容。

（1）呼叫要求类别：一般呼叫、拍叉簧呼叫、其他呼叫。
（2）端子类别：未使用（空端子）、使用。
（3）线路类别：正常、半固定连接、其他。
（4）运用类别：一般用户、来话专用、去话禁止。
（5）话机类别：脉冲话机（号盘话机）、双音频话机（按钮话机）。
（6）计费种类：定期或立即计费、家用计次表、计费打印等。
（7）出局类别：允许本区内呼叫、允许市内呼叫、允许国内长途呼叫、允许国际呼叫。
（8）服务类别：呼叫转移、呼叫等待、三方通话、免打扰、恶意呼叫追踪等。

此外，还应反映出各种用户使用的不同用户电路，如普通用户电路、带极性倒换的用户电路、带直流脉冲计数的用户电路、带交流脉冲计数的用户电路、投币话机专用的用户电路及传真用户电路等。这些数据都按一定格式和关系存入内存，使用时取出。需要说明的是，用户数据中的端子类别、线路类别及话机类别等实际上都是以二进制表示的编码信息，其占用存储器的空间大小、包括几种信息、每种信息排在什么位置、包含几种状态，都随交换机种类不同而异。

2）分析过程

去话分析是根据用户数据，按去话分析流程图（如图 2-36 所示），采用表格展开法进行的。最后，将分析结果送入队列，转至任务执行程序，执行程序的任务。

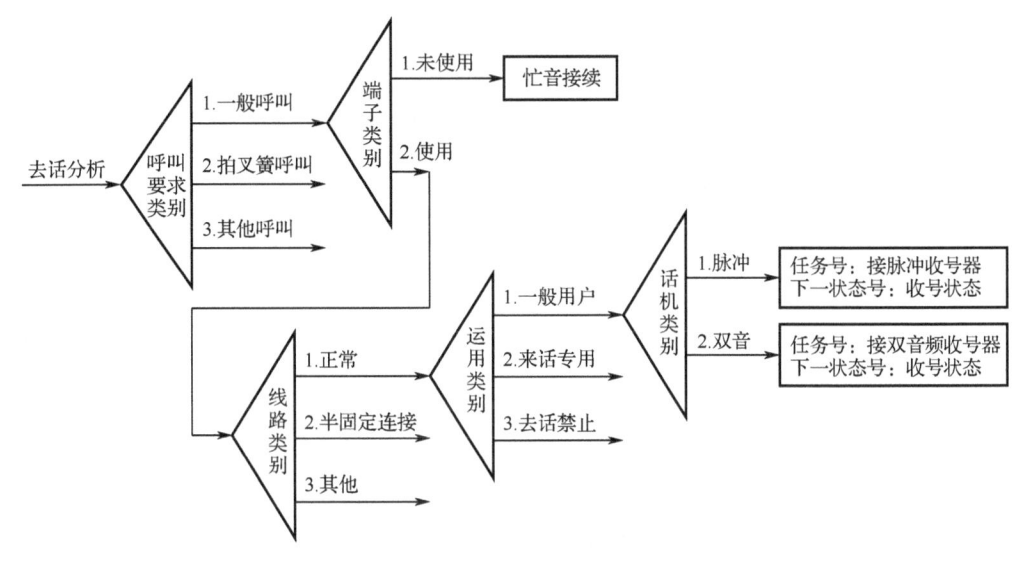

图 2-36 去话分析流程图

例：假如有一摘机呼叫，其用户数据如下：
- 呼叫要求类别=1，即一般呼叫；
- 端子类别=2，即使用状态；
- 线路类别=1，即正常；
- 运用类别=1，即一般用户；
- 话机类别=1，即脉冲话机。

根据这一系列用户数据，用表格展开法进行分析，如图 2-37 所示。分析的结果是：接脉冲收号器，应转入的下一状态是收号状态。

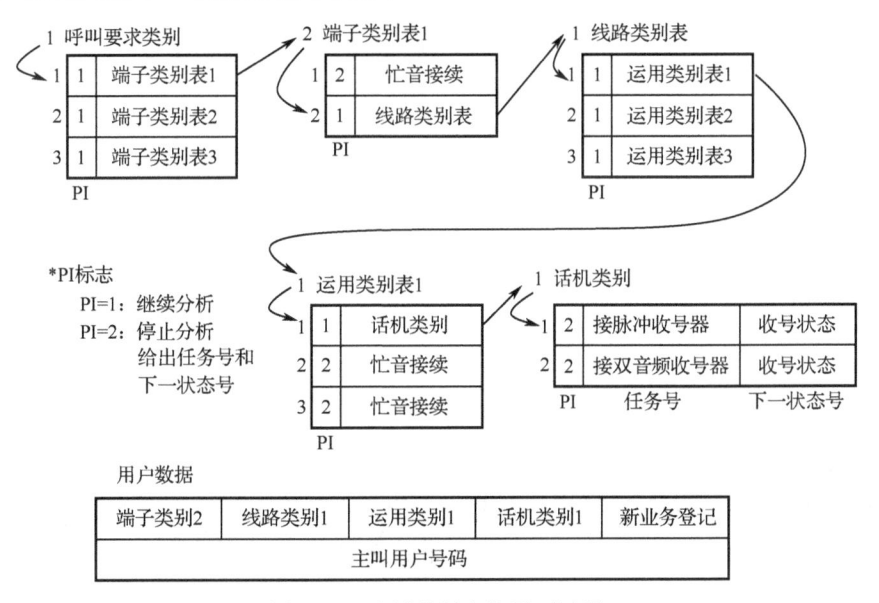

图 2-37 去话分析表格展开过程

2.3.4 用户拨号扫描及识别接收

用户话机设置【P/T】开关用于选择拨号方式：P 为脉冲方式，T 为 DTMF 方式。

1. 脉冲号码的扫描识别与接收

脉冲号码扫描程序由 3 部分组成：脉冲识别、脉冲计数和位间隔识别及号码存储。

1）脉冲识别

脉冲识别是要识别脉冲串中的每一个脉冲，这就要求脉冲识别的周期必须小于最小脉冲的持续时间或脉冲的间隔时间。

号盘脉冲的规定参数如下。

脉冲速度——每秒钟送的脉冲个数，其允许的范围为 8～22 个脉冲/秒，最短的脉冲周期为 1000ms/22≈45ms。

脉冲断续比——脉冲的宽度（断）和脉冲间隔的宽度（续）之比。断续比允许的范围为 3∶1～1∶1.5。在 3∶1 的情况下，脉冲间隔的时间最短，其值为 45ms×1/4≈11ms。故脉冲识别的扫描周期应为 8～10ms，一般多选为 8ms。

脉冲识别原理如图 2-38 所示。其按照 8ms 周期对用户线状态进行扫描，将结果写入扫描存储器（本次扫描结果），用 SCN 表示，在内存中划出一个区域作为用户存储器，存放前一个 8ms 扫描的结果（前次扫描结果），用 LL 表示。比较本次扫描和前次扫描的结果，就可看出状态变化，采用异或运算进行变化识别（SCN⊕LL）。在变化识别中有脉冲的前沿和脉冲的后沿，脉冲前沿（即 LL=0，SCN=1）识别逻辑式：（SCN⊕LL）∧$\overline{LL}$。该逻辑运算得出结果为"1"时，即是脉冲前沿，有一个"1"，就有一个脉冲，有两个"1"，就有两个脉冲。

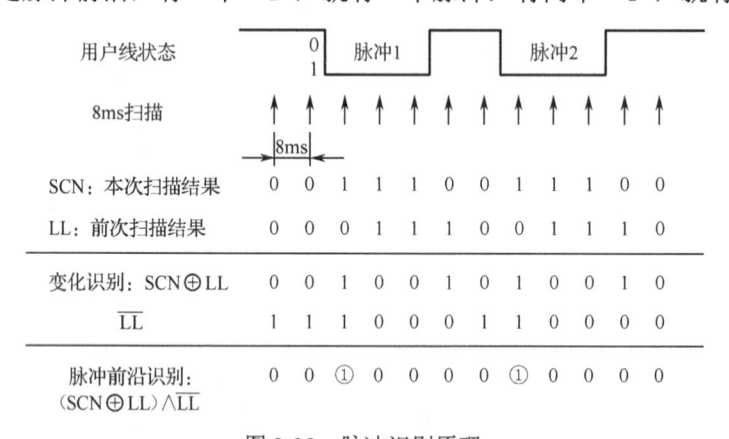

用户线状态	0 1	脉冲1				脉冲2				
8ms扫描	↑ ↑ ↑ ↑ ↑ ↑ ↑ ↑ ↑ ↑ ↑									
	|8ms|									
SCN：本次扫描结果	0	0	1	1	1	0	0	1	1	0	0
LL：前次扫描结果	0	0	0	1	1	1	0	0	1	1	0
变化识别：SCN⊕LL	0	0	1	0	0	1	0	1	0	1	0
$\overline{LL}$	1	1	1	0	0	0	1	1	0	0	0
脉冲前沿识别： （SCN⊕LL）∧$\overline{LL}$	0	0	①	0	0	0	0	①	0	0	0

图 2-38 脉冲识别原理

2）脉冲计数

脉冲识别的同时可以对脉冲计数。计数是在用户存储器内的一个存储区中进行的。在这个存储区内，设置一个脉冲计数器。由于脉冲个数最多为 10 个数字，即 0～9，这就要求用 4 位二进制数来表示，所以计数器应占 4 位。

收号器是公用的，可以随机地分配给需要拨号的用户，脉冲计数也按不同的收号器分别进行。拨号脉冲的接收也采用群处理方法，收号器实际上是在随机存取存储器中划定的一个存储区，假如存储器的每个单元有 32 位，占用 4 个单元，每个收号器只占用 4 个单元中相同的某一位，这样就可以构成 32 个收号器。若 PC_i 表示收号器的第 i 位（$i = 0 \sim 3$），C_i 表示对 i 位的进位，则群处理的计数逻辑为 $C_i \wedge PC_i \rightarrow C_i+1$，$C_i \oplus PC_i \rightarrow PC_i$。

脉冲计数原理如图 2-39 所示。脉冲计数程序还具有停送拨号音的功能，当第一个脉冲到来时，计数器计数第一个脉冲的同时，就要停送拨号音。

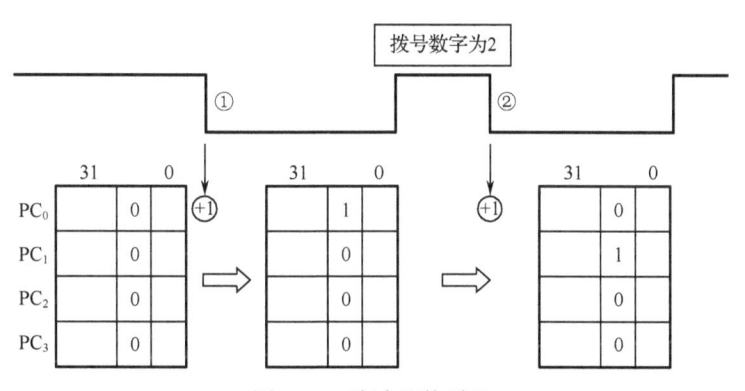

图 2-39 脉冲计数原理

3）位间隔识别及号码存储

在识别用户所拨号码时，除了要识别脉冲的个数，还要识别两串脉冲之间的间隔，这就是位间隔识别。两位号码之间的间隔称为"位间隔"，位间隔应大于 300ms。

位间隔的识别周期显然应大于最长的脉冲"断"或"续"的时间，这样才不至于将最长的脉冲误判为位间隔。最长的脉冲是脉冲速度最慢（8 个脉冲/秒）、断续比为 3:1 的脉冲，其持续时间（断的时间）为 1000ms/8×(3/4)=93ms。故选位间隔的识别程序执行周期为 96ms。

位间隔识别原理如图 2-40 所示。在位间隔识别时，要采用 AP（Abandon Pause）逻辑。AP 表示本次扫描脉冲变化情况：AP=1 表示有脉冲变化，AP=0 表示无脉冲变化。AP 的逻辑式为 AP=AP∨变化。式中"变化"是变化识别的结果（即 SCN⊕LL），每隔 8ms 判断一次，AP 逻辑式就是在每个 8ms 中断周期到来时将脉冲变化情况进行运算，并送入 AP 的存储区内记录下来，每次 96ms 中断周期到来时将 AP 置"0"。通过观察分析发现，在 96ms 时间间隔内，只要出现脉冲变化，则 AP=1，可以断定在这期间没有位间隔；只有当 AP 在整个 96ms 周期内全为"0"时，才有可能是位间隔。但若位间隔时间较长，可能存在多个 96ms 周期内无脉冲变化。因此，为了准确判断位间隔且不重复处理，引入变量 APLL 来表示前次 96ms 周期内的脉冲变化情况，若前次 96ms 周期内识别有脉冲变化而本次 96ms 周期内识别无脉冲变化，则可以认为是位间隔。故采用 $\overline{AP} \wedge APLL$ 的逻辑式来识别位间隔，如果运算结果为"1"，即有可能是位间隔。从图 2-40 中可看出在"1"出现前至少已有一个 96ms 周期内没有脉冲变化，所以可以断定在 96ms<t<192ms 这段时间里没有脉冲变化。

（1）每当 8ms 脉冲识别扫描时，将 SCN⊕LL 结果与 AP 相或，并把其结果写入 AP 存储区记录下来，即(SCN⊕LL)∨AP→AP。

（2）每到 96ms 周期时，采用 $\overline{AP} \wedge APLL$ 的逻辑式进行运算，以便识别位间隔。

（3）在进行上述运算后，把 AP 值存入 APLL 中，即当前 AP 作为下一个 96ms 周期的前次状态 APLL。

(4）把 AP 置"0"，则以后 AP 是否变化要看在下一个 96ms 周期内环路状态是否发生过变化。如果发生过变化，则（SCN⊕LL）为"1"，AP 就变为"1"了；如果用户存储器一直为"0"，即环路状态未变化或者说没有脉冲到来，AP 就一直为"0"。

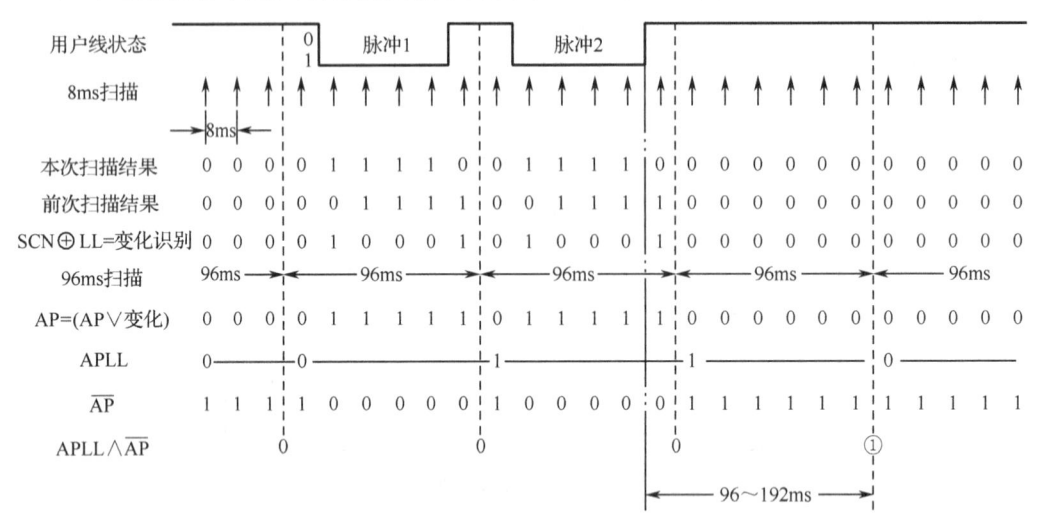

图 2-40 位间隔识别原理

没有脉冲变化并不等于就是位间隔，中途挂机也会在很长的一段时间里没有脉冲变化。所以在一段时间里没有脉冲变化有两种可能：一是位间隔，这种情况的出现只可能在用户线状态为"0"（摘机）时；二是中途挂机，这时的用户线状态必然是"1"。

为此，在出现 $\overline{AP} \wedge APLL=1$ 时，还要检查存储器中的前次扫描结果（LL），也就是要看一个 8ms 前用户的状态是摘机还是挂机，若是摘机状态，则可断定是位间隔；若是挂机状态，则可断定是中途挂机。所以确定是位间隔还是中途挂机，应进行一次逻辑运算，即：

($\overline{AP} \wedge APLL=1) \wedge \overline{LL} =1 \Rightarrow$ 位间隔

($\overline{AP} \wedge APLL=1) \wedge \overline{LL} =0 \Rightarrow$ 中途挂机

脉冲识别和位间隔识别的程序流程图如图 2-41 和图 2-42 所示。

在判别为位间隔后，应将收号器内所收的号码存入相应的存储器内，并使收号器清零，以便接收下一个号码。

2．双音频号码的扫描识别与接收

1）双音频话机拨号特点

双音频话机拨号是按号盘的数字键，每按一个数字键就送出两个音频信号，其中一个是高频组中的信号，另一个是低频组中的信号。每组有四个频率，每一号码分别在各组中取一个频率（四中取一）。例如，按"2"，话机则发出 1336Hz+697Hz 的双音频信号；按"6"，话机则发出 1477Hz+770Hz 的双音频信号。这种双音频信号可持续 25ms 以上。

2）双音频话机收号方法

数字程控交换机接收双音频号码信息是经用户接口电路的 A/D 转换后，通过用户级、选组级送入双音频收号器。收号器对收到的双音频信号进行处理后，将其转换为二进制数码形式，送至接收信号存储器，由中央处理机读取处理。

第 2 章 程控交换技术

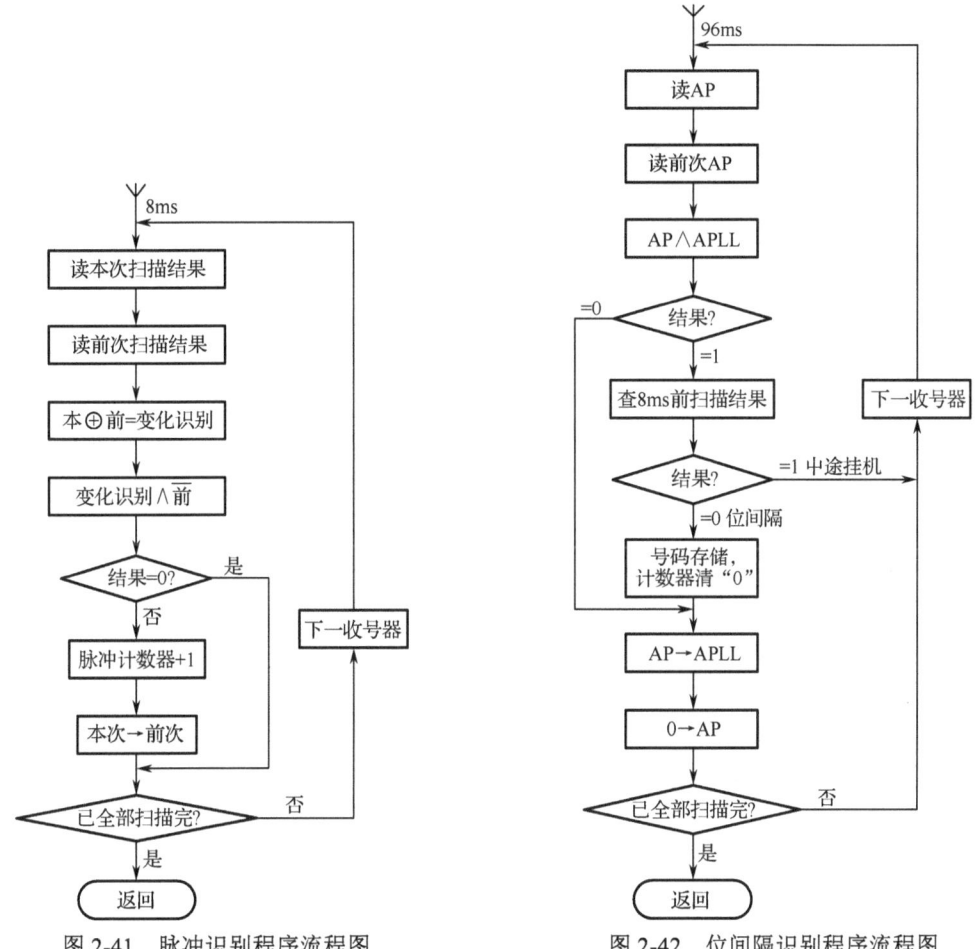

图 2-41 脉冲识别程序流程图

图 2-42 位间隔识别程序流程图

双音频号码识别原理如图 2-43 所示。中央处理机采用"查询"方式从双音频收号器读取信息，即首先读状态信息 SP（Speech）。若 SP=0，表明有信息送来，可以读取号码信息；若 SP=1，表明没有信息送来，不需读取。对 SP 的识别和脉冲识别的原理一样，只是扫描周期不同。由于双音频收号器是按号位收号的，每一位双音频号码信号传输时间都大于 25ms，因此，为了避免漏扫或误扫，采用 16ms 扫描周期进行 SP 线状态识别。

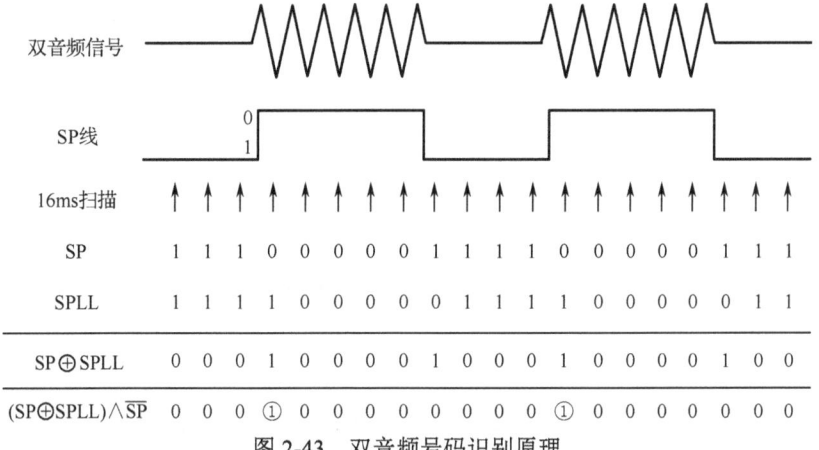

双音频信号	～～～～～ ～～～～
SP 线	0 / 1
16ms 扫描	↑↑↑↑↑↑↑↑↑↑↑↑↑↑↑↑↑↑↑↑↑↑
SP	1 1 1 0 0 0 0 0 1 1 1 1 0 0 0 0 0 1 1 1
SPLL	1 1 1 1 0 0 0 0 0 1 1 1 1 0 0 0 0 0 1 1
SP⊕SPLL	0 0 0 1 0 0 0 0 1 0 0 0 1 0 0 0 0 1 0 0
(SP⊕SPLL)∧$\overline{SP}$	0 0 0 ① 0 0 0 0 0 0 0 0 ① 0 0 0 0 0 0 0

图 2-43 双音频号码识别原理

这里顺便需要说明的是，目前实际交换机中的双音频信号识别多采用数字滤波器接收，由 DSP 来实现；另外，在交换局间传输的局间信号（MFC 信号）采用六中取二的方式编码，即每种信号是在六个选定的频率中取两个频率组成的，因此，对多频互控信号的识别接收与双音频信号的识别接收方法是一样的，故在此不再赘述。

2.3.5 号码分析处理

号码分析是指对主叫用户所拨的被叫号码进行分析，以决定接续路由、话费指数、任务号及下一状态号等。

1. 分析数据来源

用户所拨号码是分析的数据来源，它可直接从用户话机上接收下来，也可通过局间信号传输过来，然后根据用户拨号查找译码表进行分析。译码表包括以下内容。

（1）号码类型：市内号、特服号、长途号、国际号等；
（2）应收位数；
（3）局号；
（4）计费方式；
（5）电话簿号码；
（6）用户业务号：缩位拨号、呼叫转移、叫醒、热线等服务业务的登记与撤销。

2. 分析过程

号码分析程序流程图如图 2-44 所示，分析过程分为预译处理和后续号码分析两个步骤。

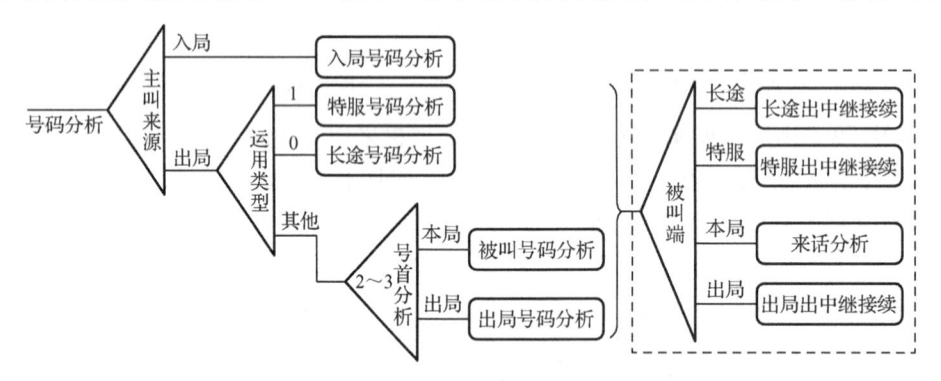

图 2-44 号码分析程序流程图

第一步：预译处理。

预译处理指对号码的前几位进行分析处理，一般为 1～3 位，称为"号首"。例如，如果第一位是"0"，表明是长途全自动接续；如果第一位是"1"，表明是特种服务接续；如果第一位是其他号码，则需进一步分析第二位、第三位号码，才能确定是本局呼叫还是出局呼叫。根据分析的结果决定下一步任务、接续方向、调用程序及应收几位号码等。这些可用多级表格展开法进行分析。

第二步：后续号码分析。

当收完全部用户所拨号码后，则要对全部号码进行分析，根据分析结果决定下一步执行的任务。若是呼叫本局，则应调用来话分析程序；若是呼叫其他局，则应调用出局接续的有关程序。

2.3.6 来话分析与呼出被叫

1．来话分析

来话分析指分析被叫用户的类别、运用状态、忙闲状态等，以确定下一个任务及状态号。

1）分析数据来源

来话分析的数据来源是被叫用户的用户数据。

（1）用户状态：如去话拒绝、来话拒绝、去话来话均拒绝、临时接通等。

（2）被叫忙闲状态：被叫空、被叫忙、正在作主叫或正在作被叫、正在测试等。

（3）计费类别：免费、自动计费、人工计费等。

（4）服务类别：普通通话业务和优先、遇忙暂等、自动回叫、缩位拨号、呼叫转移等用户业务。

2）分析过程

根据收到的用户号码，从外存中读出被叫用户的用户数据，逐项进行分析，一般多采用表格展开法，其程序流程图如图 2-45 所示。

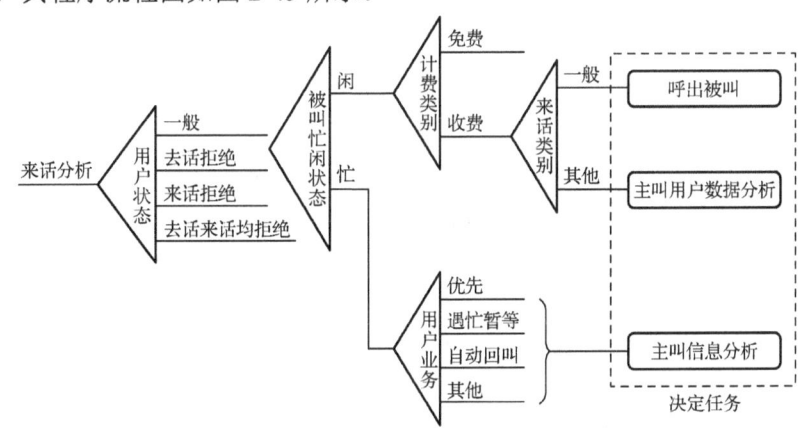

图 2-45 来话分析程序流程图

2．呼出被叫

呼出被叫包括任务执行和输出处理两部分，是将分析程序分析的结果付诸实施，以使状态转移的过程。分析程序只解决了对输入信息的分析，确定应该执行的任务及向哪一种稳定状态转移。而任务执行和输出处理则要去执行这些任务，控制硬件动作，使这一稳定状态转移到下一稳定状态。

1）任务执行

任务执行是为输出处理做的动作准备。如向被叫振铃前，要预先测试选择一条空闲的通路和主被叫通话路由，然后才可以进行输出处理，即控制话路设备的驱动。因此，选取通路就是输出处理的任务执行，下面就以在各种任务中比较典型的路由选择和通路选择任务为例来简要说明。

(1) 路由选择

路由选择是指根据号码分析结果,在相应的路由中选择一条空闲的中继线。该路由的中继线全忙时,若有迂回路由,则应进行迂回路由的选择,这种路由选择显然是在呼叫去向不属于本局范围时才需要的(即出局呼叫)。

路由中空闲中继线的选择大多采用表格法进行,如图 2-46 所示。从图中可看出,号码分析后得到路由索引 4,查路由索引表 4#单元,得出中继群号为 3,在空闲链队指示表中查 3#单元,其内容为"0",表示对应 3#中继群的路由全忙。因此,使用下一迂回路由索引 6;查路由索引表,得到中继群号 7,查空闲链队指示表 7#单元,得到的不是"0",而是"1",表示 7#中继群有空闲中继线可选用。这时,就不必再迂回,所以下一迂回路由索引 10 就不需要使用了。

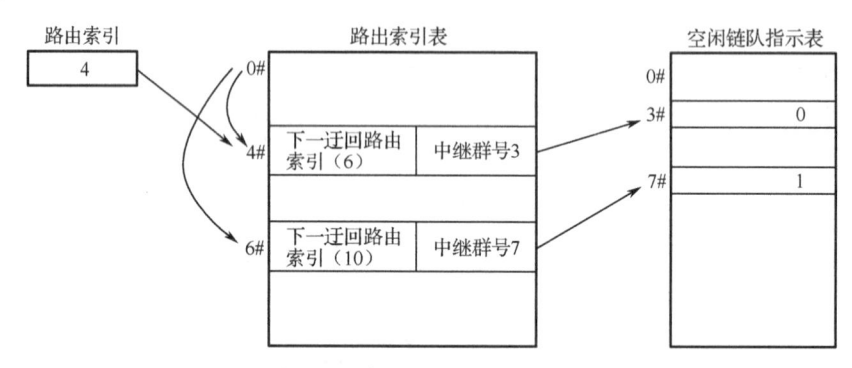

图 2-46 路由选择表格法示意图

(2) 通路选择

通路选择是指在交换网络上选择一条空闲的通路。一条通路常常由几级链路串接而成,只有在串接的各级链路都空闲时才是空闲通路。通常利用各级链路的忙闲表来选择空闲通路。下面就以 T-S-T 交换网络为例来说明通路选择的方法。

如图 2-47 所示,该网络初级和次级 T 接线器各有 16 个,每个 T 接线器均有 512 个内部时隙,S 接线器是 16×16 的交叉矩阵。各 T 接线器内部时隙的忙闲状态由对应的忙闲表表示,每个忙闲表有 16 个单元,每个单元有 32 位,每一时隙在忙闲表中占一位,该时隙忙,则相应位为"0";该时隙空闲,则相应位为"1"。

若主叫向被叫去话时,选用 TS_i 时隙,则被叫向主叫回话时,就选用 TS_{i+256} 时隙,这就是采用反相法来同时选择来去话内部时隙。

在进行通路选择时,出入端的位置已由号码分析程序确定。例如,入线在第 i 组初级 T 接线器,出线在第 k 组次级 T 接线器。为了找出一个空闲的内部时隙,则需将忙闲表 A 与忙闲表 B′逐行对应位相"与",即(第 i 组初级 T 忙闲表 A 的 p 行)∧(第 k 组次级 T 忙闲表 B′的 p 行),结果为 0,表示这一行中没有空闲通路。应再换一行,进行"与"逻辑运算,运算结果不等于 0 时,可用寻 1 指令从最右端起寻找第一个"1",根据找到的"1"所在列号 $T_4 \sim T_0$(取值 0~31)加上所在的行号 $T_8 \sim T_5$(取值 0~15),即可得到所选中的中间时隙 ITS 号码(=行号×32+列号)。

在被叫向主叫回话的链路上进行通路选择与上述原理和方法相同,只是要看 TS_{i+256} 时隙是否可成为空闲通路。

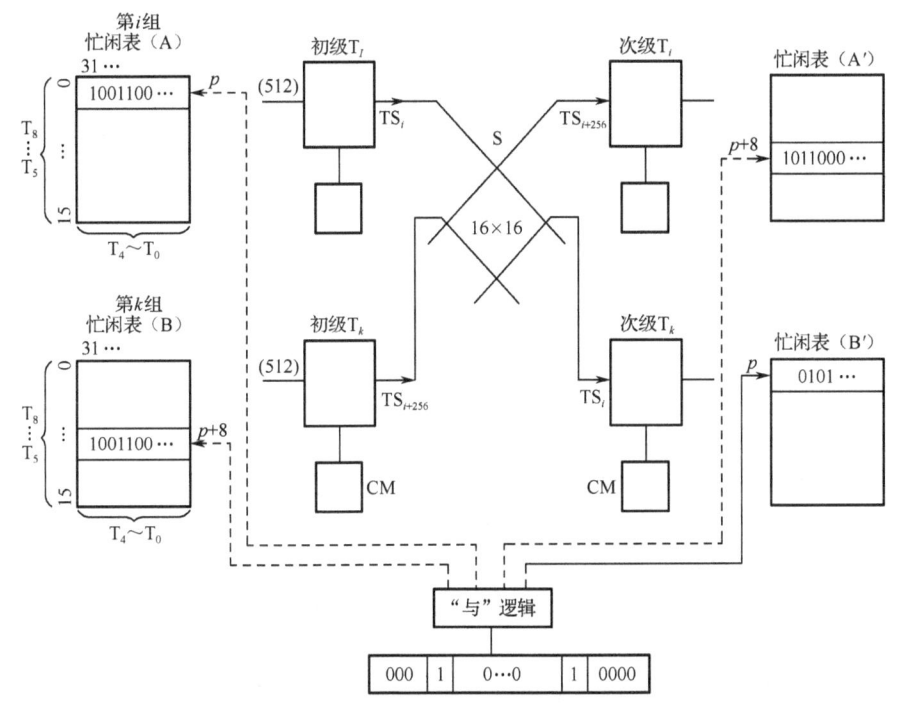

图 2-47　T-S-T 交换网络各级忙闲表

2）输出处理

根据任务执行程序编制完成的命令，由输出处理程序输出硬件控制命令，控制硬件的接续或释放。输出处理包括以下功能。

（1）话路的接续、复原。
（2）信号音路由的接续、复原。
（3）发送分配信号（振铃控制、测试控制等）。
（4）转发拨号脉冲，主要是对模拟局发送。
（5）发送线路信号和记发器信号。
（6）发送公共信道信号。
（7）发送处理机间通信信息。
（8）其他。

对于呼出被叫的过程来说，输出处理就是要给被叫用户发送振铃信号，它是利用振铃继电器来实现的。对电子设备的驱动，其动作速度快，驱动信息一经发出就可得出结果，不需等待；而对继电器的驱动则不然，继电器的动作较慢，可能需几毫秒的时间，这样，处理机在执行下一任务之前就需"等待"。针对这些情况，处理机在进行某个电路驱动时，先由处理机的输出程序编制好各电路的驱动信息，写入驱动存储器（或称为信号分配存储器，SDM）。在定时脉冲控制下，顺序从驱动存储器中读出控制信息，控制硬件动作。这种控制多采用布线逻辑控制方式。

2.3.7　状态分析处理

状态分析就是分析在什么状态下输入哪些输入信息后应转移到哪一种新的状态。

1. 状态分析的数据来源

状态分析的数据来源是当前稳定状态和输入信息。

在状态迁移图中可以看到，当用户处于某一稳定状态时，处理机一般不予理睬，而是在等待外部输入信息。当外部输入信息提出处理要求时，处理机才根据当前稳定状态来决定下一步做什么，要转移至什么新状态等。

因此，状态分析的依据应该是下述几种。

（1）当前稳定状态：如空闲状态、通话状态等。

（2）输入信息：往往是电话外设的输入信息或处理要求，如用户摘机、挂机等。

（3）提出处理要求的设备或任务：如在通话状态时，挂机用户是主叫还是被叫等。

状态分析程序根据上述信息进行分析以后，确定下一步任务。例如，在用户空闲状态时，从用户电路输入摘机信息（从扫描点检测到摘机信号），则经过分析以后，下一步任务应该是去话分析，于是就转向去话分析程序。如果上述摘机信号来自振铃状态的用户，则应为被叫摘机，下一步任务应该是接通话路。

输入信息也可能来自某一"任务"。所谓任务，就是内部处理的一些"程序"或"作业"，与电话外设无直接关系，例如忙/闲测试（用户忙/闲测试、中继线忙/闲测试和空闲路由忙/闲测试与选择等），CPU 只和存储区打交道，与电话外设不直接打交道。调用程序也是任务，它也有处理结果，而且也影响状态转移。例如，在收号状态时，用户久不拨号，计时程序送来超时信息，导致状态转移，输出送忙音命令，并使下一状态变为"送忙音"状态。

状态分析程序的输入信息大致包括以下内容：

（1）各种用户挂机，包括中途挂机和话毕挂机；

（2）被叫应答；

（3）超时处理；

（4）话路测试遇忙；

（5）号码分析发现错号；

（6）收到第一个脉冲（或第一位号）；

（7）优先强接；

（8）其他。

2. 分析过程

当用户进入等待收号、振铃、通话等稳定状态后，若有输入信息，则要对输入信息进行分析，结合原有的接续状态做出判断，以确定下一个任务及状态号。图 2-48 所示是状态分析程序流程图。

状态分析程序也可以采用表格方法来执行。表格内容包括：

（1）处理要求，即上述输入信息；

（2）输入信息的设备（输入点）；

（3）下一个状态号；

（4）下一个任务号。

前两项是输入信息，后两项是输出信息。

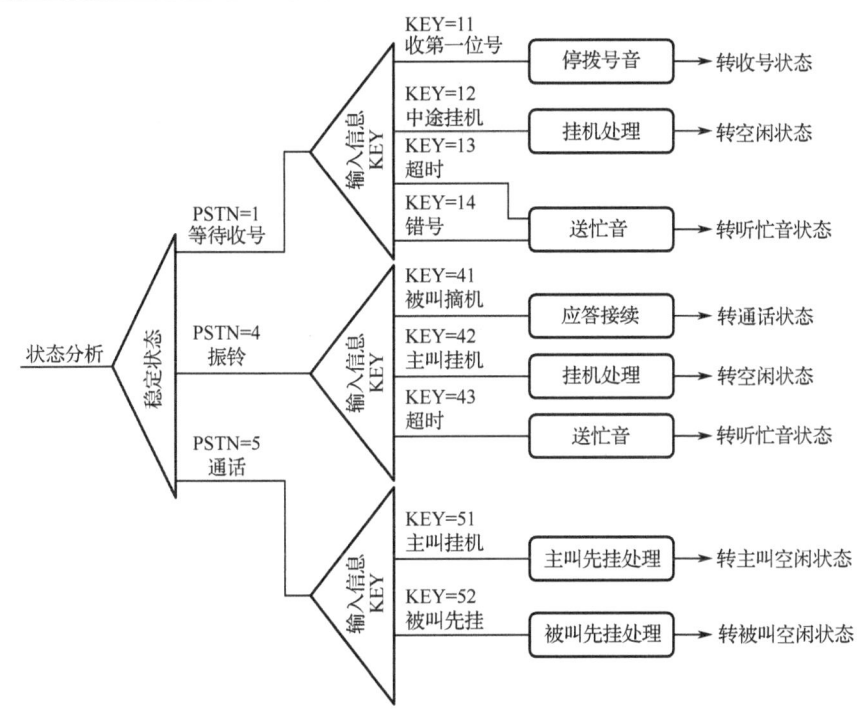

图 2-48 状态分析程序流程图

2.3.8 接通话路及话终处理

1. 接通话路

被叫摘机应答，交换机通过扫描用户电路检测出摘机信息并分析后，停送铃流和回铃音，经过状态分析确定并执行接通主被叫用户的通话话路的任务。由于在来话分析之后已经为主被叫用户通话找好了一对空闲时隙，因此这时只需把有关的控制信息写入数字交换网络中相应的控制存储器即可。

双方通话时的语音路径如图 2-49 所示。在数字交换机的通话路径中，主被叫的馈电分别由各自的用户电路供给，通话时用户线状态的变化由用户电路监视。在交换机外部，用户线是二线制的，由于用户电路中已经将语音转换为 PCM 数字编码信号，因此，交换机内部两用户电路间是采用四线制进行传输和交换的。

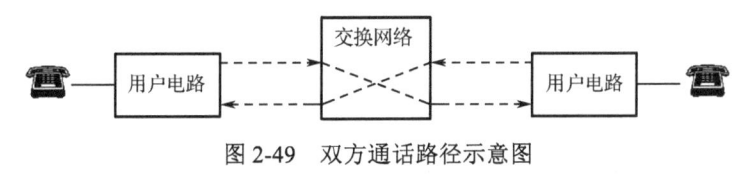

图 2-49 双方通话路径示意图

2. 话终处理

两通话用户中有一方挂机即为话终。挂机的用户由用户线监视扫描程序从扫描存储器读出，并按照上述群处理的方法进行识别。

一旦话终，就进行话终切断处理，具体处理过程根据程控交换机的复原控制方式不同而有所不同，有以下几种情况。

（1）主叫控制方式。如果识别到主叫挂机，就判断为话终，可进行切断处理，清除两用户间的通话通路，并使主叫置闲，其用户存储器中指示该用户忙闲状态的位改为"空闲"（如"0"改"1"），主叫用户自由。这时被叫用户仍未挂机，即予以锁定，在锁定状态下的用户仍示忙，并向被叫用户送忙音（或催挂音），催促被叫用户挂机。如果是被叫先挂机，则应经过一定时限（如10~20s）才进行切断处理，若在这一规定时限内被叫用户再摘机即可与主叫用户恢复通话；超过上述时限未再摘机，就将其置闲，被叫用户自由，而主叫用户话机被锁定并送忙音，主叫挂机后再切断忙音。上述过程如图2-50所示。

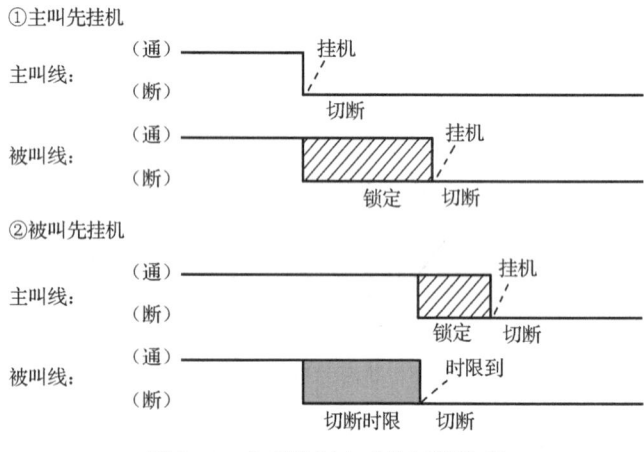

图 2-50 主叫控制方式的切断处理

（2）被叫控制方式。被叫控制方式常用于被叫为特服台的情况，如119、110等。当有主叫用户呼叫这些特服台并通话时，只要被叫不挂机，主叫就一直处在通话状态，即话路不被切断。

（3）互不控制方式。互不控制方式是只要有一方挂机，便进行切断处理。

（4）互相控制方式。互相控制方式是无论主叫还是被叫先挂机，在切断时限内，再摘机（另一方未挂机）仍可通话，现实中此种方式基本不用。

话终处理实际上包括计费处理，但由于计费的一些特殊性，这里不再阐述。

2.4 电话交换信令方式

2.4.1 信令的概念

在交换机与用户、交换机与交换机之间，除传输语音、数据等信息外，还必须传输各种专用的附加性质的控制信号，以保证交换机协调动作，完成用户呼叫的处理、接续、控制与维护管理等功能。在术语方面，有关占用线路、建立呼叫、应答、拆线等的控制信号通常称作信令，信令是分布通信网控制系统中与信息有关的呼叫控制信号。图2-51所示为电话交换网中呼叫接续过程所需要的基本信令。

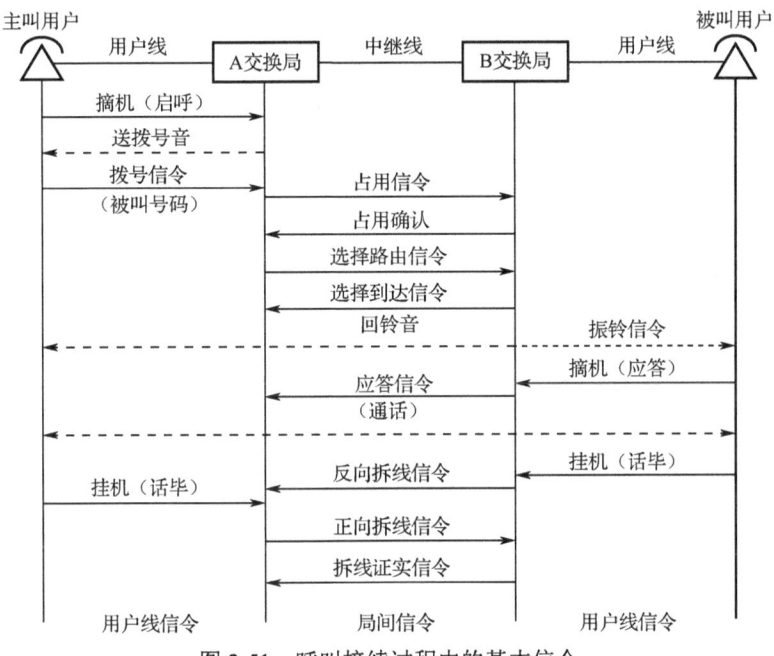

图 2-51 呼叫接续过程中的基本信令

2.4.2 信令的类型

1. 带内信令

在电话交换局间，在语音频带（300～3400Hz）之内传输的信令称为带内信令；在语音频带之外传输的信令称为带外信令。带内信令可以利用整个语音频带，因此信令可以使用多个频率（如多频编码信号）。

带内信令具有以下特点：

（1）带内信令可用于任何形式的电路，凡是能传输语音的电路均能传输带内信令。

（2）采用带内信令不会将呼叫接至有故障的语音电路上，因为语音电路有故障时，信令也无法传输，因而也不可能建立接续。

（3）带内信令可使用的频带较宽，可以采用速度快、具有自检能力的多频编码信号。

（4）采用带内信令时，由于线路信号设备跨接在语音电路上，很容易受到语音电流的干扰，有时甚至会将语音误认为是信令而导致错误的动作，因此要采取必要的措施加以防护。

2. 随路信令

简单地说，与语音信息采用同一信道（或通路）传输的信令称为随路信令。第一个数字系统是 1970 年作为传输链路使用的，并采用了一种新的带外信令。PCM 系统将模拟语音编码为数字信号，然后将多路的信号进行复用变为单一的数字流（如 PCM30/32），其中，所有语音信道线路的状态（环路或断开）通过一个信令信道传输，其他用于接续控制的信号通过相应的语音信道传输。由于一帧中的每个信道都包含 8 位，信令信道的每一位都能够用来传输一个语音信道的状态。帧需要组合成复帧，以能够表示全部的 30 个语音信道（30/32 路的系统）。另一个信道（信道 0）是用来传输同步、复帧指示和传输链路管理信息的。这种随路信令具有带内信令所没有的优点，因为它防止了语音被模拟为虚假信令，并且为用户通信提供了真正的商业语音频带。然而，带外信令的效率低，整个呼叫过程只有一位用于信令，它的值是 1，表示线路为环路状态。一种更好的系统是基于数据的系统。

3. 分组信令

分组信令是基于开放系统互连（OSI）模型的、为数据通信系统提供消息通信的信令。OSI 七层模型中的每一层均完成一组为其上一层服务的不同功能。低三层（第一至三层）支持用户和网络之间的通信，高层（第四至七层）在网络内部传输消息至目的地用户。模型的分层如下所述。

（1）物理层提供机械、电气、功能和程序上的方法，以激活、维持和去激活在数据链路实体之间进行比特传输的物理连接。它为上一层提供按顺序的比特传输业务。

（2）数据链路层提供网络实体中有关建立、维持和释放数据链路连接，以及传输数据链路业务数据单元的功能和程序的方法。数据链路的连接是由一个或多个物理连接组成的。数据链路层检测和校正（可能时）物理层发生的差错。数据链路层提供给网络层的业务是控制物理层内的电路之间的互连。

（3）网络层提供建立、维持和终止网络连接的方法，以及在传输实体之间交换网络业务数据单元至网络连接中的功能和程序。网络层提供传输实体进行通信的独立的选路和中继。网络层的基本业务是在传输实体之间提供透明的数据传输能力。该业务允许由网络层的上层确定待传输数据的内容。

（4）传输层提供采用会话层的通信实体之间的透明数据传输，并且使得它不受获得可靠和有效的数据传输的具体方法的影响。这意味着传输层必须了解网络层所提供的任何限制，例如网络层用户数据（网络业务数据单元）的最大容量，因此，传输层负责会话层数据的分段和重组，使得其数据部分可以由网络层传输到目的地。在传输层定义的所有协议具有端到端的含义，其中，所谓的端是指具有传输关系的传输实体。因此，传输层是面向 OSI 端的开放系统的，传输协议只在 OSI 端的开放系统之间使用。

（5）会话层为表示层提供通信的方法，它包括两个表示层实体之间的连接，以支持按序的数据交换和连接的释放。当表示层在会话业务点请求建立会话连接时，就产生会话连接。在由表示实体或会话实体进行释放之前，会话连接将一直保持。只有无连接通信方式时的会话层功能为提供传输地址到会话地址的映射。

（6）表示层是指在进行通信的应用实体信息的表示方法，它提供通信的应用实体，负责所表示数据的公共格式和原则。

（7）应用层是指应完成的任务，如文件传输和消息处理等。

采用 OSI 模型的通信使用了带有每一个用户数据单元（分组）的选路和目的地的方式，从理论上讲，语音也可以采用这种类型的信息交换方式。首先完成数字化，然后将比特流变为分组，每个分组都含有作为网络层功能的选路和网络部分内容。虽然这种基于消息的通信效率很高，但由于数字处理和交换技术发展还不够快，为了满足每个分组信息的选路，不能使用语音分组。其折中的方法是只采用 OSI 模型中的低三层功能，使所有的信令在单个的公共信道中采用分组方法传输。

4. 公共信道信令

公共信道信令是指在电话网中各交换局的处理机之间用一条专门的数据通路来传输通话

接续所需的信令信息的一种信令方式。公共信道信令综合了随路和分组信令所具有的优点。通信是分层进行的，链路层的特性（网络实体通信、差错检出/校正等）允许网络层采用基于消息的方法。信令信道中的消息与某一特定的用户连接有关，并且该信道将用于通信。在两个网络节点之间，不需要在每一个物理链路提供信令信道，用户的通信信道能够由链路和信道的号码来指定。

公共信道信令不包括完整的七层模型，它最初的应用是在网络内部使用，以提供交换机之间的信令，更准确地说，是现代系统中的节点之间的信令，不过其目标不仅仅在于基于信息系统的交换机之间的通信，完整的信令系统将维持它自身的通信网络（网中网）。用不同的功能组合为功能级来代替分层，是因为要附加功能级以适应公用网络的使用需求。

2.4.3 用户线信令

用户线信令是在用户话机与交换机之间的用户线上传输的信令（见图 2-51），对于常见的模拟电话用户线情况，这种信令包括：用户状态信令、选择信令和各种可闻音信令。

1．用户状态信令

用户状态信令用于监视用户线的环路状态变化，广泛采用简单而经济的直流环路信号表示。用户话机的摘机/挂机动作，使用户线直流环路接通或断开，从而形成各种用户状态信令。基本的用户状态信令有以下 4 种：

（1）呼出占用（主叫用户摘机）；
（2）应答（被叫用户摘机）；
（3）前向拆线（主叫用户挂机）；
（4）后向拆线（被叫用户挂机）。

交换机对检测到的每一种信令，都将做出相应的响应。例如，收到被叫用户发出的"应答"信令，交换机应立即切断铃流，并建立主叫用户与被叫用户间的通路连接。

2．选择信令

选择信令又称地址信令，是主叫用户发出的被叫用户号码。主叫用户通过脉冲号码或双音频号码形式送出地址信息给交换局，供交换局选择被叫用户。

3．各种可闻音信令

各种可闻音信令都是由交换机向用户发送的，我国标准 GB 3380—82 规定了电话自动交换网有关振铃、信号音等用户线信令的要求。对程控交换设备而言，主要有：振铃信号（铃流），频率为 25Hz 的正弦波，输出电压有效值为 75V，通常采用 5s 断续（1s 送，4s 断）的方式发送；拨号音采用 450Hz 信号，连续发送；回铃音采用 450Hz 信号，以 5s 断续的方式发送（同振铃信号）；忙音采用 450Hz 信号，以 0.7s 断续（0.35s 送，0.35s 断）的方式发送；通知音采用不等间隔 1.2s 断续（0.2s 送，0.2s 断，0.2s 送，0.6s 断）的方式发送；催挂音采用响度较大的信号，连续发送，以示与拨号音的区别。除此之外，交换机发送给用户的信令还有空号音、长途通知音、拥塞音、等待音及提醒音等。

2.4.4 局间信令

局间信令是在交换机或交换局之间的中继线上传输的信令（见图 2-51）。由于目前使用的交换机制式和中继传输信道类型很多，因而局间信令相对比较复杂。根据信令通路与语音通路的关系，可将局间信令分为随路信令（Channel-Associated Signaling，CAS）和共路信令（Common Channel Signaling，CCS）。为了统一局间信令，原 CCITT 规范了一整套信令系统。原 CCITT No.1 信令系统常用于人工交换的国际无线电路。原 CCITT No.2 信令系统计划用于二线制电路的半自动操作，但该信号系统从未在国际业务中使用。原 CCITT No.3 信令系统在半自动和自动接续中使用，仅用于欧洲的终接或经转业务。原 CCITT No.4 信令系统用于单向传输电路，可应用于任何类型的电缆或无线电路，但不适用于洲际电路或使用时分语音内插（Time Assignment Speech Interpolation，TASI）技术的各种电路。原 CCITT No.5 信令系统用于终接和经转的国际长途业务，它可用于地下电缆电路、海底电缆电路及无线电路等情况。原 CCITT No.6 信令系统是根据模拟程控交换机提出的共路信令系统，但可工作于模拟和数字信道。原 CCITT No.7 信令系统于 1980 年提出，是一种最适合数字程控交换机的共路信令系统。

我国通信网中正在使用的有随路信令系统（中国 1 号信令）和共路信令系统（中国 7 号信令），这里只对这两种信令系统进行简单介绍。

1. 中国 1 号信令

我国自行制定的中国 1 号信令是将话路所需要的各种控制信号（如占用、应答、拆线及拨号等）由该话路本身或与之有固定联系的一条信令通路（信道）来传输，即用同一通路传输语音信息和与其相应的信令。

中国 1 号信令包括线路信号和记发器信号两部分。

（1）线路信号

线路信号是在线路设备（如各种中继接口）之间进行传输的信号，主要表明中继线的使用状态，如示闲信号、占用信号、应答信号、拆线信号和闭塞信号等。线路信号用于控制交换机之间（也有交换机内部）的传输路径，在呼叫持续期间完成路由的建立、维持及监视。中国 1 号信令的线路信号有三种形式：直流线路信号、带内单频脉冲线路信号和数字型线路信号。目前主要使用数字型线路信号，基于 PCM30/32 系统的复帧结构，以 TS_{16} 进行传输。

（2）记发器信号

记发器信号是在记发器（多频收发码器）之间进行传输的信号，主要包括选择路由所需的地址信号（即被叫号码）和其他用于建立接续的控制信号。记发器信号在占用信号之后通过相应语音通路从一个局的记发器发出，而由另一个局的记发器接收。这种信号都是在通话之前传输的，一旦电话接通，各局的记发器设备便释放复原，记发器信号停止传输。中国 1 号信令的记发器信号采用多频编码、连续互控，一般采用端到端传输方式。当转接段增多、各段长途线路的质量差异较大时，为了保证信令能正确、可靠地传输，也采用逐段转发与端到端相结合的方式。目前使用的 PCM30/32 系统中，通过所占用的语音时隙传输记发器信号。

记发器信号在传输时，互控过程分 4 拍进行。

第 1 拍，发送端记发器发出一个前向信号。

第 2 拍，接收端接收并识别出该前向信号后，立即回送一个后向信号给发送端，表示前向信号收到并已寄存。

第 3 拍，发送端接收并识别出后向信号后，立即停发前向信号，表示后向信号已收到并寄存。

第 4 拍，接收端识别出前向信号已停发，立即停发后向信号。

发送端识别出后向信号停发后，依据刚才记录下来的后向信号的要求，发送另一个前向信号，开始第二个互控过程，如此循环往复，直至所有信令信号发送完毕。

（3）应用举例

图 2-52 所示为两市话局间采用中国 1 号信令进行呼叫接续的基本信令过程。其中线路信号为数字型，A 交换局为主叫局，B 交换局为被叫局，两用户占用第 1 路中继，记发器信号随话路 TS_1 传输。信令传输过程如下所述。

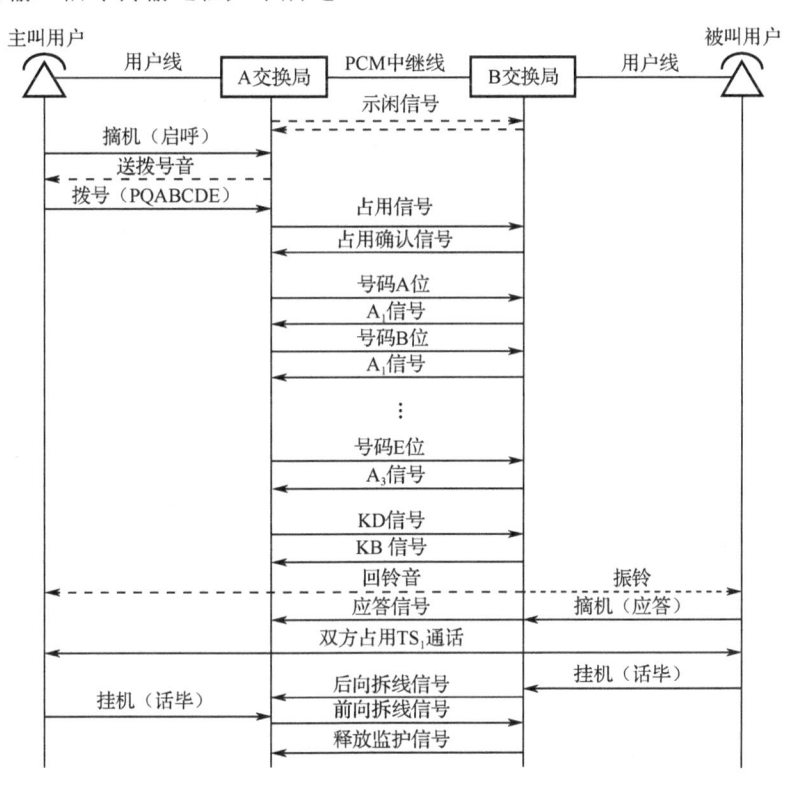

图 2-52 采用中国 1 号信令（数字中继）的一次市话接续

当 A 交换局收齐主叫用户所拨局间字冠 PQ 位后，识别并选中第 1 路中继，从信令通路发出占用信号，要求占用该中继。B 交换局接收到该占用信号后，回送占用确认信号。A 交换局继续收号，并将所收号码（PQABCDE）逐位译为多频记发器信号，经过数字化后，由 TS_1 送给 B 交换局，即按上述的 4 拍互控过程进行多频记发器信号的传输。七位用户号码共七个互控周期，其中：A_1 表示发下位；A_3 表示转至 B 组信号（KB）的控制信号，B 组信号的内容为被叫用户的状态（忙或闲）；KD 信号用于长途接续或市内接续控制。当所有号码发送完毕，B 交换局收到 KD 信号后，测试被叫用户忙闲状态。若被叫用户空闲，则回送 KB 信号给 A 交换局，并经话路 TS_1 给主叫送回铃音，同时向被叫用户送铃流。被叫用户摘机应答后，B 交换局向 A 交换局送应答信号，两用户开始通话。如果被叫用户先挂机，则 B 交换局向 A 交换局送后向拆线信号。主叫用户挂机后，A 交换局向 B 交换局送前向拆线信号，B 交换局还原后，回送 A 交换局释放监护信号。至此，一次局间接续结束。

2．中国 7 号信令

中国 7 号信令（简称 7 号信令）是根据原 CCITT No.7 信令系统结合我国电信网实际而制定的，是支持现有网络中语音呼叫和非语音呼叫有关信令的共路信令系统。它提供的交换控制信息的程序和协议，使信令消息可以在这一信令链路上安全可靠地传输。信令链路传输消息的程序、协议和进行消息选路的机制综合在一起，称为消息传递部分（Message Transfer Part，MTP）。MTP 由 7 号信令功能结构的前 3 级（MTP1、MTP2 和 MTP3）组成。一个典型的 7 号信令协议结构如图 2-53 所示。

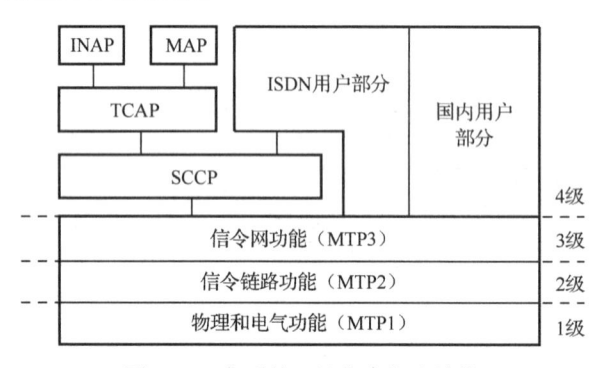

图 2-53 典型的 7 号信令协议结构

（1）各部分主要功能

MTP 的第 1 级（MTP1）规定了信令传输通路的物理和电气功能特性，用于信令消息的双向传输。它由数据速率相同、在相反方向上工作的两个数据通路组成，符合 OSI 模型第一层（物理层）的要求。在窄带的数字交换系统中，正常情况下它是 PCM 系统中的一个 64kbit/s 的数字信道。MTP1 是 7 号信令的信息载体，它可以是多种多样的，如光纤、PCM 传输线或数字微波等，但 MTP1 的功能规范并不涉及具体的传输媒质，它只是规定传输速率、接入方式等信令链路的一般要求。

MTP 的第 2 级（MTP2）也是为窄带应用而规定的，它定义了两个直接连接的信令点之间信令链路上传输信令消息的功能和程序。它和 MTP1 一起为两个信令点之间的消息传输提供了一条可靠链路。它符合 OSI 模型第二层（数据链路层）的要求，其功能包括：信令单元的定界和定位；信令单元的差错检测；通过重发机制实现信令单元的差错校正；通过信令单元的差错率监视检测信令链路故障；故障信令链路的恢复；信令链路流量控制，等等。

MTP 的第 3 级（MTP3）是在 MTP1 或 MTP2 出现故障时，负责将信令消息从一个信令点可靠地传输到另一个信令点，并且要求在窄带和宽带的环境中是相同的。它符合 OSI 模型第三层（网络层）的要求，可分成信令消息处理和信令网管理两个基本部分。信令消息处理功能是指当本地节点为消息的目的地信令点时，将消息送往指定的用户部分；当本地节点为消息的转接信令点时，将消息转送至预先确定的信令链路。信令消息处理功能包含消息鉴别、消息分配和消息路由三个子功能。信令网管理功能是指在信令网发生故障的情况下，根据预定数据和信令网状态信息调整消息路由和信令网设备配置，以保证消息传输不中断。信令网管理功能包括信令业务管理、信令链路管理和信令路由管理，它是 7 号信令系统（Signaling System No.7，SS7）中最为复杂的一部分，也是直接影响消息传输可靠性的极为重要的部分。

MTP 的第 4 级是用户部分。它由各种不同的用户组成，每个用户部分都定义了和某一用户有关的信令功能和过程。最常用的用户部分包括电话用户部分（Telephone User Part，TUP）、数据用户部分（Data User Part，DUP）和 ISDN 用户部分（ISDN User Part，ISUP）。TUP 支持电话业务，控制电话网的接续和运行。DUP 采用原 CCITT X.61 建议。ISUP 在 ISDN 环境中提供语音和非语音交换所需的功能。自从开发了 ISUP 以后，TUP 的所有功能均可由 ISUP 提供。此外，ISUP 还规定了非语音呼叫、ISDN 业务和智能网业务所要求的附加功能。

信令链路连接控制部分（Signaling Connection and Control Part，SCCP）用于加强 MTP 功能，它与 MTP 一起提供相当于 OSI 模型的第三层功能。MTP 只能提供无连接的消息传输功能，而 SCCP 则加强了这个功能，它能提供定向连接和无连接网络业务。SCCP 可以在任意信令点之间传输与呼叫控制信号无关的各种信令信息和数据。因此，它可以满足 ISDN 的多种用户补充业务的信令要求，为传输信令网的维护、运行和管理数据信息提供可能。

事务处理能力应用部分（Transaction Capabilities Application Part，TCAP）指的是网络中分散的一系列应用在互相通信时所采用的一组协议和功能。这是目前很多电话网提供智能业务和信令网的运行、管理和维护等功能的基础。TCAP 为各种应用提供支持，为应用业务单元（Application Service Element，ASE）、移动应用部分（Mobile Application Part，MAP）、操作维护应用部分（Operations & Maintenance Application Part，OMAP）和智能网应用部分（Intelligent Network Application Part，INAP）等提供操作工具。

（2）应用举例

由于 7 号信令比较复杂，在此只简单介绍该信令系统在控制电话接续时的简单过程。图 2-54 所示是在两个数字局间采用 7 号信令进行市话接续的过程，其中 A 交换局为主叫交换局，B 交换局为被叫交换局。

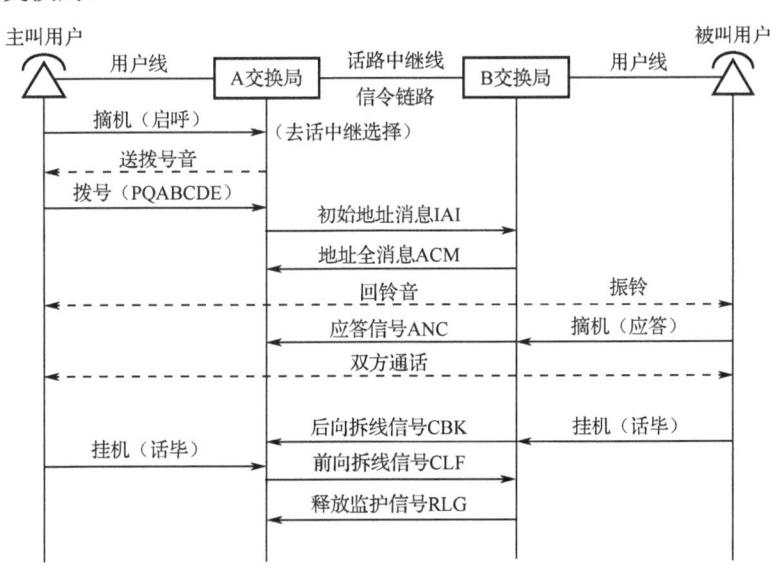

图 2-54 采用 7 号信令的市话接续过程

A 交换局在收齐主叫用户所发的号码后，即一次性作为初始地址消息（Initial Address

Message with Additional Information, IAI; 或 Initial Address Message, IAM) 发往 B 交换局 (IAI 及以下各信息的格式请参见其他资料)。B 交换局收到 IAI 信号后, 根据其内容测试该被叫用户忙闲状态。如果被叫用户空闲, 即在本局内建立通话通道, 并立即回送给 A 交换局地址全消息 (Address Complete Message, ACM); 同时向主叫用户送回铃音, 向被叫用户送铃流。被叫用户应答后, B 交换局向 A 交换局发送应答信号 (Answer Signal, Charge; ANC), 双方开始通话。通话完毕, 如果被叫用户先挂机, 则由 B 交换局向 A 交换局发送后向拆线信号 (Clear Back Signal, CBK); 主叫用户挂机后, 由 A 交换局向 B 交换局发送前向拆线信号 (Clear Forward Signal, CLF)。B 交换局还原后, 向 A 交换局发送释放监护信号 (Release Guard Signal, RLG)。

从上例可知, 当采用 7 号信令时,"线路信号"控制过程大体与随路信令相似, 但以 PCM30/32 系统为例, 由于 7 号信令的信令通道 TS_{16} (也可以使用除 TS_0 之外的其他时隙) 与各话路之间没有固定的对应关系, 因而更具灵活性。采用 7 号信令的"记发器信号"只需发送 1 次 IAI (或 IAM) 即可解决问题, 因而大大提高了接续速度。有关 7 号信令的更详细的资料可参阅其他信令方面的书籍资料。

复习思考题

1. 简述数字程控交换机的组成及各部分功能。
2. 数字交换的本质是什么?
3. 在读出控制方式下, T 接线器中语音存储器的写入及读出原理。
4. 在写入控制方式下, T 接线器中语音存储器的写入及读出原理。
5. 简述 S 接线器中控制存储器的配置方式。
6. S 接线器可以实现不同母线上不同时隙的交换吗? 为什么?
7. 简述 T 接线器和 S 接线器中各存储器规模是如何确定的?
8. T 接线器的功能是什么? 基本组成主要包括哪几部分?
9. S 接线器的功能是什么? 基本组成主要包括哪几部分?
10. 8PCM30/32 系统中, 输出并行码的时隙数和速率各是多少?
11. 以 16 端脉码输入为例, 求 $HW_{15}TS_{24}$ 转换后的时隙是多少?
12. 有 32 端脉码输入, 传输速率为多少? 若采用串/并转换, 速率可降为多少?
13. T 接线器中复用器的作用是什么?
14. 读出控制方式的 T 接线器, 若 TS_3 与 TS_{12} 要互相交换信息, 试画图并填入相应的数字及信息。如果语音存储器有 256 个存储单元, 则语音存储器和控制存储器的各单元内容应有几位码?
15. 写入控制方式的 T 接线器, 若 TS_{10} 与 TS_{30} 要互相交换信息, 试画图并填入相应的数字及信息。如果语音存储器有 512 个存储单元, 则语音存储器和控制存储器的各单元内容应有几位码?
16. 简述模拟用户电路的功能。
17. 用户集线器是如何实现话务集中的?
18. 模拟中继电路和模拟用户电路有何异同? 数字中继器应具有哪些基本功能?

19. 在数字程控交换机中，数字信号音是如何产生的？试计算 1380Hz+1500Hz 的数字多频信号所需只读存储器的容量。
20. 程控交换机中信号部件主要完成哪些功能？
21. 什么是在线程序？什么是支援程序？
22. 呼叫处理过程中从一个状态转移到另一个状态包括哪几种处理？
23. 在稳定状态的迁移过程中，同一个稳定状态，输入信号相同，得出的结果是否一定相同？为什么？
24. 在稳定状态的迁移过程中，不同的稳定状态，输入信号相同，得出的结果是否一定相同或一定不同？为什么？
25. 图示说明单个用户的摘机识别方法。
26. 图示说明多个用户摘机的群处理识别方法。
27. 图示说明单个用户的挂机识别方法。
28. 图示说明多个用户挂机的群处理识别方法。
29. 图示说明拨号脉冲识别的方法和脉冲号码计数原理。
30. 图示说明双音频号码识别的方法。
31. 为什么拨号脉冲识别的扫描周期为 8ms？
32. 为什么位间隔识别的扫描周期为 96ms？
33. 图示说明拨号脉冲位间隔的识别方法。
34. 在拨号脉冲识别过程中，能否识别脉冲后沿？为什么？
35. 在双音频号码识别过程中，能否识别 SP 线的后沿？为什么？
36. 输入处理的任务是什么？主要包括哪些程序？
37. 内部分析程序主要任务是什么？主要包括哪些程序？
38. 简述去话分析程序的任务，并说明处理依据。
39. 简述号码分析程序的任务，并说明处理依据。
40. 简述来话分析程序的任务，并说明处理依据。
41. 简述状态分析程序的任务，并说明处理依据。
42. 通路选择和路由选择有什么区别？
43. 检索表格和搜索表格有什么区别？
44. 随路信令和共路信令有什么不同？
45. 中国 1 号信令规定了哪两种信号？
46. 中国 1 号信令中的记发器信号是如何传输的？
47. 中国 7 号信令的功能结构可分为哪几级？并说明各级的主要功能。
48. 中国 7 号信令与中国 1 号信令相比，主要有哪些优点？
49. 随路信令和共路信令分别是通过什么信道（时隙）传输的？
50. 拓展题：T 接线器时隙交换原理仿真。

第3章 移动交换技术

移动通信是指用户终端处于可移动情况下，采用无线电技术实现信息传输的通信方式。在现代信息化的社会中，由于移动通信灵活方便的特点和人们对信息的需求，移动通信系统发展非常迅速，包括蜂窝移动通信系统、卫星移动通信系统、集群调度通信系统、无绳电话系统、码分多址移动通信系统、无线寻呼系统及地下移动通信系统等。本章将主要针对发展最迅速、应用最广泛的移动通信系统中的交换问题进行介绍，以便了解有关移动交换的基本概念和基本技术。

3.1 移动交换系统概述

3.1.1 移动通信系统组成

不管是 2G、3G、4G 还是 5G，移动通信网都是由无线接入网和核心网两部分组成的。无线接入网（RAN）为移动终端提供接入网络服务，其关键组件是基站，2G 时代的基站是 BTS，3G 的是 NodeB，4G 的是 eNB，5G 的是 gNB；5G 基站（gNB）包括 gNB 和 ng-eNB 两种节点，gNB 用于 5G 独立组网，ng-eNB 用于向下兼容 4G 网络，均经由 NG 接口连接到核心网。核心网为各种业务提供交换服务，4G 核心网称为 EPC，5G 核心网（5GC）称为 NG-Core，其特点是控制平面功能（AMF）与用户平面功能（UPF）分离，图 3-1 所示为 5G 网络架构图。

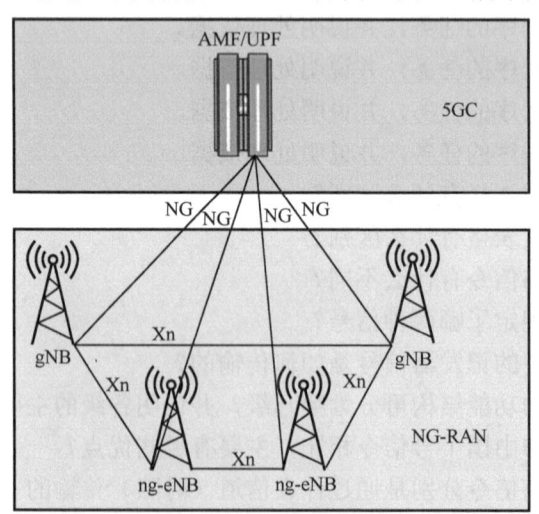

图 3-1 5G 网络架构图

在 4G 网络中，一个基站通常包括 BBU（Building Baseband Unit，室内基带处理单元）、RRU（Remote Radio Unit，远端射频单元）、馈线和天线。BBU 主要负责 Uu 接口的基带处理（编码、复用、调制和扩频等）、信令处理、本地和远程操作维护、NodeB 系统的工作状态监控和告警信息上报等；RRU 主要在远端进行基带光信号与射频信号之间的转换处理，包括收发信机、中频、功放和滤波四大模块；天线主要负责线缆上导行波和空气中间波之间的转换（射频信号的收发）；馈线用于连接RRU和天线。在5G网络中，无线接入网被重构为CU(Centralized Unit，集中式单元)、DU(Distributed Unit，分布式单元)和AAU(Active Antenna Unit，有源天线单元)三个功能实体，如图3-2所示，CU是将原BBU的非实时部分分割出来之后的重新定义，负责处理非实时协议和服务；AAU是BBU的部分物理层处理功能与原RRU及天线合并而成的；DU是BBU的剩余功能的重新定义，负责处理物理层协议和实施服务。简而言之，CU和DU是以处理内容的实时性进行区分的。

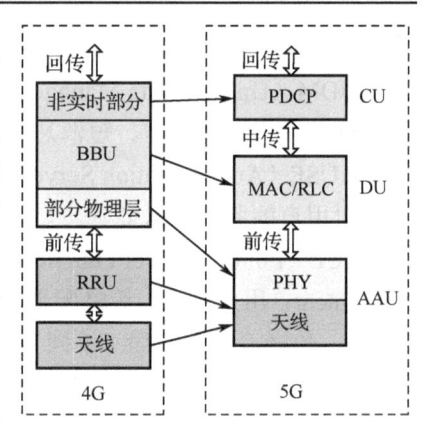

图3-2 5G网络基站的功能组成框图

核心网完成对本控制区域内的移动用户的通信控制与管理，主要包括：移动用户各种类型的呼叫接续控制；通过标准接口与基站和其他核心网相连，完成越区切换、漫游及计费功能；用户位置登记与管理；用户号码和移动设备号码的登记与管理；服务类别的控制；对用户实施鉴权；提供连接维护管理中心的接口，完成无线信道管理功能，等等。

5GC基于服务化架构（网络功能服务解耦）和SDN/NFV框架（网络云化），结合网络切片（端到端逻辑专用网络）、边缘计算、5G非公共网络、5G局域网等行业专网使能技术，实现网络架构开放性、网元虚拟化、资源灵活调度及定制化场景应用。5GC必须满足低时延业务处理的时效性需求。其控制平面的逻辑功能被进一步细分，AMF和SMF分离为两个逻辑节点，网络用户平面进一步下沉，如图3-3所示。与4G网络架构相比，5GC新增了NRF、NSSF、AUSF网元，其用户平面的接口和服务不变，控制平面借鉴IT思想，采用服务化网络架构，网络功能拆解为模块化网络服务，接口采用服务化网络接口，实现了网络功能的灵活定制。

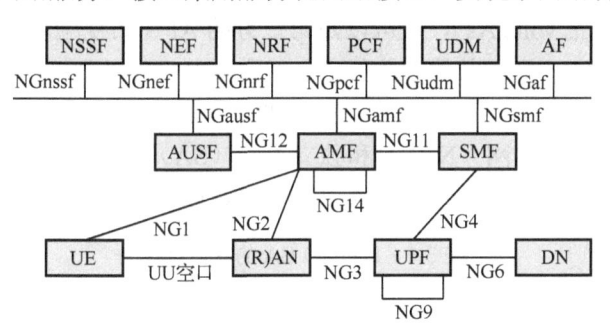

图3-3 5GC网元及其功能

5GC网元及其功能如下：

AMF(Access and Mobility Management Function，接入和移动性管理功能)：注册管理（连接管理、移动性管理、接入鉴权、可达性管理），与SMF间的SM消息转发，安全锚点功能，安全上下文管理功能等。

SMF(Session Management Function，会话管理功能)：会话管理（建立、修改、释放等）、用户平面（UP）选择和控制，IP地址分配，配置UPF的QoS策略等。

UPF(User Plane Function，用户平面功能)：用户平面的业务处理功能，包括用户数据包的路由和转发、与外部数据网（DN）的数据交互、用户平面的QoS处理、保证业务/会话连续性（5G 到 4G 的切换）、流控规则实施（如门控、重定向、流量转向）等。

UDM（Unified Data Management，统一数据管理）：产生 AKA 过程需要的数据，签约数据管理、用户鉴权处理、短消息管理，支持 ARPF 等。

AUSF（Authentication Server Function，鉴权服务器功能）：为鉴权服务器生成鉴权向量，实现对用户的鉴权和认证等。

PCF（Policy Control Function，策略控制功能）：负责应用和业务数据流检测；UE（User Equipment，用户设备）策略配置（网络发现和选择策略、SSC 模式选择策略、网络切片选择策略）；数据流分流管理（不同 DN）；QoS 控制、额度管理、基于流的计费；背景数据传送策略协商；对通过 NEF 和 PFDF（分组流描述功能）从第三方 AS 配置进行的 PFD（策略决策功能）进行管理；具备 UDR（Unified Data Repository，统一数据存储）前端功能以提供用户签约信息；提供网络选择和移动性管理相关的策略，等等。

NEF（Network Exposure Function，网络开放功能）：负责管理对外开放网络数据，所有的外部应用，想要访问 5GC 内部数据，都必须通过 NEF。NEF 提供相应的安全保障来保证外部应用到 3GPP 网络的安全，提供外部应用 QoS 定制能力开放、移动性状态事件订阅、应用请求分发等功能。

NRF（NF Repository Function，网络存储功能）：用来进行 NF（Network Function，网络功能）登记、管理、状态检测，实现所有 NF 的自动化管理，每个 NF 启动时，必须到 NRF 进行注册登记才能提供服务，登记信息包括 NF 类型、地址、服务列表等。

NSSF（Network Slice Selection Function，网络切片选择功能）：根据接入网的 UE 提供相应的网络切片服务，进而决定由哪个 AMF 为该 UE 提供接入服务，包括选择服务 UE 的网络切片和 AMF 集合，确定允许的 NSSAI 及（若需要的话）映射到签约的 S-NSSAI 等。

AF（Application Function，应用功能）：指应用层的各种服务，可以是运营商内部的 AF，如 VoIte AF（类似 4G 的 VoIte As），也可以是第三方的 AF（如视频服务器、游戏服务器等）。如果是运营商内部的 AF，则与其他 NF 在一个可信域内，可以直接与其他 NF（如 PCF）交互访问；而第三方的 AF 则不在可信域内，必须通过 NEF 访问其他 NF。

5G 网络提出了非独立组网（NSA）和独立组网（SA）两种组网方案，NSA 作为过渡方案，依托 4G 基站和 4G 核心网工作。NSA 和 SA 的具体比较如表 3-1 所示。

表 3-1　NSA 和 SA 的具体比较

		NSA	SA
业务能力		仅支持大带宽业务	较优，支持大带宽和低时延业务，便于拓展垂直行业
4G/5G 组网灵活度		较差，option 3x 同厂商，option 3a 可能不同厂商	较优，可以不同厂商
基本性能	终端吞吐量	下行峰值速率（4G/5G 双连接）比 SA 优 7%，上行边界速率高	上行峰值速率（终端 5G 双发）比 NSA 优 87%，上行边界速率低
	覆盖性能	同 4G	初期 5G 连续覆盖挑战大
	业务连续性	较优，不涉及 4G/5G 系统间的切换	略差，初期未连续覆盖时，4G/5G 系统间切换多
对 4G 现网改造	无线网	改造较大，4G 软件升级支持 Xn 接口，硬件基本无须更换，但需与 5G 基站连接	改造较小，4G 升级支持与 5G 互操作，配置 5G 邻区

3.1.2 移动交换的主要特征

由于移动用户随时随地运动，甚至在某些移动通信系统中，移动用户不通话时发射机是关闭的，它与交换中心没有固定的联系，因此，移动通信的交换技术有着自身的特点：位置登记、波道切换、漫游等。

首先，移动用户在服务区内移动，为了确保移动用户收到信息，必须有用户在本服务区的位置信息，同时位置信息要存入与用户有契约的存储用户数据的交换机中，而且需要在用户每次变更所在区域时更改契约交换机内存储的用户位置信息。换句话说，要具有位置登记功能、把通信线路接到控制用户所在区的交换机的跟踪接续功能，以及通过配有交换机的基站对用户寻呼的功能。

其次，当移动用户在通信中从一个小区转移到其他小区，而通信还要继续进行时，需要能随时发现移动用户的位置变化，及时进行局间通信线路切换，即实现信道切换功能。

再次，在移动通信的交换中，需要有用户服务类别、通信/空闲信息等用户数据。在用户发信时，由控制本地服务区的交换机完成呼叫控制。当移动用户在远离本地服务区的外地时，为了完成收发信的呼叫控制，相关用户数据应能被移动用户所到达的远地交换机注册访问。

最后，移动网还需要具备与其他公用固网进行连接的相互接续功能，实现从相互接续的交换机到用户本地交换机的跟踪接续功能，并具有与公用固网相同的业务控制、信号处理、计费及维护试验等功能。

3.2 移动交换控制原理

3.2.1 移动呼叫处理

1. 移动用户初始化

移动用户首次使用或开机时必须进行移动用户初始化。移动用户首次进入移动通信系统时，需在其经常活动的位置区域进行位置登记（入网手续），即通过交换机把有关数据（如移动用户识别码、位置信息等）存放在归属位置服务器中。移动用户移动变化过程中或开机后，先要通过自动扫描，捕获当前所在区域的广播信道，通过广播控制信道获得所在移动网号、基站号和位置区等信息，并将其存入存储器中。当移动用户发现收到的位置区识别码已经改变时，可以判定自己已漫游到新的位置区了，这时它必须用其移动用户识别码证明其身份，向该地区的拜访位置服务器申请位置登记，从而得到一个临时性的漫游号码，并通知其归属位置服务器修改该用户的位置信息，以便为其他用户呼叫此用户提供所需的路由。移动用户均须经过位置登记才能进行呼叫通信。

2. 呼叫接续控制

（1）公用固网至移动用户的呼叫接续控制。如图3-4所示，市话用户所拨的是移动用户号码，进入交换机，经交换机识别确认后，转换成移动用户的识别码。交换机根据该移动用户上次登记的位置信息，在相应区域内向所有基站广播呼叫该移动用户的识别码。该移动用户收到与自身相符的寻呼信息后,检查上行控制信道的空闲状况;若空闲,则移动用户在该信道中向基站发送申请信道请求,即发回寻呼响应。交换机根据收到的寻呼响应信号中的相应信息确定该移动用户所在的小区,在该小区内找出一条空闲的语音信道,通知相关基站,启动发射机发送检测音,并通过控制信道给移动用户发送转移信道指令和信道号。移动用户收到指令后,自动调谐到指定的语音信道并环回检测音给基站,以检测能否在该信道上建立正常的通话。若能,则基站给移动用户发送通知振铃信号;移动用户应答后语音通路建立,交换机监测双方通话。

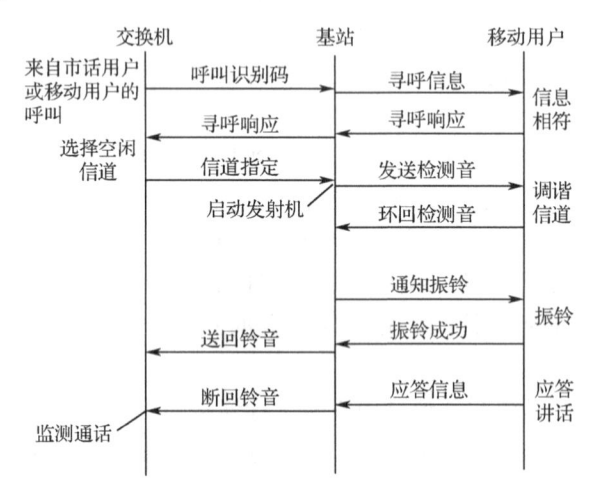

图 3-4 市话用户呼叫移动用户的接续控制过程

（2）移动用户主呼的呼叫接续控制。移动用户若要建立一个呼叫,需拨被叫用户的号码,再按"发送"键,则开始启动程序。

① 移动用户首先通过随机接入信道向基站发送申请信道请求,如图 3-5 所示的前半阶段。若基站接收成功便分配给这个移动用户一个专用控制信道,并向它发送立即指配信令(呼叫进行)。移动用户收到立即指配信令后,通过专用控制信道经基站向交换机发送业务请求信息。交换机与本地拜访位置服务器的用户信息进行对照,若拜访位置服务器中没有相关信息则向归属位置服务器查询请求认证参数,以判定发信请求者是否为法定登记用户,即进行移动用户认证处理。交换机根据认证结果向移动用户回送呼叫控制信号。移动用户向交换机发出呼叫建立信息,交换机接收信息并进行分析,根据接收的被叫号码信息分别按照②或③进一步处理。

② 移动用户至固网的呼叫。若确定被叫用户是固网市话用户,就启动固网的通信线路,如图 3-5 所示的后半阶段,交换机直接将被叫用户号码送入公用固网,连接被叫用户的交换机;一旦接通被叫用户的链路,交换机便向主叫移动用户发出呼叫建立证实,并给移动用户分配专用业务信道。移动用户等候被叫用户响应证实信号,从而完成移动用户呼叫固网市话用户的呼叫接续控制过程。

③ 移动用户至移动用户的呼叫。若被叫用户是另一移动用户,交换机根据该移动用户上次登记的位置信息,在相应区域内向所有基站广播呼叫该移动用户的识别码,如图3-4所示。

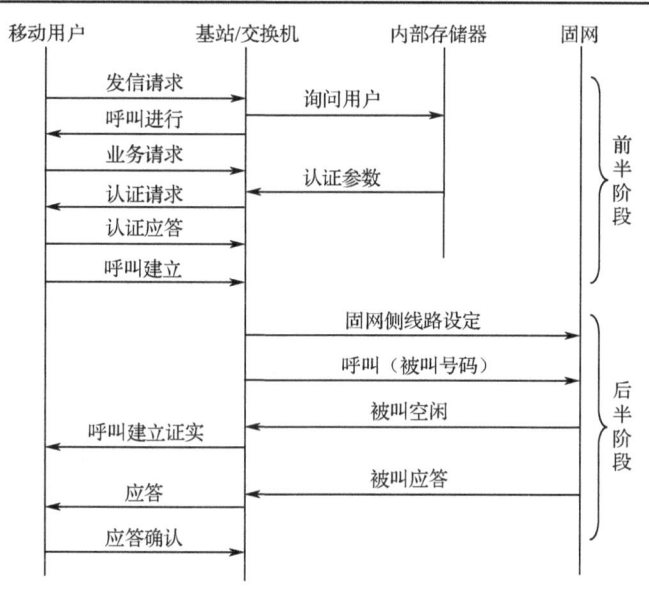

图 3-5 移动用户呼叫市话用户的接续控制过程

3. 5G 网络的 RRC 状态说明

5G 网络的 RRC（Radio Resource Control，无线资源控制）状态包括空闲态（RRC_IDLE）、连接态（RRC_CONNECTED）和非活动态（RRC_INACTIVE）三种，三种状态间的转换关系如图 3-6 所示，各状态的主要功能如表 3-2 所示。

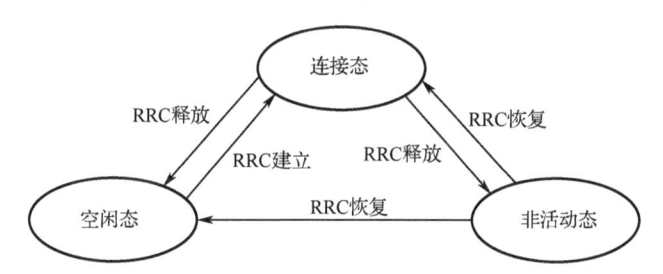

图 3-6 RRC 三种状态转换图

表 3-2 RRC 三种状态功能说明

状　　态	功　　能
空闲态	PLMN（Pubic Land Mobile Network，公共陆地移动网）选择； 广播系统消息； 小区重选； 应用协商的 DRX 配置监听寻呼消息（5GC 发起）； 位置区由 5GC 管理
连接态	NG-RAN 和 UE 保留上下文信息； NG-RAN 知道 UE 属于哪个小区； 对特定 UE 建立传输； 移动性管理由网络侧决定（切换）； 5GC-NG-RAN 仍然和 UE 建立承载（用户平面和控制平面都需要）

续表

状 态	功 能
非活动态	监听系统消息； 小区重选； 应用协商的 DRX 配置监听寻呼消息（NG-RAN 发起）； 跟踪区（RAN）由 NG-RAN 管理； 5GC-NG-RAN 仍然和 UE 建立承载（用户平面和控制平面都需要）； NG-RAN 和 UE 保留上下文信息； NG-RAN 知道 UE 属于哪个小区 RAN

空闲态的 UE 需要发起业务（语音或数据业务）时，将执行 RRC 建立过程：UE 首先需要向网络发起 RRC 连接建立请求，然后双方进行连接设置并确认，则空闲态转换到连接态。连接态的 UE 若持续一段时间没有数据传输，则会进入非活动态。非活动态的 UE 需要发起数据传输时，通过 RRC 恢复过程转换到连接态。非活动态的 UE 持续一段时间仍没有数据传输，则进入空闲态。非活动态转换为其他状态的流程图如图 3-7 所示，其中，CU 和 DU 由 F1 标准化接口连接，CU 是集中单元（包括 RRC 和分组数据汇聚协议 PDCP），可连接多个 DU，第 5 和第 6 步表明 UE 上下文信息保留在 gNB-DU 中。

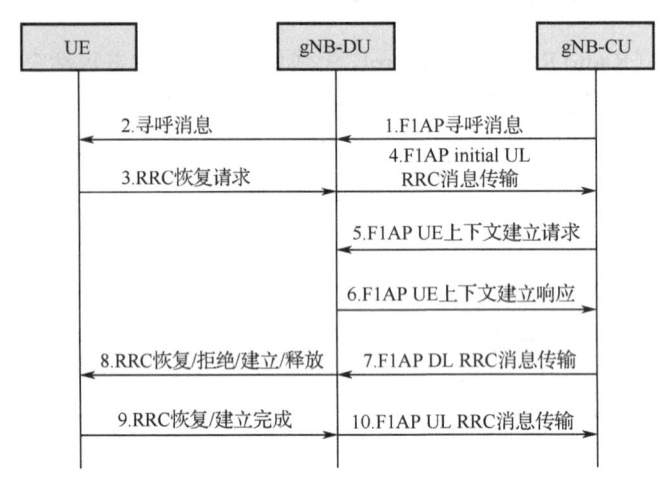

图 3-7 非活动态转换为其他状态的流程图

3.2.2 移动交换的基本技术

1. 漫游技术

移动用户由归属交换局（或归属局）控制区进入被访交换局控制区后，仍能获得移动业务服务的网络功能称为漫游。具有漫游功能的用户，在整个连网区域内任何地点都可以自由地呼出和呼入，其使用方法不因地点的不同而变化。

根据系统对漫游的管理和实现的不同，可将漫游分为 3 类。

（1）人工漫游。两地运营部门预先定有协议，为对方预留一定数量的漫游号，用户漫游前必须提出申请，漫游用户在连到被访问移动交换机之前不能发出呼叫。

（2）半自动漫游。漫游用户在访问区发起呼叫时由访问区人工台辅助完成。用户不必事先申请。存在的问题是漫游号回收困难，实际上很少使用。

（3）自动漫游。自动漫游方式要求网络数据库通过 7 号信令网互连，网络可自动检索漫游用户的数据，并自动分配漫游号，对于用户来说没有任何感觉。

人工漫游和半自动漫游主要在移动通信系统建网初期使用，目前的手机都采用自动漫游技术。

2. 切换技术

移动通信系统的服务小区间切换（Hand Over）是指移动终端在无线接入网的控制下完成从源小区到目标小区的无线链路连接的迁移，是保证无缝的移动通信服务的基本技术手段，是在不同小区无线信道之间交换一个正在进行中的通话，而不使其中断的操作。

当 UE 处于业务连接状态并保持业务服务时，从一个小区移动到另一个小区，原来的服务小区不可能再给 UE 继续提供服务，为了不中断业务，无线承载系统将寻找最合适的小区或网络继续为 UE 提供服务，实现无线网络无缝覆盖的移动性管理，这就是小区切换。

切换是无线蜂窝通信系统移动性管理的重要组成部分，切换的成功率是无线蜂窝通信系统移动性管理性能的重要考量指标。当 5G 网络与 TD-LTE、2G、3G、WLAN 等不同制式网络并存时，小区间发生的切换将更复杂、更频繁，造成切换失败的概率也更大，查找引发切换失败的原因会更困难。

切换是移动通信系统中一项非常重要的技术，切换失败会导致掉话，影响网络的运行质量。

1）切换的类型

从无线空口资源的分配角度看，小区切换大致可分为以下几种：

（1）硬切换

硬切换是发生在不同频率小区间的一种切换模式，FDMA（Frequency Division Multiple Access，频分多址）和 TDMA（Time Division Multiple Access，时分多址）系统支持硬切换，如图 3-8 所示。

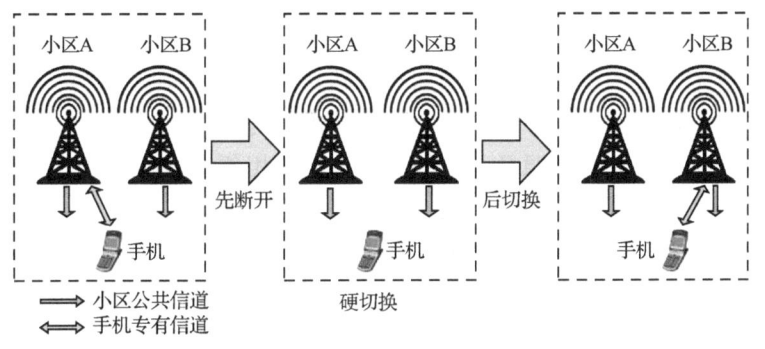

图 3-8 硬切换示意图

硬切换过程是：当 UE 从源小区移动到目标小区时，因源小区与目标小区的载频不同，UE 进入目标小区后就与源小区信道断开，经过同步过程，UE 再自动向目标小区的新频率调谐，与目标小区联系，建立新的信道，开始新频率下的上下行数据通信，最后完成从源小区到目标小区的切换。

显然，硬切换在切换过程中存在一个暂停中断期，是一个"释放、建立"的过程，特点是"先断开、后切换"。并且在任何时刻，UE 只连接一个小区。但这种"断连"的时间非常短,用户不一定每次都能够感觉到。2G GSM（全球移动通信系统）的 FDMA 系统就是一种硬切换。

（2）软切换

软切换是发生在相同频率的不同小区之间的一种切换模式,如图 3-9 所示。

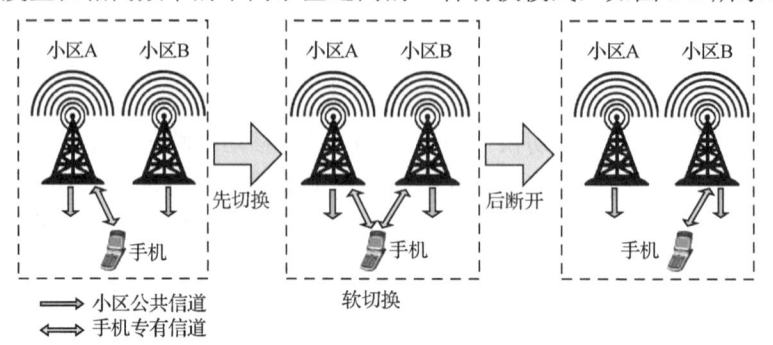

图 3-9 软切换示意图

由于切换是在同频小区间进行的,当 UE 移动到多个小区覆盖交界区域,处于切换状态时,因频率相同,UE 可同时和多个小区保持联系,接收这些小区的信道质量报告,并与系统指定门限比较,取最佳值对应的小区作为目标小区进行切换,这时 UE 才将与源小区的联系信道切断,完成从源小区到目标小区的切换。因此,软切换是一个"建立、比较、释放"的过程,特点是"先切换、后断开"。在切换状态的任何时刻,UE 可同时连接多个小区。

因此软切换过程中,不会出现中途中断的情形,用户体验是较好的。3G CDMA（Code Division Multiple Access,码分多址）系统就是一种软切换。

（3）接力切换

LTE 和 3G TD-SCDMA 采用的是一种接力切换模式。5G 的切换与 4G LTE 类似。

接力切换是一种改进的硬切换技术,可提高切换成功率,与软切换相比,可以克服切换时占用邻近基站信道资源的弊端,能够使系统容量得以增加。接力切换的用户体验处于硬切换和软切换之间。

接力切换需要 UE 对本小区基站和相邻小区基站的参考信号强度进行测量,并上报给基站,基站对测量信号进行判决,如果判决的结果是需要切换,基站就会先与相邻小区通信,请求相邻小区预先准备好无线资源及 UE 的上行文,等相邻小区准备好资源和 UE 的上行文后,就切断当前小区的资源,由相邻小区接管对该 UE 的控制。

在 LTE 系统中,当 UE 处于连接状态时,网络完全掌控 UE,不仅了解 UE 与源小区和相邻小区的信道质量,还了解整个网络的负载均衡情况。

也就是说,通常情形下,信道条件的改变可能会触发 UE 切换,但在 LTE 系统中,网络负载均衡情况也有可能造成 UE 切换。这说明 LTE 切换已不是仅仅因为小区改变而产生 UE 切换,还有因整个网络负载均衡而使 UE 切换的情况,即 LTE 切换是：UE 辅助网络的快速切换,所以 LTE 切换涉及的网络实体有 eNB、MME（Mobility Management Entity,移动管理实体）和 S-GW。

为了辅助网络做出切换判决,源小区可以为 UE 配置测量功能,使 UE 在切换前上报当前小区及相邻小区的信道质量或网络的负载情况,从而使网络侧可以合理地判决 UE 是否需要切换。接力切换的关键是切换前的测量。

2）三种切换优缺点比较

（1）接力切换和软切换与硬切换相比,都具有较高的切换成功率、较低的掉话率及较小的上行干扰等优点。不同之处在于接力切换不需要同时有多个基站为一个移动用户提供服务,从而克服了软切换需要占用的信道资源多、信令复杂、增加下行链路干扰等缺点。

（2）接力切换与硬切换相比,断开与原基站的通信和与目标基站建立通信链路几乎是同时进行的,从而克服了传统硬切换掉话率高、切换成功率低的缺点。

（3）传统的软切换、硬切换都是在不知道 UE 的准确位置下进行的,因而需要对所有相邻小区进行测量,而接力切换精确知道 UE 位置,只需对与 UE 移动方向一致或靠近 UE 一侧的少量小区进行测量,大大减少了 UE 测量时间和工作量,减少了信令交互和网络负荷,减小了切换时延。

3. 网络安全技术

基于无线技术的发展,以及通信网络中语音和数据业务不断增长的需求,移动通信系统经历了 2G、3G、4G 和 5G 的持续更新和升级。与此对应,移动通信系统的安全保护机制也在不断加强。例如,认证机制由 2G 中终端的单向认证改进为 3G 和 4G 中的双向认证;密钥长度和算法安全性也在不断增强;基于增强的移动性管理,4G 中增加密钥推衍的前向安全机制;在 4G 中加强隐私保护;等等。传统移动安全架构聚焦语音和数据的保护,具有以下几个共有的安全特征,包括基于（U）SIM 卡的用户身份管理、运营商网络与用户之间进行认证及分段的安全保护机制。为提高系统的灵活性和效率,并降低成本,5G 网络架构将引入新的 IT 技术,如虚拟化和 SDN/NFV 新技术,也为 5G 安全架构带来了新挑战。

在传统移动通信网络中,网络对用户进行入网认证,并作为管道承载用户与服务间的业务认证,用户与网络、用户与服务分别构成二元信任模型。在 5G 网络中,将融合传统二元信任模型,构建多元信任模型。网络和垂直行业可结合进行业务身份管理,使得业务运行更加高效,用户的个性化需求得以满足。如图 3-10 所示。

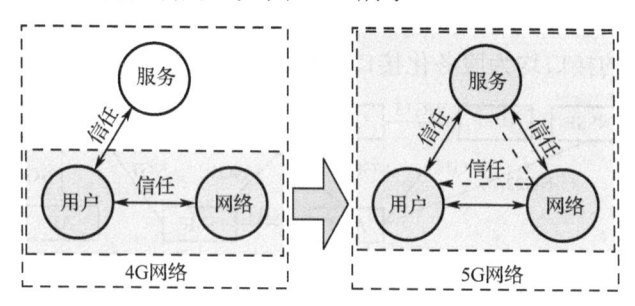

图 3-10　网络信任模型的演变

1）多元信任模型下的认证管理

5G 网络将是一个支持多种多样业务的开放性网络,包括智能交通、智能电网和工业物联网等。面对多种多样的业务,简化用户的入网和业务认证流程、降低安全管理成本是运营商和业务方所关心的重要问题。因此,5G 网络需要根据不同业务的特点,建立不同的信任模型;根据行业用户的需求,提供灵活的管理模式:

（1）网络认证用户,运营商统一认证:为了降低运营和维护成本,垂直行业可将业务认证委托给运营商,运营商统一进行网络和业务认证以达到进行一次网络认证便可直接访问和使用多种业务。运营商的这种认证能力开放不仅可以极大地方便用户,还可以作为一种增值业务提供给垂直行业,帮助其快速部署业务。

(2)业务认证用户,运营商信任垂直行业认证:对某些垂直行业,运营商可以信任其对用户的业务认证结果,为用户提供网络服务。

(3)入网和业务分别认证:运营商负责设备的入网认证和管理,垂直行业对用户进行业务认证。

2)以(U)SIM 卡为基础的单一身份管理方式过渡到灵活多样的身份管理方式

传统的蜂窝网络是以实体(U)SIM 卡为基础来管理用户的身份和密钥的。5G 网络需要支持海量智能设备和形式多样的终端,部分设备由于体积小、成本低,如小型传感器设备、可穿戴设备、智能家居设备等,不适合使用(U)SIM 卡,从而驱动 5G 网络引入新的终端身份管理方式。终端身份管理方式中所涉及的身份标识的产生、发放及其他生命周期管理等各个环节都将发生变化。

新的身份标识可以包含设备物理标识和业务标识。物理标识具备全球唯一性特征,可以在制造环节产生。业务标识由垂直行业或运营商灵活发放。一个物理标识可以对应一个或多个业务标识。

新的身份管理方式可以采用以用户为单位的管理方式,允许用户对自身管辖的多个设备,例如可穿戴设备,在一定范围内进行灵活的管理,包括设备的入网和服务属性等,如允许流量以在线和离线的方式在用户的设备之间共享。

3.3 移动交换的相关接口

3.3.1 5GC 接口

在 5G 网络中,NG1、NG2、NG3、NG4、NG6、NG9 不是服务化接口,而是基于参考点设置的接口,其余的接口均为服务化接口,如图 3-11 所示。

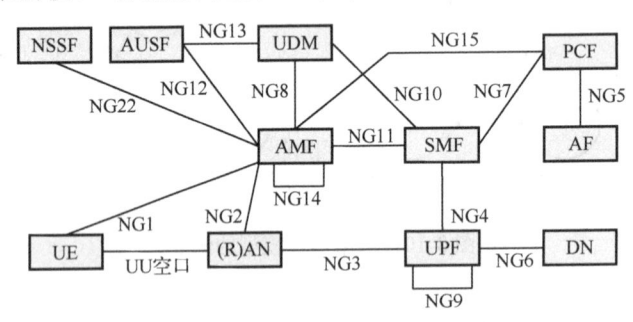

图 3-11 5G 网络中接口示意图

1. 服务化接口

服务化接口(见图 3-3)包含以下接口:NGamf、NGsmf、NGudm、NGnrf、NGnssf、NGausf、NGnef、NGsmf、NGudr、NGpcf、NGlmf、NG5g-eir。采用 HTTP/2 协议,其应用层包括 JSON 等解码协议,服务化接口所采用的封装协议如图 3-12 所示。

2. NG 接口

（1）NG1 接口

NG1 接口是一个 NAS（Non-Access Stratum，非接入层）接口，用于发送 NAS 消息，如图 3-11 所示。发送的 NAS 消息分为移动性管理、会话管理两大类。移动性管理用于 UE 与 AMF 进行交互，会话管理用于 UE 与 SMF、SMSF、其他 NF 交互。需要说明的是，会话管理的 NAS 消息承载于移动管理消息之上，其他的会话管理消息同样需要通过 AMF 来转发和透传。

图 3-12 服务化接口的封装协议

（2）NG2 接口

NG2 接口在 4G 网络中是用于 eNB 与 MME 之间连接的接口。在 5G 网络中用于对接 5G-AN（5G 接入网）与核心网的 AMF，采用 NG-AP（下一代应用协议），如图 3-13 所示，而图中 NG11 接口是一个服务化接口，采用 HTTP/2 协议。

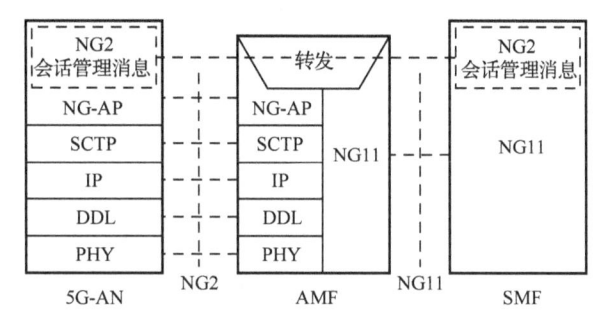

图 3-13 5G-AN 与 SMF 之间的消息传递

（3）NG4 接口

NG4 接口用于 SMF 与 UPF 之间的参考点，如图 3-14 所示。NG4 接口中会传输一些控制平面的消息，同时也会传输一些用户平面的消息。控制平面协议由 GTP-C 协议替换为了 PFCP，而用户平面协议与 4G 网络相同，依旧采用了 GTP-U 协议。

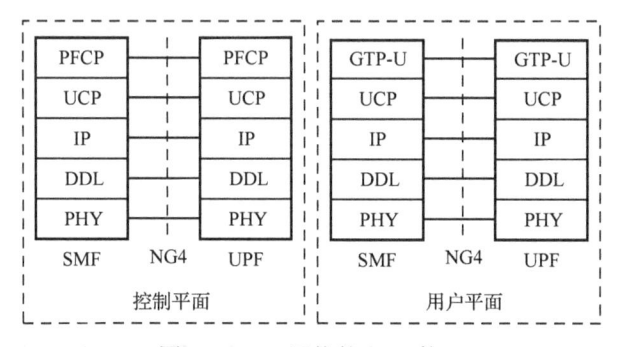

图 3-14 5G 网络的 NG4 接口

（4）NG3、NG6、NG9 接口

NG3、NG6、NG9 接口是用于用户平面协议栈的接口，如图 3-15 所示。NG3 位于 5G-AN 与 UPF 之间，采用 GTP-U 协议；NG6 是内部网络侧与外部网络侧的接口，同样采用 GTP-U

协议；NG9 位于两个 UPF 之间，是一个 5G 封装的用户平面接口，支持 3GPP 和非 3GPP 的接入，当使用 3GPP 接入时采用 GTP-U 协议，当使用非 3GPP 接入时则会采用其他的隧道协议。

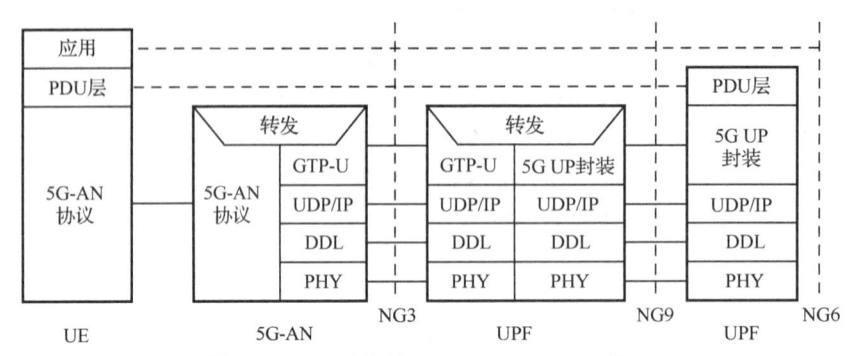

图 3-15　5G 网络的 NG3、NG6、NG9 接口

简单来说，NG1/2/8/11 等接口与 AMF 有关，NG3/6/9/4 等接口与 UPF 有关，NG4/7/10/11 等接口与 SMF 有关；为了点对点图的清晰性，未描述 UDSF、NEF、NRF，但所有描述的网络功能都可以根据需要与 UDSF、UDR、NEF、NRF 交互；UDM 使用订阅数据和身份验证数据，PCF 使用可能存储在 UDR 中的策略数据。

3.3.2　gNB 接口

gNB 接口可分为 NG、Xn 和 F1 接口，其功能及对应协议如表 3-3 所示。

表 3-3　gNB 接口功能及对应协议

接口	功能	协议
NG	1. gNB 与核心网的接口。 2. NG-C（NG2）：NG 接口管理、UE 上下文管理、UE 移动性管理、NAS 消息传输、PDU 会话管理、配置转换、告警信息传输、寻呼。 3. NG-U（NG3）：提供 NG-RAN 和 UPF 间的用户平面会话 PDUs 非保证传输功能	控制平面：Xn-C、NG-C、F1-C 接口信令连接基于 SCTP（信令控制传输协议），可靠性高； 数据面：Xn-U、NG-U、F1-U 用户平面传输基于 GTP-U 协议
Xn	1. gNB 与 gNB 间的接口，支持数据和信令传输。 2. Xn-C：Xn 接口管理、UE 移动性管理（跨栈切换、上下文转移和 RAN 寻呼）、双连接（DC）。 3. Xn-U：提供用户平面会话 PDUs 非保证传输功能，主要功能包括数据转发和流控制	
F1	1. gNB-CU 和 gNB-DU 之间的接口。 2. F1-C：F1 接口管理、gNB-DU 管理、系统消息管理、负载管理、寻呼、F1 UE 上下文管理等。 3. F1-U：用户数据转发和流控制	
其他	gNB 和 UE 之间的接口（Uu 接口）	NR 控制平面和用户平面协议

gNB 接口协议栈包括 NG-C 协议栈、NG-U 协议栈、Xn-C 协议栈、Xn-U 协议栈、F1-C 协议栈和 F1-U 协议栈，如图 3-16 所示。

（1）NG-C 协议栈：NG2 接口传输信令，使用 SCTP，主要包括 NG 接口管理、UE 上下文管理、NAS 消息传输、寻呼、PDU 会话管理、配置转换、告警信息传输等功能。

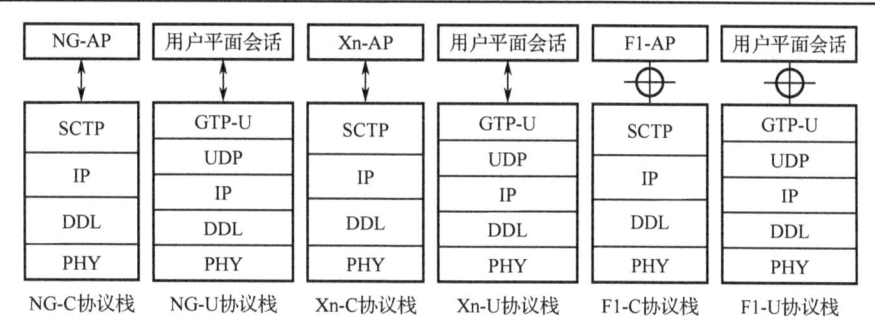

图 3-16 gNB 接口协议栈

（2）NG-U 协议栈：NG3 接口传输数据，使用 GTP-U 协议和 UDP（User Datagram Protocol，用户数据报协议），用于传输用户平面的数据，提供 NG-RAN 和 UPF 之间的用户平面会话 PDUs 非保证传输功能。

（3）Xn-C 协议栈：主要包括 Xn 接口管理、UE 移动性管理（跨栈切换、上下文转移和 RAN 寻呼）、双连接等功能。

（4）Xn-U 协议栈：提供用户平面会话 PDUs 非保证传输功能，主要包括数据转发和流控制。

（5）F1-C 协议栈：主要包括 F1 接口管理、gNB-DU 管理、系统消息管理、gNB-DU 和 gNB-CU 测量报告、负载管理、寻呼、F1 UE 上下文管理、RRC 消息转发等功能。

（6）F1-U 协议栈：主要包括用户数据转发和流控制等功能。

3.4　移动交换技术演进

3.4.1　移动通信系统发展

纵观蜂窝移动通信系统的发展历程，大致可分为以下五个阶段。

1．第一代蜂窝移动通信系统（1G 时代）

1978 年贝尔实验室的科学家们在芝加哥试验成功世界上第一个真正意义上的具有随时随地通信能力的大容量的蜂窝移动通信系统，并于 1983 年正式投入商用，从此蜂窝移动通信走入了越来越多的国家。

20 世纪 80 年代中期，欧洲和日本纷纷建立了自己的蜂窝移动通信系统，主要包括英国的 ETACS 系统、北欧的 NMT-450 系统、日本的 NTT/JTACS/NTACS 系统等，而我国于 1987 年正式引入蜂窝移动通信系统。这一时期的蜂窝移动通信系统主要基于模拟传输和蜂窝结构组网，称为第一代蜂窝移动通信系统或 1G 系统。1G 系统在技术和体制上存在诸多局限，如没有统一的标准、业务量小、质量差、安全性差、没有加密和速度低等。

2．第二代蜂窝移动通信系统（2G 时代）

为了解决第一代蜂窝移动通信系统存在的技术缺陷，20 世纪 90 年代，采用数字调制技术的第二代蜂窝移动通信系统（又称 2G 系统）顺势出现。它主要利用工作在 900/1800MHz 频段的 GSM 及工作在 800/1900MHz 频段的 IS-95 移动通信系统提供语音和数据业务。GSM 的无线接口采用 TDMA 技术，核心网移动性管理协议采用 MAP 协议；而 IS-95 移动通信系统采用了 CDMA 技术，在提高系统容量和抗干扰及无线衰落等方面存在明显优势。

此外，2G 系统还涵盖了全速率完全兼容的增强型语音编解码技术、半速率编解码器、密集的频率复用/多复用/多重复用结构技术、智能天线技术、双频段技术、自适应语音编码（AMR）技术及 GPRS（General Packet Radio Service，通用分组无线服务）/EDGE（Enhanced Data Rate for GSM Evolution，增强型数据速率 GSM 演进技术）等多项技术，因此具有频谱利用率高、保密性好和语音质量好等特点，它既可以支持语音业务，也可以支持低速数据业务，并初步具备了支持多媒体业务的能力。但是随着数据业务（尤其是多媒体业务）需求的不断增长，2G 系统在系统容量、频谱效率等方面的局限性也日益显现。

3．第三代蜂窝移动通信系统（3G 时代）

第三代蜂窝移动通信系统又称为第三代数字蜂窝移动通信系统，它主要利用第三代移动通信网络提供语音、数据、视频图像等业务，并包含了第二代蜂窝移动通信系统可提供的所有业务类型。此外，第三代数字蜂窝移动通信业务的经营者还须自己组建移动通信网络。

1985 年国际电信联盟（ITU）提出了未来公众陆地移动电信系统（FPLMTS）的概念，FPLMTS 是第三代移动通信系统的前身，其目的是实现任何人在任何时间、任何地点都能向任何人传输任何信息。随着技术的发展和人们需求的变化，为了解决 2G 系统所面临的主要问题，同时满足对分组数据传输及频谱利用率的更高的要求，1995 年 ITU 将 FPLMTS 更名为国际移动电信 2000（IMT-2000），即第三代移动通信系统或 3G 系统。1998 年国际电联推出 WCDMA 和 CDMA2000 商用标准（中国 2000 年推出 TD-SCDMA 标准，2001 年 3 月被 3GPP 接纳）。此后，各国通信领域陆续实现了由 2G 系统向 3G 系统的升级。

4．第四代蜂窝移动通信系统（4G 时代）

第四代蜂窝移动通信系统又称为 4G 系统，它是集 3G 与 WLAN 于一体并能够传输高质量视频图像的技术产品，其图像传输质量与高清晰度电视不相上下，是真正意义上的宽带大容量的高速蜂窝系统，支持交互多媒体业务、高质量影像、3D 动画和宽带互联网接入。4G 时代的核心技术是 OFDM，它具有良好的抗噪声性能和抗多信道干扰能力，能够达到 100Mbit/s 的传输速率，是移动电话数据传输速率的 1 万倍，是拨号上网速率的 200 倍，是 3G 移动电话速率的 50 倍。

4G 系统能够满足几乎所有用户对于无线服务的要求，同时其计费方式也更加灵活机动，用户完全可以根据自身的需求确定所需的服务。但随着需求的不断变化，4G 系统逐渐无法适应多样化的使用场景，于是诞生了 5G 技术。

5．第五代蜂窝移动通信系统（5G 时代）

第五代移动通信技术简称 5G 技术，是具有高速率、低时延和大连接特点的新一代宽带移动通信技术，5G 通信设施是实现人机物互联的网络基础设施。

ITU 定义了 5G 技术的三大类应用场景，即增强移动宽带（eMBB）、超高可靠低时延通信（uRLLC）和海量机器类通信（mMTC）。增强移动宽带主要面向流量爆炸式增长的移动互联网，为移动互联网用户提供更加极致的应用体验；超高可靠低时延通信主要面向工业控制、远程医疗、自动驾驶等对时延和可靠性具有极高要求的垂直行业应用需求；海量机器类通信主要面向智慧城市、智能家居、环境监测等以传感和数据采集为目标的应用需求。

为满足5G技术多样化的应用场景需求，其关键性能指标更加多元化。ITU定义了5G技术八大关键性能指标，其中高速率、低时延、大连接成为5G技术最突出的特征，用户体验速率可达1Gbit/s，时延低至1ms，用户连接能力达100万连接/千米^2。所以如果说4G改变生活，那么5G则改变社会。

3.4.2 4G系统相关技术

4G系统通过多媒体接入将各种不同业务的接入系统连接到基于IP的核心网中。基于IP技术的网络结构使用户可实现在3G、4G、WLAN及固定网间的无缝漫游。

1．4G网络结构及特点

4G网络结构可分为三层：物理网络层、中间环境层、应用网络层。

（1）物理网络层提供接入和路由选择功能。

（2）中间环境层的功能有网络服务质量映射、地址转换和完全性管理等。

（3）物理网络层与中间环境层及其应用环境之间的接口是开放的，使发展和提供新的服务变得更容易。这使得4G系统能够提供无缝高数据率的无线服务，并运行于多个频带，且能自适应多个无线标准及多模终端，跨越多个运营商和服务商，提供更大范围服务。

4G网络有如下特点：

（1）支持现有系统和将来系统通用接入的基础结构；

（2）与Internet集成统一，移动通信网仅仅作为一个无线接入网；

（3）具有开放、灵活的结构，易于扩展；

（4）是一个可重构的、自组织的自适应网络；

（5）智能化的环境，个人通信、信息系统、广播、娱乐等业务无缝连接为一个整体，满足用户的各种需求；

（6）用户在高速移动中，能够按需接入系统，并在不同系统间无缝切换，传输高速多媒体业务数据；

（7）支持接入技术和网络技术各自独立发展。

2．4G网络的关键技术

4G网络的关键技术主要体现在基于IP的核心网上。4G系统选择了采用IP的全分组方式传输数据流，因此IPv6技术是下一代网络的核心协议。选择IPv6技术主要基于以下几点考虑：

（1）巨大的地址空间。IPv6地址为128位，代替了IPv4的32位，地址空间大于3.4E+38（即3.4×10^{38}）。如果整个地球表面（包括陆地和水面）都覆盖着计算机，那么IPv6允许每平方米拥有7E+23（即7×10^{23}）个IP地址。可见，IPv6地址空间是巨大的。在一段可预见的时期内，它能够为所有可以想象出的网络设备提供全球唯一的地址。

（2）自动控制。IPv6还有另一个基本特性就是它支持无状态和有状态两种地址自动配置方式。无状态地址自动配置方式是获得地址的关键方式。在这种方式下，需要配置地址的节点使用一种邻居发现机制获得一个局部连接地址。得到这个地址之后，它使用另一种即插即用的机制，在没有任何人工干预的情况下，获得一个全球唯一的路由地址。对于有状态地址自动配置方式，如DHCP（动态主机配置协议），其需要一个额外的服务器，因此也需要很多额外的操作和维护。

（3）核心网独立于各种具体的无线接入方案，能提供端到端的 IP 业务，能同已有的核心网和 PSTN 兼容。

（4）核心网具有开放的结构，能允许各种空中接口接入核心网；同时核心网能把业务、控制和传输等分开。

（5）IP 与多种无线接入协议相兼容，因此在设计核心网时具有很大的灵活性，不需要考虑无线接入究竟采用何种方式和协议。

3.4.3　5G 系统相关技术

1．5G 系统的特点

（1）频谱利用率高

目前高频段的频谱资源利用率受到很大的约束，在现在的科学技术条件下，利用率会受到高频无线电波穿透力的影响。5G 系统一般不会阻碍光载无线组网及有限与无限宽带技术结合的广泛使用。在 5G 移动通信技术中，将会普遍利用高频段的频谱资源。

（2）通信系统性能有很大的提高

5G 移动通信技术将会很大程度上提升通信性能，把广泛多点、多天线、多用户、多小区的共同合作及组网作为主要研究对象，在性能方面做出很大的突破，并且更新了传统形式下的通信系统理念。

（3）先进的设计理念

移动通信业务中的核心业务为室内通信，所以想要在移动通信技术上有更好的提升，须将室内通信业务进行优化。因此，5G 系统致力于提升室内无线网络的覆盖性能及提高室内业务的支撑能力，在传统设计理念上突破形成一个更先进的设计理念。

（4）降低能耗及运营成本

能耗及运营成本对科学发展有着很大的影响，所以通信技术发展的方向也是朝着更加低能耗及低运营成本的方向创新的。因此，5G 无线网络的"软"配置设计是未来移动通信技术的主要研究对象，网络资源根据流量的使用动态进行实时调整，这样就可以将能耗及运营成本降低。

（5）主要的考量指标

5G 移动通信技术会更加注重用户的使用体验，交互式游戏、3D 技术、虚拟实现、传输延时、网络的平均吞吐速率及各方面能效是检验 5G 性能的主要考量指标。

2．5G 系统的关键技术

5G 系统的关键技术主要包括软件定义网络（SDN）、网络功能虚拟化（NFV）、网络切片和多接入边缘计算（MEC）。其中软件定义网络和网络功能虚拟化将在第 8 章详细介绍，在此简要介绍网络切片和多接入边缘计算技术。

（1）网络切片

简单来说，5G 网络切片就是将 5G 网络切出多张虚拟网络，从而支持更多业务。

众所周知，5G 网络将面向如超高清视频、VR、大规模物联网、车联网等不同的应用场景。不同场景，对网络的移动性、安全性、时延、可靠性，甚至是计费方式的要求也是不一样的。因此，需要将一张物理网络分成多个虚拟网络，每个虚拟网络面向不同的应用场景需求。虚拟网络间是逻辑独立的，互不影响。网络切片的优势在于，其能让网络运营商自己选择每个切片所需的特性，如低时延、高吞吐量、连接密度、频谱效率、流量容量和网络效率，这些有助于提高创建产品和服务方面的效率，提升客户体验。不仅如此，运营商无须考虑网络其余部分的影响就可进行切片更改和添加，既节省了时间又降低了成本，也就是说，网络切片可以带来更好的成本效益。

当然，要在实现网络功能虚拟化与软件定义网络之后才能实现网络切片，不同的切片依靠网络功能虚拟化和软件定义网络通过共享的物理/虚拟资源池来创建。此外，网络切片还包含多接入边缘计算资源和功能。

（2）多接入边缘计算

多接入边缘计算（Multi-access Edge Computing，MEC）也叫移动边缘计算，是一种网络架构，为网络运营商和服务提供商提供云计算能力和网络边缘的 IT 服务环境，多接入边缘计算位于网络边缘的、基于云的 IT 计算和存储环境，使数据存储和计算能力部署于更靠近用户的边缘，从而降低了网络时延，可更好地提供低时延、高宽带应用。

多接入边缘计算背后的逻辑非常简单，离源数据处理、分析和存储越远，所经历的延迟越高。多接入边缘计算可通过开放生态系统引入新应用，从而帮助运营商提供更丰富的增值服务，比如数据分析、定位服务、AR 和数据缓存等。多接入边缘计算最明显的好处是，允许网络运营商和服务提供商减小服务中的时延，以便提升整体客户体验，同时引入新的高带宽服务，而不会出现前面提到的延迟问题。

复习思考题

1. 5G 网络架构由哪几部分组成？简述独立组网和非独立组网的区别。
2. 画出 5G 核心网的网络结构图，并简述各网元功能。
3. 简述移动交换的主要特征。
4. 简述移动用户至固定网的呼叫接续控制过程。
5. 简述固定网至移动用户的呼叫接续控制过程。
6. 简述移动用户至移动用户的呼叫接续控制过程。
7. 什么是漫游？漫游技术主要有哪几种？
8. 什么是越区切换，共分哪几种类型？
9. 5G 的网络安全认证方式与 4G 有哪些不同？
10. 简述 5G 网络有哪些接口。
11. 简述 5G 网络中 NG1/2/3/4 接口的功能及协议？
12. 简述 5G-gNB 的接口功能，并画出相关协议栈。
13. 蜂窝移动通信系统发展经历了哪几个阶段？每个阶段的特点是什么？
14. 简述 4G 和 5G 网络的特点及关键技术。

第4章 ATM 交换技术

随着宽带业务的逐步发展及其业务发展的某些不确定性，迫切要求找到一种能兼具电路交换与分组交换优点的新交换方式，因而产生了以 ATM 为代表的宽带交换方式。本章首先介绍了 ATM 的基本概念和系统构成，然后介绍了 ATM 交换网络的实现技术。

4.1 ATM 概述

4.1.1 ATM 的基本概念

1. ATM 的含义

异步传输模式（Asynchronous Transfer Mode，ATM）是一种采用异步时分复用方式、以固定长度信元为单位、面向连接的信息传输（包括复用、传输与交换）模式，已被国际电联电信标准部（ITU-T）于 1992 年 6 月定义为宽带综合业务数字网（B-ISDN）的应用模式。ATM 技术具有下列特征。

（1）所有信息在 ATM 网中以信元（Cell）形式发送，它采用固定长度数据单元格式，由信头（Header）和信息域（Payload）组成。

（2）ATM 是面向连接的技术，同一虚连接中的信元顺序保持不变。

（3）通信资源可产生所需的信元，每个信元都具有连接识别的标号（位于信头）。

（4）信元信头的主要功能具有本地重要性，即用于路由选择的标识符只在特定物理链路上才是唯一的，它在交换处被翻译。

（5）信息域被透明传输，它不执行差错控制。

（6）信元流被异步时分多路复用。

2. ATM 信元结构

ATM 信元是 ATM 的基本信息单元，根据对传输效率、时延（包括打包时延、排队时延、时延抖动和相关的信元组合恢复时延）和实现复杂性三方面因素的综合考虑，采用了 53Byte 的固定信元长度。ATM 信元由 5Byte 信头和 48Byte 信息域构成，其结构如图 4-1 所示。

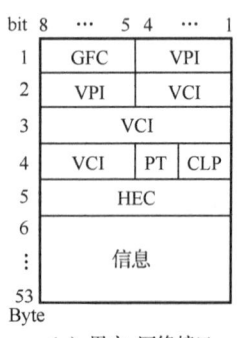

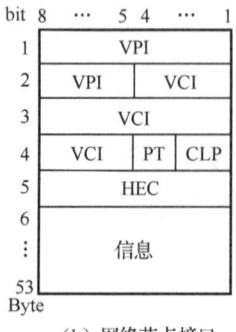

一般流量控制（Generic Flow Control，GFC）：由 4bit 组成，仅用于用户-网络接口（User-Network Interface，UNI），其功能是控制产生于用户终端方向的 ATM 连接的业务流量，减少用户侧出现的短期过载，支持点到点连接和点到多点连接。

图 4-1 ATM 信元结构示意图
（a）用户-网络接口　（b）网络节点接口

虚通路标识符（Virtual Path Identifier，VPI）：在用户-网络接口中，由 8bit 组成，用于路由选择；在网络节点接口（Network Node Interface，NNI）中，由信元信头的前 12bit 组成，以增强路由选择功能。

虚信道标识符（Virtual Channel Identifier，VCI）：由 16bit 组成，用于 ATM 虚信道路由选择，适用于用户-网络接口和网络节点接口。

净荷类型（Payload Type，PT）：由 3bit 组成，用于区别信元信息域的信息类型（用户信息信元和网络信息信元）。在用户信息信元中，信元信息域包括用户信息和业务适配信息；在网络信息信元中，信元信息域携带网络操作和维护信息。

信元丢失优先级（Cell Loss Priority，CLP）：由 1bit 组成，用于表示信元丢失的先后顺序（等级），可由用户或业务提供者设置。

信头差错控制（Header Error Control，HEC）：由 8bit 组成，用于 ATM 信元信头差错的检测和纠正及信元定界。

3．ATM 信元传输处理的基本原则

（1）信元发送顺序

从字节 1 起始，8bit 的字节以增序方式发送；对于各域而言，首发比特是最高有效位（the Most Significant Bit，MSB）。用户-网络接口的 ATM 信元信头与网络节点接口的不同。在用户-网络接口中，信头字节 1 中的 4bit 构成一个独立单元（GFC）；而在网络节点接口中，它属于 VPI 部分。

（2）误码处理方法

在传输 ATM 信元的网络（简称 ATM 网络）中，通过对信头部分的 HEC 字节进行校验，可以纠正信头的一位错码（因光纤传输误码主要是单比特误码）和发现多位错码，对无法纠正的信元予以丢弃。对信息域不采取任何纠错和检错措施，这使得接收方收到的 ATM 信元的信头都是正确的，但不保证所传输信息的正确性；同时，信头错误的信元被丢弃，使得不是所有的 ATM 信元都能送到接收方。

（3）信元定界方法

由于信元之间没有使用特别的分割符，信元的定界也借助于 HEC 字节实现。定界方法如图 4-2 所示，信元定界定义了三种不同的状态：搜索态、预同步态和同步态。在搜索态，系统对接收信号进行逐比特的 HEC 校验。使用 CRC（Cyclic Redundancy Check，循环冗余校验）法检测出 5Byte 数据字，用 CRC-8 除 5Byte 数据字，就能确定 HEC 域值。当余数为"0"时，就可断定 5Byte 数据字是 ATM 信元信头，也就确定了信元边界。当发现了一个正确的 HEC 校验结果

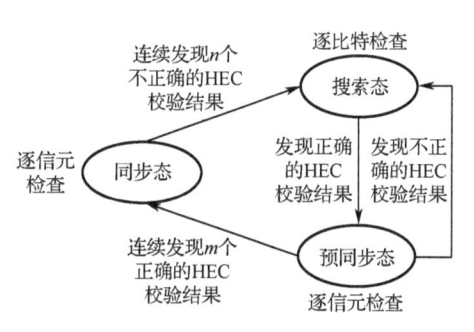

图 4-2　信元定界方法

后，系统进入预同步态。在预同步态，系统认为已经发现了信元的边界，并按照此边界找到下一个信头进行 HEC 校验；若能够连续发现 m 个信元的 HEC 校验都正确，则系统进入同步态；若发现一个信元的 HEC 校验结果为错误，则系统回到搜索态。在同步态，系统对信元逐个地进行 HEC 校验，发现连续 n 个不正确的 HEC 校验结果后，系统回到搜索态。在同步态，

HEC 域用于检测和纠正单比特差错，或者在多比特差错信元丢弃条件下，丢弃多比特差错信元。ITU-T 建议 $m=7$ 和 $n=6$ 是信元定界的适当值。ATM 信元的定界方法没有采用分组交换系统"比特填充"和特定的帧头和帧尾码的方法，不会改变信元的实际长度，故效率更高。

（4）空闲信元和信道填充

具有特定信头值（不包括 HEC 域）0000 0000 0000 0000 0000 0000 0000 0001 的信元被定义为空闲信元。这相当于：GFC=0（对于 UNI）；VPI=0；VCI=0；PT=0（表示第 0 类未经历拥塞的用户数据信元）；CLP=1（表示高丢弃优先级）。空闲信元只用作信道填充，以保持 ATM 信道的恒定传输速率，不能作其他用途；接收端应把收到的空闲信元丢掉，对其信息域也不作任何处理。信道填充方法使得信道上永远处于信元传输状态。同时，因信元是等长的，故信道上的时间被等分为一系列小时间段，每个小时间段中在信道上传输一个信元。

（5）面向连接方式

在 ATM 系统中，用户通信采用面向连接的方式，经一个由系统分配给自己的虚电路进行传输。该虚电路可能是这个用户长期占用的（专用电路），也可能是在进行通信前临时申请的（临时电路）。用户在占用一条虚电路之前可以声明自己所需要的业务质量，包括最大通信速率、平均通信速率及时延要求等；ATM 系统接受用户的申请后，将按照业务质量来提供虚电路，并可对不按业务质量要求使用的用户进行某种制裁。

（6）虚通路和虚信道

ATM 系统中的虚电路有虚通路（Virtual Path，VP）和虚信道（Virtual Channel，VC）两种。VC 表示单向传送 ATM 信元的逻辑通道，这些信元可以使用 VCI 进行标识。VP 表示通过一组 VC 传送 ATM 信元的路径，这些信元由相应的 VPI 进行标识。一个 VP 可由多个 VC 组成；1 个用户可以使用一个 VC，也可以使用一个 VP；用户使用 VP 时，就相当于同时拥有多个 VC，并可以使用这些 VC 同时进行多个不同的通信。在一条通信线路上具有相同 VPI 的信元所占有的子信道叫作一个 VP 链路（VP Link）。多个 VP 链路可以通过 VP 交叉连接设备或 VP 交换设备串联起来。多个串联的 VP 链路构成一个 VP 连接（Virtual Path Connection，VPC）。一个 VPC 中传送的、由具有相同 VCI 的信元占有的子信道叫作一个 VC 链路（VC Link）。多个 VC 链路可以通过 VC 交叉连接设备或 VC 交换设备串联起来。多个串联的 VC 链路构成一个 VC 连接（Virtual Channel Connection，VCC）。值得注意的是，在组成一个 VPC 的各个 VP 链路上，ATM 信元的 VPI 不必相同；在组成一个 VCC 的各个 VC 链路上，ATM 信元的 VCI 也不必相同。

VP 交叉连接设备和 VC 交叉连接设备都叫作 ATM 交叉连接设备，其不同在于处理的是 ATM 信元的 VPI 还是 VCI。ATM 交叉连接设备和 ATM 交换设备的区别在于前者是由网络管理中心的命令控制的，而后者是根据用户要求进行连接的。

4．ATM 技术的特点

ATM 实际是电路交换和分组交换发展的产物，图 4-3 和表 4-1 所示的是分组交换、帧中继和 ATM 三种交换方式的功能比较。可以看出，分组交换网的交换节点参与了 OSI 第一层到第三层的全部功能。帧中继网的交换节点只参与第二层功能的核心部分（2a），就是帧定界、0 比特填充和 CRC 法校验功能；第二层的其他功能（2b）（差错控制和流量控制）及第三层功能则交给终端去处理。ATM 网则更为简单，除第一层的功能外，交换节点不参与其余层功能，取消了逐段差错控制和流量控制，将这些工作都交给了终端去做。

第 4 章 ATM 交换技术

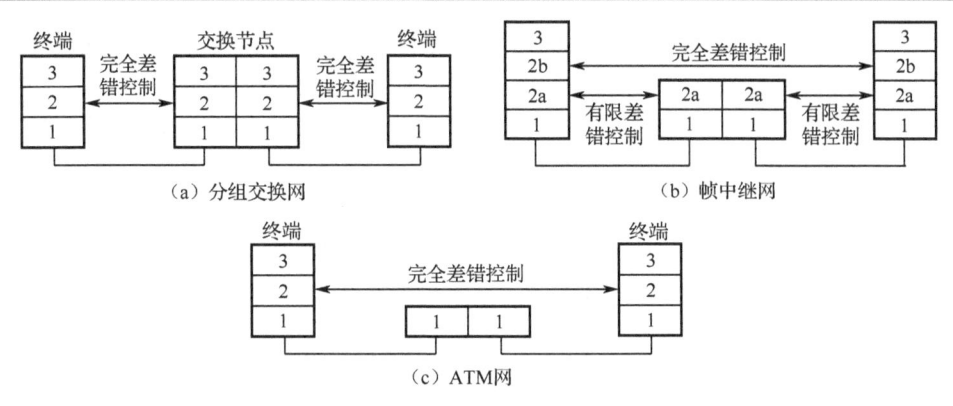

(a) 分组交换网　　　(b) 帧中继网

(c) ATM 网

图 4-3 分组交换、帧中继和 ATM 的功能比较

表 4-1 三种交换方式的功能比较

功　能	分 组 交 换	帧 中 继	ATM
帧定界	√	√	√
比特透明性	√	√	√
CRC 法校验/生成	√	√	√
差错控制（自动重发请求）	√	√	
流量控制（滑动窗口）	√	√	
逻辑信道复用（第三层功能）	√		

4.1.2 ATM 交换系统的基本结构

ATM 交换机（或交叉连接节点）的主要任务为进行 VPI/VCI 转换和将来自特定 VP/VC 的信元根据要求输出到另一特定的 VP/VC 上。ATM 交换系统由入线处理部件、出线处理部件、ATM 交换单元和 ATM 控制单元组成，如图 4-4 所示。其中，ATM 交换单元完成交换的实际操作（将输入信元交换到实际的输出线上去）；ATM 控制单元控制 ATM 交换单元的具体动作（VPI/VCI 转换、路由选择）；入线处理部件对各入线上的 ATM 信元进行处理，使它们成为适合 ATM 交换单元处理的形式；出线处理部件则对 ATM 交换单元送出的 ATM 信元进行处理，使它们成为适合在线路上传输的形式。

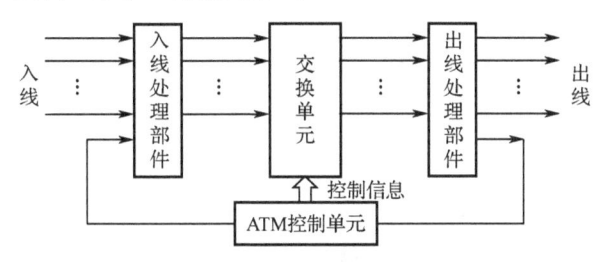

图 4-4 ATM 交换系统的基本结构

1．入线处理部件

在传输线路上信息传输的形式是比特流，而信息交换则必须以信元为单位，将 53Byte（即 53×8=424bit）的信息作为一个整体同时交换，而不是逐比特地进行。同时，入线速率显然远

低于交换机内部速率,如何在规定的时间内将某条入线上的信息送入 ATM 交换单元的特定位置,也是需要解决的问题;另外传输线路上的信息格式是以光形式为主的,而 ATM 交换机则以电信号为主,因此光/电转换是必不可少的。其中最为基本的操作是比特流和信元流的转换,实际上就是 B-ISDN 协议参考模型中的物理层和 ATM 层之间的信息交换。入线处理部件主要完成以下任务。

(1)信元定界:将基于不同形式传输系统的比特流(如 SDH、PDH 等不同的帧结构形式)分解成以 53Byte 为单位长度的信元格式。信元定界的基本原理与 HEC 和 GFC 相关联。

(2)信头有效性校验:将信元中的空闲信元(物理层)、未分配信元(ATM 层)及传输中信头出错的信元丢弃,然后将有效信息送入系统的交换/控制单元。

(3)信元类型分离:根据 VCI 分离 VP 级操作管理和维护(Operation Aministration and Maintenance,OAM)信元;根据净荷类型标识符(Payload Type Identifier,PTI)分离 VC 级 OAM 信元,递交给 ATM 控制单元,其他用户信息则由 ATM 交换单元进行交换。

2. ATM 控制单元

ATM 控制单元完成 VPC 和 VCC 的建立和拆除,并对 ATM 交换单元进行控制,同时处理和发送 OAM 信息。

具体包括:一是完成 VPC 和 VCC 的建立和拆除操作,例如,在接收到一个建立虚信道连接的信令信元后,如果经过 ATM 控制单元分析处理允许建立,那么 ATM 控制单元就向 ATM 交换单元发出控制信息,指明凡是 VCI 等于该值的 ATM 信元均被输出到某特定的出线上去;拆除操作执行相反的处理过程。二是进行信令信元发送,在进行 UNI 和 NNI 应答时,ATM 控制单元必须可以发送相应的信令信元,以便使用户/网络执行得以顺利进行。三是进行 OAM 信元处理和发送,根据接收的 OAM 信元的信息,进行相应处理,如性能参数统计或进行故障处理,同时 ATM 控制单元能够根据本节点接收到的传输性能参数或故障消息发送相应的 OAM 信元。

3. 出线处理部件

出线处理部件完成与入线处理部件相反的处理,例如,将信元从 ATM 层传输格式转换成适合特定传输媒质的比特流形式。

具体包括:一是将 ATM 交换单元输出的信元流、ATM 控制单元发出的 OAM 信元流及相应的信令信元流复合,形成送往出线的信息流。二是将来自 ATM 交换机的信元适配成适合线路传输的速率(即速率适配),例如,当收到的信元流速率过低时,填充空闲信元,当速率过高时,则使用存储区予以缓存。三是将信元比特流适配形成特定传输媒质所要求的格式,如 PDH 和 SDH 帧结构格式。

4. ATM 交换单元

作为实际执行交换动作的部件,其性能的优劣直接关系到交换机的效率和性能,以至于人们在讨论宽带交换系统时仅注重交换单元的设计,而忽略交换机的其他三个基本组成单元。一个具有 M 条入线和 N 条出线的 ATM 交换单元称为 $M\times N$ 的 ATM 交换单元(通常 $M=N$)。M 和 N 越大,则 ATM 交换单元连接的入线和出线数就越多,容量也就越大。

4.1.3 ATM 交换的协议参考模型

ATM 交换的协议参考模型是基于国际电联标准产生的，如图 4-5 所示。它由三个面组成：控制平面处理寻址、路由选择与信令相关功能，这对网络动态连接的建立举足轻重；用户平面在通信网中传递端到端用户信息；管理平面提供操作和管理功能，它也管理用户平面和控制平面间的信息交换。管理平面又分为两层，即层管理和面管理；层管理涉及包括网络故障和协议差错检测的层特定管理功能；面管理提供网络相关的管理和协调功能。这三个面使用物理层和 ATM 层工作。ATM 适配层（ATM Adaptive Layer，AAL）是业务特定的，它的使用取决于应用要求。

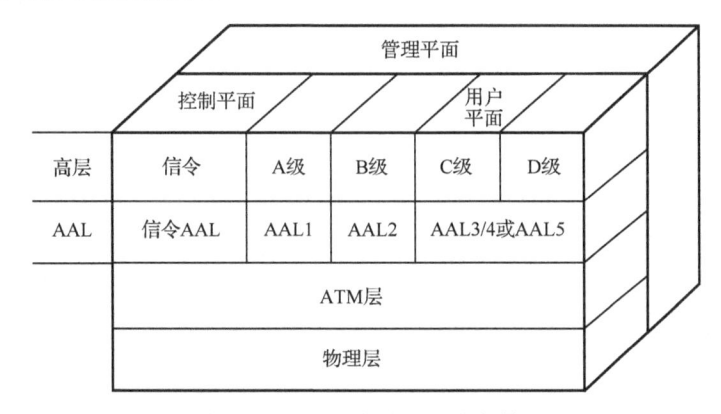

图 4-5 ATM 交换的协议参考模型

1. ATM 端系统间的用户信息传递

图 4-6 所示为 ATM 端系统间的信息传递原理，表 4-2 所示为物理层、ATM 层和 ATM 适配层执行的功能。

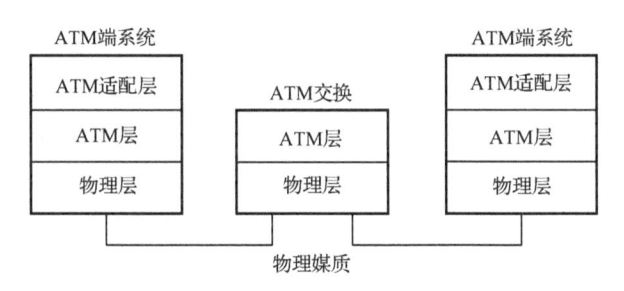

图 4-6 ATM 端系统间的信息传递原理

表 4-2 物理层、ATM 层和 ATM 适配层执行的功能

层 名 称		功　　能	
高　　层		高 层 功 能	
ATM 适配层	CS	业务特定会聚子层（SSCS） 公共部分会聚子层（CPCS）	层管理
	SAR	分段和重组	

续表

层 名 称		功 能
ATM 层		一般流量控制 信元信头产生和提取 VPI/VCI 的翻译 信元多路复用和多路分解 ATM 层管理 ATM 层转接业务
物理层	TC	信元速率解耦 信元定界 传输帧的产生和恢复 HEC 的产生和验证
	PMD	比特定时 物理媒质 传输 编码和解码

1）ATM 适配层

ATM 适配层在用户层和 ATM 层间提供应用接口，定义各种 ATM 适配层协议支持不同类型的业务，其主要功能是将业务信息适配到 ATM 信息流，把用户终端（高层）的应用特定业务信息适配转换为 ATM 信元信息传递给 ATM 层，以及接收来自 ATM 层的信元信息重新组装为原始业务信息传递给用户终端（高层）。

ATM 层、ATM 适配层和高层间的关系如图 4-7 所示，可变长度信息分组称为服务数据单元（Service Data Unit，SDU），它首先被会聚子层（CS）接收，附加 CS 信头和 CS 尾标，然后传递到分段和重组（SAR）子层，形成信元信息域。

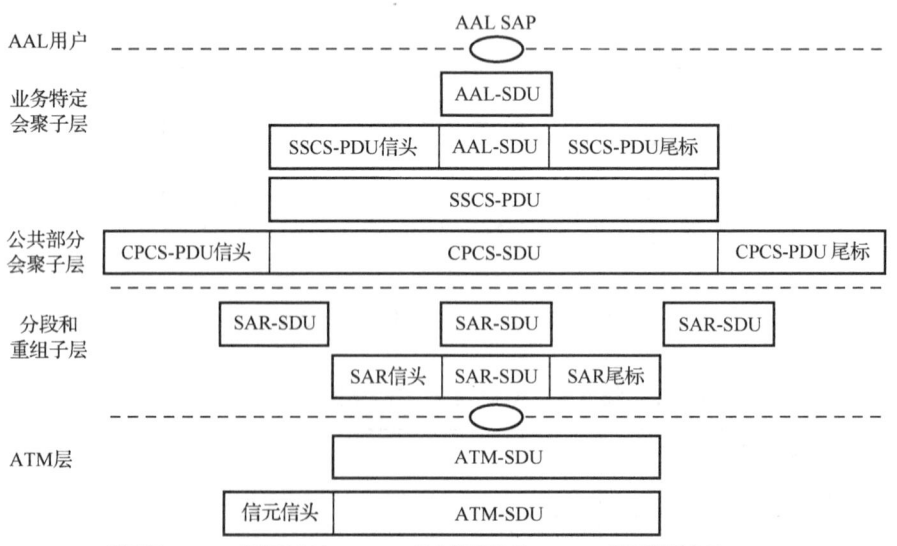

AAL：ATM适配层；SAP：服务访问点；PDU：协议数据单元；SDU：服务数据单元；
SAR：分段和重组；SSCS：业务特定会聚子层；CPCS：公共部分会聚子层。

图 4-7 可变比特率业务的 AAL 功能

（1）公共部分会聚子层（CPCS）：对于用户信息（用户平面）来说，业务特定会聚子层（SSCS）无效（为"0"），公共部分会聚子层接收固定或可变长度 ATM 适配层用户信息分组（AAL-SDU），作为 CPCS-SDU，附加信头和尾标，形成公共部分会聚子层协议数据单元（CPCS-PDU），将它们传递到分段和重组子层进一步处理。

（2）分段和重组子层：分段和重组子层先对接收的 CPCS-PDU 进行分段，形成 SAR-SDU，然后附加信头和尾标，形成 48Byte 的分段和重组子层协议数据单元（SAR-PDU），传递给 ATM 层。

接收侧的处理与此相反，ATM 层分离信元信头后，把信元信息传递到分段和重组子层，经过校验 SAR-PDU 的传输差错，分离 SAR 信头，重组 CPCS-PDU 处理后，又被传递到公共部分会聚子层；再通过 CS 信头和 CS 尾标分离处理，把协议数据单元中的信息传递给 ATM 适配层用户。

2）ATM 层

ATM 层主要执行 ATM 网的交换功能，在同一 ATM 层的单元间传输信元。它利用物理层业务在 ATM 层用户间顺序传输信元。在始发端，它从 ATM 层用户接收 48Byte 信元信息，附加包含 VPI/VCI 在内的 4Byte 信元信头（HEC 字节除外）组成 ATM 信元，然后将它传输到物理层进行 HEC 处理和传输。在终接端，ATM 层从物理层接收信元，去除信元信头并且将信元信息传递给 ATM 层用户。

ATM 层的交换功能体现在图 4-6 所示中间节点的虚电路交换上，由于该节点不是目的地，所以它把上一节点 VPI/VCI 传递而来的接收信息进行信元信头处理，替换为下一节点 VPI/VCI，形成新的信元信头（即 VPI/VCI 翻译），经过 VPI/VCI 交换后，重新送给物理层传递给下一个节点。

ATM 网实际是在终端用户间提供端到端 ATM 层连接，ATM 层的技术规范描述了一般流量控制、信元信头产生和提取、VPI/VCI 翻译、信元多路复用和多路分解、ATM 层转接业务和 ATM 层管理等功能。ATM 层主要执行网络中业务量的交换和多路复用功能，不涉及具体应用，这就使网络处理和高速链路保持同步，从而保证了网络的高速性。

3）物理层

物理层主要处理相邻 ATM 层间 ATM 信元的传输。在传输方向，ATM 层把 ATM 信元（HEC 值无效）传输到物理层；在接收方向，ATM 层从物理层接收 53Byte 信元（HEC 值无效）。物理层执行的功能分为两类，即传输会聚（Transmission Convergence，TC）和物理媒质（Physical Medium，PM）。物理媒质关联子层和传输会聚子层间的关系如图 4-8 所示。在常规网络中，物理层只是通过物理媒质传输比特流；但是在 ATM 网中，物理层向 ATM 层传输的是信元，而不是比特流，因此，ATM 层独立于物理层，它能够在各种类型的物理链路上工作，这就要求 ATM 网物理层的功能较一般物理层功能更多，如具有确定信元边界功能。

（1）传输会聚子层：生成物理媒质的关联信息，并且为物理层产生协议信息。它的功能主要包括 HEC 的产生和验证、信元速率解耦、信元定界、传输帧的产生和恢复。

（2）物理媒质关联子层：类似常规网络的物理层。它在传输方向通过编码、调制、传递等功能在链路上透明传输比特流。在接收方向，它检测和恢复传输来的比特流，并经过解调、解码后将比特流再传输到传输会聚子层，接收传输帧并恢复 ATM 信元。

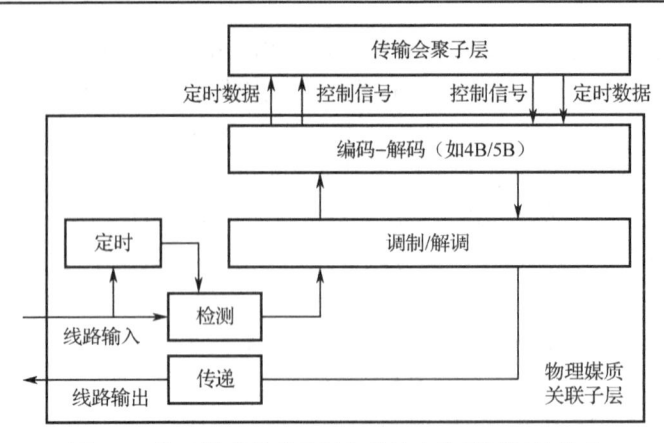

图 4-8 物理媒质关联子层和传输会聚子层间的关系

2. ATM 端系统间的信令信息传递

如图 4-9 所示是信令 ATM 适配层（SAAL）结构，SAAL 的会聚子层包括业务特定会聚子层和公共部分会聚子层，AAL5 公共部分与用户平面完全相同。业务特定会聚子层由业务特定协调功能（SSCF）和业务特定面向连接协议（SSCOP）组成，其主要功能是保证在信令虚信道上使用 ATM 层业务可靠地传输用于呼叫（连接）控制的信令报文。

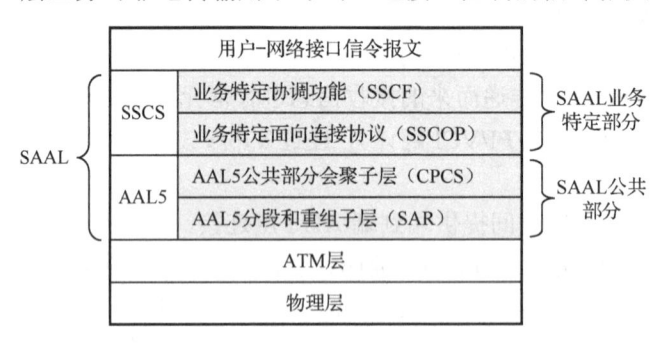

图 4-9 SAAL 结构

用户-网络接口（UNI）信令是运行在 SAAL 顶上的一个第三层协议，其通过一个服务访问点（SAAL-SAP）访问所有的 SAAL 功能。SSCF 把 UNI 信令的特别需求映射成 ATM 层的需求，SSCOP 在对等信令实体之间提供建立、释放和监视信令信息交换的机制。ATM-SAP 提供双向信息流，并允许 ATM 适配层访问 ATM 层功能。在 SAAL-SAP 内的连接端点和 ATM-SAP 内的连接端点之间总是存在着一一对应的关系。

信令报文用于完成用户与网络之间的呼叫建立、保持、释放操作，传递用户对网络的服务需求，还被网络用于通知用户其连接请求是否被接受（如网络是否有资源支持该连接）。这个过程需要在用户和网络之间交换一系列的信令报文。每个信令报文要么是请求一个特别的功能，要么是对一个特别请求的应答。不管是哪一种情况，一个信令报文都由若干个信息要素（IE）组成，每个 IE 标识报文所请求的功能的一个特别方面或者标识对所请求功能的一个特别方面的应答。所有信令报文都是通过控制平面的 SAAL 转换为通用的 ATM 信元信息，与 ATM 用户信元信息以相同的方式进行传送的。

4.2 ATM 交换网络的构造机理

交换的实质是将某条入线的信息输出到特定的出线上。任意时刻入线和出线之间可能出现的关联可以有多种形式,如:一对多的连接、一对一的连接、入线和出线空闲状态等,如图 4-10 所示。根据交换机要求的交换性能和规模,ATM 交换网络是通过选择相应数量的基本交换单元连接而成的,基本交换结构主要有空分、时分、总线和令牌环等。

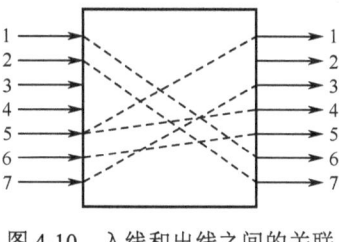

图 4-10 入线和出线之间的关联形式示意图

4.2.1 基本交换结构

1. 空分交换结构

ATM 交换的最简单构建方法是将每一条入线和每一条出线相连接,在每条连接线上装上相应的开关,根据信头 VPI/VCI 决定相应的开关是否闭合来实现特定输入和输出线路的接通,也就是将某入线上的信元交换到某出线上。这种思想最简单的实现方法是空分交叉开关,其基本原理如图 4-11 所示。在这样一个交换矩阵中,如果某条入线和出线处于空闲状态,就可以在它们之间建立连接,也就是说不存在内部阻塞。但是,如果多条入线上的信元希望送往同一条出线,这是不允许的,即发生所谓的"出线冲突"。出线冲突归属外部冲突类型。解决出线冲突涉及两方面的问题:如何选择一条入线完成信元的传输,以及对其他被阻塞信元采取什么方法进行处理。为此可以采用不同的实现策略。

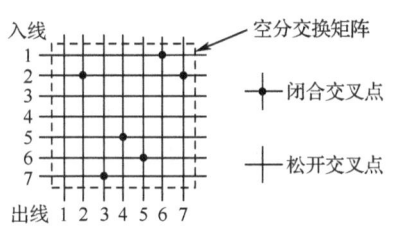

图 4-11 空分交换原理示意图

1) 出线冲突时的入线选择策略

当来自多条入线的信元同时竞争一条出线时,只有一个信元可以被传输,其他信元将被延迟,因此,就必须采用仲裁机制去选择"获胜信元"。在确定不同方法时,必须考虑公平性,即不同入线上相同服务质量要求的信元是否具有同样被服务的权利,或者对实时性和差错率有严格要求的信元是否可能被优先服务。根据信元丢失率、信元延迟和抖动参数,可以简单归纳出以下几种服务策略。

(1) 随机法:随机地从多条竞争的入线中选取一条,传输该入线上的信元。这种策略实施简单,在轻负载情况下,不会对系统服务质量产生影响;当网络出现大量负载时,可能会有许多入线竞争同一出线,则无法保证实时业务的要求。

(2) 固定优先级法:每条入线都有固定的优先级,不同优先级的入线发生出线冲突时,优先级高的入线获得发送信元的权利。但是该策略无法保证业务公平性准则,因为各入线上承载的信元实际对误码和时延具有不同的要求,从统计角度看,实际上各入线上的信元具有相同的平均优先级,这样各入线的优先级也应该相同。所以,固定优先级法也不能很好地满足不同业务的传输质量的要求,但实现简单。

(3) 轮换优先级法:也称周期策略,即每条入线的优先级并不是固定不变的,而是各入线轮流拥有最高优先级。可见这种方法对所有的入线是公平的，但是仍旧没有兼顾每条入线上不同服务质量要求的信元，无法支持时延要求高的业务通信，且实现趋于复杂。

（4）缓存区状态确定法：ATM 交换机必须设置缓存区以放置无法立即交换的信元，根据缓存区的溢满程度选择传输的信元。缓存区有不同的设置策略，如果缓存区设置在输入端，那么可以认为交换机选择信元传输的过程相当于排队过程，所以这种方法又可称为"队列状态确定法"或"时延相关策略"，它可以提高系统的通过量，降低系统因缓存区满而丢失信元的概率。但由于决策依据的是系统的状态而非信元本身的状态，与前面几种方法类似，仍旧无法满足对实时性业务的支持，且实施较为复杂。

（5）信元状态确定法：根据信元丢失优先级（CLP）的不同确定信元服务的先后顺序，如果信元优先级相同，可以采用随机法、固定优先级法或是缓存区状态确定法确定具体服务的信元。特别是如果采用缓存区状态确定法，那么解决出线冲突时就实际考虑了连接的服务质量和系统总的服务效率，所以可以在提高系统运行质量的同时满足业务的服务要求。

2）阻塞信元的处理——缓存法

不管是采取什么样的入线选择策略，都存在交换单元无法立刻服务的信元，此时，可以采用缓存法（也称排队方法）将这部分信元暂时缓存，等待下一次服务。缓存法根据缓存区设置位置的不同可以分为输入缓存法、输出缓存法和中央缓存法三种。

（1）输入缓存（输入队列）法

输入缓存法采用图 4-12 所示的方法来解决输入端可能的竞争问题。给每条入线配置一个专用的缓存器用来存储输入信元，直到仲裁逻辑对这些信元予以"放行"后，交换传输媒质将 ATM 信元从输入缓存传输到出线而不会再有竞争。仲裁逻辑决定哪条入线可先得到服务，其裁决的方法可以很简单（如轮流服务），也可以很复杂（如根据输入缓存的长度来选择优先者）。

输入缓存法的缺点是存在队头阻塞。假定入线 i 的信元被选择传输到出线 p，如果入线 j 上也有一个信元要传输到出线 p，这个信元和其后继信元将被停下来。假设在入线 j 中的第二个信元想输出到出线 q，这时即使其他缓存中没有信元在等待向出线 q 输出，上述信元也不能被服务，因为这个信元的前头已有一个信元阻挡着它的传输。解决队头阻塞问题可以采用窗口、扩展和加速等方法。

（2）输出缓存（输出队列）法

输出缓存法如图 4-13 所示，采用这种方法，不同入线上要去往同一出线的信元可以在一个信元的时间内全部被传输（交换），但仅有一个信元能在出线上得到服务，因此，产生了出线竞争。通过在交换单元的每一条出线上设置缓存来解决这种可能的出线竞争。

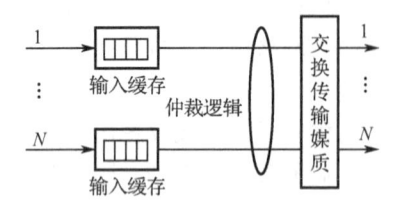

图 4-12 采用输入缓存法的交换单元

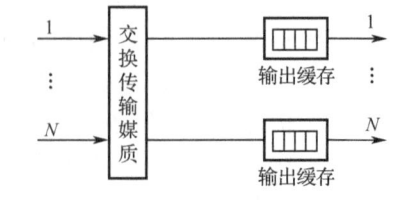

图 4-13 采用输出缓存法的交换单元

当多个信元在同一信元时间内到达同一条出线时，原则上，所有入线上的信元即使都要去往同一出线也可以同时到达，因此，信元传输必须以 N 倍于入线的速率来进行，也即系统应能在一个信元时间内向缓存写入 N 个信元。输出缓存的控制基于简单的先进先出（First In First Out，FIFO）原则，这样能保证信元正确的缓存顺序。在实际应用中，输入缓存法和输出缓存法两种方法往往是配合使用的，称为输入输出缓存法。

（3）中央缓存（中央队列）法

中央缓存法是在基本交换单元的中央设置一个缓存器，如图 4-14 所示，所有入线上的全部输入信元都直接存入中央缓存，每条出线将从中央缓存中选择以自己为目的地的信元，并按先进先出原则读取这些信元。这样就必须在交换单元内部采取一定的方法，使所有出线知道哪些信元是分派给它们的。中央缓存的读写不再是简单的先进先出原则，必须提供一个更加复杂的存储器管理系统。

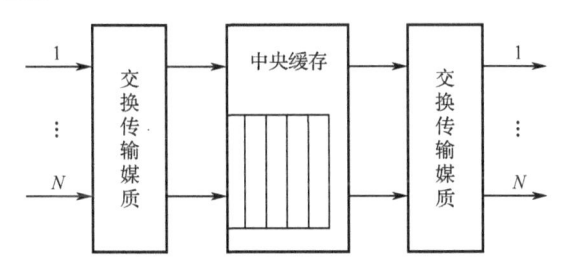

图 4-14　采用中央缓存法的交换单元

2. 时分交换结构

ATM 本质是异步时分（ATD）复用，它将信道分成等长的时隙，时隙中填充等长的分组。借鉴同步时分复用中的时分交换的概念，人们设计了异步时分的交换结构。时隙交换器（Time Slot Interval，TSI）是时分交换结构中的关键组成单元，TSI 本质上可以看作一个缓存区，该缓存区的地址对应输出时隙、内容对应输入时隙；其功能是从输入线某时隙中读取数据（信息单元），然后向特定的输出时隙写入该数据，相当于对一条线路上不同时隙的内容进行互换。在同步时分复用中，线路上不同时隙相当于不同的子信道，时隙交换也就相当于线路交换。如果对 $m×n$ 线路进行交换，在进入 TSI 时，先将 m 条线路上的信息复合在一条线路的不同时隙中，该线路由 m 个时隙组成信息帧，然后通过 TSI 将 m 个时隙置换成由 n 个时隙组成的输出信道，再将此信息分路成 n 条线路；这样原先 m 条输入线路上的信息就输出到 n 条线路上，完成了信息交换，这也说明了空分交换结构与 TSI 具有等价关系。TSI 基本原理如图 4-15 所示，包括输入时隙、缓存区和输出时隙。

（1）输入时隙：时隙数和输入线路数相等，图 4-15 中输入时隙方框下填写的入线编号与输入时隙编号相等价。输入时隙方框中填写的是出线编号，表示该输入时隙中所承载的内容需要送到框中所指定的输出时隙中，若某些方框中填写了多个出线编号（如 2/7），表明该时隙对应的信息将广播到多条出线上，即一对多连接。同时可以注意到，在输入时隙方框中没有重复的出线编号，这是因为同一出线只可以输出一种信息（没有出线冲突）。

（2）输出时隙：时隙数和输出线路数相等，输出时隙方框下填写的出线编号与输出时隙编号相等价。输出时隙方框中填写的是所对应的入线编号（输入时隙），指明该输出时隙只存放来自相应输入时隙的数据信息。可以看到一个输出时隙中只能填写一个入线编号（没有出线冲突），但是不同输出时隙中可以填写相同入线编号（一对多连接）。

（3）缓存区：完成将输入时隙中的信息交换到特定的输出时隙中。其中缓存区的容量和输出线路数是相等的。采用的策略是将输入时隙中的信息根据其输出时隙的编号填入相同编号的缓存区中,缓存信息按照顺序方式读出到输出时隙中,从而实现信息交换的目的。

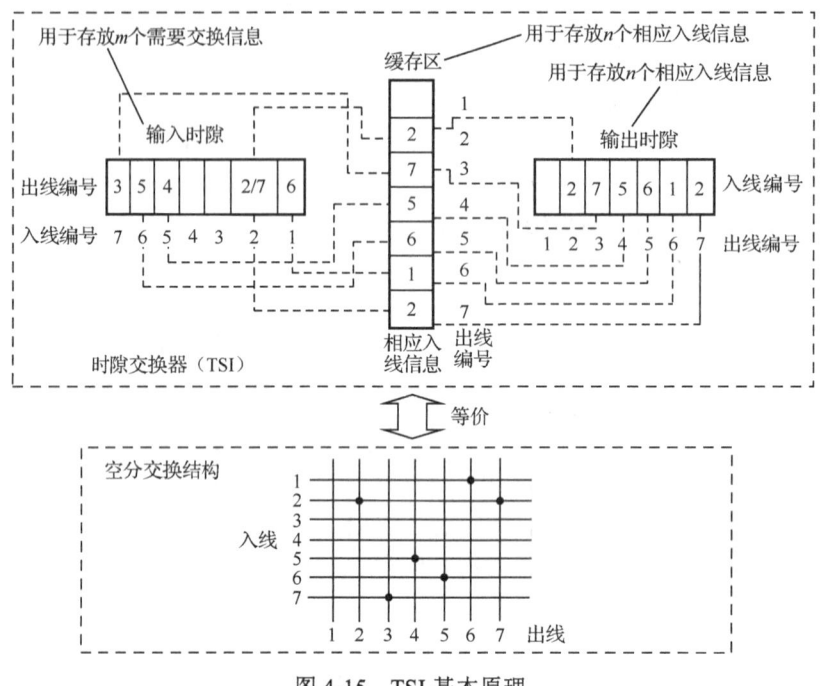

图 4-15 TSI 基本原理

实际上,时分交换结构还必须在 TSI 的前后加上复用和解复用设备以便扩大容量、完成不同线路之间的信息交换,时分交换结构如图 4-16 所示。

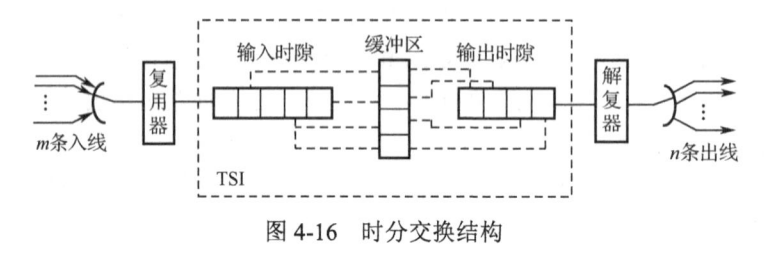

图 4-16 时分交换结构

3. 其他交换结构

1) 总线交换结构

总线是指所有通信部件间的公共连线,通信部件间的信息交换全部通过总线提供的通道来完成。总线技术最早用于计算机系统的设计,后来又拓宽到计算机局域网络。如图 4-17 所示,总线结构的主要特点是多个输入输出部件之间共享相同的通信通道(即总线),总线为各个部件的通信提供了物理基础。

基于总线机制的 ATM 交换单元如图 4-18 所示,所有入线和出线都连接到总线上,总线通过总线管理器进行管理。这里涉及不同入线与出线之间如何传输信息的控制问题。

从统计的角度看,ATM 交换机的各条入线的负载是基本平衡的,同时,总线上的速率和时分交换中存储区的速率相仿,是 Gbit/s 数量级,无法采用"申请-仲裁"或"碰撞"的方式进行信息交换。ATM 交换机采取时分方式，将时间分成若干时隙，将这些时隙分给不同的入线，入线在规定的时隙内将信元发送到总线上，出线则连续监听信道上的信元，检查传输信息的 VPI/VCI 值，确定该信息是否由本出线接收。假如，入线端口速率为 155.520Mbit/s，即在 1 秒内端口可向总线传输的比特数为 155.520Mbit；若 m 条入线上信元传输速率都相同，则最大出线端口速率和总线传输速率必须是相同的，即为 $m \times 155.520$Mbit/s，出线端口速率必须为入线端口速率的 m 倍，但是实际出线端口速率和入线端口速率是相同的，所以，在出线处必须设置缓存区，该缓存区具有高速访问的特点。

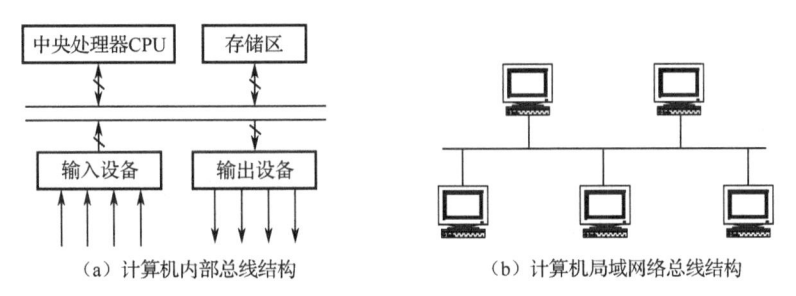

(a) 计算机内部总线结构　　(b) 计算机局域网络总线结构

图 4-17　总线技术示意图

为了减轻总线负担，可采用多总线的方法，在 ATM 交换单元中使用多组总线而不是一组总线，如图 4-19 所示。把入线分成若干分组，每组内的每条入线只使用一组总线，这样总线的速率降低，避免了总线冲突，不需要专门的总线管理器。但是与此同时，出线控制电路必须连接多组总线，必须对每组总线做缓存和信头判决工作。它与输出缓存交换矩阵不同，输出缓存交换矩阵在交叉点进行信头判决完成信息交换，出线仅完成缓存，而多总线 ATM 交换在出线处完成所有功能。此时入线负担比较轻，可以将信头判决工作交给入线处理完成，而出线冲突仍由出线控制。这样可以得到改进的多总线 ATM 交换结构，如图 4-20 所示。从图 4-20 中可以看出这种总线方案和前面的空分矩阵交换是等价的。

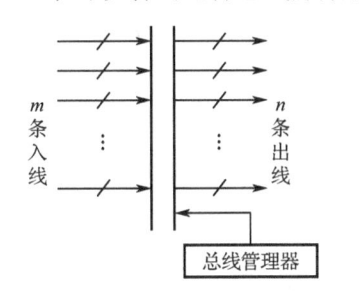

图 4-18　基于总线机制的 ATM 交换单元 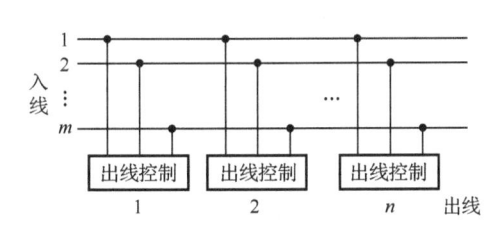　　　图 4-19　多总线 ATM 交换结构

2）令牌环交换结构

令牌环交换结构是高速局域网所采用的一种信息交换形式。ATM 交换单元可以采用如图 4-21 所示的结构设计。所有入线、出线和环形网络相连，如果环的传输容量等于所有入线容量之和，可以采用开槽（时隙）方法，为每条入线分配时隙，入线在相应的时隙将其上的信元送上环路，而在任意出线处进行 VPI/VCI 判断，查看信元是否由该出线接收。令牌环与总线机制相比，其优点在于：如果采用某种合适的策略安排出线和入线位置，并且不将时隙固定分配给特定的入线，出线可以强制将接收时隙置空（即释放时隙），那么一个时隙可以

在一次回环中使用多次,这样可以使令牌环的实际传输效率超过 100%,当然这时需要许多额外的设计和计算开销。

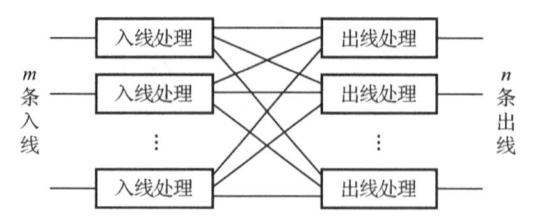

图 4-20 改进的多总线 ATM 交换结构

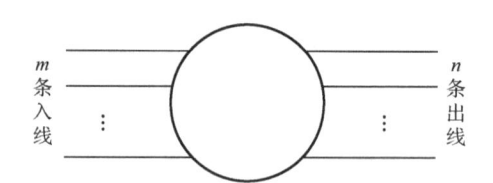

图 4-21 基于令牌环交换机制的 ATM 交换单元

4.2.2 ATM 多级交换网络

由于工艺、技术及制造等方面的原因,ATM 基本交换单元的容量是有限的。实际上,可以使用较小的交换单元去构筑大容量的交换网络。ATM 交换中使用的多级互连网络大多以最小的交换单元(即 2×2 交换单元或者称为交叉连接单元)为基本部件构建,所构成的应用最广泛的多级互连网络通常是 Banyan 网络。

1. Banyan 网络及其递归构造

一个交叉连接单元有平行连接和交叉连接两种状态,如图 4-22 所示。平行连接时,入端 0 和出端 0 连接,入端 1 和出端 1 连接;交叉连接时,入端 0 和出端 1 连接,入端 1 和出端 0 连接。用于 ATM 交换的交叉连接单元的实现原理如图 4-23 所示。

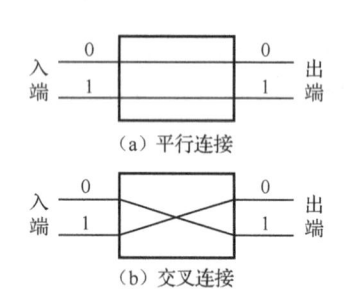

图 4-22 交叉连接单元的两种连接状态

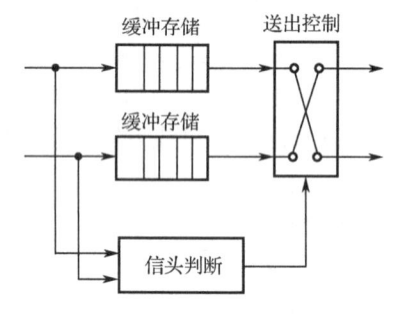

图 4-23 交叉连接单元的实现原理

4 个交叉连接单元连接起来,可以得到一个 4×4 的多级互连网络。它的每个入端到每个出端都有一条路径,并且只有一条路径。例如,在图 4-24 中画出了由入线 0 到出线 0 和由入线 3 到出线 1 的路径。

同样,如果使用 12 个交叉连接单元,可以排成一个 8×8 多级互连网络,如图 4-25 所示,它同样具备上述特点。由图中可以看出,可以把后面的 8 个交叉连接单元认为是两个 4×4 多级互连网络,它们前面加上一级由 4 个交叉连接单元组成的混合级,构成 8×8 多级互连网络。

一般地,假如要用两个 $N×N$ 交换单元来构成一个 $2N×2N$ 交换单元,则可以再加上 N 个交叉连接单元,把第一个 $N×N$ 交换单元的 N 条入线分别与 N 个交叉连接单元的某一出线相连,把另一个 $N×N$ 交换单元的 N 条入线与该 N 个交叉连接单元的另一条出线相连。按照这种方式构成的多级互连网络不仅可用于 ATM 交换,也可用于多处理器的计算机系统。它的几种变形分别称为 Banyan 网络、Baseline 网络和洗牌-互换网络,如图 4-26 所示。由于这几种网络的构成方式都是相同的，区别只在排列位置的不同，所以也常常将其统称为 Banyan 网络。

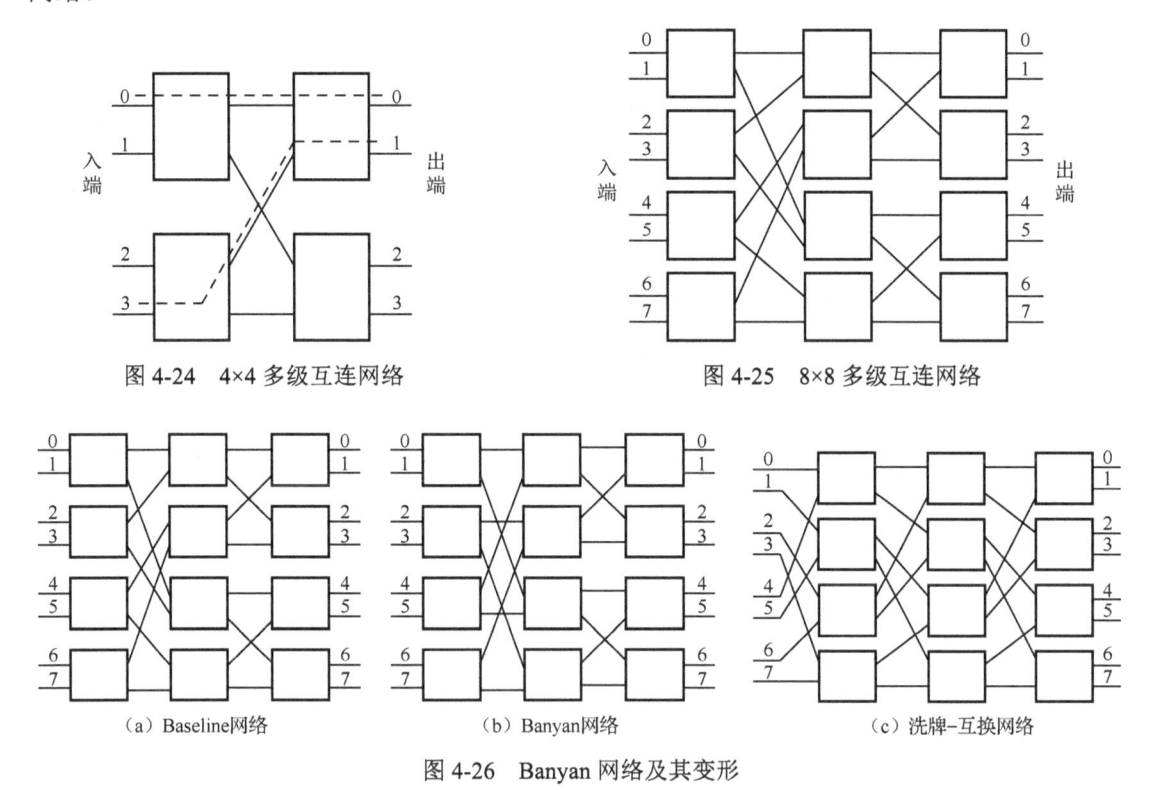

图 4-24 4×4 多级互连网络

图 4-25 8×8 多级互连网络

（a）Baseline网络　　　（b）Banyan网络　　　（c）洗牌-互换网络

图 4-26 Banyan 网络及其变形

2．Banyan 网络的性质

Banyan 网络非常规则的构成方式，使其具有许多重要性质。

1）唯一路径性质

Banyan 网络中的每条入线和每条出线之间都有且只有一条路径，称之为唯一路径性质。下面简单地证明这个性质。

首先可直接验证，该性质对 4×4 交换单元是成立的。因此，可以一般假设它对 N×N 交换单元也是成立的。由于 2N×2N 的交换单元是用上述递归法构成的，显然从 2 个 N×N 交换单元到前面一级 N 个交叉连接单元共有 2N 条路径，并且要到其中某个入端去必须经过其中唯一的一条路径。可见，这样构成的 2N×2N 交换单元仍然是在每条入线和每条出线间都存在一条路径，并且只有唯一的一条路径。这就证明了上述性质对任何 N 都成立。

2）自选路由性质

由 Banyan 网络的构成方式可知，其入线数和出线数相等，若设其为 N，则必有 $N=2^M$。把 N 条入线和 N 条出线分别编号为 0、1、2、…、N-1，那么，M（$M=\log_2 N$）位二进制数字既可以用来区别 N 条入线，也可以用来区别 N 条出线。从交换单元的任一入线开始到交换单元的全部 N 条出线的 N 个连接，可采用 N 个不同的编号表示。

一个 N×N 的 Banyan 网络共有 M 级，每级有 N/2 个交叉连接单元，一个由入线 i 到出线 j 的连接是由属于不同级的 M 个交叉连接单元顺序连接组成的。如果把每个交叉连接单元的两条入线和两条出线都分别编号为 0 和 1，那么，从第一级开始顺序排列各个交叉连接单元的出线编号，就组成了一个 M 位二进制数字。这个数字的 N 种不同取值正好表示了从同一入线出发到全部出线的 N 个不同连接或路径。

如果把出线的编号（或叫作地址）以二进制数字的形式送到交换单元，每一级上的交叉连接单元就只需要根据这个地址中的某一位就可以判别应将信元送往哪条出线上。例如，在第一级上的交叉连接单元只读地址的第 1 位，在第二级上的交叉连接单元只读地址的第 2 位，……当所有地址都被读完，这个信元就已经被送到相应的出线上了，这叫作自选路由性质。因此，交叉连接单元的控制部分就可以做得十分简单。

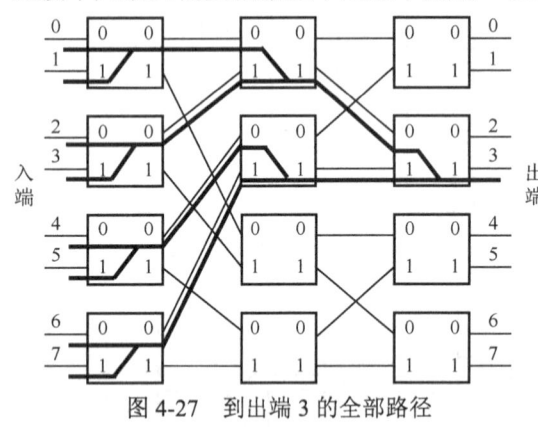

图 4-27 所示为一个 8×8 的 Banyan 网络，在图中标出了全部 8 条通往出端 3 的路径，每条路径上三个交叉连接单元出端号码都是 011，它正是二进制数字 3。

图 4-27　到出端 3 的全部路径

3）内部阻塞性质

在没有出线冲突时，纵横开关阵列是没有内部阻塞的。但上面所讨论的 Banyan 网络是存在内部阻塞的，而且这种内部阻塞是随着阵列级数的增加而增加的，当级数太多时，内部阻塞就会变得不可容忍。

通过分析观察可知，该内部阻塞是在交叉连接单元的两条入线要向同一条出线上发送信元时产生的。在最坏情况下，这个概率是 1/2；如果入线上并不总是有信元，这个概率就会下降。因此，可以通过适当限制入线上的信息量来减少内部阻塞。此外，也可通过加大缓冲存储器容量来减少内部阻塞。

由于此多级互连结构中的排列很整齐，使用的电子开关数也较少，但是内部阻塞又是一个必须要解决的问题，通过多年研究，提出了若干方案。下面是其中的两种：

（1）增加多级互连网络的级数。把一个 M 级 Banyan 网络对折叠加，使其级数增加到 $2M-1$，得到的网络是无阻塞的，称为 Benes 网络。例如，把 8×8 多级互连网络的级数由 3 增加到 5，如图 4-28 所示，就可以消除内部阻塞。Benes 网络实际上相当于两个 Banyan 的背对背相连，并将中间相邻两级合并为一级。

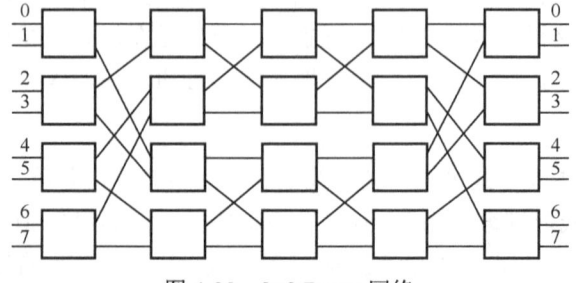

图 4-28　8×8 Benes 网络

（2）排序 Banyan 网络。在 Banyan 网络前面添加一个排序网络，使其满足某些特定的条件，就可以使之成为一个无阻塞网络。例如，对于洗牌-互换网络，若有两个连接 a→b 和 c→d，其中两个入线编号(a,c)和两个出线编号(b,d)满足：c>a，d>b，d-b≥c-a，则这两个连接的路径是完全不重叠的（即无阻塞）。

图 4-29 所示为一个 8×8 洗牌-互换网络中一一连接的情形，即编号相同的入线和出线连接的情况。图中显示，洗牌-互换网络上各入线到各出线的连接是经过排序的，即彼此不交叉，容易验证其满足上述条件，所以网络是无阻塞的。

由此可知，如果在 Banyan 网络前面加上一个网络进行排序，使得上述无阻塞条件得到满足，则这样的两个网络构成的交换单元将是无阻塞的。前面增加的这个网络叫作排序网络，它与后面的 Banyan 网络组成的整体叫作排序 Banyan 网络。

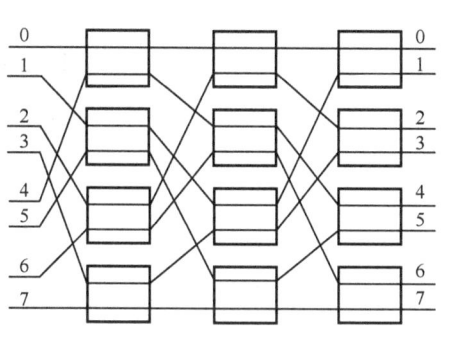

图 4-29 洗牌-互换网络的无阻塞性质

有多种构成排序网络的方法，图 4-30 所示为一个 8×8 排序 Banyan 网络的实现举例。图中的基本部件叫作比较-交换器。有↑符号的一种叫作出线升序的比较-交换器，其功能是比较两条入线要连接到的出线的号码；若上面的一个大于下面的一个，则进行交叉连接；否则进行平行连接。有↓符号的一种叫作出线降序的比较-交换器，其功能是比较两条入线要连接到的出线的号码；若上面的一个大于下面的一个，则进行平行连接；否则进行交叉连接。图中同时给出了一个例子，即在要把顺序排号的 8 条入线分别连接到出线 0、7、5、4、1、3、2 和 6 上时，各个比较-交换器的连接方式。图 4-30 中的括号中的数字表示要连接到的出线的号码，排序后出线顺序由 0、7、5、4、1、3、2、6 变为 0、1、2、3、4、5、6 和 7。

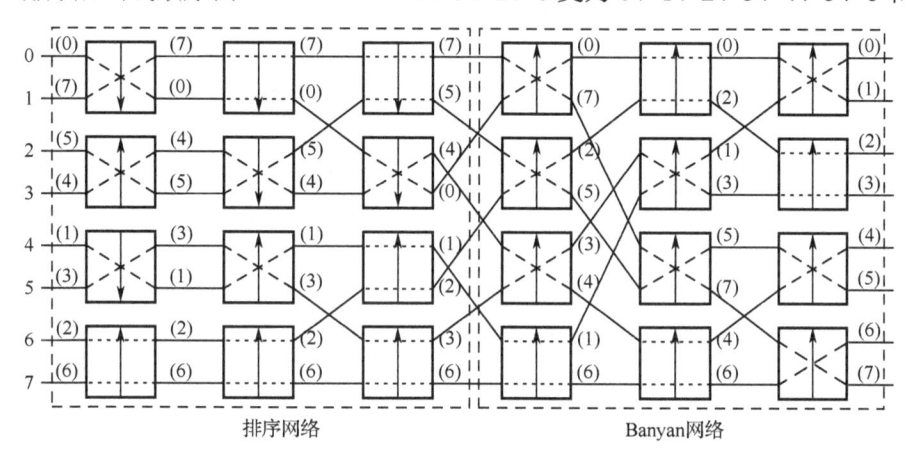

图 4-30 8×8 排序 Banyan 网络

4）出线冲突

排序网络不仅可以实现内部无阻塞，同时还可以用来解决出线冲突问题。其方法可以分三步进行：仲裁、认可和发送。

图 4-31 给出了排序网络解决出线冲突问题的过程。在阶段 1 中，将入线编号和出线编号数据传送给排序网络，排序网络根据出线编号的大小按非递减顺序排队，这时候具有相同出线地址的数据显然会排列在一起，系统采用某种策略去除对出线重复请求的连接（如去除入线 1→出线 3 的连接）；从而在排序网络的出线处仅留下相应的允许连接的入线/出线对，完

成仲裁。在阶段 2 中，将排序网络出线处的允许连接编号对的入线编号（2，4，3）简单复制到 Banyan 网络的入线处，通过排序网络和 Banyan 网络的传递传送入线编号，此时 Banyan 网络的输出正好是允许传输信息的入线位置（2，3，4），完成认可。在阶段 3 中，再将 Banyan 网络的输出（2，3，4）简单复制到排序网络的入线处就可以确定允许传送数据的入线位置，此时可以再将相应入线上的数据传送给交换网络，完成信息交换功能。

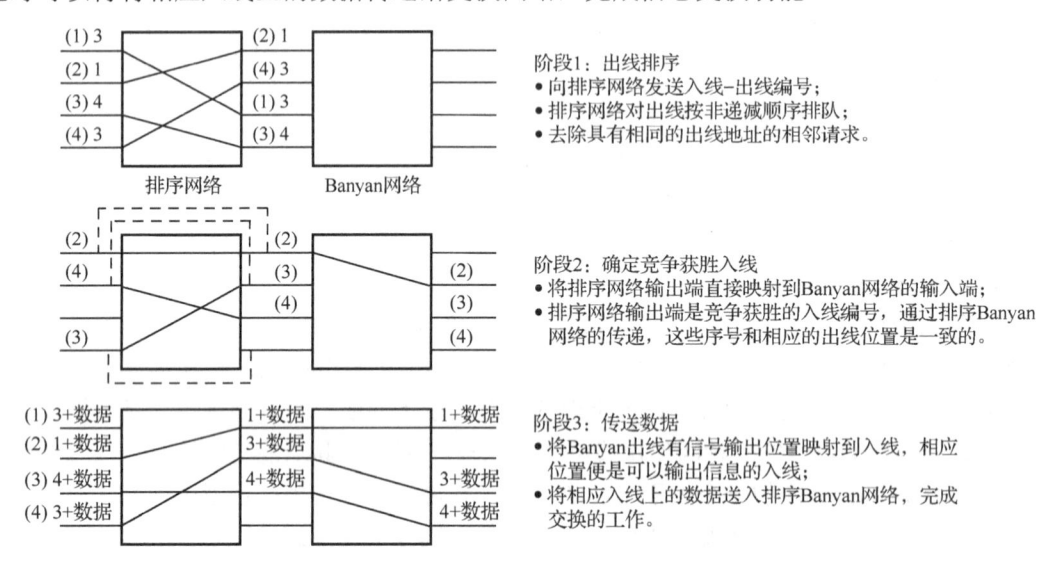

图 4-31 排序网络解决出线冲突的过程

此方法的最大特点是借助排序 Banyan 网络本身解决出线冲突问题，运算效率和处理速度比较快，可以满足 ATM 高速交换的要求。此方法大约需要交换机提高 14%的工作速度才能满足高速数据传输的要求，例如，每条入线的速率若为 155Mbit/s，则交换机内部对该线的运行速率必须为 170Mbit/s 左右。

前面讲述的都是点对点连接时路由建立的技术，随着多点业务需求不断增加，可以通过放宽对点到点交换路由选择的某些约束，在交换机中实现多播功能。关于更多的实现无阻塞多级互连网络的例子，请自行参考有关文献。

复习思考题

1．什么是 ATM？它具有哪些特征？

2．ATM 信元结构如何？影响 ATM 信元长度的因素主要有哪些？请说明 UNI 上和 NNI 上的信元格式有何不同。

3．简述 ATM 信元定界方法。

4．ATM 信元定界方法是基于 HEC 的搜索，为什么在搜索状态时要逐个比特地进行？而在预同步和同步状态时是逐个信元地进行？

5．"面向连接"的具体含义是什么？

6．在 ATM 交换系统中，什么是虚通路？什么是虚信道？它们之间存在着什么样的关系？并指出 VPI 和 VCI 的作用是什么。

7．ATM 交换系统是由哪些基本部件组成的？各部件的作用如何？
8．解决出线冲突问题主要有什么策略？
9．参照图 4-15，若要在出线 1、2、3、4、5、6、7 和 8 上分别输出来自入线 3、5、2、4、3、5、6 和 1 的信元信息，请画出相应原理图。
10．参照图 4-15，若要实现入线 1 对出线 2、3 和 4 的点对多点连接，和入线 2、3、4、5 和 6 分别对出线 8、5、7、1 和 6 的点对点连接，请画出相应原理图。
11．令牌环交换结构是如何构成的？有什么特点？
12．何为 Banyan 网络？举例说明递归构造的含义。
13．简述 Banyan 网络的唯一路径性质。
14．简述 Banyan 网络的自选路由性质。
15．简述 Banyan 网络内部阻塞问题的解决方法。
16．采用 Banyan 网络时，出线冲突问题是如何解决的？
17．在 ATM 交换的协议参考模型中，三个面的作用是什么？
18．请简述 ATM 参考模型中物理层的内容及作用。
19．请简述 ATM 层的作用。
20．ATM 适配层的功能分为哪两个子层，它们各自的功能是什么？
21．用户平面 ATM 适配层和控制平面 ATM 适配层有什么区别？

第 5 章 MPLS 技术

多协议标记交换（Multi-Protocol Label Switching，MPLS）是 ITU-T 推荐的一种用在公网上的 IPoA（IP over ATM，ATM 上的 IP 协议）技术，兼有基于第二层交换的分组转发技术和第三层路由技术的优点。本章对 MPLS 网络体系结构、MPLS 工作原理、标记分配协议（Label Distribution Protocol，LDP）和标记交换路径（Label Switched Path，LSP）等方面进行详细介绍，以便全面理解与掌握 MPLS 技术。

5.1 MPLS 网络和关键技术

MPLS 支持目前所定义的任何一种网络服务。它基于定长短标记（Label）的完全匹配，把第三层的包交换转换成第二层的交换，并可用硬件实现表项的查找和匹配及标记的替换，更容易地制造出高速路由器，同时在显式路由、流量工程、QoS 实现、多网络功能划分等方面具有优势，是 IP 骨干网络的关键技术之一。

5.1.1 MPLS 的网络体系结构

MPLS 网络体系结构描述了实现标记交换的机制。与第二层网络相似，MPLS 给分组分配标记，以使分组能够在基于分组或信元的网络中传输。贯穿整个网络的转化机制是标记交换，在这种技术中，数据单元（分组或信元）携带一个长度固定的短标记，该标记告诉分组路径上的交换节点如何处理和转化数据。

1．MPLS 的网络模型结构

MPLS 网络与传统 IP 网络的不同主要在于 MPLS 域中使用了标记交换路由器（Label Switching Router，LSR），域内部 LSR 之间使用 MPLS 协议进行通信，而在 MPLS 域的边界则由标记边界路由器（Label Edge Router，LER）进行与传统 IP 技术的适配。图 5-1 所示为 MPLS 的网络模型结构。

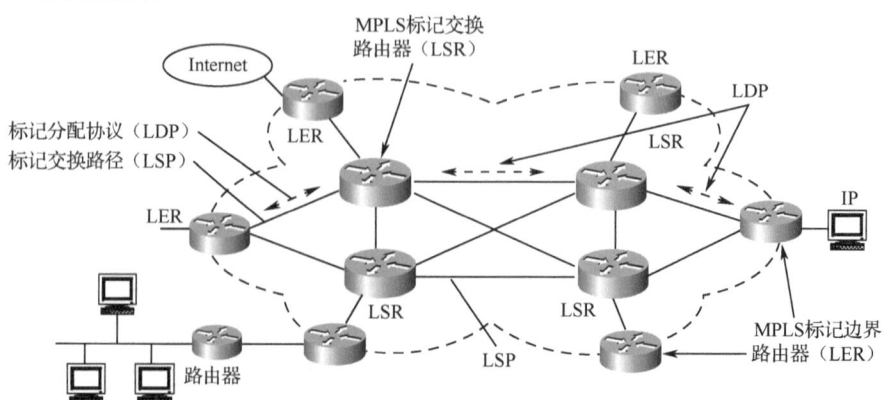

图 5-1 MPLS 网络模型结构

MPLS 网络实际上分为两层：边界层和核心层。边界层位于 MPLS 网络的边界，连接着各类用户网络及其他 MPLS 网络。当 IP 分组进入 LER 时，LER 对到达的 IP 分组进行分析，完成 IP 分组的分类、过滤、安全和转发；同时，将 IP 分组转换为采用标记标识的流连接，MPLS 提供 QoS、流量控制、虚拟专网、多播控制等功能。针对不同的流连接，MPLS 边界节点采用 LDP 进行标记分配/绑定，LDP 必须具有标记指定、分配和撤销功能，它将在 MPLS 网内分布和传递。MPLS 的核心层同样需要 LDP，LSR 根据到达 IP 分组的标记沿着由标记确定的 LSP 转发 IP 分组，不需要再进行路由选择。LSR 提供高速的标记交换、面向连接的 QoS、流量工程、多播控制等功能。MPLS 是在标记交换（Label Switching）的基础上发展起来的，其实质是将路由器移到网络的边界，将快速、简单的交换机置于网络中心；对一个连接请求实现一次路由选择、多次交换；其主要目的是将标记交换转发数据报的基本技术与网络层路由选择有机地集成。

2. LSR 的基本组成

LSR 由数据层面（也叫转发组件）和控制层面（也叫控制组件）组成，图 5-2 所示为一个执行 IP 路由的 MPLS 节点的基本体系结构。

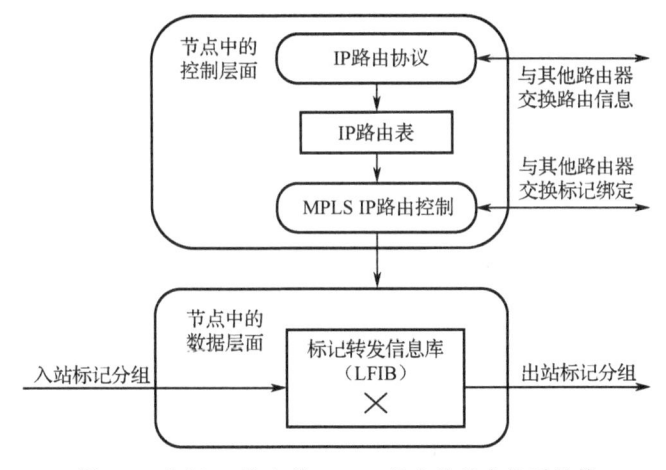

图 5-2 执行 IP 路由的 MPLS 节点的基本体系结构

1）控制层面

控制层面采用模块化设计，是一群模块的集合，每个模块可支持某个特定的选路协议，新的路由功能可以通过增加新的控制模块来实现。控制层面具有以下功能特点：一是负责在一组互联的标记交换机之间创建和维护标记转发信息（称为绑定），并分发标记绑定信息，包括标记的分配、路由的选择、标记信息库（Label Information Base，LIB）的建立、LSP 的建立与拆除等工作；二是控制层面与数据层面的分离，使 MPLS 可按需要灵活地支持各种第三层协议和第二层技术；三是要生成标记与网络层路由之间的捆合，并将标记捆合信息在标记交换结构之间传送。

控制层面的工作机理如下：一是每个 MPLS 节点都必须运行一种或多种 IP 路由协议（或依赖静态路由技术），以便与网络中的其他 MPLS 节点交换 IP 路由信息（从这种意义上说，每个 MPLS 节点都是控制组件上的一个 IP 路由器），与传统的路由器类似，IP 路由协议建立相应 IP 路由表；二是在 MPLS 节点中，IP 路由表用于决定标记绑定交换（相邻 MPLS 节点交换 IP 路由表中的各个子网的标记），对于基于目标地址的单播 IP 路由技术而言，标记绑定交换是使用 LDP 实现的；三是依托相应 IP 路由表，MPLS IP 路由控制进程使用与邻接 MPLS 节点交换得到的标记来建立标记转发信息库（Label Forwarding Information Base，LFIB），LFIB 位于数据层面之中。

2）数据层面

数据层面包含交换结构和 LFIB。

（1）标记转发

LFIB 是数据层面数据库，用于转发通过 MPLS 网络被标记的分组。

当一个携带标记的分组被标记交换机接收到时，该交换机用这个标记作为其 LFIB 的指针，若该交换机在 LFIB 中找到一个输入标记等于分组携带的标记的条目，则用条目中的输出标记替换分组中的标记，并将分组转发到输出标记指示的输出接口。这样做至少有两个好处：第一是用一个定长的、相对短的标记作为转发决策算法中的分配对象，取代原来在网络层中使用的传统的最长分组匹配，可以获得较高的转发性能，使转发过程足够简单，以至于允许直接用硬件实现；第二是转发决策独立于标记转发的粒度，例如，同样的转发算法，既可以支持单播（点到点的）路由功能，也可以支持多播（点到多点的）路由功能，不同的路由功能只取决于在 LIB 中每个条目的输出标记的组织。因此，增加新的路由或控制功能，无须改动转发机制。

（2）交换结构

数据层面通常采用 ATM 交换结构（图 5-2 中的"×"）。数据层面可由标记转换实现信息在虚连接上的转发；使用标记交换机维护的 LFIB 根据分组携带的标记执行数据分组的转发任务。LFIB 中含有出入接口、出入标记的对照，相当于在控制驱动下将路由映射到标记，可通过 LDP 建立。

3）标记交换路由器（LSR）

和任何新出现的技术一样，MPLS 也引入了一些新术语，用于描述组成其体系结构的设备，即 LSR。存在几种不同的 LSR，根据它们在网络基础设施中提供的功能进行区分，主要包括 LSR、边界-LSR（即 LER）、ATM-LSR 和边界 ATM-LSR。各种 LSR 之间的区别完全是结构性的，即单个机器可以扮演多个角色。

（1）LSR：实现标记分配并能够根据标记转发分组的交换机或路由器都属于 LSR，标记分配的基本功能使得 LSR 能够将其标记绑定分发给 MPLS 网络中的其他 LSR。

（2）边界-LSR：在 MPLS 网络边界执行标记放置（有时也叫压入操作）或标记处理（有时也叫弹出操作）的路由器。标记放置是在 MPLS 域的入口点（相对于数据流从源到目标而言）预先给分组设置标记或标记栈；标记处理则相反，即在出口点将分组转发到 MPLS 域之外的邻居之前，将分组的最后一个标记删除。图 5-3 所示为边界-LSR 的体系结构。拥有非 MPLS 邻居的 LSR 都被认为是边界-LSR。如果该 LSR 用于通过 MPLS 与 ATM-LSR 相连的接口，则它也将同样被认为是一个边界 ATM-LSR。边界-LSR 使用传统的 IP 路由表来标记 IP 分组或者在被标记的分组发送给非 MPLS 节点之前删除分组中的标记。

边界-LSR 在图 5-2 的基础上扩展了 MPLS 节点体系结构，在数据层面中加入了额外的组件（IP 转发表）。标准的 IP 转发表是使用 IP 路由表构建的，并扩展了标记信息。入站 IP 分组可以作为纯粹的 IP 分组被转发给非 MPLS 节点或者被标记并作为标记分组发送给其他 MPLS 节点。入站标记分组可以作为标记分组发送给其他 MPLS 节点。对于发送给非 MPLS 节点的标记分组，标记将被删除，并执行第三层查找（IP 转发）。

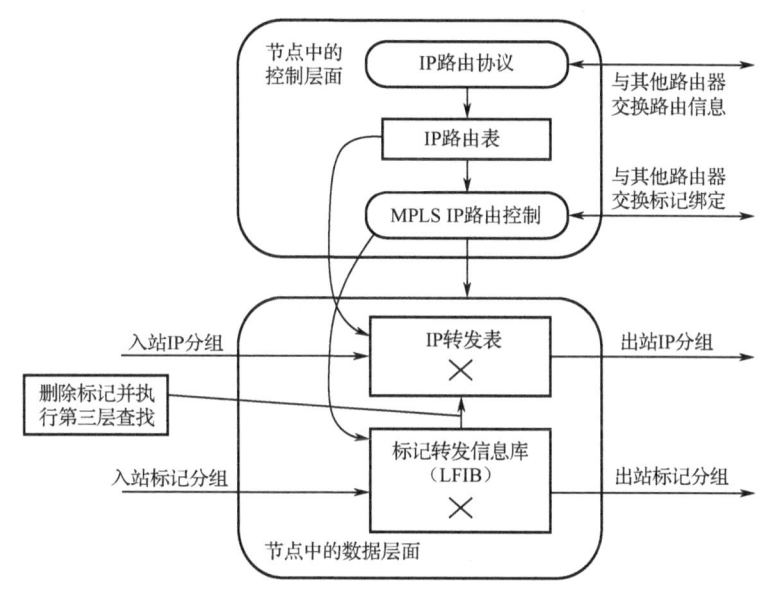

图 5-3　边界-LSR 的体系结构

（3）ATM-LSR：可以用作 LSR 的 ATM 交换机。Cisco 公司生产的 LS1010 和 BPX 交换机系列便是这种 LSR。ATM-LSR 在控制层面执行 IP 路由和标记分配，并在数据层面使用传统的 ATM 信元交换机制转发数据分组。换句话说，ATM 交换机的 ATM 交换矩阵被用作 MPLS 节点的标记转发表。因此，可以通过升级控制层面中的软件将传统的 ATM 交换机重新部署为 ATM-LSR。

（4）边界 ATM-LSR：带有边界功能的 ATM-LSR 就是边界 ATM-LSR。

表 5-1 是对各种 LSR 执行的操作的总结。值得注意的是，网络中的任何设备都可以实现多项功能（如可以同时作为边界-LSR 和边界 ATM -LSR）。

表 5-1　各种 LSR 执行的操作

LSR 类型	执行的操作
LSR	转发标记分组
边界-LSR	可以接收 IP 分组，执行第三层查找，并在分组转发给 MPLS 域之前向其中加入标记栈；可以接收标记分组，删除标记，执行第三层查找，并将分组转发给下一个中继段
ATM-LSR	在控制层面运行 MPLS 协议来建立 ATM 虚电路，将标记分组作为 ATM 信元进行转发
边界 ATM-LSR	可以接收标记或非标记分组，将分组分为 ATM 信元，并将信元转发给下一个中继段的 ATM-LSR；可以接收来自邻接 ATM-LSR 的 ATM 信元，将信元重新组装为原来的分组，然后将它们作为标记或非标记分组进行转发

3．网络边界的标记放置

根据前述内容可知，标记放置指的是在分组进入 MPLS 域时给它预先设置标记的操作。

这是一种边界功能。要实现这种功能，LER 需要了解分组将被发送到哪里，应该给它加上哪种标记或标记栈。

在传统的第三层 IP 转发技术中，网络的每个中继段都在 IP 转发表中查找分组第三层报头中的 IP 目标地址，在每一次查找迭代中，都将选择分组的下一个中继段的 IP 地址，并通过一个接口将分组发送到最终目的地。选择 IP 分组的下一个中继段是两项功能的组合：第一项功能是将整个可能的分组集合划分为一组 IP 目标前缀，第二项功能是将每个 IP 目标前缀映射为下一个中继段 IP 地址。这就是说，对于来自一个入口设备并被发送到目标出口设备的数据流而言，网络中的每个目的地都可以通过一条路径到达（使用等价路径或不等价路径实现负载均衡时，则可能有多条路径）。在 MPLS 网络体系结构中，第一项功能的结果叫作转发等价类（Forwarding Equivalence Class，FEC），可以将它们看作一组通过相同的路径、以相同的转发处理方式转发的 IP 分组。值得注意的是，转发等价类可能对应一个目标 IP 子网，也可能对应 LER 认为有意义的任何数据流类。

网络边界的标记放置过程如下：首先在数据分组进入网络时，在边界设备上将该特定数据分组指派到一个特定的 FEC，该过程只进行一次；然后将 FEC 与一个长度固定的短小标识符进行映射，这个标识符就称为"标记"，标记用来标识一个 FEC；最后是数据分组在转发之前被打上标记，标记随同数据分组一起被发送。当分组被转发给下一个中继段（LSR）时，已经预先为 IP 分组设置了标记，该 LSR 不再分析网络层分组头，只是根据标记来选择下一跳地址和新的标记；数据的转发是通过标记的交换实现的。

4．MPLS 分组转发和标记交换路径

1）MPLS 分组转发

所有的分组都是通过入口 LSR 进入 MPLS 网络的，每个 LSR 都将分组的入站标记换成出站标记，这与 ATM 使用的机制非常类似（将 VPI/VCI 对换为不同的 VPI/VCI 对）。这一过程将一直持续下去，直到到达最后的出口 LSR，并通过出口 LSR 离开 MPLS 网络。

每个 LSR 都保存了两个表：LIB 和 LFIB，用于保存与 MPLS 数据层面相关的信息。LIB 包含了该 LSR 分配的所有标记，以及这些标记与所有相邻 LSR 收到的标记之间的映射表，并使用标记分配协议来分发这些映射表。LFIB 用于分组实际转发过程，只保存了 MPLS 数据层面当前使用的标记。指明"当前使用"是因为对于同一目的地，多个相邻 LSR 可能发送同一个 IP 前缀的标记，但在路由表中当前实际使用的下一个 IP 中继段可能不一样，也不一定要将 LIB 中的所有标记都用于转发分组。值得注意的是，LFIB 是 MPLS 中与 ATM 交换机的交换矩阵等价的东西，可以将图 5-3 中的 LER 体系结构重新绘制成图 5-4 所示的形式。

2）标记交换路径（LSP）

分组转发机制创建了 LSP，它指的是对于特定的 FEC，标记分组到达出口 LSR 必须经过的一组路径。LSP 的创建是一种面向连接的方案，在传输数据流之前必须建立路径；该连接是根据拓扑信息，而不是根据传输数据流要求而建立的。也就是说，无论是否有数据流通过该路径传输到特定的 FEC 组，路径都将被建立。这种 LSP 是单向的，即从特定 FEC 返回的数据流使用的 LSP 将会不同。

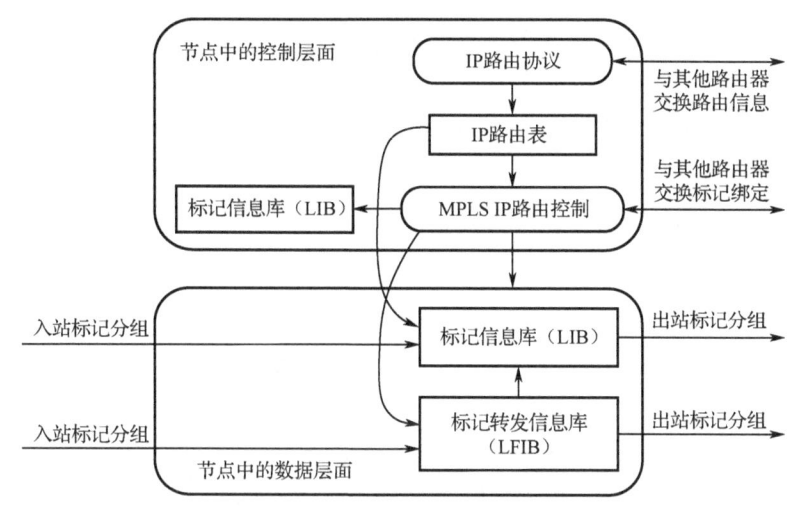

图 5-4 重新绘制的 LER 体系结构

MPLS 可采用下游标记分配或下游按需标记分配的方法来建立 LSP。

（1）下游标记分配是指由数据流动方向的下游 MPLS 节点分配标记，也可称为非请求下标记分配（主动式下游标记分配），图 5-5 所示为路由更新与下游标记分配概念。当一个分组由一个 LSR 发往另一个 LSR 时，对应该分组，发送方的 LSR 称为上游 LSR，接收方的 LSR 称为下游 LSR。如图所示，当标记交换路由器 LSR2 通过选路协议进行的信息交换需要更新路由时，就在其 LFIB 中修改或建立新的表项，LFIB 即路由表。于是通过 LDP 在 LFIB 中产生表项，所分配的标记作为表项的输入标记，并将捆合信息（FEC/标记）传送到邻接的上游 LSR，由上游 LSR 将该标记作为输出标记存放在 LFIB 中。

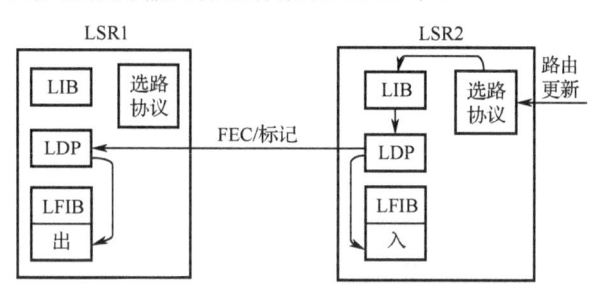

图 5-5 路由更新与下游标记分配概念

（2）下游按需标记分配是指在收到上游节点明显的请求时，才由下游节点分配标记。

图 5-6 为包含 2 个 LER（LER-A，LER-B）和 2 个 LSR（LSR-X，LSR-Y）的下游按需标记分配过程。

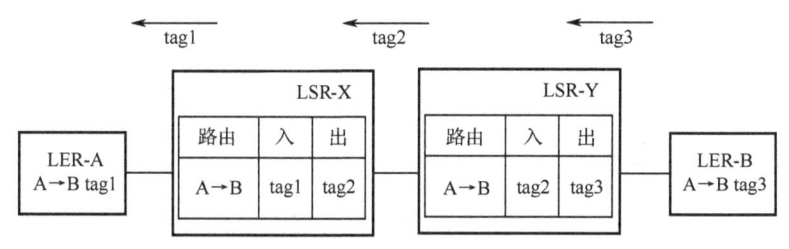

图 5-6 下游按需标记分配过程

MPLS 负责引导 IP 分组流按一条预先确定的路径通过网络，这条路径即为 LSP，即业务从起始路由器按一定方向流向终止路由器。LSP 的建立是通过串联一个或多个标记交换跳转点来完成的，允许分组从一个 LSR 转发到另一个 LSR，从而穿过 MPLS 域。

5. 其他 MPLS 应用

所讨论的 MPLS 网络体系结构可以将传统的路由器和 ATM 交换机平滑地集成起来。然而，MPLS 真正的威力在于它的其他可能的应用——从流量工程到虚拟专用网络（VPN）等的应用。所有的 MPLS 应用都使用类似于 IP 路由控制层面（如图 5-4 所示）的功能来建立标记转发信息库。图 5-7 所示为这些应用与标记交换矩阵之间的交互。

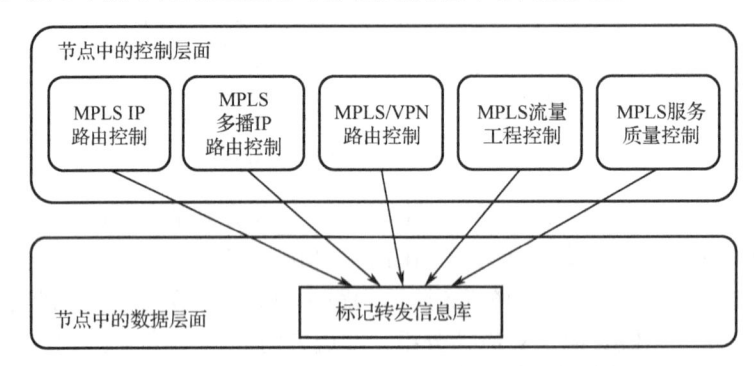

图 5-7 各种 MPLS 应用与标记交换矩阵之间的交互

每种 MPLS 应用的组件集都与 IP 路由应用相同，包括以下可选组件：一个为应用定义 FEC 表的数据库（在 IP 路由应用中为 IP 路由表）；在 LSR 之间交换 FEC 表内容的控制协议（在 IP 路由应用中为 IP 路由协议或静态路由）；实现 FEC 标记绑定的控制进程及在 LSR 之间交换标记绑定的协议（在 IP 路由应用中为 LDP）；一个 FEC 标记映射表的内部数据库（在 IP 路由应用中为 LIB）。

每种应用都使用自己的一组协议在节点之间交换 FEC 表或 FEC 标记映射表。表 5-2 对这些协议和数据结构做了总结。

表 5-2 各种 MPLS 应用中使用的控制协议

应　用	FEC 表	用于建立 FEC 表的控制协议	用于交换 FEC 标记映射表的控制协议
IP 路由	IP 路由表	任何 IP 路由协议	LDP
多播 IP 路由	多播路由表	PIM	PIM 第二版扩展
VPN 路由	Per-VPN 路由表	在客户和服务提供商之间，为大多数 IP 路由协议；在服务提供商的网络内部，为多协议 BGP	多协议 BGP
数据流工程	MPLS 隧道定义	手工接口定义，对 IS-IS 或 OSPF 的扩展	RSVP 或 CR-LDP
MPLS QoS	IP 路由表	IP 路由协议	对 LDP 的扩展

5.1.2 MPLS 网络工作原理

MPLS 的出现源于早期的 IP 交换，其目的是将目前的各种 IP 路由和 ATM 交换技术兼容并蓄，以提供一种更具弹性、扩充性和效率更高的宽带交换路由器。与标记交换、ATM 交换等技术类似，MPLS 引入了标记的概念，在 MPLS 网络中数据的传输靠标记引导。图 5-8 所示为 MPLS 网络工作原理示意图，从图中可见，一个 MPLS 网络的核心结构组成为：标记边界路由器（LER）、标记交换路由器（LSR）。通过 LDP，LER 和 LSR、LSR 和 LSR 之间完成标记信息的分发。网络路由信息来自一些共同的路由协议，如开放式最短通路优先协议（Open Shortest Path First，OSPF）、边界网关协议（Border Gateway Protocol，BGP），根据路由信息决定如何完成 LSP 的建立。

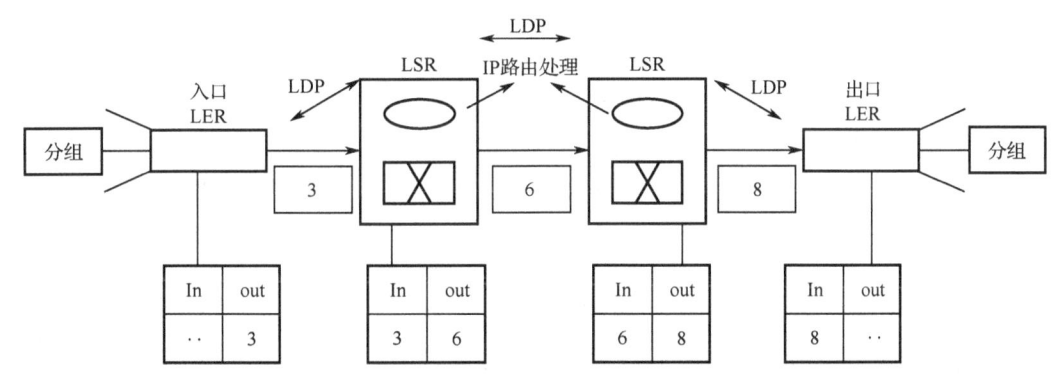

图 5-8 MPLS 网络工作原理示意图

MPLS 网络工作原理如下：当一个未被标记的分组（IP 分组、帧中继或 ATM 信元）到达 MPLS 网络时，入口 LER 根据分组头查找路由表以确定通向目的地的 LSP，把查找到的对应 LSP 的标记插入分组头中，完成端到端 IP 地址与 MPLS 标记的映射（即标记分配）。每个 MPLS 节点的标记都放在一个 LIB 中，这时需要用到 OSPF、BGP 等传统路由协议，而且需要采用 LDP 将其转发到下一跳的 LSR（即标记分配）。核心 LSR 接收到标记 IP 分组后，将标记抽出并作为索引查找 LSR 中的 LFIB，如 LFIB 中有相应的项，则将输出标记添加到包头，并将替换了标记的 IP 分组发送到下一跳的输入接口；这个以新标记取代旧标记的过程在 MPLS 中称为标记互换，各个中间路由器以相同的方法转发 IP 分组，直到 IP 分组到达离开 MPLS 域的 LER（即标记交换）。当 IP 分组从核心 LSR 到出口 LER 时，出口 LER 发现该 IP 分组的出口是一个非标记接口，MPLS 的出口标记路由器将完成标记与 IP 地址的映射，将 IP 分组中的标记去掉后继续进行基于第三层的 IP 转发（即标记删除）。从中可以看到，MPLS 技术的真正优势在于它提供了控制和转发的完全分离。

一个 MPLS 网络可由多个支持 MPLS 的 MPLS 域组成，但 MPLS 域的划分与路由域的划分是互不相关的。在一个路由域内可以同时包含 MPLS 节点和非 MPLS 节点，标记信息只在相邻 MPLS 节点间传递。在两个 MPLS 节点间有非 MPLS 节点（比如 ATM 或帧中继交换机）时，则用 PVC 或 PVP（永久性通路）将两个 MPLS 节点接通。

5.1.3 实现 MPLS 的关键技术

MPLS 技术的成功之处在于它在无连接的 IP 网络中引入了面向连接的机制，利用标记交换机制转发分组。其核心思想就是：边界的路由、核心的交换。为此，MPLS 的实现过程中引入了许多关键的技术和概念。

1. 标记及其相关概念

1) 标记的含义

标记是简短的、长度固定的、具有本地意义的标识符，用于表征 FEC。它是 MPLS 网络中的一项核心技术，MPLS 的许多优点都直接或间接地来自标记的使用。标记的处理可以用高速的 ASIC 芯片来完成，从而使得分组处理和排队时延大大减少。

（1）标记长度：从最基本的角度讲，标记可以看作分组头的缩写或用户数据流标识的缩写，用来作为路由器转发分组的一个判别索引，在某种程度上与 ATM 中的 VPI/VCI 相似。标记要维持固定长度是在权衡了传输效率和交换性能之后确定的。虽然固定标记长度使传输效率略有下降，但以此换得了交换性能的很大提高。

（2）本地性：标记的语义具有严格的本地（或局部）性，即只在逻辑相邻的节点间有意义，上游路由器的输出标记就是下游路由器的输入标记。准确地讲，标记只是在上游路由器的发送端口和下游路由器的接收端口之间有意义，相同的标记值在不同的路由器之间可能会有不同的意义。因而，不论 MPLS 技术应用于整个网络还是局部网络，任意两个相邻节点间的操作都与网络的其他节点无关。同时，标记有时也隐含了一些附加的网络信息，例如在 LSP 建立的环路避免方式中，如果转发 IP 分组的节点得到经环路检测后的标记，那么分组沿着标记指定的路径转发就不会产生环路。

（3）FEC：FEC 是一系列具有某些共性的数据流的集合，这些数据在转发的过程中被 LSR 以相同的方式进行处理，从转发处理这个角度讲，这些数据"等价"。事实上，可以将 FEC 理解为一系列属性的集合，这些属性构成了 FEC 要素集合。一般来说 FEC 要素主要包括：地址前缀（Address Prefix）和主机地址（Host Address）。图 5-9 所示为对 FEC 概念的简单图例解释。

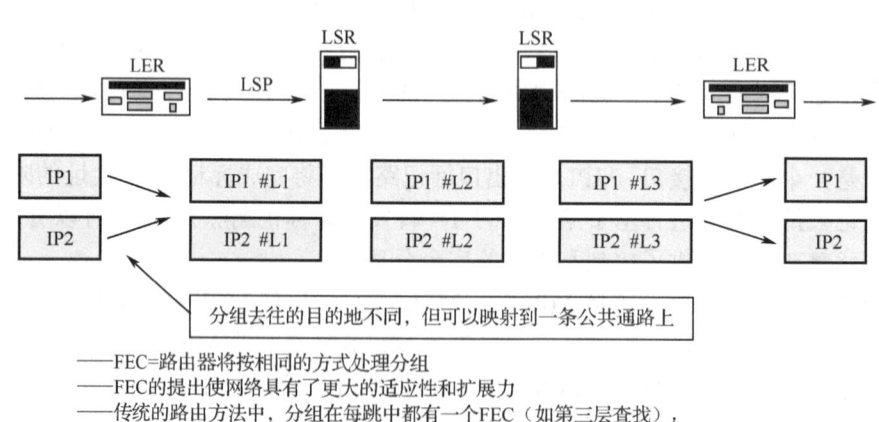

图 5-9 FEC 概念示意图

2) 相关概念

（1）标记绑定：将一个标记指派给 FEC 就称为"标记绑定"。一般来说，标记绑定应该在入口路由器处进行，其过程大致为：当有一定属性的数据流到达入口路由器之后，路由器检查 IP 分组的包头，根据此检查所得到的信息，依据一定的对应原则（例如，将分组目的地址与路由器中路由表的某一条目进行最长匹配），将输入的数据流进行划分，得到多个 FEC；

接着在入口路由器处根据 FEC 进行映射操作，即标记在分组头中的插入工作；最后将分组沿标记所标识的出口转发出去。这实际上反映了一种数据流到 FEC 到标记的对应关系。需要指出的是，入口处的 LSR 在对网络层分组头进行分析之后，不仅可以得出此分组的下一跳，而且可以确定分组传输的优先级、服务类别（Class of Service，CoS）、QoS 等方面的操作；虽然分组向 FEC 的映射是依据网络层目的地址或主机地址来进行的，但标记并不是只包含了目的地址的信息，也包含了优先级、服务类别等方面的信息。

（2）标记粒度：在实际应用中，一个 FEC 可以被映射到多个标记上，也就是说，FEC 与标记的映射关系是一对多的关系。因此，引入了"标记粒度"的概念用来反映 FEC 划分的细致程度，同时也可以用来反映标记聚合的能力。如果 LSR 将几个输入标记与某个 FEC 作绑定，那么用该 FEC 向下转发分组时，最理想的情况就是来自不同输入端口但具有相同 FEC 映射的分组只使用一个输出标记，这种操作称为"标记合并"。标记合并可以大大减少标记需求，提供网络扩展性。

（3）标记堆栈：在 MPLS 中还有一个重要的概念，就是"标记堆栈"，它是指一系列有顺序的标记条目。转发的标记始终是位于堆栈顶端的标记，一般称为"当前标记"。分组到达 MPLS 域时，标记插入分组头的操作称为"标记入栈"；分组离开 MPLS 域时，插入分组头中的标记将被删除，此操作称为"标记弹栈"。标记堆栈反映了通信网的分层结构。位于不同层面的标记将决定分组在当前层面的转发方向。

在 MPLS 中，标记可以被用于表征路由，分组中可以不必保存明确的路由信息。通过标记可以很容易地实现显式路由和资源预留方式的 QoS 保证，而且几乎不会带来额外的开销。

2. MPLS 封装

1）MPLS 封装的含义

为了将标记与分组一起转发，要求在转发之前对标记进行适当的编码和封装。所谓封装，是指对标记或标记堆栈及其用于标记交换的附加信息进行编码，使之可以附加在分组上进行传输。被附上标记的分组称为标记分组。标记分组转发可以利用多种信息，不但包括标记或标记堆栈本身所包含的路由信息，还可能用到其他附加信息，如生存时间（Time To Live，TTL）域中的信息。这些信息有时利用 MPLS 的专用信头进行编码，有时利用第二层帧头进行编码。由于传输媒质及所采用的链路层技术的不同，MPLS 信头编码方式也会有所不同，例如，利用第二层 ATM 信元头对标记进行编码和利用第二层帧中继头进行标记编码所采用的方式就不同。但不管采用什么编码方式，都将其统一称为 MPLS 封装。

MPLS 在各种媒质上的标记封装已经做了规定：顶层标记可以使用已存的格式，底层标记使用新的垫片标记格式。但采用何种封装方式取决于转发标记分组的硬件设备，并根据所采用设备的不同，MPLS 可支持多种不同的封装方式。封装完成的标记及其他附加信息都按 MPLS 规定的形式置于分组的指定部分。

2）MPLS 封装的实现

当采用 MPLS 专用硬件和软件转发标记分组时，MPLS 在数据链路层与网络层之间定义了一层"垫片（Shim）"来实现 MPLS 封装。垫片封装于网络层分组中，但独立于网络层协议，因而可以封装于任何类型的网络层分组中。这种封装方式称为"一般 MPLS 封装"，图 5-10 所示为具体封装位置和封装形成过程。

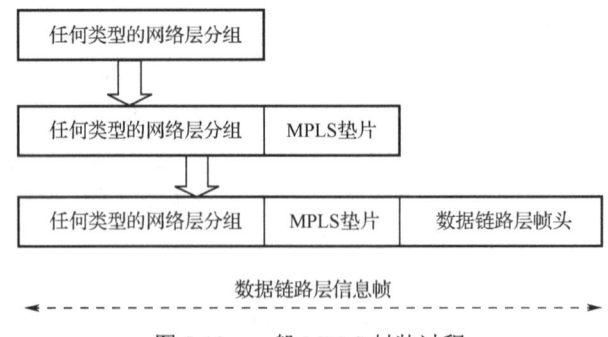

图 5-10 一般 MPLS 封装过程

由于 MPLS 标记栈头被插入第二层报头和第三层有效负载之间，发送分组的路由器必须使用某种方法告诉接收分组的路由器，被传输的分组不是一个纯粹的 IP 数据报，而是一个标记分组（一个 MPLS 数据报）。因而，在第二层之上定义了如下新的协议类型。

（1）在 LAN 环境中，携带的单播和多播的标记分组使用的以太类型值为 8847 和 8848（十六进制）。这些以太类型值可以在以太媒质（包括快速以太网和吉比特以太网）上直接使用，还可作为其他 LAN 媒质（包括令牌环和 FDDI）上的 SNAP（子网访问协议）报头的一部分。

（2）在使用 PPP（Point-to-Point Protocol，点到点协议）封装的点到点链路上，引入了一种新的网络控制协议（Network Control Protocol，NCP），称为 MPLS 控制协议（MPLSCP）。通过将 PPP 字段的值设置为 8281（十六进制）来标识 MPLS 分组。

（3）对于通过帧中继 DLCI 在两个路由器之间传输的 MPLS 分组，使用帧中继 SNAP 网络层协议标识符（Network Layer Protocol IDentifier，NLPID）进行标识，后面跟一个以太类型值为 8847（十六进制）的 SNAP 报头。

（4）通过 ATM 虚电路在两个路由器之间传输的 MPLS 分组封装了一个 SNAP 报头，该报头使用的以太类型值与 LAN 环境中使用的相同。

这里需要注意的是，MPLS 封装头并不总是显式地存在，比如在 ATM 和帧中继中就无明显的 MPLS 封装头。图 5-11 所示为对 MPLS 封装技术的总结。

MPLS 封装主要包括标记、TTL、服务类别（CoS）、标记堆栈指示、下一个 MPLS 封装类型指示、校验和等内容。对于任何封装来说，人们都希望它越短越好。比如采用 4 个字节的封装头，那么用硬件来实现基于封装头的转发就非常方便。但是，封装头过短就无法携带上面所列的各项信息。

MPLS 封装中的 TTL 的作用与传统 IP 交换相同。它主要用来防止环路的发生、跟踪路由、限制分组发送的范围。TTL 的操作通常在第三层或更高层实现，因为数据链路层不提供 TTL 操作，所以要想在第二层实现类似 TTL 的功能需要另想办法。

MPLS 封装中的 CoS 域允许一个标记中有多种 CoS。但是，当有更精确的 QoS 与标记关联时，CoS 可能就失去意义了。此时作为一种选择，CoS 就可以用 QoS 来取代。但这要求为每种 CoS 都分配一个单独的标记。无论怎样，在 MPLS 中封装 CoS 信息，为在一个标记内隔离不同数据流提供了简单的方法。

当标记分组中含有多个标记时，MPLS 封装必须能加以指明。这通过标记堆栈指示域来实现。同时，MPLS 封装头还要能指明堆栈中的下一个 MPLS 封装属于什么协议类型，这可以与标记堆栈指示结合起来表示，也可以用标记值隐含说明。

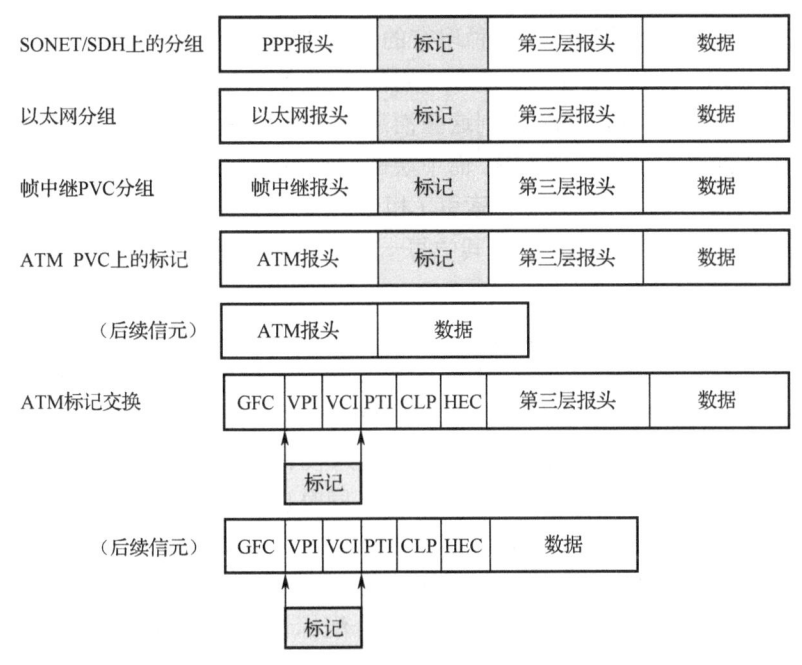

封装类型	格式
SONET/SDH上的分组	PPP报头 | 标记 | 第三层报头 | 数据
以太网分组	以太网报头 | 标记 | 第三层报头 | 数据
帧中继PVC分组	帧中继报头 | 标记 | 第三层报头 | 数据
ATM PVC上的标记	ATM报头 | 标记 | 第三层报头 | 数据
（后续信元）	ATM报头 | 数据
ATM标记交换	GFC | VPI | VCI | PTI | CLP | HEC | 第三层报头 | 数据（VPI/VCI=标记）
（后续信元）	GFC | VPI | VCI | PTI | CLP | HEC | 数据（VPI/VCI=标记）

图 5-11 对 MPLS 封装技术的总结

3. LSR 与 LER

LSR 是 MPLS 网络中的基本单元，其结构如图 5-12 所示，包括控制层面和数据层面两部分。控制层面负责路由的选择、LDP 的执行、LSP 的建立，并通过与其他 LSR 交换路由信息来建立路由表，实现 FEC 与 IP 分组头的映射，建立 FEC 和标记之间的绑定，建立 LIB 和分发标记绑定信息等。数据层面则只负责依据 LIB 建立标记转发表和对标记分组进行简单的转发操作。这种分离结构，一方面有利于现有 ATM 交换设备向 MPLS LSR 的演进（只需在现有的 ATM 交换机上安装 MPLS 的控制软件）；另一方面，对于 MPLS 技术本身的演进与升级也是十分有利的。

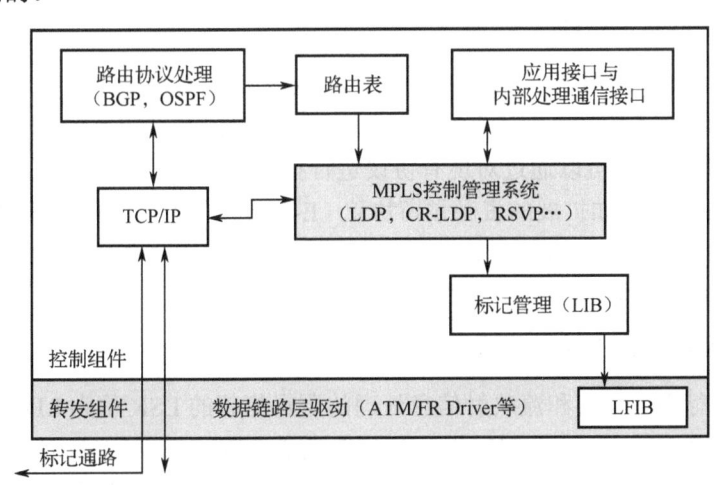

图 5-12 LSR 结构示意图

LSR 主要运行 LDP 和第三层路由协议，从图 5-12 中可以看到，LSR 中包含了一个路由协议处理单元，该单元可以使用任何一种现有的路由协议（如 OSPF，BGP 等），其工作就是生成路由表。在 LSR 之间将通过一条信令专用的 LSP 来传输各种信令消息，这些消息将使用 TCP/IP 的连接与消息格式，LSR 收到这些消息后送至 LDP 单元进行处理，LDP 单元结合路由协议单元生成的路由表来生成 LIB。而下层的交换单元将依据这一 LIB 生成 LFIB。LFIB 是 MPLS 转发的关键，使用标记来进行索引（相当于 IP 交换中的路由表）。LFIB 可以是每个交换机一个，也可以是每个界面一个，其中每一行的内容将包括：入标记、FEC、出标记、出界面、出封装方式。

LSR 要完成路由器的路由控制功能和标记管理维护功能，不断更新和维护 LIB。在 LDP 控制下，LSR 可对标记进行标记划分、标记分配、标记维护等操作。MPLS 网络中的每个节点都必须建立 LIB，其中包含标记绑定信息。这样就可以利用 LIB 中的信息，根据输入分组所携带的标记，进行标记的转换（Swap），如标记入栈、标记出栈、标记替换等。然后，利用第二层的交换机制实现信息在虚连接上的转发，同时也支持第三层的 IP 分组逐跳式转发。

对于 LER 来讲，还要在 LSR 的基础之上增加用于实现 FEC 划分、标记绑定及用于 QoS 保证、CoS 分类、流量工程等方面的控制组件。LER 主要完成连接 MPLS 域和非 MPLS 域及不同 MPLS 域的功能，并实现对业务进行分类、分配标记、（作为出口 LER 时）剥去标记等功能，它甚至可完成确定业务类型、实现策略管理、接入流量工程控制等工作。

MPLS 的关键技术还包括 LDP 和 LSP 等，关于 LDP 和 LSP 的详细内容将在后续各节中单独详述。

5.2 标记分配协议（LDP）

LDP 是控制 LSR 之间交换标记和标记与 FEC 绑定信息，协调 LSR 间工作的一系列规程。LSR 根据标记与 FEC 之间的绑定信息建立和维护 LIB。

5.2.1 LDP 及其消息

1. 关于 LDP 的基本解释

LDP 是在 MPLS 网络中定义的、专门用于 LSR 之间相互通知，以便建立和维护 LSP，以及 LSR 之间转发业务的一系列处理程序。在 MPLS 标准中，并没有要求只能使用一种标记分配协议，标记分配协议可以通过对现有协议进行扩展来实现，也可以通过制定专门用于标记分配的新协议来实现，如扩展的资源预留协议（E-RSVP）、扩展的边界网关协议（E-BGP）、标记分配协议（LDP）及基于路由受限标记分配协议（CR-LDP）等方式。具体使用什么协议实现标记分配，由实际运行环境如硬件平台、管理控制策略等决定。

2. LDP 对等层及 LDP 交换消息

使用 LDP 进行标记交换和流映射信息处理的逻辑相邻的 LSR 称为 LDP 对等体。相应的通信层面称为 LDP 对等层。两个逻辑相邻的 LSR 将在 LDP 对等层上建立 LDP 会话，它们通过 LDP 会话获取对方的标记映射消息，知道各自的标记映射和网络状态。

通常，使用 LDP 建立的每一条 LSP 都与特定的 FEC 相关联，而 FEC 将表明特定的分组应该被映射到哪一条 LSP 上。每个 LSR 把和某个 FEC 相关的输入标记与对应的输出标记拼接起来，就可以实现 LSP 的扩展。为了建立 LSP，LSR 在 LDP 控制下需要交换的消息可分为以下几类。

（1）发现（Discovery）消息：用于通告和维护网络中 LSR 的存在。发现消息可让 LSR 在网络中周期性地公布"HELLO"消息，使用"发向所有路由器"的子网多播地址，并以用户数据报的方式在各 LSR 约定的 LDP 端口进行传输。

（2）会话（Session）消息：用于建立、维护和终止 LDP 对等体之间的会话连接。当 LSR 决定要与通过"HELLO"消息发现的其他 LSR 建立 LDP 会话时，它就用会话消息与那个 LSR 建立 TCP 连接，并开始进行 LDP 初始化处理过程，从而使这两个 LSR 成为 LDP 对等体，进行各种信息的交换。

（3）通告（Advertisement）消息：用于创建、改变和删除 FEC-标记绑定。当 LSR 需要某 FEC 的标记映射或需要其对等体使用某一标记时，它就向对应的邻接点发送标记映射请求消息；同时它也可以接收标记映射请求，并根据自身情况决定是否给予回应，所有这些都是在 LDP 控制下完成的。

（4）通知（Notification）消息：用于提供建议性的消息和差错通知。通过通知消息，可以将 LDP 运作错误和其他一些操作中产生的重要故障事件传给 LDP 对等层处理。通知消息分为两种类型：错误通知和劝告性通知。错误通知用于指示严重错误，如果一个 LSR 通过与 LDP 对等体的 LDP 会话得到错误通知消息，将关闭 TCP 传输连接，通过这条会话连接所得到的标记映射消息都将被丢弃，同时结束 LDP 会话。劝告性通知用于通过 LDP 会话来传递特定 LSR 的有关信息或是以前从 LDP 对等体收到的消息的某些状态。

LDP 会话、通告和通知消息的传输使用可靠的 TCP 连接，只有发现消息使用用户数据报协议（UDP）来传输，以便简化网络的处理过程。

5.2.2 LDP 操作

1. FEC

分组到 LSP 的映射主要是通过 LSP 与 FEC 之间的绑定来实现的。每个 FEC 包含一个或多个 FEC 要素，每个 FEC 要素指示一组与特定 LSP 对应的 IP 分组。一条被多个 FEC 要素共享的 LSP 在某一节点处不再被各 FEC 要素共享时，对应的 LSP 也就在该节点处终结。FEC 要素主要包括地址前缀和主机地址，在 LDP 中还会根据需要来增加一些新的类型。地址前缀使用 IP 地址前缀，其长度可以从 0 到完整的地址长度不等。主机地址使用 IP 主机地址，要求为主机全地址。

对 LSP 来说，只有当其对应 FEC 的地址前缀与分组目的地址相匹配时，才能称该分组与此特定的 LSP 相匹配。映射分组至 LSP 应符合下面的规则，反过来每一个规则都将在分组映射至 LSP 的整个过程中起作用。

（1）如果一条 LSP FEC 的主机地址与分组目的地址相同，则分组映射于该 LSP。

（2）如果有多条 LSP FEC 的主机地址与分组目的地址相同，则从中任选一条 LSP。

（3）如果一个分组的地址前缀匹配一组 LSP，就将分组映射到前缀匹配长度最长的 LSP 上；如果不存在前缀匹配最长的 LSP，那么分组将映射到这组 LSP 中的一条上，该 LSP 的匹配地址前缀不比组中的其他 LSP 的匹配地址前缀短。

（4）如果已经知道某一特定分组必须从指定的某一特定出口 LSR 输出，而一条 LSP 的 FEC 地址前缀与该 LSR 的地址符合，则分组被指定到该 LSP 上传输。

（5）当主机地址与地址前缀两种都匹配时，以主机匹配为主。

根据以上规则，分组可按以下条件发送。

（1）如果一条 LSP 的 FEC 地址前缀要素与分组去往的目的地出口路由器地址相匹配，此外没有其他的 LSP 再与分组目的地址匹配，那么分组将在该 LSP 上传输。

（2）如果一个分组与两条 LSP 相匹配，一个是与 FEC 主机地址要素匹配，另一个是与 FEC 地址前缀要素匹配，那么分组总是从 FEC 主机地址要素匹配的 LSP 上发送。

（3）即使 FEC 主机地址要素与分组出口路由器相匹配，如果分组与一个特定 FEC 主机地址要素不匹配，分组也不会在该特定 FEC 主机地址要素对应的 LSP 上发送。

2．标记空间、LDP 标识、会话与传输

（1）标记空间

标记空间是指一系列标记的集合。标记空间的概念对于讨论标记赋值与分发十分有用。标记分配和标记分配就是在标记空间中选择尚未使用的标记并向提出标记请求的对等体分发此标记。标记空间主要有两种类型：每接口标记空间（Per-Interface Label Space）和每平台标记空间（Per-Platform Label Space）。

每接口标记空间是指将一系列标记划分给特定的接口，这些标记构成的该接口的标记空间。某特定接口上使用的输入标记，全部由该接口的物理特性所限定，该接口的所有标记资源都将被该接口规定的业务使用。例如，标记控制 ATM 接口只能将 VCI 用作标记；标记控制帧中继接口只能将 DLCI 用作标记。每接口标记空间的使用只有当 LDP 对等体通过接口直接连接时才有意义，而且标记也只能用于相应业务。

每平台标记空间是指将一系列标记划归整个平台所公有，这些公有标记构成的平台的标记空间。标记将在整个平台范围内有意义，相同的标记值不能被同时用于多个接口，标记在整个平台内具有唯一的解释。

（2）LDP 标识

一个 LDP 标识有 6 字节长,它用于确定 LSR 标记空间。其前 4 字节表示 LSR 的 IP 地址，后 2 字节指定 LSR 中的特定标记空间。对每平台标记空间来说，后 2 字节为"0"， LDP 标识的格式表示如下：<IP 地址>：<标记空间>

一个管理和公告多个标记空间的 LSR 对每个标记空间都使用不同的 LDP 标识。

（3）LDP 会话

LDP 会话用于不同 LSR 间进行标记交换。当一个 LSR 用 LDP 广播多个标记空间给另一个 LSR 时，它为每一个标记空间使用分离的 LDP 会话。

（4）LDP 会话传输

LDP 会话传输采用可靠的 TCP 连接进行。两个 LSR 间有多个 LDP 会话时，每个会话都会建立自己的 TCP 连接。

（5）非相邻 LSR 间的 LDP 会话

如果一个 LSR（记为 LSRa）根据一些业务工程匹配准则，要通过一条 LSP 给一个不与它直接相连的 LSR（记为 LSRb）发送业务，那么 LSRa 与 LSRb 之间的会话就称为非相邻

LSR 间的 LDP 会话。假设 LSRa 与 LSRb 间有多个 LSR（LSR1,LSR2…），于是，通过 LSRa 与 LSRb 之间的 LDP 会话，LSRb 将其有关标记公告给 LSRa，此后 LSRb 就能对 LSP 上来自 LSRa 的业务进行标记交换。实际上，LSRa 使用了两个标记来将业务转发到 LSRb，一个标记是 LSR1 分配给 LSRa 的，该标记使得分组能沿着 LSP 正确抵达 LSRb；另一个标记是 LSRb 分配的，它使得从 LSRa 来的分组能在 LSRb 上完成标记交换。

3．LDP 对等层侦测

LDP 对等层侦测是指 LSR 通过周期性地发送一些消息来发现其可能的 LDP 对等体，而且不再需要静态配置 LSR 标记交换。主要有基本侦测和扩展侦测两种侦测机理。

基本侦测用于找出与本 LSR 在数据链路层上直接相连的 LSR。如果在 LSR 上的某一接口使用的是基本侦测机理，那么 LSR 将在该接口上周期性地发送 LDP 链接多播问候消息。该消息是以用户数据报格式在规定好的 LDP 端口发送出去的，所有连接在同一子网上的路由器均能接收到这个消息。这个问候消息携带有相应 LSR 及其接口的 LDP 标识，还可以带有一些其他的信息。接收到该问候消息的 LSR 不但知道了与其相邻的 LSR，而且知道了它们之间通信将要使用的接口和标记空间。

扩展侦测用来在数据链路层上锁定非直接相连的 LSR。扩展的 LDP 对等层侦测用在两个非直接相连的 LSR 间。使用扩展侦测的 LSR 周期性地发送 LDP 目标问候消息，该消息也是以用户数据报格式往特定地址约定的 LDP 端口发送的。它同样携带有相应 LSR 及其接口的 LDP 标识及其他一些有用信息。

扩展侦测与基本侦测相比，有两方面的不同。

（1）目标问候消息是发往特定的 IP 地址，而不是与某一输出接口相连的所有具有相同多播地址的路由器组的。

（2）目标问候消息的发送是非对称的。这主要表现在一个 LSR 对目标 LSR 发起扩展侦测时，目标 LSR 可以决定自己是响应还是忽略收到的问候消息，如果选择响应，那么它就周期性地发送目标问候消息给发起问候的 LSR。

4．LDP 会话的建立与维护

两个 LSR 间通过交换 LDP 对等层侦测问候消息来触发 LDP 会话的建立，这个过程包括传输连接的建立和会话初始化两个步骤。例如，LSR1 和 LSR2 间要建立 LDP 会话，假设它们的问候消息中指定的标记空间为 LSR1:a 和 LSR2:b。

1）传输连接的建立

在建立传输连接的消息交换过程中，LSR1 将标记空间 LSR1:a 和 LSR2:b 与相应的链路绑定，其过程如下所述。

首先，若 LSR1 还没有建立 LDP 会话来交换标记空间信息 LSR1:a 和 LSR2:b，那么它将试着去建立一个与 LSR2 的 TCP 连接，以便与 LSR2 建立 LDP 会话，并开始交换地址信息。

然后，LSR1 通过对连接建立过程中自己使用的端口的地址（A1）和 LSR2 使用的端口的地址（A2）的比较，来判决自己在 LDP 会话中处于主动还是被动角色。如果 A1>A2，则为主动，否则为被动。

最后，如果 LSR1 在 LDP 会话中处于主动角色，那么，它与在地址 A2 上约定的 LDP 端口建立 LDP TCP 连接；否则，它等待 LSR2 来建立连接。

2）会话初始化

LSR1 和 LSR2 建立传输连接后，它们将通过初始化消息交换来协商会话参数。这些参数包括 LDP 版本、标记分配模式、时间值、标记控制 ATM 交换中用于表示标记的 VPI/VCI 范围和标记控制帧中继中的 DLCI 范围等。

连接建立后，如果 LSR1 是主动者，它就给 LSR2 发送初始化消息来启动会话参数的协商；否则，它就等待 LSR2 启动参数协商。一般来说，在 LSR1 与 LSR2 之间有多条链路相连接，而且它们也将多个标记空间向对方作了告示的时候，作为被动者的 LSR 在收到对等层传来的初始化消息之前，将不知道在新建立的连接上使用哪个标记空间，这时它只有等待对方的第一个 LDP 协议数据单元（LDP PDU）到达后，才可以用问候消息去匹配所收到的标记空间告示。具体过程分下述两种情况。

（1）LSR1 是主动者
- LSR1 主动给 LSR2 发送初始化消息来启动会话参数的协商。
- 如果 LSR1 收到错误通知指出 LSR2 拒绝它的会话提议，那么 LSR1 就会中断与 LSR2 的 TCP 连接。
- 如果 LSR1 收到一个初始化消息，它就检查会话参数是否可接受。如果可接受，LSR1 就回应一个 Keep Alive 消息，否则就发送拒绝会话消息或错误通知消息来中断本次会话。
- 如果 LSR1 收到 Keep Alive 消息，表示 LSR2 接受了它的会话参数提议。
- 当 LSR1 同时收到可接受的初始化消息和 Keep Alive 消息时，表明本次会话成功。

（2）LSR1 是被动者
- 如果 LSR1 收到一个初始化消息，它就用一个问候消息去匹配携带在 LDP PDU 消息头中的 LDP 标识。
- 如果有一个匹配的问候消息，则根据该问候消息为会话指定本地标记空间，接下来 LSR1 检查列在消息中的会话参数是否可接受。如果可接受，LSR1 就用列有它自己希望使用的会话参数的初始化消息来回应收到的消息，并同时用 Keep Alive 消息告诉 LSR2 其提出的会话参数被接受。
- 如果 LSR1 找不到一个可以匹配的问候消息或不接受 LSR2 提议的会话参数，LSR1 将发送一个拒绝会话消息或错误通知消息来中断与 LSR2 的 TCP 连接。
- 如果 LSR1 在回应初始化消息时收到一个 Keep Alive 消息,那么说明本次会话是可操作的。
- 如果 LSR1 收到一个错误通知指出 LSR2 拒绝了它的会话参数提议，那么它们之间的 TCP 连接也将中断。

如果配置不相兼容的一对 LSR 间想要进行会话协商，它们之间很可能达不成有关会话参数的协定，于是有可能无休止地相互发送错误通知和其他非确认消息，进入循环状态。因此，当一个 LSR 发现它的初始化消息没被确认时，它就应该取消它的会话企图，并通知操作员。通常规定两次会话重试的时间间隔应不少于 15s，延迟不低于 120s。

5. 标记分配管理

LSR 的每一接口都需要配置好标记的分配模式,并在会话初始化期间交换分配模式信息。

LDP中通常规定了两种模式：主动式下游标记分配和下游标记按需分配。两种分配模式在同一网络中可以同时使用。但对于一个给定的LDP会话，LSR必须知道它的对等体所使用的标记分配模式，以避免由于两个路由器分配模式的不同而引起冲突。不管采用什么分配模式，建立LDP会话的两者间必须协调好。标记分配管理有控制和保持两种模式。

1）标记分配控制模式

LSR可以同时支持独立的和有序的两种标记分配控制模式，一条LSP的初始化设置是由LSR工作于独立的还是有序的标记分配控制模式来决定的。

（1）独立的标记分配控制模式

所谓独立的标记分配控制模式是指关于什么时候生成标记并将生成的标记通知给上游对等层，每个LSR可以独立做出决定。一旦下一跳被认可，就将FEC-标记映射通知给对等层，将输入标记与输出标记拼接在一起就形成了LSP。

独立的标记分配控制模式具有如下特点：

- 标记信息的交换延迟时间变得更小。
- 标记的产生与分发不依赖于出口节点是否可用。
- 各节点间对标记粒度的定义一开始可能就不统一。
- 可能需要单独的环路检测/缓解措施。

在独立的标记分配控制模式中，每个LSR可以在任何时候给它的邻居公布标记映射。例如，当一个LSR工作于下游标记按需分配模式和独立的标记分配控制模式时，它可以立即响应标记映射请求而不必等待下一跳给它的标记映射；当工作于主动式下游标记分配模式和独立的标记分配控制模式时，LSR无论什么时候想要进行标记交换，它都可以公布FEC-标记绑定射给它的邻居。不过这种方式要求上游标记应在收到下游标记之前被公布。

（2）有序的标记分配控制模式

所谓有序的标记分配控制模式是指根据特定FEC的出口LSR或LSR已从它的下游LSR处收到标记绑定时，LSR才将FEC-标记绑定通知给对等层，LSP的形成是一个从出口到入口的"流"。

有序的标记分配控制模式具有如下特点：

- 分组转发需要等整条LSP建立完。
- LSP的成功建立与否依赖于出口节点是否可用。
- LSP各节点的操作相互协调一致，并且没有循环。
- 此方案可用于显式路由和多播。

当使用有序的LSP标记分配控制模式时，LSR只对那些已经有了FEC下一跳标记映射的FEC启动标记映射传输，要不然该LSR就必须是出口LSR。对于还没有映射的FEC，如果相应的LSR不是出口LSR，那么，该LSR必须等待接收到下游给它分配的标记，然后，它才能将FEC映射到标记上，并将该标记分配给上游LSR。一个LSR可以是某些FEC的出口，也可以为中间节点。当满足下面的条件之一时，一个LSR就是某特定FEC的出口。

- FEC引用了LSR本身（包括一个它直接连接的接口）。
- 该FEC的下一跳路由器已不再属于标记交换网络的范围。
- 组成FEC的各单元可以通过交叉的路由域边界来确定。例如，它的一部分属于运行OSPF协议的自治系统，另一部分属于运行边界网关协议（BGP）的网络。

2）标记保持模式

标记保持模式可分为保守的（Conservative）标记保持模式和自由的（Liberal）标记保持模式。

（1）保守的标记保持模式的特点
- LSR 只维护有效的标记绑定。
- 如果下一跳发生变化，它得重新做标记请求。
- 适应网络拓扑变化的能力变差。
- 可以减少对存储空间的需求。

在主动式下游标记分配模式中，对所有路由的标记映射分发可以从所有对等的 LSR 上收到，当采用保守的标记保持模式时，分发的标记映射只在它们被用来转发分组期间才加以保留。当 LSR 工作于下游标记按需分配模式时，LSR 将根据路由从下一跳 LSR 申请标记。下游标记按需分配主要用在保守的标记保持模式中（比如 ATM 交换只有有限的交叉连接空间），这种模式的主要优点是节约资源；缺点是如果路由发生变化，就必须借助下游节点按需分配向新的下一跳 LSR 申请标记，然后才能转发分组。图 5-13（a）给出了保守的标记保持模式的例子。

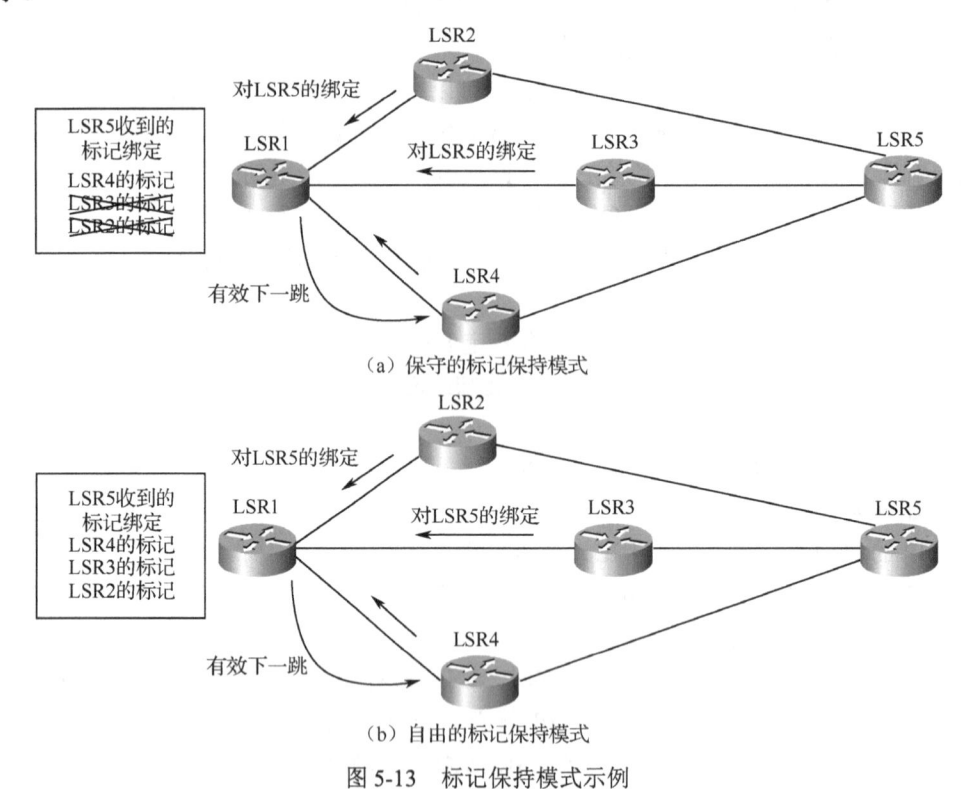

图 5-13 标记保持模式示例

（2）自由的标记保持模式的特点
- LSR 对收到的每一个标记绑定都进行维护，即便下一跳不是有效下一跳。
- 如果下一跳发生改变，LSR 可以立即使用这些原来是无效的绑定。
- 它使得 LSP 能更快速地适应网络拓扑的变化。
- 它将占用更大的存储空间。

在主动式下游标记分配模式中,对所有路由的标记映射分发可以从所有的 LDP 对等层收到。使用自由的标记保持模式时,从对等 LSR 收到的每一个标记都被保存起来,而不管分配标记的 LSR 是不是下一跳 LSR。工作于这种模式的 LSR 可向所有具有相同地址前缀的对等 LSR 申请一个标记映射。这种模式的优点是对路由变化的适应能力强;缺点是系统要维护很多未使用的标记。图 5-13(b)是自由的标记保持模式的例子。

6. LDP 标识与下一跳地址

LSR 需要维护其标记信息库(LIB)中的标记。当 LSR 工作于主动式下游标记分配模式时,LIB 中每个地址前缀的表目都由(LDP 标识:标记)对组成。当改变某一前缀的下一跳时,LSR 要能根据 LIB 中新的下一跳标记公布来重新得到用于转发的标记。要达到此目的,LSR 必须能将前缀的下一跳地址映射到 LDP 标识上。与此相似,当 LSR 为一个前缀从它的 LDP 对等体得到一个标记时,它必须能判决这个对等体是否就是该前缀的下一跳,相应地它是否就用新得到的标记转发分组。要做到这些,LSR 必须能映射 LDP 标识到对等体的地址,以检查是否有对应前缀的下一跳。为使 LSR 能映射一个对等的 LDP 标识和对等体地址,LSR 用 LDP 地址消息和地址取消消息公布和取消它的地址。一个 LSR 发出地址消息来向对等体公布它的地址,发出地址取消消息来取消它先前公布给对等体的地址。

7. 循环探测与预防

循环(LOOP)探测是可配置选项,配置了循环探测的 LSR 可以发现有循环的标记交换路径,并防止标记请求消息在 LSR 之间循环传送。循环探测是利用标记请求和标记映射消息中携带的路径矢量(Path Vector)TLV(Type-Length-Value,类型-长度-值)和跳数计数(Hop Count)TLV 来完成的,TLV 的特性表述如下。

① 路径矢量 TLV 含有消息所经过的 LSR 的列表。每个 LSR 都有一个独特的标识,当它转发一个分组时,它就将自己的标识加入路径矢量中,于是当 LSR 收到一个分组时,如果发现路径矢量中已经含有它自己的标识,那么就说明发生了循环。此外,LDP 支持最大可允许路径矢量长度,如果长度超出,也视为有循环。

② 跳数计数 TLV 含有消息所经过的 LSR 数。当一个 LSR 转发含有跳数计数 TLV 的消息时,它会先检查跳数计数是否达到极限,如果是,则说明有循环。习惯上,跳数计数值为 "0" 表示所计数值不确定。

(1) 标记请求消息的循环探测

路径矢量 TLV 和跳数计数 TLV 主要用在不具有合并能力的 LSR 上来防止标记请求消息的循环。LSR 要使用跳数计数 TLV 来实现标记请求消息的循环检测必须满足下面的规则。

① 标记请求消息必须包含跳数计数 TLV。

② 如果 LSR 是某一 FEC 的入口 LSR,且正在发送标记请求消息,其标记请求消息里必须有跳数计数值为 "1" 的跳数计数 TLV 域。

③ 如果 LSR 是在转发从上游收到的标记请求消息,它将对收到的标记请求消息的跳数计数值做增 "1" 操作,再转发给下一跳。

对于使用路径矢量 TLV 的 LSR,它实现循环检测的规则如下。

① 如果 LSR 是某一 FEC 的入口 LSR,且该 LSR 不具有合并能力,那么,在它发出的标记请求消息里必须含有长度值为 "1" 的路径矢量 TLV,该域里含有它自己的 LSR 标识。

② 如果 LSR 是标记请求消息的转发者，并且收到的标记请求消息里含有路径矢量 LTV 或该 LSR 不具有合并能力，那么该 LSR 必须将它自己的 LSR 标识加到路径矢量 TLV 域里，然后将结果转发到下一跳；如果收到的标记请求消息里不含路径矢量 TLV，该 LSR 就得给消息加上路径矢量 TLV 域，域长为"1"，域中含有它自己的 LSR 标识。

需要注意的是，如果 LSR 收到一个特定 FEC 的标记请求消息，而该 LSR 先前已经为该 FEC 发送过标记请求消息，只是还未收到回应，并且该 LSR 想将新收到的标记请求与原来存在的那个标记合并，那么，新收到的标记请求消息就不再被转发出去。

如果 LSR 从它的下一跳收到一个含有跳数计数 TLV 的标记请求消息，且跳数计数值已超过规定的值，或者收到的标记请求消息含有路径矢量 TLV，其域里已有该 LSR 的标识，LSR 就可以判定该标记请求消息出现循环。LSR 发现循环以后，必须发送一个发现循环通知消息给标记请求消息发起者并丢弃所收到的标记请求消息。

（2）标记映射消息的循环探测

通过使用路径矢量法和跳数计数法在标记映射消息里可以发现并终止有循环的 LSP。当一个 LSR 从它的下一跳收到标记映射消息时，消息将会继续往上游转发，除非发现了循环或该 LSR 已经是入口 LSR。

一个具有循环侦测能力的 LSR，当采用跳数计数 TLV 来探测循环时，它应符合如下规则。
① LSR 发送的标记映射消息里必须含有跳数计数 TLV。
② 如果该 LSR 是出口 LSR，那么，跳数计数的值应为"1"。
③ 中间的节点对收到的标记映射消息（含有跳数计数 TLV）做如下处理。
● 如果该 LSR 是一个不具有 TTL（存活时间）减功能的某一 MPLS 域的 LER，而且它的上游对等体也处于同一域中，它就重新设置跳数计数值为"1"，再转发消息。
● 其他情况下，该 LSR 对跳数计数值做增"1"操作，然后转发到上游节点。
④ 正要转发的标记映射消息中，其跳数计数值已经是加上了本跳的新计数。

标记映射消息的循环探测也可以采用路径矢量法，遵循的规则如下。
① 如果 LSR 是出口 LSR，它所发出的标记映射消息里可以不含路径矢量 TLV。
② 如果 LSR 是一个中间节点，那么，它要做如下处理。
● 如果该 LSR 具有合并能力，而且它以前也未曾给上游节点发送标记映射消息，那么它就给消息加上它自己的路径矢量 TLV。
● 如果收到的标记映射消息中含有未知跳数计数 TLV，那么，该 LSR 也给消息附上它的路径矢量 TLV。
● 如果该 LSR 曾经给上游对等体发送过标记映射消息，而且收到的消息报告说 LSP 的跳数增长了，那么，它就必须在消息中附上自己的路径矢量 TLV，并将跳数计数 TLV 从已知改为未知（若原来就是未知的，则不做修改）。
③ 要发送的标记映射消息应该是已加上本 LSR 路径矢量 TLV 和本 LSR 标识的。

有了路径矢量 TLV 和跳数计数 TLV 的定义后，一个 LSR 对收到的标记映射消息要么检查跳数计数是否超过规定值，要么检查路径矢量 TLV 里是否有自己的标识，两种方法都可正确判断是否发生循环。一旦发现循环，LSR 就停止使用含在标记映射消息中的标记，并发出错误通知给产生标记映射消息的源。

5.2.3 LDP 协议规范

LDP 消息交换是通过在 LDP 会话的 TCP 连接上发送 LDP 协议数据单元 (LDP PDU) 来实现的。每个 LDP PDU 可以携带一个或多个 LDP 消息，LDP PDU 中的消息彼此可以不相关。例如，某个 PDU 里可以携带一个用于公布 FEC-标记绑定的消息，另一个可能是对某几个 FEC 申请标记绑定的消息，还有一个可能会是信令通知消息，等等。

1. LDP PDU

每个 LDP PDU 都由 LDP 头后跟一个或数个 LDP 消息组成，LDP 头的格式如图 5-14 所示。

版本号：2 字节的无符号数，用于指明所用协议的版本。

版本号（2字节）	PDU长度（2字节）
LDP标识（6字节）	

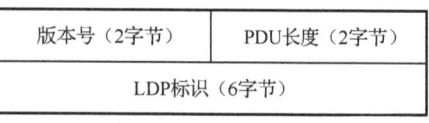

图 5-14　LDP 头的格式

PDU 长度：2 字节的整数，用于指定整个 PDU 的长度（不含该两字节长及版本号）。最大允许 PDU 长度通过 LDP 初始化协商会话决定，协商之前为 4096 字节。

LDP 标识：6 字节长，前 4 字节为发送消息的 LSR 的 IP 地址，这个地址应为路由器的 ID，也可作为路径矢量 TLV 中的一部分来探测循环发生与否。后 2 个字节识别 LSR 内的标记空间，对每平台标记空间来说，该值为 "0"。

2. LDP 消息

LDP 消息格式如图 5-15 所示。

U（1bit）	消息类型（15bit）
消息长度（2字节）	
消息ID（4字节）	
命令参数（可变长）	
可选参数（可变长）	

图 5-15　LDP 消息格式

U：未知消息指示，当收到一条未知消息时，如果 U 为 "0"，就返回一个通知消息给消息源；为 "1"，就忽略该消息。

消息类型：标识消息类型。

消息长度：以字节规定的消息 ID、命令参数和可选参数的累计长度。

消息 ID：用于识别消息，其长为 4 字节；它附在发送消息的 LSR 上，目的是为了让使用该消息的节点容易识别相关通知消息。一个发送通知消息的 LSR 在回应该消息时，应该将此 ID 包含在通知消息中。

命令参数：一系列可变长的请求消息参数。某些消息没有请求参数。对于有请求参数的消息，请求参数必须按有关消息规范的顺序出现。

可选参数：一系列可变长的可选消息参数。很多消息没有可选参数。对于带有可选参数的消息，可选参数能以任意顺序出现。

常见 LDP 消息及其功能如下。

通知消息：用于通知 LDP 对等体所发生的事件，如致命错和有关消息处理结果的消息。

问候（HELLO）消息：用于发现相邻的 LDP 对等体。

初始化消息：作为 LDP 会话建立的一部分在对等体间交换最基本的信息。

会话保持消息：用于监视 LDP 会话传输连接的完整性。

地址消息：LSR 用于告知其对等体它的接口地址的消息。

地址取消消息：LSR 用于取消先前公布给其对等体的接口地址的消息。
标记映射消息：LSR 用于公布给对等体有关的 FEC-标记绑定的消息。
标记请求消息：LSR 用于向对等体申请一个 FEC-标记绑定的消息。
标记退出请求消息：用于取消前面发出的标记请求的消息。
标记取消消息：用于解除 FEC-标记绑定的消息。
标记释放消息：用于释放 LSR 不再需要的前面申请的标记的消息。

5.3 标记交换路径（LSP）

5.3.1 LSP 概述

LSP 是指具有某特定 FEC 的分组，在某逻辑层上由多个 LSR 组成的交换式分组传输通路。

LSP 与 FEC 相对应。对于一个特定的 FEC，记作 FEC F，可以有多个入口 LSR。每条以这些 LSR 为起点的 FEC F 所对应的 LSP 将形成以出口 LSR 为根、以入口 LSR 为叶的"LSP 树"，这棵树称为 FEC F 的专有 LSP 树，图 5-16 所示。

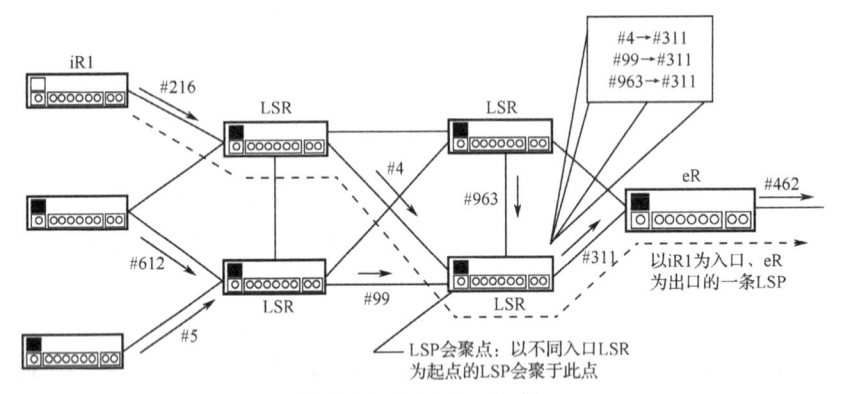

图 5-16 LSP 及 LSP 树

LSP 的建立是通过串联一个或多个标记交换跳转点来完成的，允许分组从一个 LSR 转发到另一个 LSR，从而穿过 MPLS 域。图 5-17、图 5-18 和图 5-19 分别给出了路由表、LFIB 及 LSP 的形成过程。

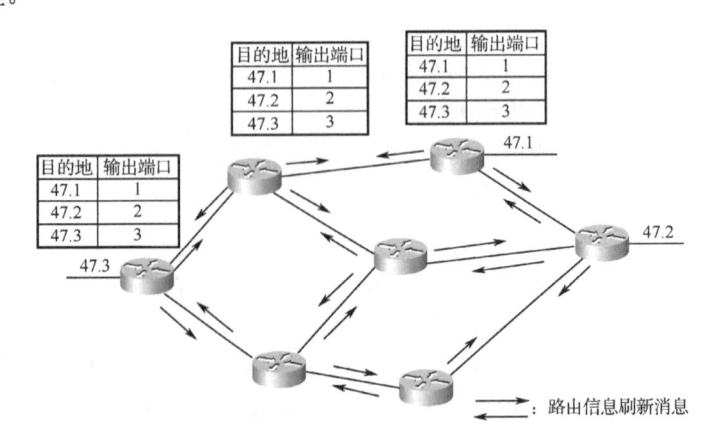

图 5-17 路由表的形成示意图

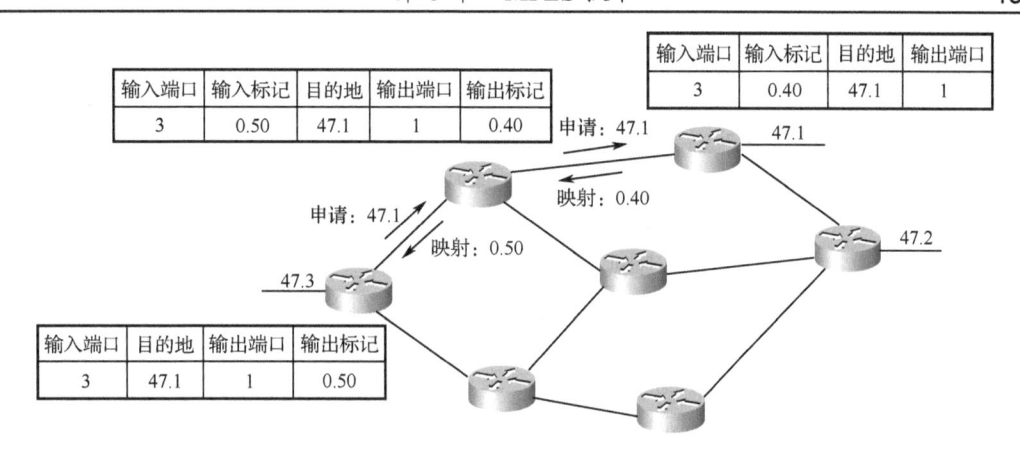

图 5-18　LFIB 的形成示意图

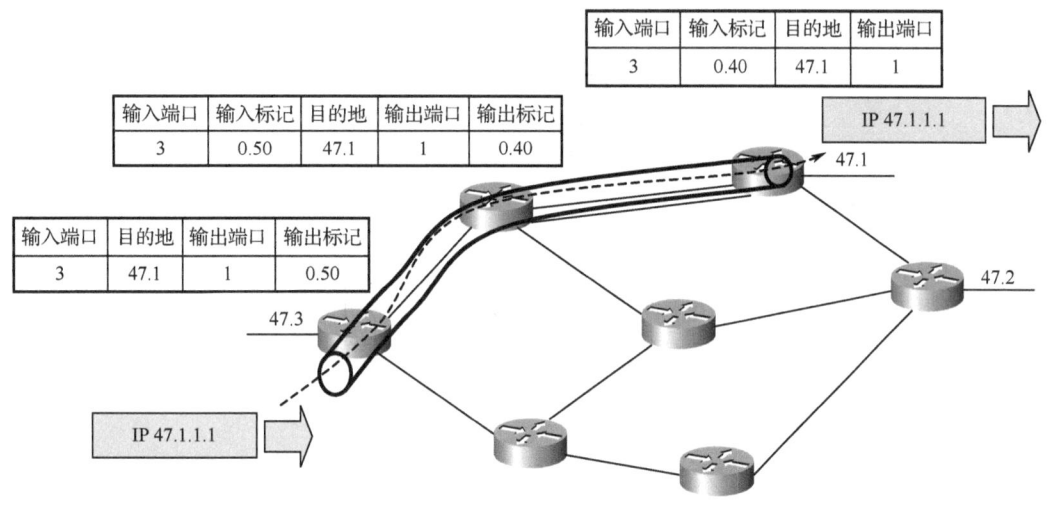

图 5-19　LSP 的形成示意图

1. LSP 的属性描述

由于 MPLS 支持层次化的网络拓扑结构，因此在对某一分组传输路径进行描述时，还必须指明当前的 LSP 位于第几层。假设分组 P 沿着一个 M 层的 LSP 传输，沿途经过的 LSR 为 $(R_1,\cdots,R_n)$，如图 5-20 所示，那么这条 LSP 具有以下属性。

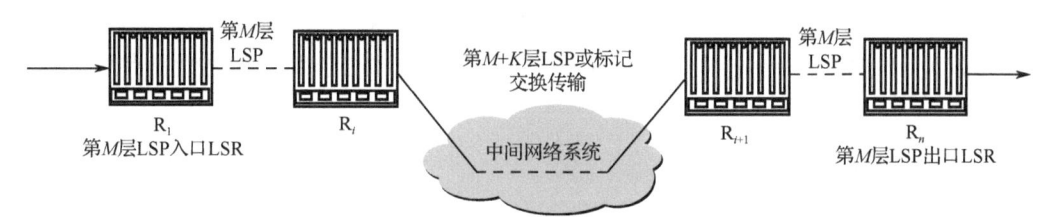

图 5-20　由中间网络系统连接的 LSP 示意图

（1）R_1 是本 LSP 的入口点，分组 P 经过 R_1 时，R_1 将自己的一个标记压入分组 P 的标记堆栈中，从而在此形成栈深为 M 的标记堆栈。

（2）对于本 LSP 中所有的 R_i（$1<i<n$），它们所接收到的分组 P 的标记堆栈深度始终为 M。

（3）分组 P 从 R_1 传输到 R_{n-1} 的期间，其标记堆栈深度始终为 M，且转发依据为第 M 层的标记。

（4）所有的 R_i（$1<i<n$）均使用栈顶标记作为输入标记映射（Incoming Label Map，ILM）索引，通过索引完成标记交换后将分组 P 发往 R_{i+1}。

（5）在 R_i（$1<i<n$）到 R_{i+1} 间，可能存在其他的中间网络系统，如帧中继网、ATM 网等，那么在这个中间网络系统中，分组 P 的转发可能不取决于已有的标记堆栈，也不取决于网络层头，而是采用自己的一套转发规则或是基于新压入的标记。

（6）在 LSP 的出口 LSR 处，分组的转发不再依据第 M 层的标记，而可能是依据第 $M+K$ 层的标记或者是按照正常的 IP 分组转发方式进行的。

必须指出的是，如果分组 P 的第 M 层标记是针对一特定的 FEC F，那么第 M 层的 LSP 也是针对该特定分组 P 的 FEC F 的，它们之间的关系如图 5-21 表示。

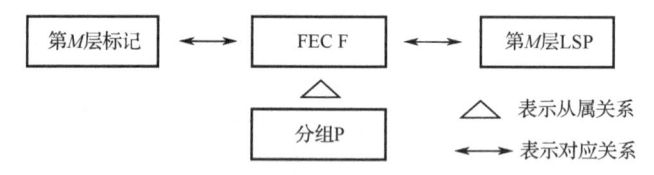

图 5-21　分组 P、标记、LSP 和 FEC F 间的关系

2．LSP 的分类

在 MPLS 框架协议中，规定了 MPLS 支持点到点、点到多点、多点到点和多点到多点四种 LSP。使用何种 LSP 主要取决于两个因素：LSR 的能力和 LSP 所要承载的业务流类型。

（1）点到点 LSP 连接入口节点和出口节点，可用于传送单播业务。该服务方式中，每个入口节点到所有出口节点都有一条 LSP 连接，连接个数表示为 $O(n^2)$，其中 n 为节点总数，这会影响网络的可扩展性。

（2）点到多点 LSP 将一个入口节点与多个出口节点相连，与用多播路由协议建立的多播发布树相对应，用于发布多播数据。

（3）多点到点 LSP 将多个入口节点与一个出口节点相连，在具有合并能力的 LSR 中实现。这使得 MPLS 域中的交换路径缩减为 $O(n)$，因此，它的可扩展性较强。但它要解决单个数据流识别与服务质量保证问题，目前主要为尽力而为型业务提供服务。

（4）多点到多点 LSP 可以用来将多个源发出的多播业务流结合到一个多播发布树中，是多播中共享多播发布树的应用。它可以让多个多播源共享一条路径，因此，具有很强的扩展性。

MPLS 除了支持多种拓扑结构的 LSP，还能在 RSVP（Resource ReSerVation Protocol，资源预留协议）和 LDP 信令的控制下，让 LSP 具有 CoS 和 QoS 属性，称之为具有约束的 LSP（CR-LSP）。

5.3.2　LSP 路由选择

在 MPLS 域中，路由选择是指为特定的 FEC 选择一条 LSP，以便用于传输 FEC 对应的分组。IETF（因特网工程任务组）为 MPLS 指定了两种路由选择方式：逐跳式路由 LSP 和显式路由 LSP。

1．逐跳式路由 LSP

逐跳式路由 LSP 方式允许各节点独立地为每个 FEC 选择下一跳，也就是指该条 LSP 的路由是通过逐跳式选路方式确定的。该路由选择方式与目前 Internet 上使用的 IP 路由方法相似。设某分组 P 逐跳的 LSP 由 LSR（$R_1,\cdots,R_n$）组成，那么各 LSR 具有两个特点：一是各 R_i（$1<i<n$）都有共同的地址前缀 X，且 X 是各 R_i 的路由表中与分组 P 转发的目的地址最匹配的；二是对所有的 R_i（$1<i<n$），它们已经给地址前缀 X 分配了标记并分发给了 R_{i-1}。当分组转发到某一路由器时，发现了与其目的地址有更长匹配的地址前缀，那么 LSP 将会在此处得到扩展，原来的 LSP 终结于此，该路由器要重新做最佳匹配算法。例如，设某分组 P 要发往 10.2.153.178，它要经过 R_1，R_2，R_3。如果 R_2 公布地址前缀 10.2/16 给 R_1，R_3 又公布地址前缀 10.2.153/23、10.2.154/23 和 10.2/16 给 R_2，那么 R_2 要重新聚合所得到的路由后再公布给 R_1。于是分组 P 从 R_1 到 R_2 采用标记交换方式转发，到达 R_2 后，R_2 要重新做最佳路由匹配算法来转发分组 P。

2．显式路由 LSP

显式路由 LSP 中，每个 LSR 不是自己独立决定下一跳的选择的，而是由某个 LSR（通常是 LSP 的入口或出口节点）规定好 LSP 中的部分或全部的 LSR。当入口或出口节点指定了整条 LSP 所需经过的每个节点时，就称此选路方式为严格显式路由；如果只指定了部分节点，就称之为松散显式路由。图 5-22 给出了逐跳式路由 LSP 和显式路由 LSP 的例子。

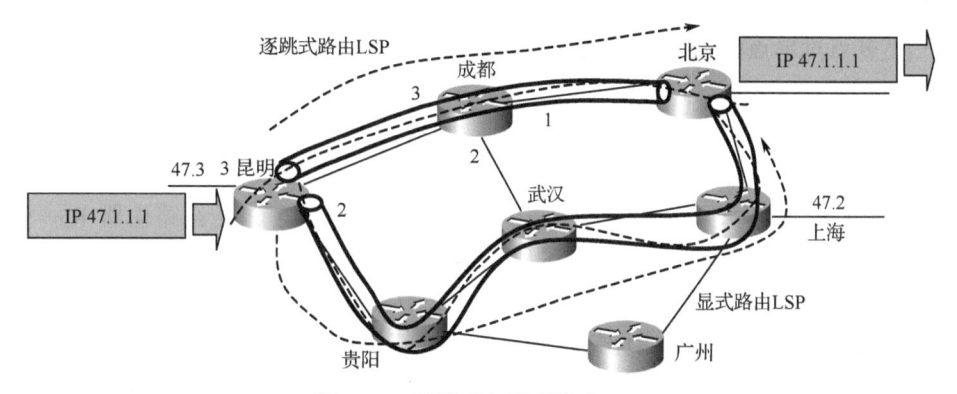

图 5-22 逐跳式与显式路由 LSP

在 MPLS 网络中，显式路由的建立是在信令控制下完成的，当整条通路建立好后为其分配一个标识该条 LSP 的标记，分组进入 MPLS 网络中要沿显式路由传送时，只简单地把标记插入到分组头中。分组传输效率几乎不受什么影响。

实际上，显式路由 LSP 的各节点也可以通过配置的方式指定，其应用主要在网络流量工程、QoS 路由中。表 5-3 给出了逐跳式路由和显式路由的比较。

表 5-3 逐跳式路由和显式路由的比较

逐跳式路由（Hop-by-hop Routing）	显式路由（Explicit Routing）
1．控制业务下的分布式路由通路的建立是逐段式的和随机的	1．控制业务下的源路由，从源到目的地建立的一条路径可由管理员提供，也可以自动创建
2．故障路径的重新路由性能受路由协议收敛时间的影响大	2．可以对 LSP 进行等级划分，根据不同等级，一些 LSP 可以有备份，因此，LSP 的重建相当迅速
3．现存的路由协议是基于目的地址前缀的，难以实现业务工程和基于 QoS 的路由	3．有多种灵活的路由选择方案，如基于策略、基于 QoS，能很好地适应业务工程要求

MPLS 还支持多路径路由，这就是说，对于某个径流，LSR 可以赋给它多个标记，每个标记代表一条路由，每个标记都可以引导径流的一部分沿着标记指定的路由传输。图 5-23 给出了 MPLS 多路径路由的一个示意图。

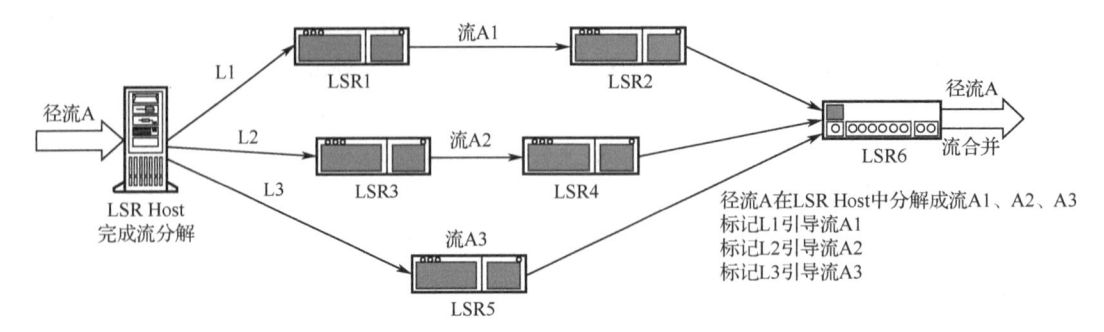

图 5-23 MPLS 多路径路由示意图

图 5-23 还暗示着"LSP 树"的应用：设分组 P1 属于流 A1，分组 P2 属于流 A2，分组 P3 属于流 A3，这三个分组的目的地都是 LSR6，所经过的 LSP 路径分别为：P1（LSR1，LSR2，LSR6），P2（LSR3，LSR4，LSR6），P3（LSR5，LSR6）；那么 P1、P2、P3 所传输的路径就形成了一个"多点对单点的 LSP 树"，其树根为 LSR6，它可表示为：（{（LSR1，LSR2），（LSR3，LSR4），LSR5}，LSR6）。

5.3.3 LSP 隧道

有时路由器 R_u 需要采用显式路由的方式将一些特殊的分组 P 传给路由器 R_d，但 R_u 和 R_d 可能不是一跳接一跳路径上的相连贯的路由器，R_d 可能也不是 P 的最终接收者。那么这时候就可以在 R_d 和 R_u 之间创建一条隧道，然后，将 P 封装在网络层分组中后通过隧道发往 R_d。所谓隧道，就是指在 IP 网络中通过特定的封装方式将用户原有的 IP 分组重新封装，并使用新的封装形式在 IP 网络中传输，就像用信封识别分组业务流一样，信封中的内容对网络是不可见的。以隧道方式发送的分组就称为隧道分组。如果隧道分组是沿着一跳接一跳的隧道从 R_u 传到 R_d 的，这条隧道就称为"逐跳式隧道"。如果不是以一跳接一跳的方式发送隧道分组的，这条隧道就称为"显式隧道"。隧道的发送起点是 R_u，接收终点是 R_d。隧道技术通常在不同类型的网络互联时使用。

将隧道技术应用到 MPLS 网络中是可能的，因为我们可以使用标记交换而不是网络层的封装让分组穿过隧道转发。组成隧道的各个节点（$R_1,\cdots,R_n$）可以当作 LSP 的一部分，这里隧道的发送起点是 R_1，接收终点是 R_n，这段隧道就称为 LSP 隧道。图 5-24 是一个简单的 LSP 隧道示例。

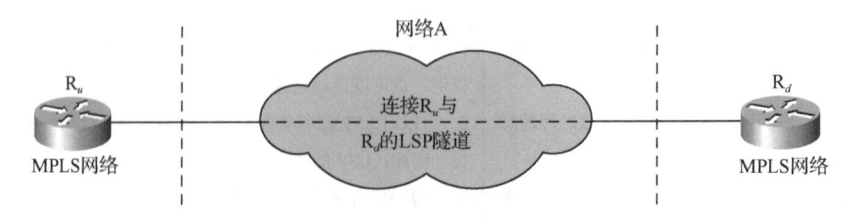

图 5-24 MPLS 网络中的 LSP 隧道

LSP 隧道也分为逐跳式 LSP 路由隧道和显式 LSP 路由隧道。除此之外，MPLS 支持层次化的 LSP 隧道。下面就以显式 LSP 路由隧道为例来进一步说明。

有些情况下，网络管理员希望将某些类型业务的分组沿着预先指定好的有序路径转发，而不是逐跳式的，这可以通过相关路由策略或流量工程来实现。显式路由可以通过操作员配置，也可以利用一些方法来动态调节，比如利用 CR-LDP、RSVP 等来形成基于约束的路由。在 MPLS 网络中可以很容易地通过显式 LSP 路由隧道来实现显式路由，具体做法如下：

（1）选择哪些分组要通过显式 LSP 路由隧道转发。

（2）设置好显式 LSP 路由隧道。

（3）要确保在隧道中转发的分组不会产生循环。

通过 LSP 隧道转发的分组组成一个 FEC，隧道中的每个 LSR 必须给这个 FEC 分配一个标记（也就是分配标记给隧道），要将哪些分组指派给 LSP 隧道转发则由发送起点 R_1 决定。当隧道发送起点 R_1 想将标记分组通过隧道转发时，它首先用隧道对等层 R_n 分配给它的标记置换分组栈顶标记，然后压入隧道的下一跳分发给它的标记，之后将分组从隧道转发出去。

层次化的 LSP 隧道，实际上是指 LSP 隧道嵌套。例如，有条 LSP 隧道的组成为（R_1，R_2，R_3，R_4）。假设 R_1 收到尚未打上标记的分组 P，该分组 P 要去往 R_4，R_1 就给分组 P 压入相应标记堆栈以使分组 P 沿该条 LSP 隧道传送。假使这条 LSP 隧道是逐跳式 LSP 路由隧道，而且 R_2 和 R_3 并没有在物理上直接连接，而是逻辑上的邻节点，实际的 LSP 隧道组成为（R_1，R_2，R_{21}，R_{22}，R_{23}，R_3，R_4）。那么在 R_2 和 R_3 间就又形成了第二层 LSP 隧道。在整条 LSP 隧道中，当分组 P 从 R_1 发往 R_2 时，其标记堆栈深度为"1"；分组 P 到达 R_2 后，R_2 判断出分组要进入第二层隧道，于是它首先将输入标记用 R_3 分配给它的标记代替，然后压入一个新标记，这个新标记则是 R_{21} 分配给它的。这样，分组 P 在第二层隧道中将利用这个新标记做标记交换转发。新的顶层标记将在第二层隧道的倒数第二跳处（即 R_{23} 处）被弹出，R_3 收到分组 P 时，它所能看到的标记是它分发给 R_2 的，R_3 将再次弹出这个标记，接着将分组转发给 R_4。因此，R_4 收到的将是一个无标记的分组 P。这种隧道嵌套技术使得 MPLS 可以支持任意庞大的网络。

5.3.4 LSP 的快速重选路由

当发生网络拥塞和部分链路失效时，对 MPLS 网络中的重要业务进行快速重选路由是体现网络稳健性的一个重要指标。由于物理链路失效或交换失败时，建立的 LSP 也就跟着失去作用，在这条失效 LSP 上传送的数据，根据其重要性可能需要进行重选路由，以便转换到新的路径上继续传送。新的路径可以在探测出原路径失效后建立，也可以预先就备份好。采取备份的方法可以有效减少路径转换时间，因为要检测出某条 LSP（尤其是远距离处的 LSP）失效需要很长时间。这期间，可能会有很多数据分组发到这条失效的 LSP 上去。当这些分组到达失效的交换节点处，如果不希望分组丢失，就必须重选路由到另一条路径上传送。由于预测 LSP 上哪个节点或哪部分链路会失效是很困难的，因此，实际上需要对整条重要的 LSP 进行备份。

快速重选路由在对 MPLS 信令进行扩展后就可以实现。

1. 备份路径安排

这个方法的主要思想是在失效的节点处将业务倒转到受保护 LSP 的源头处，然后转向备份 LSP 上传送数据流。图 5-25 所示为 LSP 快速重选路由备份路径的安排示意图，可以看出它是由 7 个交换机节点组成的 MPLS 网络。

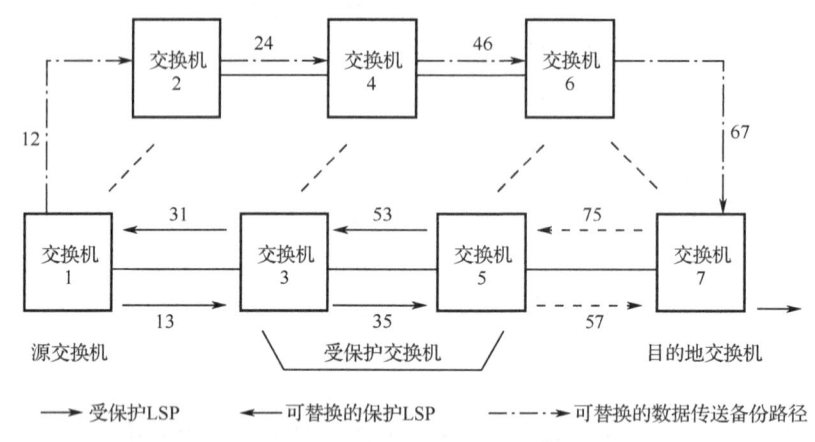

图 5-25　LSP 快速重选路由备份路径的安排示意图

要想理解数据倒转是如何实现的，首先给出以下一些术语。

受保护的通路段：指被一条可选择的通路保护的部分 LSP。只有在受保护通路段内的 LSP 失效，才进行针对该保护段的快速重选路由。交换机 1 到交换机 7 间的主 LSP 用箭头线表示，标识这条 LSP 的标记分别为 13、35、57，箭头方向表明数据流传送方向。

源交换机：指受保护通路段入口节点的交换机，交换机 1 就是源交换机。

目的交换机：指受保护通路段出口节点的交换机，交换机 7 就是目的交换机。

受保护交换机：指源交换机和目的交换机之间的其他交换机。

最后一跳交换机：指受保护通路段内、目的交换机之前的交换机，交换机 5 就是最后一跳交换机。

下面描述一条可选择单向 LSP 的建立方法。

在图 5-25 中，最后一跳交换机和源交换机间可替换的保护 LSP 会在整个受保护通路段内运行着，其方向为数据流传送的反方向。从交换机 7 到交换机 1 间的箭头线就是这种可替换的受保护 LSP。作为一种选择，最初的 LSP 段可以设置成从目的交换机反方向地到源交换机。

备份路径的第二个和最后一个段将设置在沿着数据传送方向的、但并不与受保护交换机使用相同节点的其他交换机上，这些新节点将构成从源交换机到目的交换机的新通路。交换机 1 经过交换机 2、4、6 到交换机 7 的通路就是所要的可替换的数据传送通路。

从最后一跳交换机通过可替换的保护 LSP 反向链接到源交换机，再从新通路链接到目的交换机，就形成了整条可替换的数据传送备份路径。由图 5-25 可见，构成整条备份路径的标记分别为：53、31、12、24、46 和 67。只要受保护 LSP 上一发现有错，就从失效节点的上一个节点处对业务进行重选路由工作。

建立这种备份路径有如下好处。

（1）极大地减少了路径计算的复杂性。它只需要计算一条受保护通路段内源交换机到目的交换机的 LSP。另外，主通路和替换通路的计算都是由本地交换节点完成的，这就避免了多节点分布计算选路的复杂性。

（2）它使建立 LSP 的控制信令最小化。完成上述功能只需对 RSVP 和 LDP 做简单扩展。源交换机可同时完成主通路和替换通路的标记分配。

（3）利用与主通路相反方向的替换路径段，可以传送下游链路失效和节点失效或拥塞的消息。只要源交换机检测到反向数据流，它就马上停止往主通路发送数据，新到的数据将从替换通路上发送出去。

采用上面这种备份路径带来的一个问题是数据分组的重排序。因此，在减少备份路径的延时与数据重排上应该进行权衡。如果把多个微流聚合在一条受保护的主通路上传送，那么只有少部分的分组需要进行重排序，从而可大大降低数据重排的影响。

需要说明的是，如果备份路径的起点就在目的交换机，采用上述方法实际上形成了一条环回（Loop-back）的 LSP。这种情况下，需要从目的交换机沿着备份路径发送探测分组，以检测是否出现环回情况。

2．LSP 的 1:1 保护

如果要用 1:1 保护，就需要为每条 LSP 都建立备份 LSP。当某交换机检测到下游链路失效时，它只需简单地将业务流转接到替换的 LSP 上去即可。如图 5-25 所示，如果交换机 3 和 5 间的链路失效，交换机 3 可以迅速将发往交换机 5 的业务流转接到替换通路上，这只需将主通路上输入的标记 13 用标记 31 替换即可。这样，主通路和替换通路在交换机 3 处就链接在了一起，新的标记交换通路为：13→31→12→24→46→67。

3．LSP 的 1:N 保护

1:N 保护是指一条备份 LSP 可为多条主通路所使用。1:N 保护的重选路由的差别是：它不是简单地将业务转到替换通路上传送，而是使用标记堆栈的方法。具体为：某交换机检测到它的下游链路失效后，首先将每个受保护 LSP 的输入标记用各自的出口交换机 LSP 的输入标记所替换，然后，压入标识备份输出路径的标记，并根据该备份输出路径的标记将该数据流传送到出口交换机。完成弹栈后，就可将原来的 LSP 标记分别用相应的标记替换后继续传送。以图 5-25 为例，如果交换机 3 与交换机 5 间的链路失效，那么交换机 3 首先将输入标记 13 用交换机 7 处相应 LSP 的输入标记 57 替换，然后压入备份路径的标记 31 后转发分组。

4．带宽预留的考虑

一般来说，没有必要规定要为备份路径分配多少带宽资源。主通路的保持优先权可以作为备份路径的流量触发通路抢占优先权。这里之所以叫流量触发，是因为只有数据流转换到备份路径上传送时，备份路径才能使用网络资源。如果资源被其他 LSP 使用，它就根据主通路的优先权作为自己的资源抢占优先权，以判决自己能否得到网络资源。

5.4 MPLS 的工程应用

基于 MPLS 在网络性能方面的技术优势，其在流量工程、QoS 路由管理和资源管理、VPN 等方面得到广泛应用，鉴于篇幅有限，本节只重点介绍 MPLS 在流量工程和 QoS 路由管理方面的应用。

5.4.1 MPLS 在流量工程中的应用

1. 流量工程概述

1）什么是流量工程

由于网络资源不足或流量分布不均匀都可能造成网络拥塞。在前一种情况下，所有路由器和链路都会过载，唯一的解决办法是升级基础设施，提供更多的网络资源。后一种情况是由于现有的 RIP（路由信息协议）、OSPF（开放式最短通路优先协议）、IS-IS（中间系统-中间系统）协议等总是选择最短路径转发 IP 分组，因而会导致不均匀的流量分布，使网络中的部分地方过载而其他地方的负载却较轻，结果两个节点之间最短路径上的路由器和链路可能发生了拥塞，而较长路径上的路由器和链路却是空闲的。因此，流量工程（Traffic Engineering, TE）就是一种可用来控制网络资源，提高网络性能，解决网络资源的分配和网络吞吐量的调控的网络资源调控技术，它所关心的是对运行中的网络的性能优化，包括对 Internet 业务量的测量、建模、描述，对信息的利用，以及为达到特定的性能指标所使用的各种技术。简单地说，流量工程就是将业务流合理地映射到网络的物理拓扑上，使业务流有效地通过 IP 网络，以避免不均匀地使用网络而导致拥塞的发生。

2）流量工程的性能指标

流量工程的性能指标通常分成两类：面向应用的性能指标与面向网络的性能指标。

（1）面向应用的性能指标

面向应用的性能指标是与每种特定应用服务流的流量特性相关的指标，它包括了增强业务 QoS 性能的各个方面。对单个的、尽力而为的 Internet 业务类型，面向应用的性能指标包括分组丢失的最小化、时延的最小化、吞吐量的最大化及对服务等级协定（Service Level Agreement，SLA）的增强等。在差分服务（Diff-Serv）的 Internet 业务类型中，它包括了峰值、时延峰值变化、丢失率和最大分组传输延迟等。

（2）面向网络的性能指标

面向网络的性能指标是与网络资源相关的指标，它包括了优化资源利用的各个方面。有效的网络资源管理是实现资源优化目标所使用的手段。

3）网络拥塞的最小化

拥塞的最小化是流量工程面向应用和面向网络的一项重要的性能指标，流量工程所要解决的主要问题就是减少拥塞的产生。

（1）当网络资源不充足或不能满足负荷的需求时，所发生的拥塞可以通过扩展网络容量、应用分类拥塞控制算法、扩展网络容量的同时应用分类拥塞控制算法等途径来解决。典型的拥塞控制算法包括速率限制、窗口控制、路由器队列管理及流量控制等，它们都是通过对业务请求加以控制的方法，来保证业务量能够与可使用的资源相匹配。

（2）当业务量到可用资源的映射效率不高，导致一部分网络资源被过度使用而另一部分网络资源未被充分利用时，所发生的拥塞需要利用流量工程来解决。一般来说，由网络负荷不平衡导致的低效拥塞都可以通过负载均衡策略来减轻。这种策略的基本思想就是通过有效的资源分配，减轻拥塞或是减少资源的使用，使拥塞最小化、资源利用率最大化。当拥塞最小化后，分组丢失会随之减少，传输时延减小，网络吞吐量增大。很显然，负载均衡策略是流量工程所要解决的重要问题。

对网络的性能优化本质上是一个控制问题。流量工程对控制策略作格式化，通过监视系统观测网络状态，对业务量进行描述，最后通过各种控制措施使网络达到与控制策略相符的理想状态。理想化的控制措施应当包括对各种流量管理参数的校正、对与路由有关的参数的校正、对与资源有关的属性和约束条件的校正等。

2．MPLS 流量工程的内容与技术基础

1）MPLS 流量工程的主要内容

（1）路径的选择：通过采用 MPLS 实现显式路由选择的方式，可以通过对网络资源的合理利用来引导业务的流向，以便使一条拥挤路径上的一部分流量转移到另一条负荷较轻的或不太拥挤的路径上，从而避免网络拥塞。

（2）路径优先级的选择：通过设置 LSP 建立优先级和保持优先级来实现高优先级的业务流，即使已为某一业务建立了 LSP，也应空出网络资源给高优先级的业务使用，以便在网络资源匮乏的时候，能为优先级高的业务提供服务保证。

（3）负载均衡：MPLS 可以使用两条或多条 LSP 来承载同一个用户的 IP 业务流，合理地将用户业务流分摊给这些 LSP。

（4）路由备份：MPLS 可以配置两条 LSP，一条处于激活主用状态，另一条处于备份状态，一旦主 LSP 出现故障，业务立刻倒换到备份 LSP，直到主 LSP 从故障中恢复，业务再从备份 LSP 切回到主 LSP。

（5）故障恢复：当一条已经建立的 LSP 在某一点出现故障时，故障点的 LSR 会向上游发送消息，以通知上游 LER 重新建立一条 LSP 来替代这条出现故障的 LSP，由此上游 LER 就会重新发出消息，建立另外一条 LSP 来保证用户业务的连续性。

2）MPLS 导入模型图和流量工程基本问题表述

MPLS 导入模型图（Induced Graphic）是 MPLS 域流量工程的一个重要概念。它的节点由一系列 LSR 组成，各 LSR 间通过 LSP 实现点到点的逻辑连接。基于标记栈可以建立多层 MPLS 导入模型图。引入导入模型图后，MPLS 带宽管理问题就变为在 MPLS 域中如何有效地将 MPLS 导入模型图映射到实际的物理网络上。MPLS 导入模型图可采用下列公式进行形式化描述：

$$G=(V, E, c) \tag{5-1}$$

$$H=(U, F, d) \tag{5-2}$$

式（5-1）中，G 表示物理网络拓扑，V 是网络中一系列节点的集合，E 是节点间链路的集合；对 V 集合中的两个节点 v 和 w，如果两节点在 G 内直接相连，那么 E 可表述为 $E=(v,w)$；参数 c 则是 E 和 V 的相关容量和其他一些约束条件限制。

式（5-2）中，H 表示 MPLS 导入模型图，U 是 V 的子集，它是至少一条 LSP 上的节点的集合，F 是一系列 LSP 的集合；对集合 U 中的节点 x 和 y，如果它们是某条 LSP 的两个端点，那么对应的 F 就可表述为 $F=(x,y)$；参数 d 是与 F 相关的需求和一些约束条件。H 是一个有向图，它依赖于 G 的特性。

图 5-26 所示是 MPLS 导入模型图的一个例子，G 表示整个物理网络，E 是各节点间链路的集合{1-2,1-3,1-4,1-6,2-6,2-7,2-8,3-6,3-7,3-8,4-5,4-8,5-7}，V 表示所有节点的集合{1,2,3,4,5,6,7,8}，

c 是 E 和 V 的相关容量和其他一些约束条件限制（如带宽、时延等）。在图 5-26（b）中，U 是三条 LSP（LSP1，LSP2，LSP3）上的节点的集合{1,2,3,4,5,7}，显然是 V 的子集；F 表示三条 LSP 的集合{1-2,2-7;1-3,3-7;1-4,4-5,5-7}，d 是与 F 相关的需求和一些约束条件，因此，H 就是从节点 1 至节点 7 的 MPLS 导入模型图，是一个有向图。

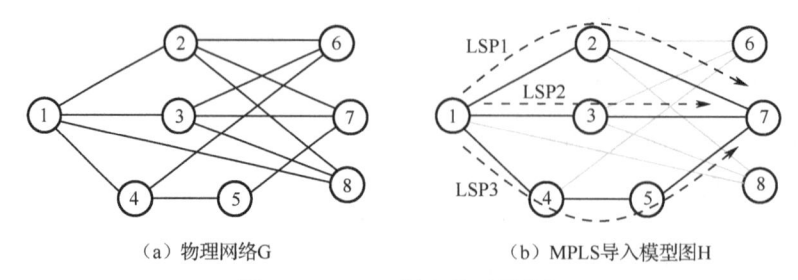

图 5-26 MPLS 导入模型图举例

基于 MPLS 导入模型图 H，MPLS 的流量工程问题可以表述如下。
（1）如何将分组正确映射到 FEC 上。
（2）如何将 FEC 正确映射到流量中继上。
（3）如何通过 LSP 将流量中继正确映射到物理网络拓扑上。

3）流量中继及其流量工程属性

（1）流量中继及其属性

流量中继指的是具有同一业务等级，由同一 LSP 传送的一组业务流。流量中继本质上是对具有某一特定特征的业务流的抽象表示。可以把流量中继看作一种选路的对象，也就是说，流量中继所经过的路径是可以改变的。

流量中继具有下列一些基本属性。

① 流量中继是指一"组"具有相同业务等级的业务流的集合。在有些场合，必须放宽这种定义，流量中继也可以是多种业务等级的业务流的集合。

② 在单一业务模型中,流量中继可以将入口节点到出口节点间的部分或所有业务封装在一起进行传输。

③ 流量中继是可以进行路由选择的对象（类似于 ATM 的 VC）。

④ 流量中继与其所经过的 LSP 不同。从操作的角度来看，可以把一个流量中继从一条通路转移到另一条通路上。

⑤ 流量中继是单向的。实际应用中，一个流量中继可以通过它的入口和出口 LSR 来描述，将 FEC 映射到其上，并且有一个属性集来决定其行为特性。

为了满足流量工程的要求，流量中继能够执行建立、激活、去激活、更改属性、重新选路、拆除、记账和性能监测等基本操作。

（2）流量中继的基本流量工程属性

流量中继属性是与一条流量中继相关并且影响其行为特征的参数。

在 MPLS 域的入口节点（入口 LSR），在对分组进行分类并将它们映射到 FEC 上时，流量中继属性可以通过网管明确地分配或通过下层协议进行默认的分配，但为了达到流量工程的要求，应当能够通过网管对这些属性进行修改。流量工程中的流量中继具有业务量参数属性、通用路径选择与管理属性、优先权属性、抢占权属性、恢复属性及策略属性等重要的基本属性。

① 业务量参数属性

业务量参数可用于获取在流量中继中传输的数据流的 FEC 特性，包括峰值速率、平均速率、允许突发率等，它表明了流量中继主干的资源需求。因此，通常可以根据一个流量中继的业务量参数计算出其带宽需求量，以便进行带宽分配。

② 通用路径选择与管理属性

通用路径选择与管理属性定义了流量中继的选路规则和对已经建立的路径进行管理维护的规则。为了完成路径选择与管理过程，需要有如下所述的一整套属性。

- 通过网管指定的显式路由：通过网管为流量中继指定的显式路由是指通过网络管理员的手工操作配置的路径，包括完全指定和部分指定。
- 多重路径优先级：网络管理员为流量中继主干线路指定多条候选的显式路由，并为这些候选路径定义一套优先级。依据优先级从候选路径列表中选择合适的路径；当某路径失效时，也可从候选路径列表中依据优先级选择一条其他的合适路径。
- 资源类别亲和属性：资源类别亲和属性可用来指明相关流量中继上的网络资源类型，包括能够使用和不能使用。资源类别亲和属性可用下面数组表示：

<资源类型，亲和性>；<资源类型，亲和性>；…

资源类型（Resource-class）参数表明一条流量中继的资源类别亲和属性的对象是哪一种资源类型。而亲和性（Affinity）参数将表明该流量中继与某一种资源的亲和关系，是二值变量，也就是在该流量中继流经的路径上是否一定要使用或不使用某一种资源。亲和性参数的一种取值指明是确定的包含，另一种取值则是确定的排除。资源类别亲和属性是一种非常有用而且非常强大的工具，使用这些属性将可以实现许多流量工程策略。

- 适应性属性：由于有新的可用资源、原来失效的资源现在可用、原来分配的资源现在不再分配等情况，网络的特征与状态也会发生变化，有时还会有更高效的路径产生。适应性属性是流量中继的路径保持参数的一部分，表明能否对某一流量中继进行重新优化，其值为允许重新优化或禁止重新优化。从网络稳定性考虑，MPLS 的实现方案对网络状态变化既不能过于敏感，又要具有足够的反应速度，以便最有效地利用网络资源。
- 平行的流量中继之间的负载分配：在两个节点之间多条平行的流量中继主干上的负载分配是一个很重要的问题。总的业务量可以分担到各条流量中继上，要实现这一过程，就必须设计一种能够对多条平行的流量中继灵活地进行负载分配的技术。

③ 优先权属性

优先权属性定义了流量中继之间的相对重要性，它决定各通路的选用顺序，因此，在 MPLS 的"约束路由"技术中和在允许资源抢占的实现中，优先权属性都是十分重要的。

④ 抢占权属性

抢占权属性是决定一条流量中继能否抢占另一条流量中继的路径或者该流量中继的路径能否被其他流量中继抢占的属性。在差分业务环境中，抢占权属性能够保证高优先级的流量中继总是能够使用较为理想的路径。而在故障处理过程中，可以使用抢占权属性来实现许多具有优先级的恢复策略。一个流量中继 A 只能抢占可以被抢占的、具有更低优先权配置的其他流量中继（如 B）的路径；不管其抢占优先权的高低如何，一个指定为不允许被抢占的流量中继的路径不能被其他流量中继所抢占。

优先权与抢占权可以看作两个相关的属性，它们表示了流量中继之间的一种二元关系。抢占权属性主要适用于差分服务方式的网络，在尽力而为服务方式的网络中没有被采用。

⑤ 恢复属性

恢复属性决定在流量中继发生故障时，网络系统将采取的行为，主要包括故障检测、出错通知、链路复原与业务恢复。它用于指明一条流量中继在发生故障时是否重选路由。另外，还应当有一个"扩展的"恢复属性，它用于规定故障情况下网络应采取的详细行为，比如指定另一条备用路径。

⑥ 策略属性

策略属性决定在某一流量中继不再符合路径建立时的约定的情况下，底层协议应采取的动作，也就是说，当某一流量中继的特性超过了其流量参数所指定的数值时，网络应采取什么措施。通常情况下，该属性将表明对相应的违约流量中继的处理是采取速率限制、打上标记还是不做任何处理继续转发。

4）资源属性

资源属性是网络拓扑状态参数的一部分，其作用是对特定资源上的流量中继选路过程加以限制。资源属性通常由以下几部分组成。

（1）最大分配因子（Maximum Allocation Multiplier，MAM）：某一资源的 MAM 是一个可管理配置的属性，它决定了分配给流量中继的主干资源（通常指带宽资源）与可用资源的比例。如果所有参与某一资源分配的流量中继的资源需求的总和不超过该资源总容量，则称对该资源的分配为不完全分配，反之则称对该资源的分配为过量分配。MAM 对于利用网络流量的统计特性，使网络资源得到充分利用是很有用的，特别是在流量中继主干线的峰值要求与网络所能提供的能力不一致时，这种作用更加明显。

（2）资源等级属性：资源等级属性是由管理员配置的参数，它表明资源的"等级"。资源等级的概念可以看作一种"颜色"的概念，具有相同"颜色"的资源都属于相同等级。借助资源等级属性，可以实现许多流量工程策略。通常所关心的关键资源是链路，相应的参数是"链路状态"参数。

5）约束路由

约束路由是一种命令驱动并具有资源预留能力的路由算法，它能够使按需驱动的路由规范与基于拓扑驱动的逐跳式路由规范在同一网络中共存。约束路由功能的实现主要依靠三方面的数据：与流量中继有关的各种属性、与资源相关的属性和其他拓扑状态信息。根据这些信息，各个网络节点上的约束路由机制将为该节点上发起的每一条流量中继自动计算出一条显式的路径。与流量中继有关的各种属性将对需要得出的路径做出各种限制并提出各种要求；同时，网络上可以使用的资源、网络管理策略和其他的一些拓扑状态信息也将对所选择的路径提出各种限制；约束路由计算得出的结果就是一条能够满足上述各种要求的 LSP。要找到一条合适的路径，只要该路径存在，就可以使用一种非常简单的算法来完成这一工作。例如，首先剪除所有不能满足流量中继相关属性要求的资源，然后在剩余部分中运行最短路径优先算法。

3. MPLS 流量工程的组成部件与实现方法

流量工程是 MPLS 的一个重要应用，将 MPLS 应用于一对入口和出口 LSR 之间配置的多条路径，允许入口 LSR 将流量分配到不同的 LSP 上。就目前而言，MPLS 是流量工程的最佳解决方案。使用 MPLS 实现流量工程主要包括四个组成部件：分组转发、信息分发、路径选择和信令部件，如图 5-27 所示，每个组成部件都是一个独立的模块。

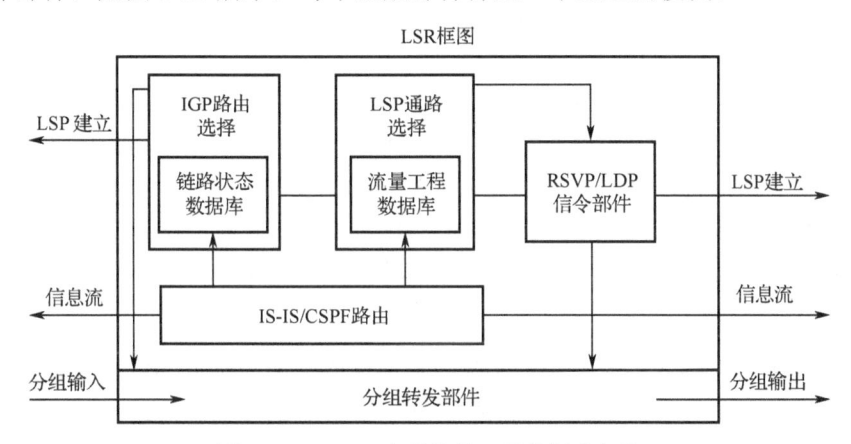

图 5-27 MPLS 实现流量工程的组成部件

1) MPLS 流量工程的组成部件

(1) 分组转发部件

MPLS 流量工程结构中的分组转发部件负责引导 IP 业务流按一条预先确定的路径通过网络，即业务流从起始路由器按一定方向流向终止路由器，这条路径被称作标记交换路径（LSP）。LSP 的建立是通过串联一个或多个标记交换跳转点来完成的，它允许分组从一个 LSR 转发到另一个 LSR，从而穿过 MPLS 域。MPLS 将转发与路由分离，同一转发可为多种业务流服务。

(2) 信息分发部件

MPLS 流量工程的计算需要有关网络拓扑和网络负荷的动态信息细节。新的流量工程模型要求一个信息分发部件，该部件通过对内部网关协议（IGP）做相对简单的扩展后就可以使用。因为扩展后的链路属性里包含了每个路由器的链路状态信息，IS-IS 扩展后也可以支持这些功能，每个 LSR 通过一个特殊的流量工程数据库（Traffic Engineering Database，TED）对网络链路属性和拓扑信息进行管理。因此，信息分发部件的结构包含在链路状态数据库、流量工程数据库和 IS-IS/CSPF（约束最短路径优先）路由之中，信息流通过 IS-IS/CSPF 路由流动。TED 专门用于计算显式 LSP 通过物理拓扑时的外在路径，并通过 IGP 所使用的标准扩展算法，可以保证链路属性被发布给 IP 网络路由域中的所有路由器。TED 是一个分离的数据库，以便使并发的流量工程计算与 IGP 和链接状态数据库相独立。与此同时，IGP 可以不经任何修正地继续进行操作，基于路由器链接状态数据库所包含的信息进行传统的最短路径计算。加到 IGP 链路状态信息中的流量工程扩展部分有：最大链路带宽、最大预约链路带宽、当前预留带宽、当前使用带宽和链路颜色。

(3) 路径选择部件

MPLS 实现流量工程的核心是为每条 LSP 决定物理路径，在网络链路属性和拓扑信息由 IGP 传播扩散并存储到 TED 中去之后，每个入口 LSR 使用 TED 计算穿过 IP 网络路由域的

LSP，每条 LSP 的通路都能由严格或松散的显式路由代表。对每条 LSP，每个入口 LSR 通过对 TED 中的信息使用 CSPF 算法来决定每条 LSP 的物理路径,并在计算时考虑了链路状态信息和网络资源状态属性等一些特定的约束条件，如总链路带宽、预留链路带宽、可用链路带宽等管理属性。CSPF 算法计算输出的显式路由包含了一组通过网络的最短并满足约束的路径的 LSR 地址，这个显式路由被传递给信令部件，由信令部件控制转发部件建成 LSP。路径选择可以采用在线计算或离线计算的方法。

（4）信令部件

由于驻存在入口 LSR 的 TED 中的特定时间内网络状态信息是会过时的，在整条 LSP 完全建立好之前，LSP 是无法工作的；而只有在 LSP 真正建立之后，才能知道这条路径是否真正可以工作。信令部件就是负责 LSP 的建立和标记的分发的，这个信令可以是扩展的资源预留协议（E-RSVP）或标记分配协议（LDP/CR-LDP）。E-RSVP 能够在 MPLS 环境中可靠地建立和维护 LSP，并且允许将网络资源明确地预定和分配给一条给定的 LSP。

2）MPLS 流量工程的实现

流量工程的本质是将业务流映射到实际的物理通路上去，对于 MPLS 来说，其中心思想也就成了为每条 LSP 确定物理通路。通路可以离线配置建立，也可以用约束路由算法动态建立。独立于物理通路的建立，全网各节点中转发状态的安装是由信令完成的，图 5-28 给出了通路建立的流程示意图。

MPLS 流量工程实施方法如下：

① 整条 LSP 的物理通路经离线计算后，分别在每个 LSR 中进行设置，这种方法与传统的 IPoA 相似。

② 离线计算静态配置在入口 LSR 中，然后，入口 LSR 利用 E-RSVP 动态建立 LSP。

③ 在线计算约束路由，网络自动选取物理通路。

④ 部分静态离线计算、配置与动态建立相结合。

⑤ 完全按普通的路由方法建立，但无论哪种方法都应建立备份的 LSP。

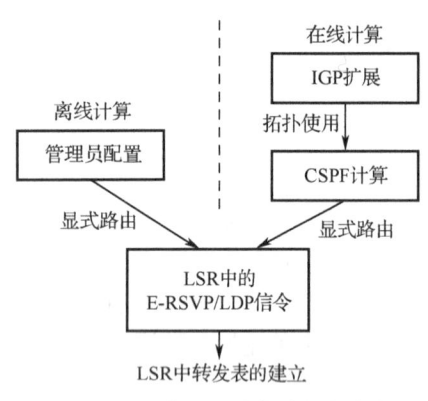

图 5-28 LSP 物理通路离线与在线的计算与配置流程图

5.4.2 MPLS 的 QoS 实现

QoS 就是通常所说的服务质量（Quality of Service）。原 CCITT 对 QoS 下的定义是：QoS 是一个综合指标，用于衡量使用一个服务的满意程度。QoS 具有很高的精确性，它是对各种性能参数的具体描述。这些性能参数包括：业务可靠性、延迟抖动、吞吐量、丢包率及安全性等。

MPLS 的 QoS 实现方案包括间接实现 QoS 和直接实现 QoS。流量工程是一种间接实现 QoS 的技术，它通过对资源的合理分配和对路由过程的有效控制，使得网络资源能够得到最好的利用，网络的各项 QoS 指标将会大大改善。直接实现 QoS 就是根据各项 QoS 指标，在网络中的各个节点上对业务流采取相应的措施，以保证这些指标实现的一种方法，主要有两种基本模型：综合服务（Int-Serv）模型和差分服务（Diff-Serv）模型。

1. 综合服务模型

RFC 1633 对综合服务模型进行了定义，包括对服务质量要求、资源共享要求和业务模型、分组丢弃（Dropping）、用途反馈、预留模型及业务控制机制等的基本描述。通过综合服务模型，将可以实现 IP 网络中的 QoS 传输及对实时业务的支持，使得各种服务能够为其数据报选择服务等级。其原理是利用资源预留协议（RSVP）建立起一条从源点到目的地点的数据传输通道，并在该通道上的各个节点进行资源预留，从而保证沿着该通道传输的数据流能够满足 QoS 要求。

实现 Int-Serv 有两种模型：一种是路由器，另一种是主机。路由器模型主要由接纳控制、分类控制器、分组调度器和 RSVP 代理几部分组成。主机模型与路由器模型相似，只是多了一个应用部分。图 5-29 给出了 Int-Serv QoS 实现的路由器模型方框图。

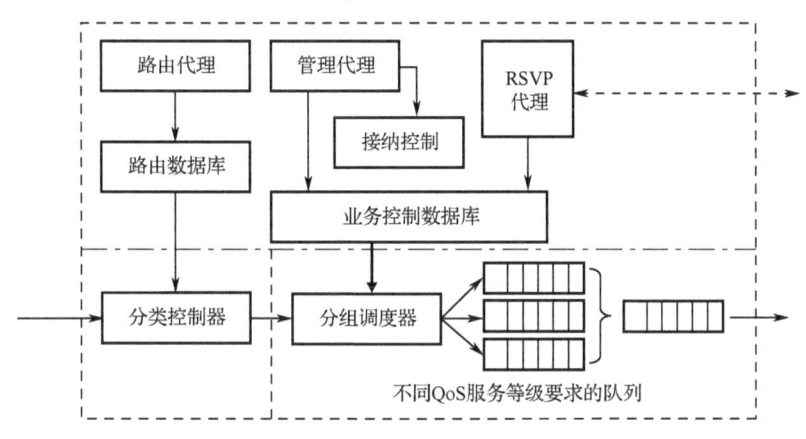

图 5-29 Int-Serv QoS 实现的路由器模型方框图

QoS 要求的流量控制功能是通过接纳控制、分类控制器和分组调度器三个部件的配合来完成的。其中，接纳控制用于判断用户（路由器或主机）是否有资源预留权及当前资源能否满足用户资源使用申请的要求，以便决定用户（路由器或主机）是否允许数据流所请求的 QoS。分类控制器将输入的分组映射成某些类，同一分组可以被沿途不同路由器分成不同类，通过判断分组中的特定域来决定分组的服务等级，以便实现业务控制的目的。分组调度器根据服务等级将分组送往不同 QoS 服务等级要求的队列。RSVP 的作用是在端系统和路由器上，沿数据流经过的路径生成并保持流规范的状态（包括根据服务委托预留的资源）。RSVP 可以被主机用来为特殊的应用数据流请求特殊的服务质量，也可以被路由器用来向数据流途经的所有节点发送服务质量请求，建立与维持提供所请求服务的状态，从而使资源在数据传输路径上的各节点都得到预留。

目前综合服务模型定义了三种业务类型。

（1）保证型业务：该类型业务将提供时延、带宽与丢包率等参数的保证，网络使用加权公平排队（Weighted Fair Queuing，WFQ）算法。在这种业务中，用户必须能够得到一个可预计的有效质量，使得应用在终止前以一种可接受的方式进行。对于一般的语音和视频数据，根据其传输特征，可以利用延时和保真这两个维度来描述。为了提供延时绑定，要求模型必须能够描述数据源的流量特性，也必须有相应的接纳控制算法来保证网络资源适合数据流的需求；同时不论在网络边界节点还是中间节点，都要通过分组调度器对输出队列进行重新排序（即数据必须被整形），从而确保数据流符合某种流量特性。

（2）控制负载型业务：该类型业务能够提供最小的传输时延，对排队算法没有特别的要求，没有固定的排队时延上限。它与尽力而为型业务的区别是：当网络处于拥塞状态时，其性能只是轻微地下降，它能够使数据流的时延和丢失率保持在一个可控制的范围内。

（3）尽力而为型业务：实际上就是传统的 Internet 所提供的业务，该业务不提供任何服务质量保证。与前两种业务类型相比，尽力而为型业务不遵从接纳控制，对服务模型的最终评价不在于底层的分类，而在于它是否有足够的能力满足各种应用的要求。

Int-Serv 的优点主要有两个。一是它具有很好的服务质量保证，对业务特征提供了充分的细节，使得 RSVP 服务器可以对各种业务类型的细节进行描述。由于在数据流所经过的所有路由器上都运行 RSVP，网络可以保证在任何一点都没有任何一个数据流过量地占用网络资源。二是由于使用 RSVP 的软状态特性，因此，可以支持网络状态的动态改变和多播业务中组员的动态加入与退出，并且利用 RSVP 的 PATH 与 RESV 消息进行刷新，还可以判断网络中相邻节点的加入与退出，从而实现网络资源的有效分配。

Int-Serv 存在的问题有：首先是由于使用了软状态的工作方式，RSVP 对资源预留所需的大量状态信息进行刷新与存储，当网络规模扩大时，这一模型将无法实现，也就是说网络的扩展性不好；其次是 Int-Serv 要求发送节点到接收节点间的所有路由器都必须支持 RSVP 信令协议，如果中间有不支持这种信令协议的网络元素存在，虽然信令可以透明通过，但实际上已经无法实现最佳的资源预留，这对路由器的实现要求太高；最后是它的信令系统十分复杂，用户认证、优先权管理、计费等也需要一套复杂的上层协议。因此，Int-Serv 只适用于网络规模较小、业务质量要求较高的边界网络。

2．差分服务模型

为了解决综合服务模型所存在的问题，IETF 又制定了相对功能较强的差分服务模型。Diff-Serv 与 Int-Serv 的本质不同在于：它不是针对每一个业务进行网络资源的分配和 QoS 参数的配置，而是将具有相似要求的一组业务归为一类，然后，对这一类业务采取一致的处理方式。

差分服务模型的基本思想是：在网络边界，将数据流按 QoS 要求进行简单分类，不同的类在内部节点的每次转发中实现不同的转发特性。差分服务模型使 ISP（互联网服务提供方）能够提供给每个用户不同等级和质量的服务。用户数据流进入网络时，在其网络层分组头部的差分服务标识域（DS）中置入所需服务的对应标记代码（服务等级），并由网络进行流量测量和分组流量特性标识。这些数据流分组经过各 Diff-Serv 网络中继时，由中继节点根据上述标记进行不同的转发服务处理，以实现所需的服务性能。这使得对 RSVP 网络控制协议的使用仅局限在用户网络一侧，而将骨干网从 RSVP 中解脱出来。骨干网中的路由器只需检查 DS 字段来判断业务的类别，为不同的业务提供不同的 QoS 保证策略。不过，这种模型并不提供源点到目的地点的全程 QoS 保证，而是将 QoS 限制在不同的域内加以实现，所以不同域之间应有一定的约定和标识的翻译机制。

在每个支持 Diff-Serv 的网络节点中，分组 DS 字段的值将被映射到每跳行为（Per-Hop Behavior，PHB）中去，PHB 可以看成一个合理的缓存和带宽资源分配粒度许可证，因而，可以根据 PHB 将分组在转发中区别对待。用户与 ISP 间达成的服务等级协定（SLA）规定了该用户在每个服务等级上所能发送的最大数据速率（流量特性），超出该速率的分组将被做上标记或丢弃。SLA 又可分为静态 SLA 和动态 SLA 两种。静态 SLA 按一定的周期（每月或每年）协商，动态 SLA 是用户通过特定的信令协议（如 RSVP）向 ISP 动态请求来协商。当用户与 ISP 商定好 SLA 后，边界路由器就可根据不同的服务需求，给分组中的 DS 字段设定不同的标识，以提供不同的 QoS。

(1) 差分服务模型的功能模型

图 5-30 所示为差分服务模型的功能模型示意图。边界路由器的作用有两个：一是对来自用户或其他网络的非 Diff-Serv 业务流进行分类，为每一个 IP 分组填入新的区分服务码点（Differentiated Services Code Point，DSCP）字段，同时建立起与每一业务相对应的 SLA 和 PHB，并开始应用；二是对来自用户或其他网络的 Diff-Serv 业务流，依据分组中的 DSCP 字段，为相应的业务流选择特定的 PHB。分组用 DS 字段指明分组的行为集合，目前取前 6bit 作为 DSCP 字段，另外 2bit 暂时未使用（CU）。

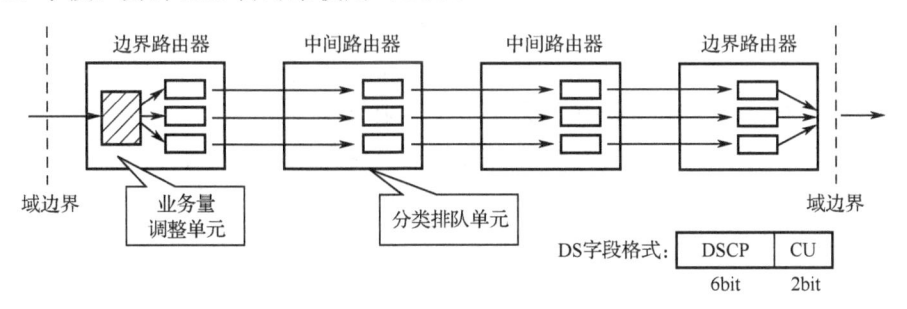

图 5-30 差分服务模型的功能模型示意图

中间路由器的作用是根据 DS 字段为业务流选择特定的 PHB，根据 PHB 所指定的排队策略，将属于不同业务类别的业务量导入不同的队列加以处理，并按照事先设定的带宽缓冲处理输出队列，最后按照 PHB 所指定的丢弃策略对分组实施必要的丢弃。

相比较而言，边界路由器的功能较为复杂，它包含了能够实现整个差分服务模型中所有功能的各种功能单元，下面将逐一研究这些功能单元。

① 业务量调整单元

根据 RFC 2475 文件，业务量调整单元的结构图如图 5-31 所示，主要包括分类、标记、测量和调整/丢弃等基本单元。输入的业务流被分类单元选择后，进入测量单元和标记单元进行流量调节。测量单元用来判定业务流是否符合规定的流量要求，其结果将影响标记、调整或丢弃的动作。当分组离开分类单元时，必须被设置一个合适的差分服务代码值。各基本模块单元的功能如下所述。

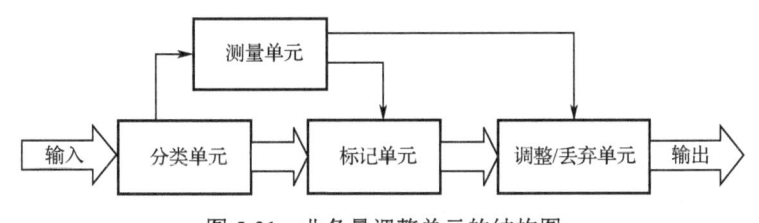

图 5-31 业务量调整单元的结构图

分类单元：包括行为聚集（Behavior Aggregate，BA）和多字段（Multi-Field，MF）两种

分类单元。BA 只根据 DS 字段对分组所属业务流进行识别与分类；MF 可以根据分组的源 IP 地址、目的 IP 地址、DS 字段及 TCP 或 UDP 的源/目的端口号等多种信息对分组进行识别与分类。在边界路由器中，分类单元将经过分类的业务流送至测量单元以便进行业务认证。同时，还将把业务流送至标记单元，以便对分组的标记进行必要的处理。

标记单元：在分类单元对业务流进行分类的基础上，标记单元将对没有填写 DS 字段的 IP 分组进行 DS 字段的填写，即在 DS 字段中设置一个特定的代码值。另外，如果来自测量单元的信息表明某一业务流的服务需求超过了 SLA，则标记单元将对业务流中 IP 分组的 DS 字段进行必要的改写，以对相应的业务流进行服务质量的降级处理。

测量单元：对某一流量调节协定（TCA）指定的业务流进行分类之后，还必须对业务流分组的特性或参数进行测量，这些参数包括速率、突发长度等，以确定该业务流在某一持续时间内的资源消耗是否超出 SLA 的规定。除了业务认证功能，测量单元对于业务量的统计与计费功能也十分有用。在 Diff-Serv 网络中，由于对不同服务质量的业务流的收费是不同的，所以，路由器中必须有专门用于进行 Diff-Serv 业务测量的功能单元。

调整/丢弃单元：调整是指当业务流中存在突发业务流时，通过一定的机制使路由器输出的业务流变得较为平稳。通常调整单元采用一个有限长度缓存器，一旦没有足够的缓存空间用于存放时延分组，则将此后的分组丢弃。对于突发业务流，主要有下述三种调整策略：一是如果业务流的突发性在一定的限度之内，则不予理会，继续正常转发；二是通过一定的机制（如漏桶算法）对业务流的突发性进行削减；三是当业务流的突发性超过一定的限度或业务流不符合 SLA 的规定时，边界路由器将丢弃业务流中的一部分分组以达到调整的目的，具体的实施有许多不同的丢弃算法。值得注意的是，在一种特殊的情况下，需要将调整单元缓存长度设置为"0"或很小，以便更好地控制业务流量。

② 队列单元

在每一个路由器中，对应每一个服务质量等级，都有一个队列单元。路由器将把属于不同服务质量等级的分组送入不同的队列单元中进行排队。

队列单元是实现 PHB 的关键部分，是保证端到端服务质量的重要机构。它的功能主要包括：排队（Scheduling）处理和丢弃（Dropping）处理。所谓的 PHB 实际上就是指对不同的分组应如何使用不同的队列（带宽不同，优先级不同）来进行处理，以及在拥塞发生时，如何采取不同的丢弃策略（丢弃概率不同）的问题，这也是决定分组获得的服务质量好坏的关键。排队和丢弃的功能将由一系列的排队算法与丢弃算法来实现。

复习思考题

1. 在 MPLS 网络结构中，LER 和 LSR 的作用是什么？
2. MPLS 网络是采用哪些方法来建立 LSP 的？它们有什么区别？
3. MPLS 的实质是什么？试解释 MPLS 的工作原理。
4. 什么是标记？并解释其三层含义。
5. 名词解释：标记绑定，FEC，标记粒度，标记合并，标记堆栈
   当前标记，标记入栈，标记弹栈，标记交换，标记空间
6. 什么是 MPLS 封装？MPLS 封装主要包含哪些内容？

7. LSR 由哪两部分组成？各部分作用是什么？
8. 请指出标记信息库和标记转发信息库的作用。
9. LSR 在 LDP 控制下，需要交换的消息可分为哪几类？
10. 什么是 LDP 侦测？基本侦测和扩展侦测的作用是什么？
11. LSR 是通过什么来公布它们的地址的？循环探测是利用什么方法来实现的？
12. 在主动式下游标记分配模式中，保守和自由两种标记保持模式有什么本质区别？
13. 解释 LDP 收到下游分发的标记后如何进行管理。
14. 如何理解 LSP 隧道？试解释 LSP 的快速重选路由。
15. 什么是流量工程？MPLS 流量工程的主要内容有哪些？
16. 试解释 MPLS 导入模型图的概念，并指出它与 MPLS 流量工程有何关联。
17. 什么是流量中继？其基本流量工程属性有哪些？
18. 什么是"颜色"的概念？
19. 使用 MPLS 实现流量工程主要包括哪些组成部件？
20. 什么是 QoS？它主要包含哪些性能参数？
21. 拓展题：基于 IP 网络的 PSTN 语音远传方案设计。

第6章 软交换技术

传统的基于 TDM 的 PSTN 语音网，虽然可以提供 64kbit/s 的业务，但业务和控制都是由交换机来完成的，对新业务的提供需要较长的周期，面对竞争日益激烈的市场显得力不从心。与此同时，计算机技术的发展和计算机互连需求的增加，使得基于 IP 的分组交换数据网日益发展壮大，这种分组交换数据网适合各种类型信息的传输，而且网络资源利用率高。如何对待已经进行了巨额投资的传统 PSTN，是否需要做大的改造以适应日益增加的数据业务量；如何实现 PSTN 低成本地向基于分组的网络结构演进或者如何实现 PSTN 与新建数据网的体系融合；等等。其关键就是呼叫服务器（CallServer，或者称为软交换），本章就从软交换的基本概念与功能入手，介绍软交换的网络结构、相关协议等内容，帮助读者了解软交换技术的相关知识。

6.1 软交换概述

6.1.1 软交换的基本概念

软交换（Softswitching）的概念最早起源于美国。1997 年贝尔实验室将软交换定义为："软交换是一种支持开放标准的软件，能够基于开放的计算平台完成分布式的通信控制功能，并且具有传统 TDM 电路交换机的业务功能"。国际软交换协会（International Softswitch Consortium, ISC）对软交换的定义为："软交换是基于分组网提供呼叫控制功能的软件实体。"而其狭义定义专指软交换设备，也称媒体网关控制器（Media Gateway Controller，MGC），定位于控制层面。

软交换是一种功能实体，能提供具有实时性要求的业务的呼叫控制和连接控制功能，是下一代网络呼叫与控制的核心。简单地看，软交换是实现传统程控交换机的呼叫控制功能的实体，但传统的呼叫控制功能是和业务结合在一起的，不同的业务所需要的呼叫控制功能不同；而软交换则是与业务无关的，这要求软交换提供的呼叫控制功能是各种业务的基本呼叫控制。

那么什么是软交换呢？软交换的基本含义就是把呼叫控制功能从媒体网关（传输层）中分离出来，通过服务器或网元上的软件实现基本呼叫控制功能，包含呼叫选路、管理控制、连接控制（建立会话、拆除会话）、信令互通（如从 SS7 到 IP）。其结果就是把呼叫传输与呼叫控制分离开，为控制、交换和软件可编程功能建立分离的平面，使业务提供者可以自由地将传输业务与控制协议结合起来，实现业务转移。软交换之所以区别于传统电话网和 ATM 网的硬交换，是由于 IP 网是基于包交换的非连接网络，并支持端到端的透明访问，不再需要任何电路交换单元建立端到端的连接，也不需要分段的信令系统和独立的信令网控制呼叫、接续和智能业务。软交换的所有协议都是基于 IP 的，它们具有一切基于 IP 的协议的开放性和灵活性。其中更重要的是，软交换采用了开放式应用程序接口（Application Program

Interface，API），简化了信令的结构和控制的复杂性，具有对网络业务、接入技术和智能业务的开放性，允许在交换机制中灵活引入新业务，原来老式的 4 类、5 类交换机仍可通过 SS7 链路保留，从而实现传统 PSTN 到 IP 网的平滑过渡。

6.1.2 软交换的基本功能

软交换可以提供 Internet 业务卸载的功能，就是把拨号业务在进入 5 类交换机之前直接交换到 ISP 网或 Internet 上，而语音业务不受影响，继续向下传送。软交换可以代替 4 类交换机，只要信令网关能够提供合适的 SS7 接口（主要应用是长途 VoIP 业务）；也可以代替 5 类交换机，它既可以接收 ATM 或 IP 网上传送的业务，又可以把业务转移到 PSTN 上，还能继续把业务作为数据业务传到骨干网上。

软交换的主要有如下功能。

（1）支持多种信令协议，实现 PSTN 和 IP/ATM 网间的信令互通和不同网关的互操作。

（2）支持语音业务、各种增值业务和补充业务。

（3）提供可编程的、逻辑化控制的开放的 API 协议，实现与外部应用平台的互通；通过与媒体层不同的逻辑的网关交互，对网关设备或 IP/ATM 网的核心设备进行控制，完成融合网络中的呼叫控制，会话的建立、修改和拆除过程，以及媒体流的连接控制。

（4）提供网守功能，即接入认证与授权、地址解析和带宽管理功能。

（5）操作维护功能，主要包括业务统计和告警等。

（6）计费功能，具有采集详细话单的功能。

6.2 软交换的网络结构

以软交换为核心的网络具有以下三大特征。

（1）采用开放的网络架构体系，将传统交换机的功能模块分离成独立的网络部件，各个部件可以按相应的功能划分各自独立发展；部件间的协议接口基于相应的标准；部件化使得原有的电信网络逐步走向开放，用户可以根据业务的需要自由组合各部分的功能产品来组建网络；部件间协议接口的标准化可以实现各种异构网的互通。

（2）基于业务驱动的网络，其功能特点是：业务与呼叫控制分离，呼叫与承载分离；分离的目标是使业务真正独立于网络，灵活有效地实现业务的提供；用户可以自行配置和定义自己的业务特征，不必关心承载业务的网络形式及终端类型，使得对业务和应用的提供有较大的灵活性。

（3）基于统一协议的和基于分组的网络，无论是电信网络、计算机网络还是有线电视网络，都不可能以其中某一网络为基础平台来发展信息基础设施，但随着 IP 的发展，人们才真正认识到电信网络、计算机网络及有线电视网络将最终汇集到统一的 IP 网，即人们通常所说的"三网"融合大趋势。

6.2.1 基本功能架构

图 6-1 所示为基于软交换的网络系统结构，主要包括业务应用层、控制信令层、传输层和媒体接入层，其中软交换位于控制信令层。

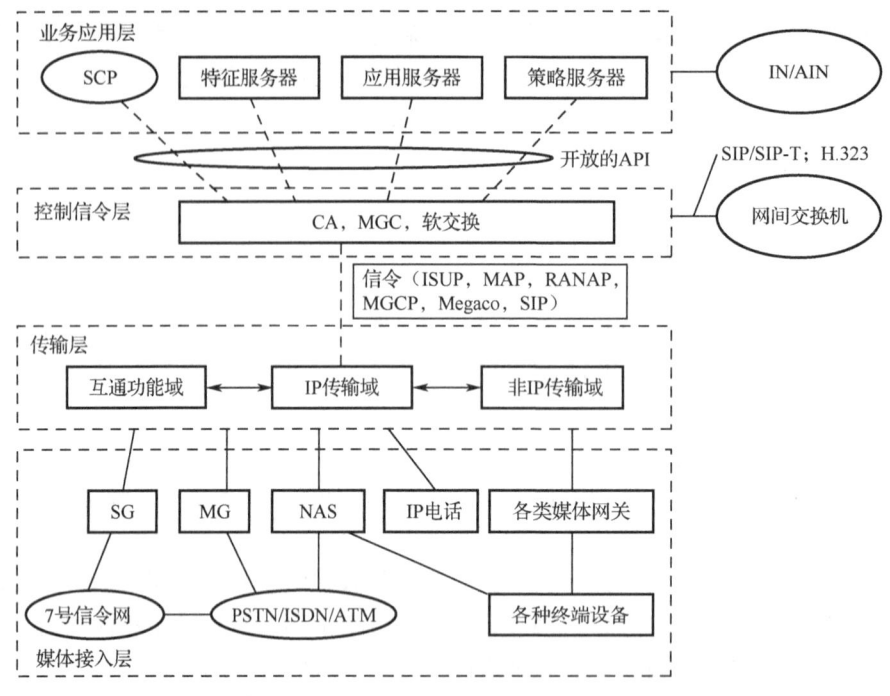

图 6-1 基于软交换的网络系统结构示意图

6.2.2 各功能层描述

1. 业务应用层

业务应用层也称应用层，其主要功能是在纯呼叫建立之上为用户提供附加增值业务，同时提供业务和网络的管理功能，为 VoIP 网提供各种应用和业务的执行逻辑，存放业务逻辑和业务数据，包括软交换网络各类业务所需要的业务逻辑、数据资源及媒体资源等。该层采用开放、综合的业务应用平台，可以通过应用服务器提供 API 接口，灵活地为用户提供各种增值业务和相应业务的生成、维护环境。

业务应用层主要由各类业务应用平台构成，可以包括应用服务器、策略服务器、特征服务器、SCP 等设备，也可以包含类似于媒体服务器这样的特殊部件。

（1）应用服务器（Application Server，AS）：负责各种增值业务和智能业务的逻辑产生和管理，并提供各种开放的 API，为第三方业务的开发提供创作平台。应用服务器是一个独立的组件，完成业务的实现，与控制层的软交换无关，从而实现了业务与呼叫控制的分离，有利于新业务的引入。

（2）策略服务器（Policy Server）：完成策略管理功能，定义各种资源接入和使用的标准，对网络设备的工作进行动态干预，包括可支持的排队策略、丢包策略、路由规则及资源分配和预留策略等。

（3）特征服务器（Feature Server）：用于提供与呼叫过程密切相关的一些能力，如呼叫等待、快速拨号、在线拨号等，其提供的能力通常与某一类特征有关。

（4）AAA 服务器（Authentication Authorization and Accounting Server）：负责提供用户的认证、管理、授权和计费功能。

（5）目录服务器（Directory Server）：为用户提供各种目录查询功能，通过数据库查询多种信息，如地址、电话号码、邮政编码、火车时刻、购物指南等。

（6）数据库服务器：存储网络配置和用户数据。

（7）网管服务器：是使用、配置、管理和监视软交换设备的工具的集合，提供网络管理功能。

（8）业务控制点（Service Control Point，SCP）：SCP 是 7 号信令网与智能网中的概念，用来存储用户数据和业务逻辑，主要功能是接收查询信息并查询数据库，进行各种译码，启动不同的业务逻辑，实现各种智能呼叫。

2. 控制信令层

控制信令层是网络系统控制的核心，为传输层提供控制功能，其设备或功能根据从媒体接入层接收的信令信息来完成对媒体接入层中所有网关的各种业务呼叫控制，并负责各媒体网关之间通信的控制，通过控制传输层部件完成呼叫控制、选路、认证、资源管理等功能，以及完成呼叫建立和释放。

控制信令层主要由软交换设备（媒体网关控制器）构成，主要负责对通过边界接入层媒体网关（Media Gateway，MG）的业务接入、MG 之间通信的控制。软交换技术将电话交换机的交换模块独立成一个物理实体（应用服务器）。媒体网关控制器（Media Gateway Controller，MGC）是 VoIP 网中的一种关键物理设备，具有多种不同的功能实现形式，包括软交换、呼叫代理（Call Agent，CA）、呼叫控制器（Call Controller）等，其有关功能可以集中也可以分开。MGC 是信令消息的源点和终点，它通过一种或多种 MGC 协议控制中继网关（Trunk Gateway，TG）、媒体网关和媒体服务器，包括选路和呼叫通知功能（Routing and Call Announcing Function，R-F/A-F），这些功能提供了路由信息、认证和记账信息。MGC 可以通过不同的服务控制协议（如 SIP、Parlay 等）与应用服务器进行通信。

3. 传输层

传输层是软交换网的承载网络，提供了从外部网络或终端到 VoIP 网的信令和媒体接口，为业务媒体流和控制信息流提供统一的、具有 QoS 保证的高速分组传输平台。其作用和功能就是将边界接入层中的各种媒体网关、控制信令层中的软交换设备、业务应用层中的各种服务器平台等各个软交换网网元连接起来。鉴于 IP 网能够同时承载语音、数据、视频等多种媒体信息，同时具有协议简单、终端设备对协议的支持性好且价格低廉的优势，因此软交换网选择了 IP 网作为承载网络（目前主要包括 IP 网和 ATM 网）。软交换网中各网元之间均是将各种控制信息和业务数据信息封装在 IP 分组中，通过传输层的 IP 网进行传输。

传输层可以进一步分为三个域：IP 传输域、非 IP 传输域和互通功能域。IP 传输域为分组通过 VoIP 网提供传输通道、选路/交换结构，包括路由器、交换机等设备和提供 QoS 与传输保证的设备。非 IP 传输域提供接入网关或预留网关，以支持非 IP 终端/电话/ISDN 网络、DSL（Digital Subscriber Line，数字用户线）网络的综合接入设备（Integrated Access Device，IAD）、HFC（混合光纤同轴电缆）网络的 CableModem（电缆调制解调器）或多媒体终端、GSM/3G 移动无线接入网的接入功能。互通功能域对从外部网络接收或向外部网络发送的信令提供转换功能，它主要包括信令网关、媒体网关和互通网关。信令网关支持不同传输层之间的信令转换；媒体网关提供不同传输网络或不同媒体之间的信令转换；互通网关支持在相同传输层使用不同协议的信令互通。

4. 媒体接入层

媒体接入层主要包括各类媒体网关、综合接入设备及各种终端设备。软交换技术将电话交换机的业务接入模块独立成一个物理实体，称为媒体网关（MG），其功能是采用各种手段将各种用户及业务接入到软交换网中，完成数据格式和协议的转换，将接入的所有媒体信息流均转换为采用 IP 协议的分组在软交换网中传输。

媒体接入层的作用是利用各种接入设备实现不同用户的接入，并实现不同信息格式之间的转换，功能类似于传统程控交换机的用户模块或中继模块。接入设备主要有以下形式。

（1）媒体网关：是将一种网络上传输的信息的媒体格式转换为适合在另一种网络上传输的媒体格式的设备。媒体网关把各种用户或网络接入核心网络，是各种网关的统称。根据在网络中的位置不同，媒体网关又可分为如下几种网关。

① 中继网关：传统电路交换网和分组交换网之间的网关，主要针对传统的 PSTN/ISDN 的中继接入，将其媒体流接入 ATM 或 IP 网中。

② 接入网关（Access Gateway，AG）：也称驻地网关，主要负责各种用户或接入网的综合接入，包括 PSTN/ISDN 用户接入、ADSL 用户接入、以太网接入、V5 接入等。

③ 无线网关（Wireless Gateway，WG）：实现无线用户的接入。

④ 信令网关（Signaling Gateway，SG）：通过电路与 7 号信令网相连，将窄带的 7 号信令转换为可以在分组网上传输的信令。

（2）综合接入设备：是一种小型的接入层设备，它向用户同时提供模拟端口和数据端口，实现用户的综合接入。

（3）智能终端：目前主要指 H.323 和 SIP（Session Initiation Protocol，会话起始协议）终端，如 IPPBX、IPPhone、PC 等。

（4）媒体资源服务器（Media Resource Server，MRS）：一种特殊的网关设备，类似于传统智能网中的智能外设，它的功能主要分为两大块：一是向软交换网中的用户提供各种录音通知等语音资源，二是为多方呼叫、语音或视频会议等业务提供会议桥资源。

6.2.3 网络结构实例

图 6-2 所示为 Bridgewater 提供的 IP 与 PSTN 融合的结构图，其中的智能业务节点、各种数据库和信令网关所完成的功能就是软交换。信令网关完成 7 号信令和 IP 信令之间的转换。智能业务点与各种资源数据库相连，负责业务连接的控制，还有开放式应用接口。网络接入设备在智能业务点指导下完成业务的传输。现在生产的设备中，智能业务点往往就是软交换机，网络接入设备就是媒体网关。

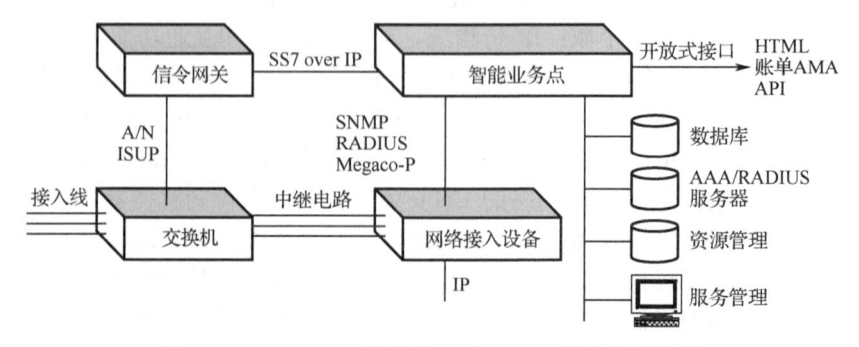

图 6-2 Bridgewater 提供的 IP 与 PSTN 融合的结构图

软交换功能是基于服务器还是基于交换机来实现的可以视具体情况而定。基于交换机的方式可以提高资源密集型应用（如选路表查询、状态控制）的性能；基于服务器的方式具有编程的功能，能灵活适应策略、用户喜好、特性控制等方面的变化。

图 6-3 所示为事务型分布式软交换体系结构，它是典型的三段式客户机服务器体系，由建立在 IP 平台上的媒体网关、媒体网关控制器、信令网关、应用服务器和媒体服务器等组成。事务型分布式软交换的基本思想是：用连接在 IP 网上的媒体网关、媒体网关控制器、信令网关、电信服务代理和电信业务服务器完成相当于传统电话网、信令网、智能网、管理网和业务提供网的功能，并与传统的接入网络和传统的电信业务网络互连。从功能上看，软交换是 IP 网络层之上的会话层、电信业务层、智能业务层功能的集合。

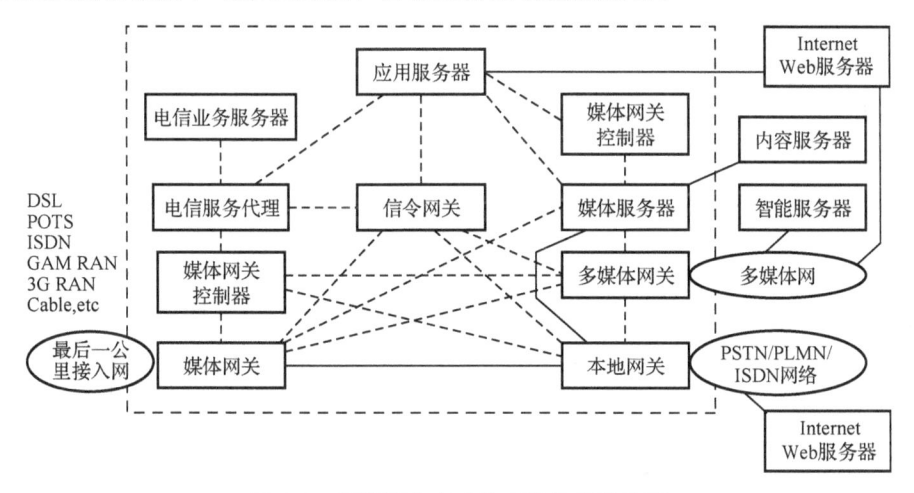

图 6-3 事务型分布式软交换体系结构图

事务型分布式软交换体系结构的优点是：将 IP 网络层、会话层、呼叫处理层和应用层功能分离，将接入功能、传输交换功能、业务提供功能和归属业务功能分离，使交换功能进入 IP 网络层，其他功能均由 IP 网络层以上的客户机服务器机制实现；支持多种不同的接入技术，从固定的模拟 POTS、数字 TDME1、DSL、以太网到无线接入技术以至未来的接入技术；支持与各种传统电信业务网络（如 PSTN 和 PLMN）以信令网节点方式互连，支持与 IP 业务网络（如 VoIP）和多媒体通信网络（如 Internet）互连；与接入网络的信令和传统电信业务网络的信令（SS7）无缝互连；支持语音、远程会议、多媒体通信等基于会话的通信业务；整合固定的和移动的电信业务，支持由移动业务衍生的定位、短消息等业务；开放的电信业务、智能业务、应用业务平台；简化了交换和业务的结构，降低了通信网络的复杂性和成本；具有可伸缩性，使用户容量、网络规模仅仅受到编址空间的限制。另外，分布式软交换系统与集中式软交换系统相比，还具有更好的开放互连性，因此，对于当前的集中式软交换长途 IP 电话网孤岛，可以通过分布式软交换系统互连，实现平滑过渡。

6.3 软交换的相关协议

6.3.1 软交换接口及其协议

软交换的实现过程主要就是通过网关发出信令，控制语音/数据业务通路。网关提供

IP/ATM 网与传统 PSTN 网之间的连接，软交换确保呼叫或连接的信令信息（自动号码识别、记费信息等）在网关之间的沟通和交流。所以，软交换要能够实现信令转换，至少要能够支持 SS7、ISUP、SIP、H.323 和 MGCP 等协议，如图 6-4 所示。

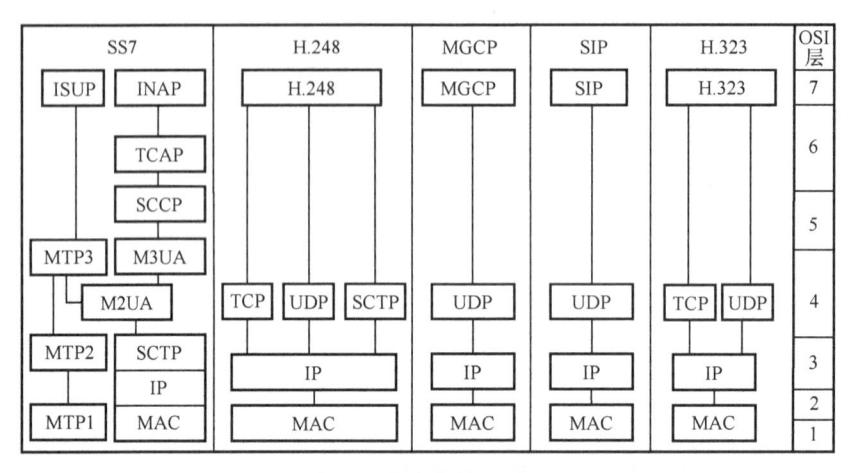

图 6-4 软交换协议系统

国际上，IETF、ITU-T 等组织对软交换及其协议的研究工作一直起着积极的主导作用，许多关键协议都已制定完成。我国软交换方面的研究处于世界同步水平，原信息产业部网络与交换标准研究组在 1999 年下半年就启动了软交换项目的研究。软交换作为一个开放的实体，与外部的接口必须采用开放的协议。图 6-5 所示为软交换对外接口的实例（实际的接口可能与此有所不同），各接口的功能都由定义的相关协议来支持。

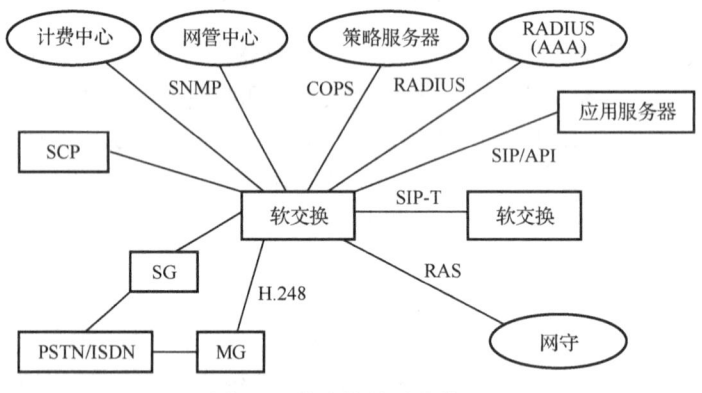

图 6-5 软交换的对外接口

（1）软交换与应用/业务层之间的协议

为了实现软交换网业务与软交换设备厂商的分离，即使软交换网业务的开放不依赖于软交换设备供应商，允许第三方基于应用服务器独立开发软交换网业务应用软件，因此，定义了软交换与应用/业务层之间的开放接口，为访问各种数据库、第三方应用平台、各种功能服务器等提供接口，实现对各种增值业务、管理业务和第三方应用的支持。

① 软交换与应用服务器间的接口，此接口可使用 SIP 或 API（如 Parlay）协议，提供对第三方应用和各种增值业务的支持功能。

② 软交换与策略服务器间的接口，此接口可使用通用开放策略服务（Common Open

Policy Service，COPS）协议，实现对网络设备的工作的动态干预。

③ 软交换与网管中心间的接口，此接口可使用 SNMP，实现网络管理。

④ 软交换与智能网的业务控制点（SCP）之间的接口，此接口可使用 INAP，实现对现有智能网业务的支持。

（2）软交换之间的协议

当由不同的软交换控制的媒体网关进行通信时，相关的软交换之间需要通信，软交换与软交换之间的协议有 SIP-T 和 BICC（承载无关呼叫控制）协议两种。

SIP-T 是 IETF 推荐的标准协议，它主要是对原 SIP 进行的扩展，属于一种应用层协议，采用 Client/Server 结构，对多媒体数据业务的支持较好，便于增加新业务。BICC 协议是 ITU-T 推荐的标准协议，它主要是将原 CCITT No.7 信令系统中的 ISUP 协议进行封装而成的，对多媒体数据业务的支持存在一定不足。目前 SIP 和 BICC 协议在国际上均有较多的应用。

（3）信令网关（SG）与软交换之间的协议

SG 与软交换之间采用信令传输协议（SIGTRAN）。SIGTRAN 的低层采用信令控制传输协议（Signaling Control Transmission Protocol，SCTP）。SIGTRAN/SCTP 协议的根本功能在于将 PSTN 中基于 TDM 的高层信令信息（TUP/ISUP/SCCP）通过 SG 以 IP 网为承载透明传至软交换，由软交换完成对信令的处理。

（4）媒体网关与软交换之间的协议

除 SG 外，各媒体网关与软交换之间的协议有 MGCP 和 H.248/Megaco 两种媒体网关控制协议，用于软交换对媒体网关的承载控制、资源控制及管理。H.248/Megaco 实际上是同一个协议的名字，由 IETF 和 ITU-T 联合开发，IETF 称之为 Megaco，ITU-T 称之为 H.248。

（5）媒体网关之间的协议

除 SG 外，各媒体网关之间采用实时传输协议（Real-time Transport Protocol，RTP）。

下面主要介绍 H.323、MGCP 和 H.248/Megaco 协议，SIP 将在 IMS 技术一章中介绍。

6.3.2　H.323 协议

H.323 协议是基于 IP 网进行音频、视频和数据通信应用的标准协议，图 6-6 所示，H.323 系统定义了终端、网关、网闸及多点控制单元（MCU）四种逻辑组成部分。

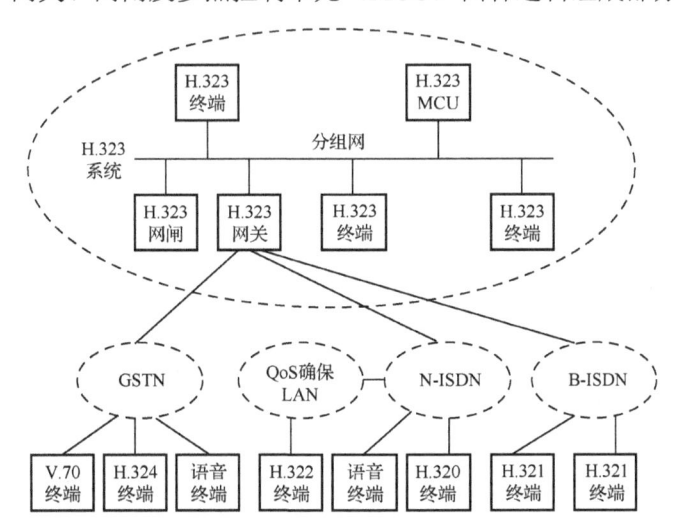

图 6-6　H.323 系统结构

H.323 终端是指在分组网上遵从 H.323 建议标准进行实时通信的端点设备（如以太网电话机或可视电话机）。H.323 网关是用于实现 H.323 终端和广域网上其他 ITU 终端之间通信的端点设备，其作用就是完成媒体信息编码的转换和信令的转换。MCU、多点处理器（MP）都是多点通信功能部件，用于实现会议通信的控制。终端、网关和 MCU 均被视为终端点。H.323 网闸（也称关守或网守）为 H.323 终端提供地址翻译和分组网接入控制服务，以及带宽管理和网关定位等服务，具体包括：地址翻译、呼叫接入控制和管理、带宽控制和管理、区域管理、呼叫控制信令、呼叫权限、网络管理、带宽预留、目录服务等。

1. H.323 协议栈结构

如图 6-7 所示，H.323 协议栈结构为集中式对等结构，实现了不同厂商设备间的互操作。H.323 协议栈下三层为分组网的底层协议。传输层有两类协议：（1）不可靠传输协议，如 UDP，用于传输实时声像信号和终端至网闸的登记协议；（2）可靠传输协议，如 TCP，用于传输数据信号及呼叫信令和媒体控制协议。

声像应用		终端控制和管理			数据应用
（音频）	（视频）				
G.7xx系列(G.711,G.722,G.7231,G.729A)	H.26x(H.261,H.263)	RTCP	RAS(H.225.0终端至网闸信令)	H.225.0呼叫信令	H.245媒体信道控制	T.120系列(T.123,T.124,T.125,T.126,T.127),T.324
加密					
RTP					
不可靠传输协议（如UDP）		可靠传输协议（如TCP）			
网络层					
数据链路层					
物理层					

图 6-7 H.323 协议栈结构

2. H.323 协议呼叫信令过程

一个完整的 H.323 协议呼叫信令过程分为 5 个阶段：呼叫建立过程、能力交换和主从确定过程、信道建立过程、通信过程和呼叫终止过程，如图 6-8 所示。

呼叫信令过程描述如下：

（1）节点 1 向网闸发送请求用户接入认证 ARQ 消息；
（2）网闸回送给节点 1 接入认可消息或接入拒绝消息 ACF/ARJ；
（3）获得网闸的接入认可后，节点 1 向节点 2 发送 Setup 呼叫请求消息；
（4）节点 2 回送 Call Proceeding 消息给节点 1，表示呼叫正在被处理；
（5）节点 2 向网闸发送请求用户接入请求消息 ARQ；
（6）网闸回送给节点 2 接入认可消息或接入拒绝消息 ACF/ARJ；
（7）获得网闸的接入认可后，节点 2 向节点 1 发送 Connect 消息，呼叫建立成功；
（8）用 H.245 信令进行能力交换、主从确定，并打开逻辑通道用于节点 1 和节点 2 之间的视频、音频数据交换，用户通话；
（9）节点 1 结束通话，发送 Release Complete 消息给节点 2，用来清除呼叫、释放资源；

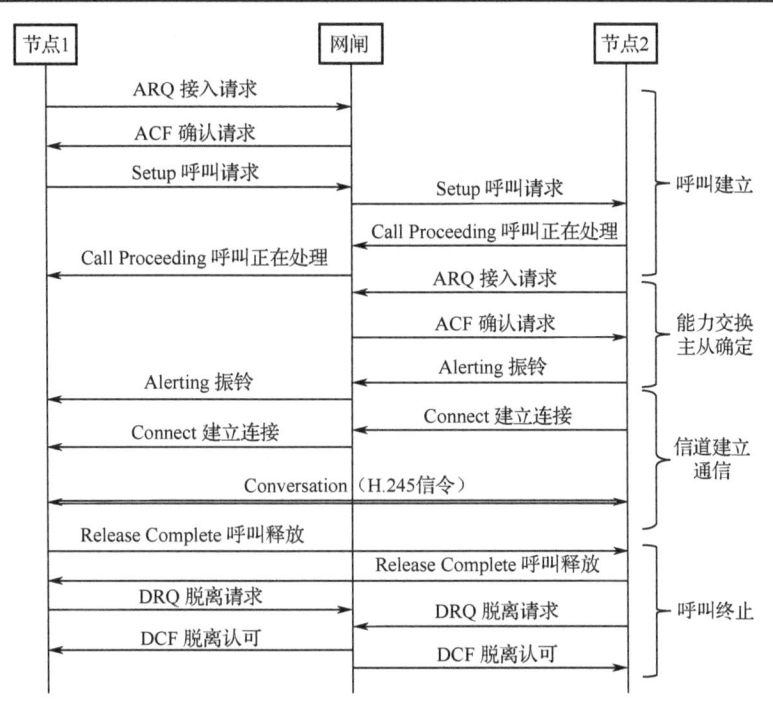

图 6-8 H.323 协议呼叫信令过程

（10）节点 2 也发送 Release Complete 消息给节点 1；节点 1 向网闸发送呼叫脱离请求消息 DRQ，网闸回复呼叫脱离认可消息 DCF；

（11）节点 2 向网闸发送呼叫脱离请求消息 DRQ，网闸回复呼叫脱离认可消息 DCF。

H.323 协议的主要不足表现如下：标准过于复杂，产品太昂贵；不能与 SS7 集成，扩展性较弱，不适用于组建大规模网络；协议中关于长途呼叫建立时间等方面的问题还有待解决；没有关于 NNI 接口的定义，这在专用网内实现计算机—计算机的呼叫没有问题，但要提供全国性业务及 PSTN-to-PSTN 连接则必须依赖 NNI 接口；没有拥塞控制机制，服务质量得不到保证；H.323 是集中式对等结构，多个平台运行多个软件，硬软件升级不容易。

6.3.3 MGCP

1. MGCP 简介

媒体网关控制协议（MGCP）是由 Telecordia 公司（原 Bellcore 公司）根据分离网关结构要求提出的，是在综合简单网关控制协议（Simple Gateway Control Protocol，SGCP）和 IP 设备控制（Internet Protocol Device Control，IPDC）协议的基础上形成的，图 6-9 所示为分离网关结构模型。人们希望把以软件为中心的呼叫处理功能和以硬件为中心的媒体流处理功能

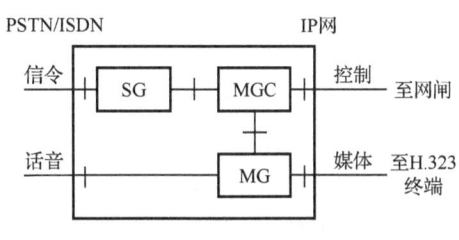

图 6-9 分离网关结构模型

分离开，放置在软交换与媒体网关之间。H.323 协议和 SIP 都不能处理两个分离实体之间的通信，而要由 MGCP 来处理。IETF 网关控制工作组成立后，进行了对 MGCP 的标准化工作；ITU-TSG16 也在此基础上制定了相应的建议 H.248，它既面向连接的媒体（如 TDM，ATM），

又面向无连接媒体（如 IP），是一个全套的多种媒体网关控制标准。MGCP 侧重的是简单性和可靠性，其本身只限于处理媒体流控制，呼叫处理等智能工作被卸载到软交换上，使媒体网关成为一个很简单的设备，简化了本地接入设备的设计，只需负担必要的接入硬件和 MGCP 用户侧功能的成本，网管和互操作成本转移到网络上。

在软交换系统中，MGCP 与 H.248/Megaco 协议一样，应用在媒体网关或 MGCP 终端与软交换设备之间，主要用于软交换与媒体网关或软交换与 MGCP 终端之间的控制过程，既是一种命令定义，又是一种信令定义。通过 MGCP 命令，MGC 可以控制 MG，MG 送回响应信号给 MGC，通过此协议来控制媒体网关和 MGCP 终端上的媒体/控制流的连接、建立和释放。MGCP 的命令和响应定义为 IP 分组，这样 MGCP 就可独立于底层承载系统。MGCP 消息在 UDP/IP 上传递，传输层协议为 UDP，网络层协议为 IP，图 6-10 所示为 MGCP 协议栈结构。

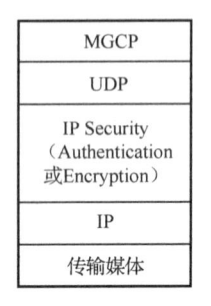

图 6-10 完整的 MGCP 协议栈

MGCP 由 MGC 完成所有呼叫处理，由媒体网关实现媒体流处理和转换。MGCP 要依赖 SDP（Session Description Protocol，会话描述协议）来协商与呼叫有关的参数，以便于网关的互连，构建大规模网络，和 7 号信令网关配合工作，与 7 号信令网良好地集成，具备很好的协议扩展性。

MGCP 通过软交换实现对多业务分组网边界上的数据通信设备（如 VoIP 网关、Voice-over-ATM 网关、CableModem、机顶盒、软 PBX（Private Branch Exchange，专用小交换机）和电路交叉连接）的外部控制和管理。软交换可以分布在多个计算机平台上，从外部控制、管理多媒体网络边界上的媒体网关，指导网关在端点之间建立连接、探测摘机之类的事件、产生振铃等信号，以及规范端点之间如何及何时建立连接。MGCP 是软交换、媒体网关、信令网关的关键协议，它使 IP 电话网可以接入 PSTN，实现端到端电话业务。

2. MGCP 呼叫信令过程

图 6-11 所示为两个电话用户位于同一个 MGC 控制下的不同 MG，他们基于 MGCP 完成一次成功呼叫的信令过程。

呼叫信令过程描述如下：

（1）MG1 上用户 A 摘机（L/HD），MG1 发送 NTFY 命令，通知 MGC；

（2）MGC 回送响应；

（3）MGC 向 MG1 发送 RQNT 命令，送拨号音，下发拨号表并要求检测用户拨号、挂机（L/HU）、拍叉簧（L/HF）及放音结束事件（L/OC）；

（4）MG1 回响应；

（5）MG1 发送 NTFY 命令，将用户拨号送给 MGC；

（6）MGC 回响应；

（7）MGC 向 MG1 发送 CRCX 命令，为主叫创建一个连接，连接模式为 Receive Only；

（8）MG1 回响应，并将连接的 SDP 信息返回给 MGC；

（9）MGC 向 MG2 发送 CRCX 命令，连接模式为 SendReceive，并将主叫连接的 SDP 信息带给 MG2；

第 6 章 软交换技术

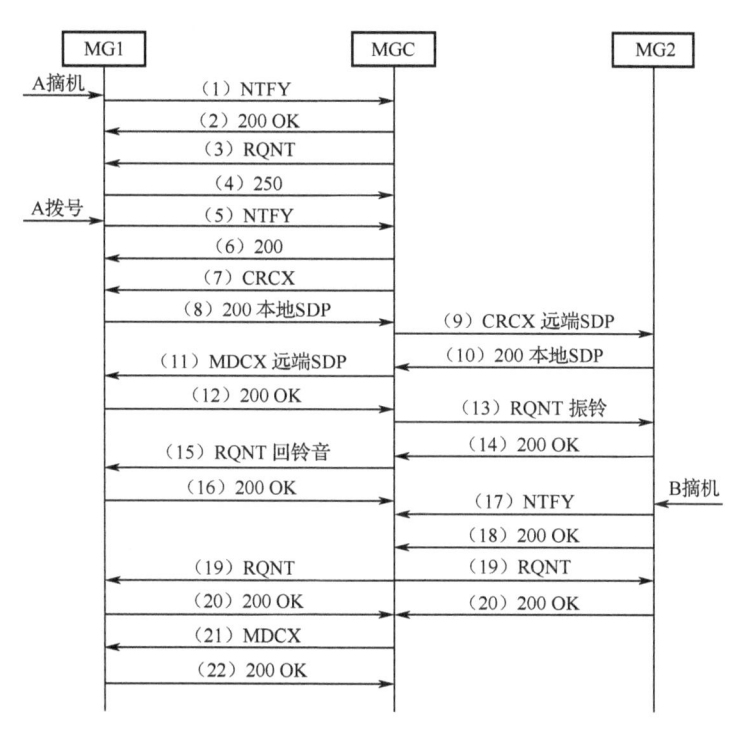

```
     MG1              MGC              MG2
A摘机 →
      ── (1) NTFY ──→
      ←── (2) 200 OK ──
      ←── (3) RQNT ──
      ── (4) 250 ──→
A拨号 →
      ── (5) NTFY ──→
      ←── (6) 200 ──
      ←── (7) CRCX ──
      ── (8) 200 本地SDP ──→
                       ── (9) CRCX 远端SDP ──→
      ←── (11) MDCX 远端SDP ──    ←── (10) 200 本地SDP ──
      ── (12) 200 OK ──→         ←── (13) RQNT 振铃 ──
      ←── (15) RQNT 回铃音 ──    ── (14) 200 OK ──→
      ── (16) 200 OK ──→                                  ← B摘机
                                  ── (17) NTFY ──→
                                  ←── (18) 200 OK ──
      ←── (19) RQNT ──           ←── (19) RQNT ──
      ── (20) 200 OK ──→         ── (20) 200 OK ──→
      ←── (21) MDCX ──
      ── (22) 200 OK ──→
```

图 6-11 MGCP 呼叫信令过程

（10）MG2 回响应，并将连接的 SDP 信息返回给 MGC；
（11）MGC 向 MG1 发送 MDCX 命令，把被叫的 SDP 信息带给 MG1；
（12）MG1 回响应；
（13）MGC 向 MG2 发送 RQNT 命令，让被叫用户 B 振铃（L/RG）；
（14）MG2 回响应；
（15）MGC 向 MG1 发送 RQNT 命令，主叫用户听回铃音；
（16）MG1 回响应；
（17）被叫用户 B 摘机，MG2 发送 NTFY 命令给 MGC；
（18）MGC 回响应；
（19）MGC 向 MG1、MG2 发送 RQNT 命令，请求 MG2 检测挂机及拍叉簧；
（20）MG1、MG2 回响应；
（21）MGC 向 MG1 发送 MDCX 命令，修改连接模式为 SendReceive，并停回铃音；
（22）MG1 回响应，主被叫通话。

3. MGCP 应用实例

图 6-12 所示为 MGCP 的应用实例，SoftX3000 通过 MGCP 控制媒体资源服务器（Media Resource Server，MRS），提供在 IP 网上实现各种业务所需的媒体资源功能，包括业务音提供、会议、交互式应答（IVR）、通知、统一消息、高级语音业务等；控制 AG/AMG 和 IAD 的接入，支持 PSTN 业务、传真透传、T.38 等。

MGCP 支持软交换通过向网关提供"会话密钥"来对媒体流进行加密，以防窃听。此外，为防止非法实体发起的恶意攻击，MGCP 还支持对发起方的身份认证，方法之一是，进行地址认证,仅接收来自已知来源的分组,另一方法是在建立呼叫的过程中传送密钥,用此密钥来对分组进行加密和认证。

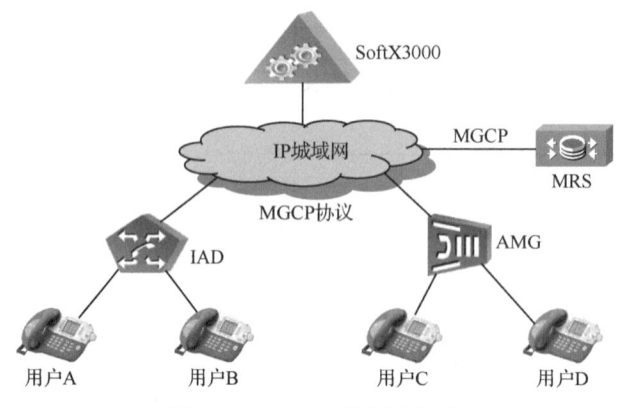

图 6-12 MGCP 的应用实例

6.3.4 H.248/Megaco 协议

1．H.248/Megaco 协议简介

H.248 和 Megaco 协议均为媒体网关控制协议,应用在媒体网关与软交换之间。两个协议的内容基本相同,只是 H.248 协议是由 ITU 提出来的,而 Megaco 协议是由 IEFT 提出来的。它们引入了终端（Termination）和关联（Context）两个抽象概念。在终端中,封装了媒体流的参数、MODEM 和承载能力参数,而关联则表明了一些终端之间的相互连接关系。H.248/Megaco 协议通过 Add、Modify、Subtract、Move 等 8 个命令完成对终端和关联的操作,从而完成呼叫的建立和释放。

H.248/Megaco 协议使语音、传真和多媒体信号在 PSTN 与 IP 网之间进行交换成为可能。H.248/Megaco 协议连接模型主要用于描述媒体网关中的逻辑实体,这些逻辑实体由 MGC 控制。连接模型中的主要抽象概念是终端和关联。终端是 MG 上的逻辑实体,它发送或接收一个或多个数据流。

2．H.248/Megaco 协议呼叫信令过程

H.248/Megaco 协议的一次呼叫信令过程如图 6-13 所示。

呼叫信令过程详细描述如下：

（1）MG1 检测到主叫用户 A 的摘机,将此摘机事件通过 Notify 命令上报给 MGC；

（2）MGC 向 MG1 返回 Reply；

（3）MGC 向 MG1 发送 Modify 消息,向主叫用户 A 发送号码表（Digitmap）,请求 A 放拨号音（cg/dt）,并检测收号完成（dd/ce）、挂机（al/on）；

（4）MG1 向 MGC 返回 Reply；

（5）用户 A 拨号,MG1 根据 MGC 下发的号码表进行收号,并将所拨号码及匹配结果用 Notify 消息上报 MGC；

（6）MGC 向 MG1 返回 Reply；

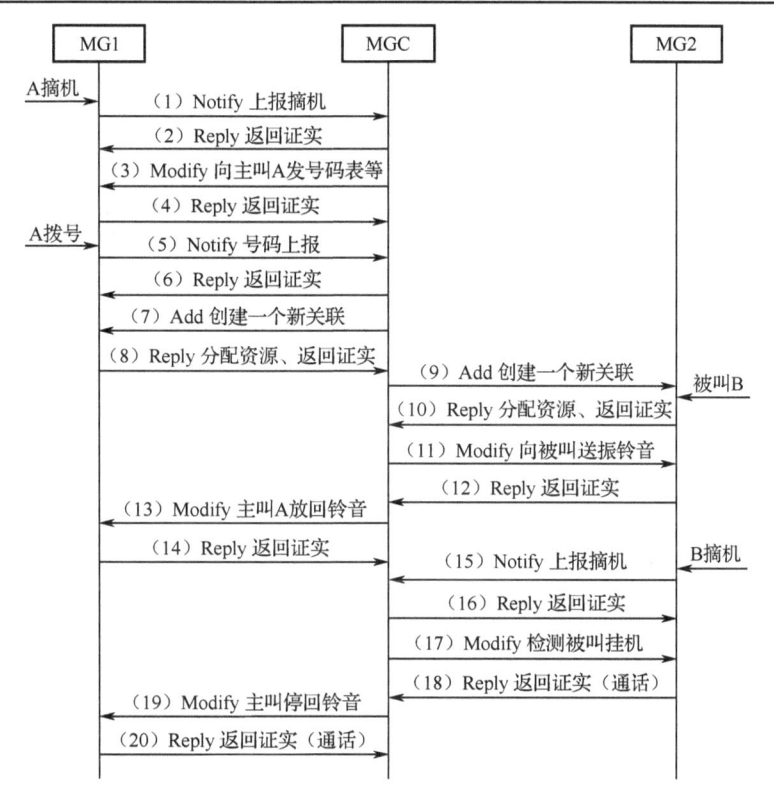

图 6-13 H.248/Megaco 协议的一次呼叫信令过程

（7）MGC 向 MG1 发送 Add 消息，在 MG1 中创建一个新关联，并在关联中加入用户 A 的终端和 RTP 终端，其中 RTP 终端的连接模式设置为 ReceiveOnly，并设置语音压缩算法；

（8）MG1 为所需加入的 RTP 终端分配资源 RTP/0，并向 MGC 应答 Reply 消息，其中包括该 RTP/0 的 IP 地址、采用的语音压缩算法和 RTP 端口号等；

（9）MGC 向 MG2 发送 Add 消息，在 MG2 中创建一个新关联，在关联中加入被叫用户 B 的终端和 RTP 终端，其中 RTP 终端的连接模式设置为 SendReceive，并设置远端 RTP 地址及端口号、语音压缩算法等；

（10）MG2 为所需加入的 RTP 终端分配资源 RTP/0，并向 MGC 应答 Reply 消息，其中包括该 RTP/0 的 IP 地址、采用的语音压缩算法和 RTP 端口号等；

（11）MGC 向 MG2 发送 Modify 消息，MG2 向被叫送振铃音（al/ri）；

（12）MG2 向 MGC 返回 Reply；

（13）MGC 向 MG1 发送 Modify 消息，向主叫用户 A 放回铃音，并设置 RTP/0 的远端 RTP 地址及端口号、语音压缩算法等；

（14）MG1 向 MGC 返回 Reply；

（15）MG2 检测到用户 B 的摘机，将此摘机事件通过 Notify 消息上报给 MGC；

（16）MGC 向 MG2 返回 Reply；

（17）MGC 向 MG2 发送 Modify 消息，让 MG2 监视检测用户 B 的挂机（al/on）；

（18）MG2 向 MGC 返回 Reply；

（19）MGC 向 MG1 发送 Modify 消息，让用户 A 停回铃音，并设置 RTP/0 的连接模式为

SendReceive;

(20) MG1 向 MGC 返回 Reply，A 与 B 正常通话。

3. H.248 协议应用实例

H.248 协议在下一代网络（NGN）中的典型应用如图 6-14 所示，通过 H.248 协议利用 TMG8010 中继媒体网关或 UMG8900 通用媒体网关提供业务承载转换、互通和业务流格式处理功能，实现将 PSTN 原有业务接入软交换系统；软交换设备利用 H.248 协议与接入媒体网关（AMG/IAD）实现模拟电话用户接入，支持 PSTN、传真透传、T.38 等业务。

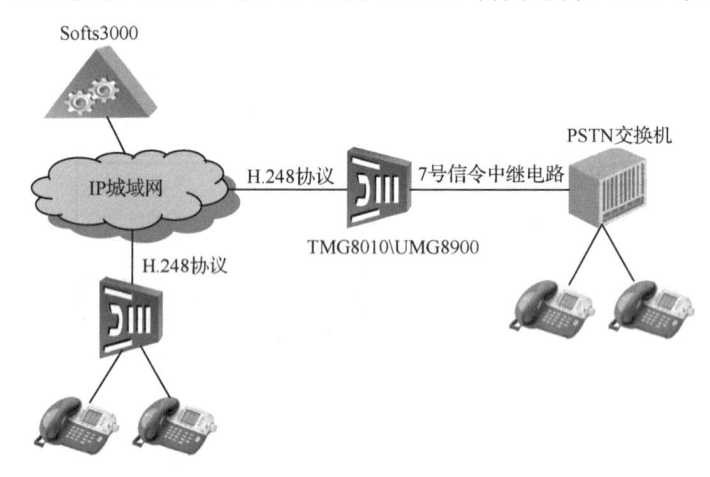

图 6-14 H.248 协议的应用实例

复习思考题

1. 什么是软交换？它与传统电话交换的本质区别是什么？
2. 软交换的主要功能有哪些？
3. 基于软交换的网络具有什么特征？
4. 简要说明基于软交换的网络系统结构。
5. 简要说明业务应用层的主要组成和功能。
6. 简要说明控制信令层的主要组成和功能。
7. 简要说明传输层的主要组成和功能。
8. 简要说明媒体接入层的主要组成和功能。
9. 软交换具有哪些对外接口？主要作用是什么？
10. 软交换主要采用什么协议？
11. 指出软交换与外部接口之间所定义的相关支持协议。
12. 若两个电话用户位于同一个 MGC 控制下的不同 MG，简述他们基于 MGCP 完成一次成功呼叫的信令过程。
13. 若两个电话用户位于同一个 MGC 控制下的不同 MG，简述他们基于 H.248/Megaco 协议完成一次成功呼叫的信令过程。

第 7 章 IMS 技术

IMS 是 IP 多媒体子系统（IP Multimedia Subsystem）的英文缩写，是 3GPP R5 标准之后新增的一个核心网子系统，它由提供语音、视频、文本、聊天等多媒体业务的各种核心网设备构成，并把这些业务组合在一起以在分组交换（PS）域上传输。IMS 实现了业务、控制和承载的完全分离，解决了软交换无法解决的问题，如用户移动性支持、标准开放的业务接口、灵活的 IP 多媒体业务提供等。由于其接入无关性，IMS 可以将蜂窝移动通信网络技术、传统固定网技术和互联网技术有机地结合起来。IMS 不仅可以解决网络融合的问题，降低网络之间互通和协调的复杂度，而且能够满足客户终端更新颖、更多样化的多媒体业务的需求。本章主要介绍 IMS 的概念与标准化进程、网络架构、相关协议、呼叫流程和应用等内容，以帮助读者了解 IMS 技术的相关知识。

7.1 IMS 的概念与标准化进程

7.1.1 IMS 的概念与发展背景

1. IMS 的概念

IMS 是朗讯提出的下一代网络融合方案的网络架构，最初是国际通信标准化组织 3GPP（第三代合作伙伴计划）为移动网络定义的。在 3GPP R5 中，IMS 是通用移动通信业务（UMTS）核心网络中提供端到端多媒体业务和集群多媒体业务的中心；在 3GPP R6 中，IMS 已经被定义为支持所有 IP 接入网（包括任何一种移动或固定的、有线或无线的 IP 接入网）的多媒体业务核心网。而在 NGN 的框架下，IMS 应同时支持固定接入和移动接入，它的核心特点是采用会话起始协议（SIP）和与接入的无关性。

2. IMS 的发展背景

由通信网的发展历史可以看出，人们对网络和终端的要求越来越高，只有通过通信网网络架构的不断演进和业务的不断更新，才能够满足人们对数据及多媒体业务的需求。基于 IP 分组交换的通信网，能够提高承载网的带宽和传输速率，是实现多媒体业务的基础，也是 NGN 的核心。IMS 就是在这种背景下产生的。

众所周知，任何一项新技术在现实中的应用都有其内在的驱动力，IMS 发展最根本的驱动力就在于所有电信业务的底层网络载体发展的需要（网络驱动）和作为运营商直接利润来源的业务的需求（业务驱动）。

1）网络驱动

引入 IMS 有利于固定移动融合（Fixed Mobile Convergence，FMC）、ICT 融合，乃至信息、通信和传感技术的融合。从长远看，以 IMS 为核心的融合网络架构的建设，将促进电信运营商从管道运营商向全业务综合信息服务提供商的全面转型，最终全面替代现有的 TDM 网和软交换网。

网络演进关系到运营商能否实现公司的可持续发展。网络各个层面的发展演进都面临着诸多问题，向 IMS 的全面演进是目前能看到的唯一出路。即使现阶段不进行网络演进相关的举措，也需要在网络规划中充分考虑向 IMS 演进过程中的问题。网络演进总体上包括移动核心网的演进和固定语音网的演进。

（1）移动核心网的演进

从通用移动通信业务（UMTS）的标准演进来看，基于现有架构的移动软交换与 GPRS 分组网络不再有新的发展，3GPP 标准在核心网方面的工作已经全面转向演进的分组核心网（EPC）的研究。当无线接入网从 WCDMA/HSPA 发展到 LTE 阶段时，核心网也演进到 EPC，也就是说所有的移动业务都将承载在 EPC 上，传统的电路交换（CS）域语音将不再存在，所有业务提供将都由 IMS 来完成。因此从远期发展来看，IMS+EPC 是移动核心网演进的目标架构。

CS 域网络最终将面临全部退网，如何保护现有投资，如何使现有业务向 IMS 业务平滑迁移，是必须思考和研究的现实问题。关于这个问题，有以下三种演进方式或思路。

第一种是将现有的移动软交换（端局或关口局）直接升级为 MGCF（Media Gateway Control Function，媒体网关控制功能）和 IM-MGW（IP Multimedia Media Gateway，IP 多媒体网关），实现 CS 域与 IMS 网络的互通，这是演进初期的升级方式。无论是固定用户接入还是移动用户接入，都存在着 IMS 业务与现有业务互通的需求。MGCF 作为 IMS 网络与现有交换网络互通的唯一节点，在硬件平台和软件架构上都和在网的交换机有很强的相似性，其主要实现的功能是 SIP 与 BICC、ISUP 协议和 SIP-I 的互通。通过实际测试验证，MGCF 完全可以与网络中的 MSC/GMSC（Gateway MSC，关口移动交换中心）合设。

第二种是将 CS 域作为 IMS 业务的承载接入 IMS 网络，即将 CS 域作为媒体承载，业务控制由 IMS 实现（即 3GPP R8 中定义的 ICS）。通过 ICS（IMS Centralized Services，IMS 集中业务），用户所有的服务，不论是从 PS 域接入的，还是从 CS 域接入的，都可以由 IMS 提供，这是演进中期 CS 域业务逐步向 PS 域迁移阶段的升级方式。这种方式的问题在于需要全网 MSC 升级支持 ICS，网络改造量大，设备功能复杂，需要通过严格的测试试验来验证其可行性。

第三种是将移动软交换作为 IMS 中提供基本补充业务的 MMtel AS 进行升级。这种方式只是重用了软交换中的业务逻辑部分功能，适用于 CS 域逐步萎缩过程中移动软交换面临退网时。对于 PS 域核心网，伴随着 PS 域逐步向 EPC 演进，以及 CS 域业务的逐渐萎缩，IMS 从最初的叠加方式引入非语音类移动多媒体业务，逐渐发展成为 IMS+EPC 方式，为移动网络统一提供包括基本语音、视频及多媒体增值业务在内的各种电信业务。图 7-1 所示为移动 PS 域核心网演进方式。

（2）固定语音网的演进

固定语音网的演进不像移动核心网那样清晰。其语音业务所呈现出的萎缩下滑的趋势使得固定语音网的演进存在很多争议。有观点认为，语音业务在萎缩，维持 PSTN 现状即可，没有必要再投资 IMS 来进行替换升级；也有观点认为，固网软交换才刚完成大规模部署，IMS 又不能带来多少新业务，不必急于引入 IMS。

各大运营商基本上对于固定语音网今后向 IMS 发展的策略是认可的，问题在于如何引入与何时引入。总的来说，固定语音网的网络结构和业务开展情况因不同运营商、不同区域和不同设备存在很大的差异，具体演进方式需要因地制宜，综合考虑多种因素，如节能降耗、投资保护、固定网与移动网融合等。

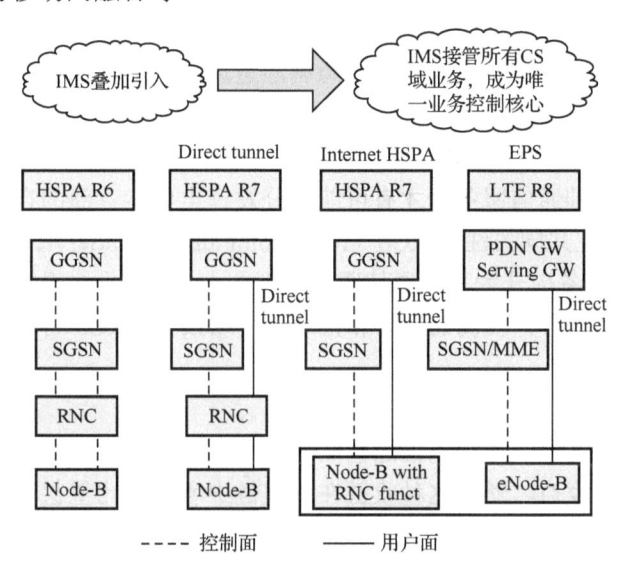

图 7-1 移动 PS 域核心网演进方式

虽然当前软交换二级汇接的架构能够满足提供长期窄带语音业务的需求，但随着光进铜退的加快，PON 的加速发展，用户接入速率不断提升，对于这部分有宽带多媒体业务需求的用户，利用现有软交换已经不能很好地实现多媒体业务，只有利用 IMS 才能最好地实现个人/家庭/企业的多媒体信息通信服务。

从电信运营商网络现状来看，移动核心网 CS 域生命力还很强，将长期存在，固定语音网短期内将仍以窄带业务为主，核心网向 IMS 演进的长期目标毋庸置疑，但这是一个战略性、长期性的演进过程，不能急于求成。从网络演进的角度来看，现阶段核心网应关注以下问题：现网设备应具备平滑升级能力；运营支撑系统应尽快满足未来 IMS 部署需求；IMS 网络部署方案应有利于现网演进；IMS 业务定位及与现网业务的关系，等等。

2）业务驱动

引入 IMS 便于创新商业模式，探索和开发基于应用环境、消耗资源、相应价格三要素的灵活多样的新商业模式，从而简化网络和扩展业务，减少网络的初始投资和运营成本，为各种新业务和融合业务提供发展机遇。电信运营商对 IMS 的业务驱动力表现在全业务融合的需要、互联网的竞争压力、新业务拓展的需求等三个方面。

(1) 全业务融合

全业务运营商对于业务融合的思路一般为：一是基础资源整合，整合固定网和移动网共用的基础网络资源，实现资源共享，提升网络资源运营效率；二是业务资费捆绑和简单整合，在一定程度上改善用户体验，增加用户黏度；三是业务网络的融合，随着 IMS 进一步成熟，利用 IMS 实现真正的业务融合，统一账单、统一体验、统一服务。

全业务运营商从初期的基础网络资源整合到业务整合和捆绑销售，由于各种网络和业务架构的本质差异性，更深层面的融合遇到障碍，如利用综合智能网实现的融合类业务只能对传统语音业务进行整合，导致现网改造升级困难、多媒体能力有限、网络扩展性差等。只有利用 IMS 才能真正发挥全业务运营优势，提供面向个人/家庭/集团客户的多媒体信息通信服务，使用户体验得到本质提升，是运营商实现差异化运营的有效手段。

（2）互联网竞争

面对互联网虚拟运营对传统电信业务的急剧渗透，电信运营商目前尚没有能与之有效抗衡的业务提供。在传统电信领域相互竞争的电信运营商，面对互联网虚拟运营有着共同的利益和目标，如同短消息与互联网 IM（即时消息）的竞争一样，只有联手起来，将信息增值服务上升为互联互通的基础通信服务，才有可能充分发挥电信运营商的自身优势。

目前全球 GSM 产业共同关注的 RCS（Rich Communication Services，富媒体通信服务），正是这样一种将 IMS 业务提升为基础通信服务的理念，得到了业内几乎所有电信运营商、设备制造商、终端厂商及业务开发商的认可和推动。可以预见，RCS 将成为电信运营商抵御互联网竞争的最有力的武器。

（3）业务拓展与开放

移动互联网的飞速发展，使得电信运营商通过与 SP（服务供应商）/CP（内容提供商）的合作，获得了一定的收益。然而这种收益在价值链中所占的比重甚微，原因就在于电信运营商向第三方的 SP/CP 直接开放了网络接入能力，而对于用户业务没有任何掌控。如果将所有增值业务和 SP/CP 的业务进行归类和细分，就不难发现，所有业务都是通过各种不同的业务能力的组合来实现的。IMS 的业务分层架构采用了 OMA（开放移动联盟）对业务引擎的定义，使得电信运营商可以集中部署业务引擎，一方面避免现有烟囱式的增值业务架构；另一方面通过对核心业务能力的掌控，向第三方开放 API 来改变现有 SP/CP 分成模式，从而获取更大的收益。

IMS 全分布式网络架构的一个显著优势就是灵活快速的业务部署。但是与 IMS 网络和业务的成熟度相比，IMS 业务能力开放还显得相对滞后，一方面由于 IMS 实际部署范围有限，另一方面 Parlay X 接口的复杂性也将众多第三方开发者拒之门外。电信运营商需要在 IMS 的业务开放性方面取得积极的进展，以使得更多优秀的第三方开发者参与业务创新。

7.1.2 IMS 的标准化进程

1. IMS 标准化的历史

目前，IMS 作为下一代 FMC 解决方案的标准得到了广泛的认可，国际权威标准组织普遍将 IMS 作为 NGN 融合及业务和技术创新的核心标准。IMS 技术具有开放的体系结构，同时支持移动和固定方式的接入，为了保证 IMS 能够尽快实现大规模的商用化部署，促进整个产业链的发展，IMS 技术的标准化至关重要。IMS 自 3GPP 在 2002 年提出 R5 版本以来，得到了各方的关注，3GPP2、IETF、ITU-T、TISPAN、OMA、ATIS（世界无线通讯解决方案联盟）等重要国际标准化组织都积极参与到 IMS 标准化的工作中。

2. IMS 标准化的进展

从 IMS 全球标准化体系工作来看，国际上 IMS 相关标准化组织（3GPP、3GPP2、TISPAN 和 ITU-T）分别从不同的出发点对 IMS 进行了系统的研究，IMS 的相关技术标准都采用了分阶段分版本的发布方式。3GPP 是 IMS 标准化的发起者和主要贡献者，3GPP R5 中完成了对 IMS 的定义，如路由选取及多媒体会话的主要部分，为转向全 IP 网络的运营商提供了一个开始建设的依据。由于 IMS 是 R5 的一个主要特性，3GPP 技术标准组对其进行了多次讨论与研究。IMS 定位于完成现有 CS 域未能为运营商提供的多媒体业务，而不是代替已成熟的 CS 域业务，从而更好地兼容 99 版本来完成系统平滑演进的过程。3GPP 的标准化进程实际是 99 版本、R4 和 R5 并行的过程，完善 99 版本和 R4 需要占用大量的时间。为避免重复制定某项标准并考虑到与固网标准的统一，3GPP 决定有关 IMS 的部分标准直接采用 IETF 和 ITU-T 的标准。3GPP2 基于 3GPP 的 IMS core 定义了 MMD（Multimedia Domain，多媒体域），主要考虑 CDMA 网络的接入，已经公布了 Rev0 和 RevA 版本，2009 年完成了 RevB 相关标准的制定工作。TISPAN 以固网接入为出发点，定义了支持固网的 IMS 体系架构，已发布了 R1 和 R2 版本。ITU-T 的 IMS 架构和 ETSITISPAN 的基本相同，从支持固定接入方式的角度对 IMS 提出各种需求，主要开展 IMS 和 IPTV（Internet Protocol Television，互联网电视）融合架构的标准化研究工作。

另外，还有一些国际标准化组织（如 IETF、WiMAX、CableLab、MSF 等）从不同的角度对 IMS 提供支持和贡献。IETF 主要负责 SIP、Diameter 等协议的规范和扩展；WiMAX、CableLab、MSF、ATIS 主要考虑 IMS 对各种不同接入方式的支持。

(1) 3GPP 的标准化进程

3GPP 在 R5 中首次提出 IMS，并在 R6 和 R7 中进一步完善。IMS R5 版本在 2002 年 9 月冻结，侧重对 IMS 基本网络架构、相关功能实体、相关功能实体之间的交互流程等的研究；R5 提出了全 IP 的网络架构，采用 SIP 进行控制，实现移动性管理、多媒体会话信令和媒体流传输。

3GPP R6 在 2005 年 3 月冻结，R6 更加侧重 IMS 和外部网络之间的互通，其接口和功能定义可操作性更强，基于流的计费架构，拓展支持 WLAN 接入方式，增补了更多的功能和应用标准，包括 PoC（基于蜂窝通信的半双工语音）、Presence、多方会议、MBMS（多媒体广播多播功能）等，并明确业务由 IMS 用户的归属地提供和控制，使 IMS 真正成为一个可运营的网络技术。

3GPP R7 在 2007 年 6 月冻结，R7 中有很多内容是在吸收了 TISPAN 研究成果的基础上形成的，增加的功能包括 IMS 支持 xDSL 接入，新增与接入方式无关的策略和计费控制（PCC）架构，并主要考虑支持通过 PS 域提供紧急服务、基于 WLAN 的 IMS 语音、CS 域与 IMS 域多媒体业务互通、VCC（IMS 域和 CS 域进行语音呼叫切换）等。

3GPP R8 在 2008 年 12 月冻结，3GPP R8 完成了对 TISPAN 和 3GPP 现有 IMScore 研究成果的合并，重点的研究课题包括 Common IMS、PBX 接入 IMS、IMS 集中控制（ICS）、Cable 接入、MMSC（多媒体消息服务中心）、ISB-IMS Service Broker 等。

(2) TISPAN 的标准化进程

TISPAN 在 NGN 标准研究基础之上与 3GPP 紧密合作，针对固定接入对基于 IMS 的架构提出扩展和修改需求（CR）。2005 年初，TISPAN 开始启动 NGN 项目，主要从固定接入的特定要求出发进行 IMS 相关标准化的研究工作，2006 年 3 月发布了 R1 版本相关标准规范；R2 阶段前期研究进展缓慢，后期延缓了部分工作；2009 年 9 月和 2011 年 6 月，发布了 R3 阶段相关研究成果。2012 年，TISPAN 专题研究组被关闭，TISPAN 经过三个阶段的标准化研究，共编制了三百多项 TISPAN 标准，属于 ETSI 标准，包括 TS、TR 和 ES 等。

TISPAN R1 版本确定 IMS 基于 3GPP R7 网络架构，并重点针对固定接入的特殊需求，对相关功能实体的功能又进行了增强。TISPAN R1 版本主要内容有：(a) 针对固定接入 (xDSL

接入），提出了网络连接子系统（NASS）、资源和接纳控制子系统（RACS）；（b）对 3GPP 已经定义的相关接口协议，针对固定接入的特殊需求进行了相关的修订；（c）研究了用于替换 PSTN 的基于 IMS 的 PSTN/ISDN 仿真子系统（PES）的实现方案；（d）研究了传统电信网络的补充业务在 IMS 架构中的实现。

TISPAN 在 2006 年初启动 NGN R2 项目，原计划 2007 年底结束，最终于 2008 年初完成，R2 项目在 3GPP R7 基础上制定标准，为 NGN 增加了许多关键要素，如基于 IMS 和非 IMS 的 IPTV、家庭网络和设备及企业网络中的 NGN 互联等，TISPAN R2 版本还包括 FMC、RACS R2、PES 架构的完善（如组注册）等相关课题研究。

TISPAN R3 阶段，2009 年 9 月启动，主要完成传输层和业务层模型、计费和数据采集功能、NGN 互联和用户终端、安全等方面的研究和标准制定工作；2011 年 6 月发布 CDN（内容分发网络）功能架构及参考点等相关研究成果。

（3）3GPP2 的标准化进程

2004 年 3GPP2 开始进行 IMS 标准化的研究工作，主要以 3GPP R5 为基础，重点解决底层分组和无线技术的差异。它与 3GPP 的 IMS 相对应的是 MMD 规范。3GPP2 MMD 规范已经完成并公布了 Rev0、RevA、RevB 三个版本，分别对应 3GPP 的 R5、R6 和 R7，大部分 MMD 规范均引自 3GPP 的 IMS 标准规范，但由于其主要基于 CDMA 接入特性，研究内容与 3GPP 有所不同。

RevB 包括 VCC、SMS over IP 等功能。由于传统 CDMA 电话域呼叫及 SMS 与 GSM 相应的流程不同，所以以上两个功能也同 3GPP R7 的规范有一定的差别。由于 CDMA 使用 PDSN（分组数据业务节点）作为 PS 域和 IMS 域的接入点，与 GPRS 的 PS 域有很大的不同，所以与 QoS 及流计费相关的功能（SBBC，基于业务的承载控制）和 3GPP 的 PCC 的差别也较大。

（4）ITU-T FGNGN 的标准化进程

ITU-T FGNGN 对 IMS 的研究主要涉及 IMS 的业务和网络框架两个方面。其中，对 NGN 业务需求的研究主要以 3GPP R6 中定义的业务为基础，但更加强调灵活的业务生成能力。对网络框架的研究则强调网络的接入无关性，尽可能多地支持包括有线和无线在内的各种接入技术。以上各标准化组织的 IMS 标准化进程如图 7-2 所示。

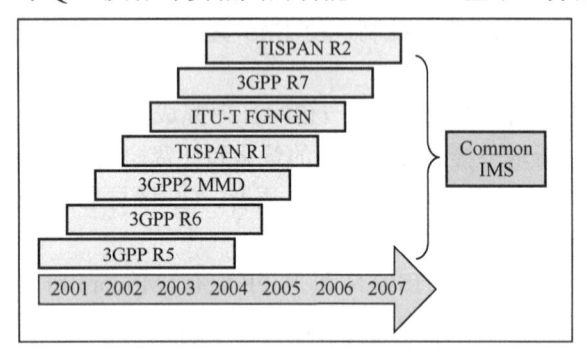

图 7-2 IMS 标准化进程

3．IMS 标准化的融合

如上所述，在 IMS 标准化进程中，各国际标准化组织各有分工，沿着各自不同的路线对 IMS 标准化进行研究和推动。各个标准化组织制定的 IMS 标准不能实现统一，阻碍了 IMS 的发展和演进。其中，3GPP 和 3GPP2 主要从移动的角度对 IMS 进行研究，而 TISPAN 则以满足固定接入特性为主要的研究方向，不同 IMS 标准制定的协调性影响了整个 IMS 标准化的进程，从而很大程度上影响着 IMS 设备的成熟及整个产业链的发展，因此将 IMS 标准制定工作进行统一和联合的需求也愈加迫切。2006 年 9 月，3GPP、3GPP2、TISPAN 等组织共同讨论了各个标准化组织对 IMS 的需求和现状，取得了需要一个统一的 IMS（Common IMS）

的共识。2007年，3GPP OP Ad Hoc 会议确定将 TISPAN R2 的内容分阶段迁移到 3GPP R8 中，并确定了 Common IMS 的范围和研究项目。

Common IMS 将 3GPP2/TISPAN 的 IMS 研究成果集中到 3GPP 的标准中，基于统一的 IMS Core（由 3GPP 定义，包括了主要的功能和实体），同时包容固定接入、移动接入、Cable 接入、无线宽带接入等所有相关的接入方式。Common IMS 的主要工作将分为 3 个阶段。阶段 1 定义 Common IMS 的功能和业务需求；阶段 2 是相关的安全和其他一些要求；阶段 3 是协议和信令具体的实现等。这样 Common IMS 就统一和协调了各标准化组织的工作，分工明确。

IMS core 的标准研究就都集中到了 3GPP，其他的标准化组织（如 3GPP2、TISPAN）负责将具体的与接入网相关的对 IMS core 的需求提交给 3GPP，不再进行 IMS core 的具体实现方案的研究。TISPAN 继续聚焦基于 IMS 架构的 IPTV、家用网络、RACS/NASS 等方向的研究；3GPP2 的后续版本继续进行 VCC、SMS over IP、MMD 漫游等方向的研究；ITU-T FGNGN 重点进行 IMS 和 IPTV 融合架构的相关研究，制定了两种 IPTV 架构，一种是不支持 IMS 的，一种是基于 IMS 的。基于 IMS 的功能体系架构使用 Y.2012 定义的 NGN 框架体系架构，在业务控制层面使用 IMS 模块提供 IPTV 业务；IMS core 功能实体代替了 IPTV 业务控制功能，提供基于 SIP 会话控制机制与基于 IPTV 应用业务用户订阅信息的认证和授权，并通过与 RACS 交互进行资源预留。

7.2 IMS 的网络架构

7.2.1 IMS 体系结构

IMS 体系结构和 CSCF（Call Session Control Function，呼叫会话控制功能）的设计利用了软交换技术，实现了业务与控制相分离、呼叫控制与媒体传输相分离。IMS 虽然是 3GPP 为了移动用户接入多媒体服务而开发的系统，但由于它全面融合了 IP 域的技术，并在开发阶段就和其他组织进行密切合作，因此实际上 IMS 已经不仅仅局限于为移动用户服务。图 7-3 和图 7-4 分别为基于 IMS 的业务架构和 IMS 体系结构示意图。

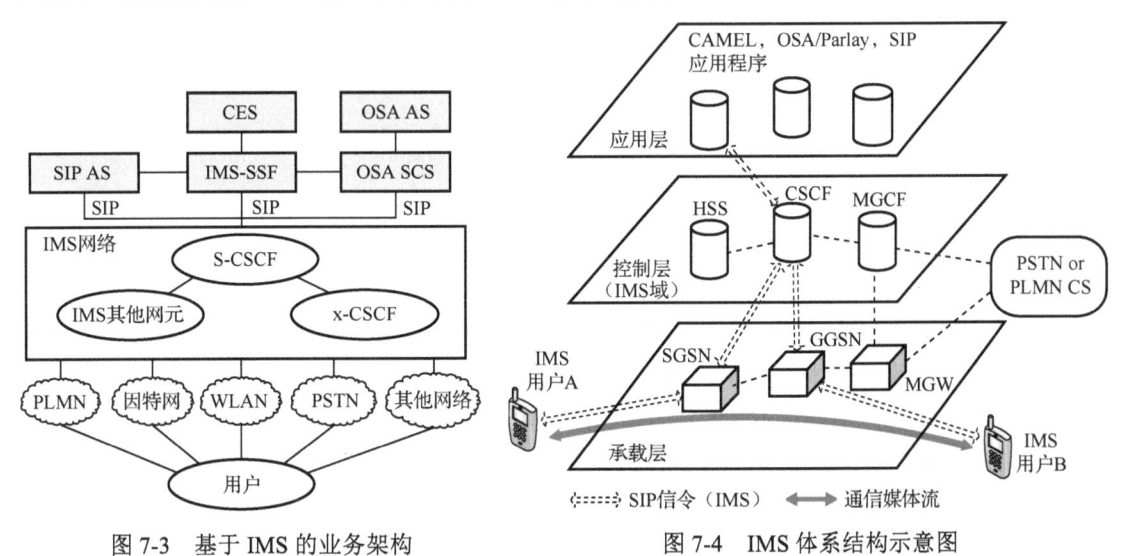

图 7-3　基于 IMS 的业务架构

图 7-4　IMS 体系结构示意图

最底层为承载层，用于提供 IMS SIP 会话的接入和传输，承载网必须是基于分组交换的。图 7-4 以移动分组网的承载方式为例，描述了 IMS 用户通过手机进行 IMS 会话的方式，主要的承载层设备有 SGSN（GPRS 服务支持节点）、GGSN（GPRS 网关业务支持节点），以及 MGW（媒体网关）。其中 SGSN 和 GGSN 可以完全重用现网设备，不需要硬件升级，仅通过相关配置就可以支持 IMS 了。MGW 是负责媒体流在 IMS 域和 CS 域互通的功能实体，主要解决语音互通问题。无论采用哪一种接入方式，只要基于 IP 技术，所有 IMS 用户信令就可以很好地传送到控制层。

中间层为控制层，由网络控制服务器组成，负责管理呼叫或会话设置、修改和释放，所有 IP 多媒体业务的信令控制都在这一层完成。主要的功能实体有 CSCF、HSS（Home Subscriber Server，归属用户服务器）、MGCF 等。这些网元担当不同的角色，如信令控制服务器、数据库、媒体网关服务器等，协同完成信令层面的处理功能，如 SIP 会话的建立、释放。这一层仅对 IMS 信令负责，最终的 IMS 业务流是不经过这一层的，而是完全通过承载层路由实现端到端通信。

最上面一层是应用层，由应用和内容服务器组成，负责为用户提供 IMS 增值业务，主要网元是一系列通过 CAMEL（移动网增强逻辑的定制应用）、OSA/Parlay 和 SIP 技术提供多媒体业务的应用平台。运营商可以自行开发一些基于 SIP 的应用，通过标准 SIP 接口与 IMS 系统连接；如果运营商需要连接第三方 PS 域的应用，IMS 可以和标准的 API（如 OSA API）连接，通过 OSA/ParlayGW 对第三方非信任的 PS 域业务进行鉴权和管理等。

7.2.2　IMS 的功能实体

图 7-5 所示为 IMS 的功能实体示意图，IMS 的功能实体可粗略地分为六大类：会话控制和路由实体族（CSCFs）、数据库实体（HSS、SLF）、服务相关实体（AS、MRFC、MRFP）、互联实体（BGCF、MGCF、IM-MGW、SGW）、支持性实体（THIG、SEG、PDF）和计费相关实体。需要理解一个非常重要的事实，IMS 标准没有详细描述网络实体的内部功能。例如，HSS 内部有三个功能部分：IMS 功能、CS 域所需的必要功能和 PS 域所需的必要功能。3GPP 标准没有描述 IMS 功能中 PS 域功能部分如何交互。相反，它描述了实体间的接口和接口支持的功能（例如，CSCF 如何从 HSS 获取用户数据）。

1. 会话控制和路由实体族

（1）代理 CSCF（P-CSCF）

P-CSCF 是用户接入 IMS 过程中的第一个连接点。所有来自用户终端（UE）和发往 UE 的 SIP 信令消息流都会通过 P-CSCF。P-CSCF 像 SIP（RFC 3261）中定义的一样，会检查请求消息，并把请求转发给选定的目的地，同时处理和转发应答消息。P-CSCF 也可以像 RFC 3261 中定义的用户代理（UA）一样工作，这时 UA 的角色用于在发生异常时发起释放会话（例如，依照基于服务的本地策略检测到用户承载通道丢失时），也用于在处理注册的过程中建立独立的 SIP 事务（Transaction）。一个运营商的网络中可以有一个或多个 P-CSCF。P-CSCF 提供的功能在 3GPP TS 23.228、TS 24.229 中描述。

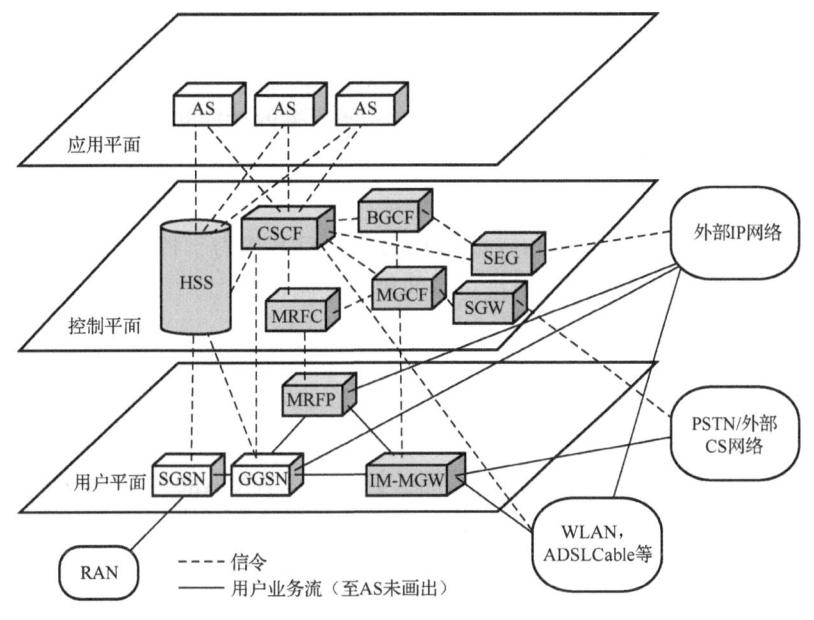

图 7-5 IMS 的功能实体示意图

(2) 问询 CSCF（I-CSCF）

I-CSCF 是一个网络的入口节点，所有通向这个网络中用户的连接都会经过这个网络的 I-CSCF。一个运营网络中可能有多个 I-CSCF。I-CSCF 提供的功能有：联系 HSS，并获取为一个用户提供的服务 CSCF（S-CSCF）的名字；根据从 HSS 获取的需要支持的能力，分配一个满足要求的 S-CSCF（只有当前用户没有分配 S-CSCF 的情况下，才分配一个 S-CSCF）；转发 SIP 请求或应答消息给 S-CSCF；给 CCF（呼叫控制功能）发送计费相关信息；隐藏功能。I-CSCF 可以包含一个叫作网络拓扑隐藏互联网关（THIG）的功能实体。THIG 可以用来对运营网络之外的部分隐藏网络的配置、能力和拓扑。

(3) 服务 CSCF（S-CSCF）

S-CSCF 位于所属地网络，是 IMS 的大脑。它为 UE 提供注册服务和会话控制。当 UE 加入一个会话的时候，S-CSCF 维护会话的状态，并同服务平台和计费功能实体交互，以支持运营商所需的服务。在一个运营网络中，可能存在多个 S-CSCF，各个 S-CSCF 也可能支持不同和功能。S-CSCF 主要完成以下功能：像 RFC 3261 中定义的注册中心一样处理注册请求；使用 IMS 认证和密钥分配协议（AKA）计划来对用户进行认证；当用户注册或处理发往一个未注册用户的请求时，从 HSS 下载用户信息和这个用户的服务相关信息；将通往移动侧的通信路由发送给 P-CSCF，将移动侧发起的通信路由发送给 I-CSCF、出口网关控制功能实体（BGCF）或 AS；进行会话控制；和服务平台交互；使用[Draft-ietf-enum-rfc2916bis]描述的格式，通过域名服务器（DNS）将 E.164 形式的电话号码翻译成 SIP URI（URI：Uniform Resource Identifier，统一资源标识符）；监管注册定时器；当运营商支持 IMS 紧急呼叫时，能够进行紧急处理中心的选择；执行媒体控制策略；维护会话定时器；为支持离线计费功能而向 CCF 发送计费相关信息。

2. 数据库实体

(1) 归属用户服务器（HSS）

HSS 是 IMS 中所有用户信息及服务相关信息的主要存储设备。HSS 中存储的主要数据包括用户标识符、注册信息、接入参数和服务触发信息[3GPP TS 23.002]。HSS 同样能提供某个特定用户对 S-CSCF 能力的要求。这个信息被 I-CSCF 用来为用户选择最合适的 S-CSCF。除了支持 IMS 相关的功能，HSS 还包含 PS 域和 CS 域所需的功能实体，即归属位置寄存器/鉴权中心（HLR/AUC）的功能子集。

（2）签约位置功能实体（SLF）

当一个网络中部署了多个可单独寻址的 HSS 时，SLF 作为一种解决机制，使得 I-CSCF、S-CSCF 和 AS 能够找到给定用户标识符对应的用户订阅信息。

3．服务相关实体

（1）多媒体资源控制器（Multimedia Resource Function Controller，MRFC）

MRFC 用来支持承载通道相关的服务，如会议、用户通告或承载通道的转码。MRFC 解释从 S-CSCF 收来的 SIP 信令，并使用媒体网关控制协议（Megaco）指令来控制多媒体资源处理器（MRFP）。MRFC 能够给 CCF 和 OCS（在线计费系统）发送计费信息。

（2）多媒体资源处理器（Multimedia Resource Function Processor，MRFP）

MRFP 提供 MRFC 要求和指示的用户层资源。MRFP 提供如下功能：接收到的媒体数据的混合操作（如多方会议中的混音处理和画面处理）；产生媒体（如发出用户提示音）；媒体处理（如语音转码和媒体分析）[3GPP TS 23.228、TS 23.002]。

（3）应用服务器（AS）

层次化的设计中，AS 不是一个纯粹的 IMS 实体。相反，它是属于 IMS 之上的功能部分。然而，AS 还是在这里作为 IMS 的功能实体进行介绍，这是因为 AS 实体为 IMS 网络提供多媒体增值服务。AS 位于所属地网络中或第三方。这里的第三方指一个网络或单独的一个 AS。AS 的主要功能为：处理和影响从 S-CSCF 接收的 SIP 会话；发起 SIP 请求；给 CCF 和 OCS 发送计费信息。AS 提供的服务不仅仅局限于基于 SIP 的服务，这是因为运营商为订阅者提供了访问基于 CAMEL 服务环境和 OSA 的服务的能力[3GPP TS 23.228]。因此，"AS"是一个用来一般指代 SIP AS、OSA 服务器和 IP 多媒体服务交换功能实体（IM-SSF）的术语。

4．互联实体

（1）出口网关控制功能实体（BGCF）

BGCF 负责选择在什么地方出局并进入 CS 域，选择的结果可能是在 BGCF 所在的网络或其他网络中。如果出局发生在 BGCF 所在的网络中，BGCF 会选择一个媒体网关控制功能实体（MGCF）来处理后续会话。如果出局发生在其他网络中，BGCF 则将会话传递给被选中网络的一个 BGCF[3GPP TS 23.228]。实际选择的规则没有定义。另外，BGCF 能够收集统计信息和向 CCF 报告计费信息。

（2）媒体网关控制功能实体（MGCF）

MGCF 是用来实现 IMS 用户和 CS 用户间通信的功能实体。从 CS 域过来的所有呼叫信令被发往 MGCF。MGCF 进行 ISUP、BICC 和 SIP 间的协议转换，并把会话转发到 IMS 中。类似地，所有 IMS 侧发起的通往 CS 用户的会话都经过 MGCF。MGCF 还控制关联的用户层实体（即 IMS-MGW）的媒体通道。另外 MGCF 还能向 CCF 报告计费信息。

（3）IMS 媒体网关（IMS-MGW）

IMS-MGW 提供 CS 网络（PSTN、GSM）和 IMS 间的用户层的链路。它终结从 CS 网络过来的承载通道和从骨干网络过来的媒体流（IP 网络的 RTP 流、ATM 骨干网的 AAL2/ATM 连接），在两种网络之间进行转化，提供转码操作，如果需要的话还能提供用户层的信号处理。另外，IMS-MGW 能够为 CS 用户提供信号音和提示音。IMS-MGW 由 MGCF 来控制。

（4）信令网关（SGW）

SGW 用于连接不同的信令网，如基于 SCTP/IP 的信令网和 7 号信令网。SGW 提供 7 号信令网上和 IP 网上传输的信令（如 SIGTRAN SCTP/IP 和 SS7 MTP）间的转换。SGW 不解释消息的应用层部分（如 BICC、ISUP）。

5．支持性实体

（1）安全网关（SEG）

为了保护安全域间控制层消息流的安全，消息流需要在进入或离开安全域的时候通过一个 SEG。安全域指由单个行政管理（Administrative Authority）所管理的网络，这和运营商网络边界相一致。SEG 被放置在安全域的边界上，用来增强这个安全域通往其他安全域中 SEG 的安全策略。网络中可能会有多个 SEG，以避免单一点出错或为了提高性能。一个 SEG 可以被设定来和所有可达的其他安全域或其中一个子集交互。

IMS 系统安全的主要措施是 IP 安全协议（IPSec），通过 IPSec 提供接入安全保护，使用 IPSec 来完成网络域内部的实体和网络域之间的安全保护。IMS 实质上是叠加在原有核心网 PS 域上的网络，对 PS 域没有太大的依赖性。在 PS 域中，业务的提供需要移动设备和移动网络之间建立一个安全关联（SA）后才能完成。对于 IMS 系统，也需要先在多媒体用户与 IMS 网络之间建立一个独立的 SA 之后才能接入多媒体业务。IMS 的安全体系结构如图 7-6 所示，图中显示了 5 个不同的用于满足 IMS 系统中不同需求的 SA，分别用 S1、S2、S3、S4、S5 来加以标识。S1 提供终端用户和 IMS 网络之间的相互认证。S2 在 UE（UA）和 P-CSCF 之间提供一个安全链接（Link）和一个 SA，用于保护 Gm 接口，同时提供数据源认证。S3 在网络域内为 Cx 接口提供安全保护。S4 为不同网络之间的 SIP 节点提供安全保护，并且这个 SA 只适用于 P-CSCF 位于拜访网络时。S5 为同一网络内部的 SIP 节点提供安全保护，并且只适用于 P-CSCF 位于归属网络时。

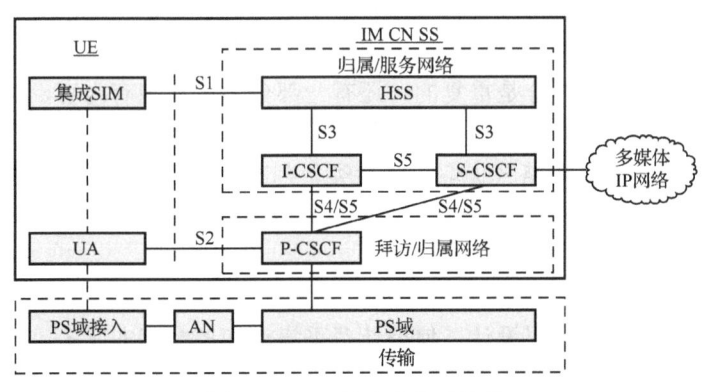

图 7-6 IMS 的安全体系结构

（2）策略决策功能实体（PDF）

PDF 的责任是基于从 P-CSCF 获取的会话信息和媒体相关信息来做策略方面的决定。它像 SBLP（基于业务的策略）中定义的策略决策点一样工作。

(3) GPRS 实体

GPRS 实体分为 GPRS 服务支持节点（SGSN）和 GPRS 网关支持节点（GGSN）。

SGSN 把 RAN 连接到分组交换核心网。它同时负责 PS 域中的控制功能和通信流处理功能。控制功能包括两个主要方面：移动管理和会话管理。移动管理处理 UE 的位置和状态，并认证订阅者和 UE。会话管理处理连接许可控制和现有数据连接的变更。控制功能还监管 3G 服务和资源。通信流处理也属于会话管理的一部分。SGSN 像一个网关一样工作，为用户数据提供隧道传输。换句话说，它在 UE 和 GGSN 之间传递用户通信量。作为这个功能的一部分，SGSN 还确保连接有合适的 QoS 保证。另外，SGSN 还产生计费信息。

GGSN 提供和外部分组交换网络的互联互通。GGSN 的主要功能就是把 UE 连接到外部分组交换网络，在那些网络里面会有基于 IP 的应用和服务。例如，外部数据网可以是 IMS 或 Internet。换句话说，GGSN 把包含 SIP 消息的 IP 分组从 UE 转发到 P-CSCF，反之亦然。GGSN 还帮助把包含媒体数据的 IP 分组转发到目的地网络（例如，转发到被叫端的 GGSN）。GGSN 提供的互联服务通常在订阅者想接入网络的接入点上实现。大部分情况下，IMS 都有自己的接入点。当用户激活一个通往接入点的承载通道（PDP Context，PDP 上下文）时，GGSN 会为 UE 分配一个动态 IP 地址。所分配的 IP 地址将被 UE 用来作为 IMS 注册及发起呼叫时所用的联系地址。另外，GGSN 会维护和监管用于 IMS 媒体流的 PDP 上下文的使用，并产生计费信息。

6. 计费相关实体

为推动 IMS 网络及业务的部署及建设，计费是重要环节之一。IMS 计费最初由 3GPP R5 提出，后续的 R6 对 R5 的计费做了一些改进，包括增加对 IPv4 的支持、支持更灵活的业务模式等。3GPP 制定的 IMS 计费相关国际标准主要包括 TS 32.240、TS 32.260、TS 32.275、TS 32.298、TS 32.299 等，其中，3GPP TS 32.240 提出了离线计费和在线计费两种计费模式。离线计费是通过收集计费话单进行计费，在线计费是通过事件触发进行计费，运营商可以实时控制业务流程。从结构层次上来看，该计费体系还采用了分层计费的结构，分别定义了应用/业务层计费、IMS 层计费和承载层计费。为了支持更灵活的 IP 业务模式，3GPP R6 中引入了 FBC（基于流的计费）技术来支持在承载层上对不同业务数据流的分开计费，从而提高系统的计费能力和计费灵活性。两种模式采用不同的计费点，分散在不同的网元实体上，不同网元提供的计费信息有一部分是重复的，还有一部分为自身独有内容，这些网元既各自提供计费信息，又互为补充。因此，在网络实际部署中，既需要解决部署中出现的一些关键问题和难点问题，如 ASN.1 话单格式提取、通话类型判断、漫游规则、计费关联、分组流量剔除等，又需要选取关键的计费点来采集计费信息，以满足 IMS 业务的计费要求。IMS 标准计费架构如图 7-7 所示。

IMS 计费主要面临如下问题。

(1) IMS 计费体系采用分层设计，使得计费采集点和控制点非常多，需要做大量的计费信息的关联、合并，提高了计费成本。

(2) FBC 和 IMS 中基于业务的 PDF 属于两套不同的系统，有各自的功能实体及接口；而从具体过程看，PDF 和 FBC 有很多相似的功能，其接口协议也有很大的相似性，所以作为分立的系统而存在，会带来网络配置、实体功能复杂化及控制的实时性差、效率低等许多问题。

(3) 该计费体系实现字节级精确计费的难度较高。

(4) 到目前为止，基于内容价值的计费业务仍是 IMS 计费中面临的一个重要问题。

(5) 与现行网络的融合难度较大。

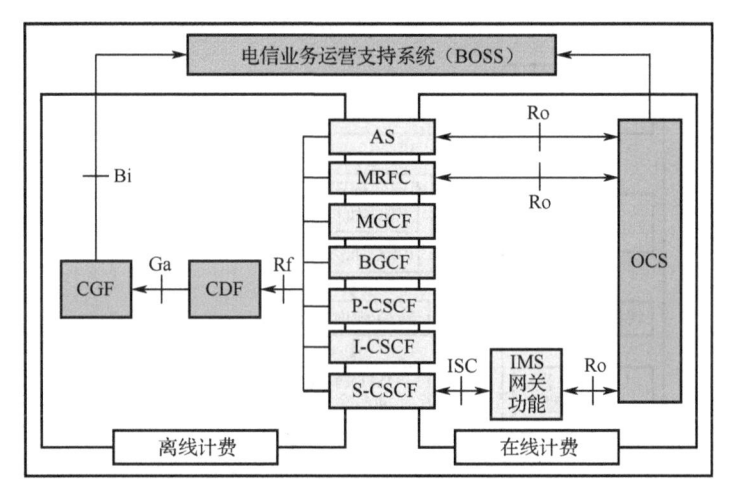

图 7-7　IMS 标准计费架构

随着 IMS 体系的发展，3GPP R6 中的 PDF 和 FBC 合并成为一个新的功能实体 PCC，并将这两个功能实体的相关接口融合。IMS 计费将向网络化倾斜，传统的业务支撑系统（Business Support System，BSS）将向 BOSS（电信业务运营支持系统）演进，更加突出运营支撑系统（Operation Support System，OSS）的业务管理能力。

7.2.3　IMS 的 QoS

IMS 提供的端到端 QoS 机制是通过协商如下参数实现的：媒体类型、业务流方向、媒体类型的比特率、分组大小、分组传输频率、各媒体类型 RTP 净荷的用法和带宽的自适应等。终端采用适当的协议（如 RTP）将各个媒体类型进行编码和分组，通过 IP 网中的某种传输层协议将这些媒体分组传输到接入网和核心网。IMS 只是一个控制的网络，IMS 中的接入网和骨干网与 IMS 一起提供端到端 QoS，其提供给终端用户的 QoS 取决于承载网络的 QoS 和能力。

在 IMS 的框架下，核心网络的信令和数据都基于 IP 网的承载，而 IP 网的无连接和不保证 QoS 的特性使得 QoS 难以达到电信级水平。IP 网 QoS 保证不是某一单项技术所能解决的，它需要业务平面、数据平面、控制平面和管理平面的配合，涉及多平面多层次的综合技术，主要表现为：首先，需要解决控制颗粒度和可扩展性之间的矛盾，要确保电信业务的 QoS，基于可用资源的接纳控制必不可少，但对每一个呼叫都执行复杂的接纳控制算法相当于回归传统交换的做法，违背了 IP 网的设计原则；其次，需要解决 NGN 分层结构中 QoS 层间垂直控制的问题，QoS 在本质上从属于具体应用，故 QoS 的实现必然涉及业务层、控制层和传输层之间的交互，必须定义层间 QoS 映射和控制信令标准，而目前 QoS 研究大多局限于传输层，没有很好地考虑上层机制；最后，需要解决多域 QoS 控制的问题，QoS 是端到端的性能，因此必然涉及用户驻地网、接入网、城域网和核心网，还可能跨越不同的运营商网络，每一类网络域都具有其不同的技术机制和服务环境，因此应采用不同的解决方案，这些也是 IMS 亟待解决的问题。

IMS 网络中的 IMS 会话控制并不直接控制承载网络的资源分配，而是需要在 IMS 会话控制层和承载层之间建立一套交互机制。图 7-8 为 IMS 网络中 QoS 控制接口的结构模型，IMS 网络中的 QoS 机制基于 IMS 会话中所协商的 SDP 参数，完成对 IMS 媒体业务流要使用的承载业务流的授权和控制。这种交互被称为基于业务的本地策略。

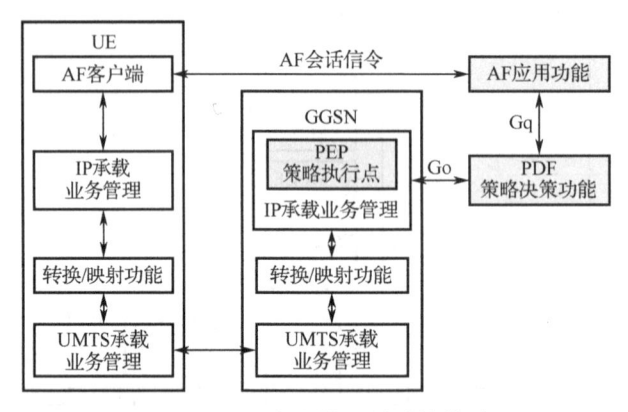

图 7-8　QoS 控制接口的结构模型

7.2.4　IMS 与软交换的区别

传统 PSTN 交换机的业务、控制、承载是紧耦合的关系。软交换与 IMS 是向未来全 IP 化网络演进的两个阶段：软交换是第一阶段，IMS 是在软交换基础上的进一步发展和演进。交换机的演进过程如图 7-9 所示。

图 7-9　交换机的演进过程

IMS 和软交换最大的区别在于以下几个方面：

（1）软交换将控制和承载分离，便于分布式组网，并可独立演进，这是简化网络和降低成本的关键和革命性的一步；但软交换网络中，业务和控制没有实现完全分离。而 IMS 在软交换控制与承载分离的基础上，进一步实现了呼叫控制层和业务控制层的分离。

（2）IMS 起源于移动通信网络的应用，因此充分考虑了对移动性的支持，并增加了外置数据库——HSS，用于用户鉴权和保护用户业务触发规则。

（3）IMS 全部采用标准化的 SIP 作为呼叫控制和业务控制的信令，黏合了移动业务和固定业务，业务之间可实现组合和相互调用；而在软交换中，SIP 只是可用于呼叫控制的多种协议中的一种，使用更多的是 MGCP 和 H.248 协议。

总的来说，软交换网络体系基于主从控制的特点，使它与具体的接入手段关系密切；而 IMS 体系由于终端与核心侧采用基于 IP 承载的 SIP，IP 技术与承载媒体无关的特性使 IMS 体系可以支持各类接入方式，从而使得 IMS 的应用范围从最初始的移动网逐步扩大到固定网领域。此外，由于 IMS 体系架构可以支持移动性管理，并且具有一定的 QoS 保证机制，因此 IMS 技术相比于软交换的优势还体现在宽带用户的漫游管理和 QoS 保证方面。

7.3 IMS 的相关接口协议

在所有的电话系统中，协议对通话的控制都起着重要的作用。电路交换网使用的公共会话控制协议主要是 TUP、ISUP 和 BICC 协议。当 IMS 与电路交换域进行互通时，仍然需要和这些协议打交道，而专门用于 IMS 的会话控制协议都是基于 IP 的，主要包括：会话起始协议（SIP）、会话描述协议（SDP，RFC 2327）、Megaco/H.248 协议、Diameter、BICC/ISUP 和 COPS 协议等。

7.3.1 SIP

SIP 是由 IETF 提出的在 IP 网上进行多媒体通信的应用层控制协议（IP 电话信令协议），是由 IETF 制定的多媒体通信系统框架协议体系的一部分。SIP 开发的目的是解决 IP 网中的信令控制及同软交换的通信问题，以帮助提供跨越 IP 网的高级电话业务，它以 Internet 协议（HTTP）为基础，遵循 Internet 的设计原则，基于对等工作模式。

1．SIP 的功能

SIP 是一个基于文本的应用层控制（信令）协议，完成语音和数据相结合的业务，以及多媒体业务之间的呼叫建立与释放。SIP 消息是基于文本的，易于读取和调试，因而新服务的编程更加简单，对设计人员而言更加直观。SIP 独立于底层传输协议 TCP/UDP，用于建立、修改和终止 IP 网上的双方或多方多媒体会话。

SIP 支持代理、重定向及登记定位用户等功能，并支持单播、多播和可移动性。SIP 标准由一系列的 RFC 组成，其中最重要的是 RFC 3261。SIP 主要支持以下 5 个方面的功能：

（1）用户定位（User Definition）：SIP 提供搜索终端用户位置的功能，在会话发起阶段提供用户信息用于创建多媒体会话，为用户的移动性提供支持。

（2）用户能力（User Capabilities）：检测用户参与会话类型与媒体参数。

（3）用户有效性（User Availability）：查询用户是否空闲，是否接受会话邀请。

（4）会话建立（Session Setup）：传递路由信息，确定会话用户的多媒体参数。

（5）会话管理（Session Handling）：对会话活动进行修改、转移与结束等控制活动。

通过与 RTP/RTCP（实时传输控制协议）、SDP、RTSP（实时流协议）等协议及 DNS 的配合，SIP 支持语音、视频、数据、E-mail、状态、IM（即时报文）、聊天、游戏等。除了普通的会话功能，SIP 还有呼叫转移、会话保持功能。SIP 如果与 SDP 配合使用，可以动态地调整和修改会话属性，如通话带宽、所传输的媒体类型及编解码格式。SIP 的最强大之处就是用户定位功能，SIP 本身含有向注册服务器注册的功能，也可以利用其他定位服务器（如 DNS、LDAP 服务器等）所提供的定位服务来增强其定位功能。

从网络分层的结构来看，SIP 处于网络传输层之上，可以作为应用层的一部分，也可以单独作为应用层与传输层之间的一层。SIP 本身是由若干层组成的，它们分别为：事务用户层、事务层、传输层及语法和编码层。

SIP 用于发起会话，它能控制多个参与者参加的多媒体会话的建立和终结，并能动态调整和修改会话属性，如会话带宽要求、传输的媒体类型（语音、视频和数据等）、媒体的编解码格式、对多播和单播的支持等。SIP 在设计上充分考虑了对其他协议的扩展适应性。它支持许多种地址描述和寻址，包括用户名@主机地址、被叫号码@PSTN 网关地址和如 010-62281234（Tel）这样的普通电话号码的描述等。这样，SIP 主叫按照被叫地址就可以识别出被叫是否在传统电话网上，然后通过一个与传统电话网相连的网关向被叫发起并建立呼叫。

SIP 的工作机制不依赖于所建立的会话类型，因此具备多种用途，可独立于通信协议进行运作。SIP 的特点主要有以下几个方面。

（1）SIP 采用客户端与服务器的结构，SIP 控制信令包括请求与响应两种类型，通过控制信令对呼叫会话过程进行控制。

（2）请求与响应是 SIP 的核心工作机制。

（3）一条 SIP 消息包含起始行、消息头与消息体三个部分，其中携带了消息类型、路由信息、媒体参数等信息。媒体信息的描述是由 SDP 来实现的，描述会话媒体参数、双方地址和编解码格式等信息。

（4）寻址方式采用 SIP_URL（URL：Unified Resource Location，统一资源定位符），可以用电话号码作为寻址目的地，以此连通 IP 电话网络与 PSTN 网络。

（5）采用登记和 DNS 机制进行用户的定位。

（6）SIP 可以与 UDP、TCP 等传输协议配合进行工作。

2．SIP 的基本网络实体

SIP 是一种基于客户机/服务器模式的协议，定义了客户机和网络服务器两个基本网络实体，通过请求消息与响应消息完成对会话活动的控制。在 SIP 系统中，终端系统被称为用户代理（User Agent，UA）。在功能上 UA 要同时具备发起呼叫与接收其他用户呼叫的能力，所以 UA 包含一个用户代理客户端（User Agent Client，UAC）和一个用户代理服务器（User Agent Server，UAS）。其中，UAC 的作用是发起会话请求，UAS 则负责响应会话请求。与 PSTN 网络中的电话相比，UA 可以看成一个普通用户终端。在拨号发起通话时，UA 就是客户端，当响应会话时，UA 就可看作一个提供用户代理功能的服务器端。

（1）客户机

客户也称用户代理客户，是发送 SIP 请求的一方。客户可能存在于用户设备上，比如 PC；也可能位于与服务器相同的平台上，比如 SIP 代理服务器同时具备客户机和网络服务器的功能。SIP 系统的终端系统 UA 的实现由两部分组成：UAC 和 UAS。

① UAC 模块的主要功能是初始化一个呼叫，根据 SIP 和 SDP 的协议规范构造请求分组，将呼叫者的状态和呼叫优先级、对代理和路由的要求等附加的请求信息作为参数通过消息头提交给代理服务器，发起请求。

② UAS 模块的功能是等待呼叫的请求分组，并根据 SIP 和 SDP 的协议规范构造响应分组，响应可以是接受、转发或拒绝呼叫请求，响应的类型及被呼叫者的信息也作为参数提交给代理服务器，以响应呼叫。在会话建立的过程中，代理服务器需要对 UAC 发送来的请求做出响应，对下一跳的代理服务器而言，代理服务器本身也可以看成一个 UAC，因此，代理

服务器同时具有 UAC 和 UAS 的功能。

（2）网络服务器

网络服务器是用于接收客户机发出的请求并回送应答消息的应用程序，SIP 中存在三种不同类型的服务器：代理服务器（Proxy Server）、重定向服务器（Redirect Server）、注册服务器（Register Server）。

① 代理服务器：代理服务器接收 UA 的 SIP 请求，经过适当修改，代表 UA 转发或响应请求。代理服务器的典型功能是可以进入数据库或位置服务器，帮助其处理请求。

② 重定向服务器：用来从 UAC 接收请求，并将该请求中的 SIP_URL 映射到一个或多个下一级服务器的地址，然后将此地址以响应消息的方式告诉 UAC。UAC 根据收到的新地址，重新向下一服务器发送请求消息。

③ 注册服务器：用户注册时向注册服务器发送 REGISTER 请求，告诉网络自己被给定的地址是有效的。

SIP 中还经常提到定位服务器，它不属于 SIP 实体，但它是 SIP 体系结构的重要组成部分。定位服务器存储并返回用户的可能位置信息。定位服务器可以利用注册服务器和其他数据库的信息，并通过注册服务器的上传位置信息，实现信息更新。

实际系统在实现时，也经常利用 UAC 和 UAS 完成注册服务器功能。因此，在实际网络中，有时只需要 UAS，而不再使用代理服务器或重定向服务器。

3．SIP 的协议消息

在 SIP 系统中，组件与组件之间的通信是通过 SIP 消息来实现的。SIP 消息分成 SIP 请求消息和 SIP 响应消息。当两个 UA 交换 SIP 消息时，发送请求的 UA 被认为是 UAC，而返回响应的 UA 则被认为是 UAS。SIP 请求消息一共有 6 种，分别为 INVITE、ACK、BYE、CANCEL、REGISTER 和 OPTIONS。SIP 响应消息由 3 位数字构成，包括 1xx、2xx、3xx、4xx、5xx 和 6xx，其中"xx"表示响应确切种类的两位数字，例如，一个临时响应消息"180"表示对端的振铃，而一个临时响应消息"181"则表示呼叫正在被中转。

此外，根据实际需要允许对 SIP 进行相应的扩展，包括 SIP 请求消息的扩展、SIP 消息头的扩展和 SIP 消息体的扩展。常见的 SIP 请求消息的扩展有：SUBSCRIBE、INFO、NOTIFY、PUBLISH、MESSAGE、UPDATE 和 REFER。SIP 消息头和 SIP 消息体的扩展则是根据实际需要进行的扩展，例如在 REFER 消息中增加 refer-to 和 refer-by 消息头。

SIP 是一个信令协议，有自己的特定语法。而会话描述协议（SDP）为会话通知、会话邀请和其他形式的多媒体会话初始化等提供了多媒体会话描述。SIP 和 SDP 一起用来表示完整的会话协商信息。

（1）消息组成

每条 SIP 消息由起始行、消息头和消息体三部分组成。

① 起始行：每条 SIP 消息由起始行开始。起始行传达消息类型（在请求消息中是方法类型，在响应消息中是响应代码）与协议版本。起始行可以是请求行（请求消息）或状态行（响应消息）。

② 消息头：用来传递消息属性和修改消息意义。

③ 消息体：用于描述被初始化的会话。消息体能够显示在请求消息与响应消息中。SIP

消息体类型就包括 SDP。

（2）消息说明

SIP 消息有请求和响应两种类型。请求消息是从 UAC 发到 UAS 的消息，响应消息是从 UAS 发到 UAC 的消息。图 7-10 给出了 SIP 基本呼叫建立过程中的相关消息。

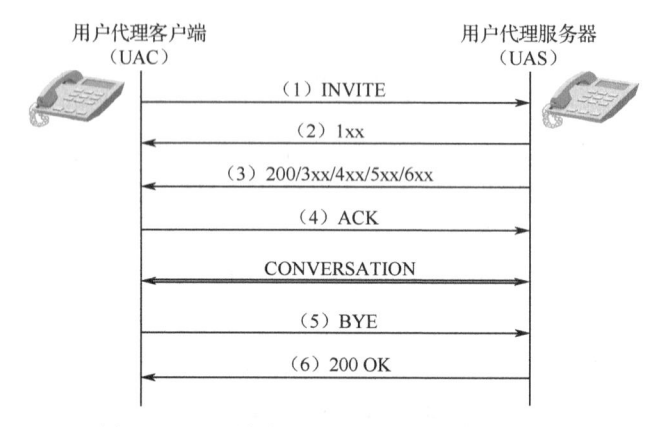

图 7-10 SIP 基本呼叫建立过程中的相关消息

① 请求消息定义了 6 种不同的方法。
- INVITE 初始化一个会话，包含会话双方进行交换的媒体的类型信息。
- ACK 是对 INVITE 消息的最终回应，表明接收到请求。
- BYE 终止一个会话。
- CANCEL 终止一个等待处理或正在处理的请求。
- OPTIONS 询问另一方服务器的性能，确定能接受何种媒体服务。
- REGISTER 申请注册客户的地址。

② 响应消息的起始行是状态行，包含一个状态码。在 RFC 2543 中，状态码功能定义如表 7-1 所示。

表 7-1 状态码功能定义

状 态 码	描 述
1xx	通知
2xx	成功
3xx	重定向
4xx	请求失败
5xx	服务器错误
6xx	全局性错误

③ 消息头定义了许多字段来表示请求或回应的详细信息。主要的字段包括：
- Via：描述了请求消息在 SIP 网络中的路由路径；
- To：描述请求消息的接收者；
- From：描述请求消息的发送者；
- Call-ID：描述唯一标识某一特定会话；

- Contact：描述请求消息接收者的 URL；
- Content-Type：描述消息体的类型；
- Cseq：描述同源 SIP 会话的先后顺序，依次加 1。

还有一些字段不是每个会话必需的，具体可参见 RFC 2543 中的详细定义。

4．SIP 的应用

SIP 通常被认为是一个端到端的多媒体会话控制协议。概括来说，SIP 可应用于 IP 网中的基本语音和多种通信增值业务；用作通信核心网的信令协议，包括基于软交换的 NGN、3GPP 的 IMS 网络和未来固定移动融合的 FMC 网络；应用于业务平台中，实现业务逻辑控制；应用于智能终端和未来数字家庭网关设备中；应用于统一通信中。

图 7-11 所示为 SIP 在 NGN 中的典型应用举例。A 局与 B 局软交换设备接入 IP 骨干网，利用 SIP 实现软交换系统互通，同时还可以与其他 SIP 终端（如 SIP Phone、SIP Softphone 等）互通。

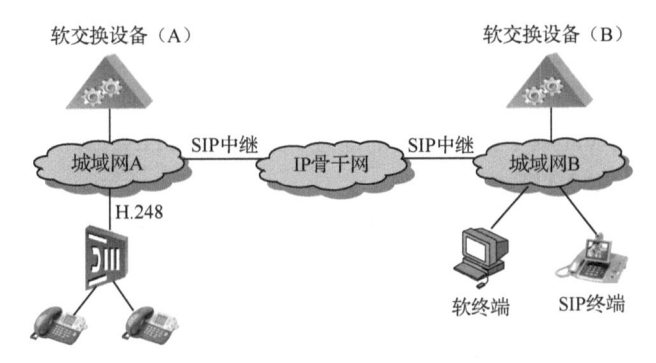

图 7-11　SIP 在 NGN 中的典型应用举例

在具体应用过程中，根据会话间实体的不同，SIP 存在各种不同的通信流程，主要分为用户注册、用户直接呼叫和代理服务器呼叫。

（1）用户注册：其流程示意图如图 7-12 所示。

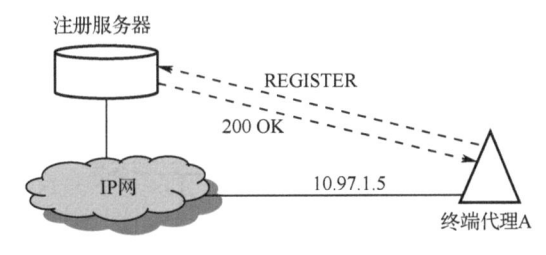

图 7-12　用户注册流程示意图

具体过程描述如下：

① 终端代理 A 向注册服务器发送 REGISTER 消息；

② 注册服务器通过后端鉴权/计费中心获知用户地址不在数据库中，便向终端代理 A 回送 401Unauthorized 质询信息，其中包含安全认证所需要的令牌；

③ 终端代理 A 根据安全认证令牌将其标识和密码加密后，再次用 REGISTER 消息报告给注册服务器；

④ 注册服务器将 REGISTER 消息中的用户信息解密,通过鉴权/计费中心验证其合法后,将该用户信息登记在数据库中,并向终端代理 A 返回成功响应消息 200 OK。

(2) 用户直接呼叫:其流程示意图如图 7-13 所示。

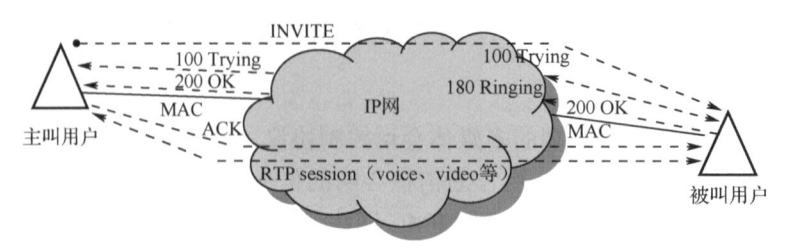

图 7-13　用户直接呼叫流程示意图

具体过程描述如下。

① 用户摘机拨号发起呼叫,终端代理 A(主叫用户)向该区域代理服务器发送 INVITE 消息发起请求。

② 代理服务器通过认证/计费中心确认主叫用户是谁并验证通过后,检查请求消息中的 Via 域是否包含其地址。若包含,说明发生环回,返回指示错误的应答;如果没有包含,代理服务器在请求消息的 Via 域中插入自身的地址,并向 INVITE 消息的 To 域所指示的终端代理 B(被叫用户)转发 INVITE 请求。

③ 代理服务器向终端代理 A 送呼叫处理中的响应消息 100 Trying。

④ 终端代理 B 向代理服务器送呼叫处理中的响应消息 100 Trying。

⑤ 终端代理 B 指示被叫用户振铃;用户振铃后,向代理服务器发送 180 Ringing 振铃消息。

⑥ 代理服务器向终端代理 A 转发被叫用户振铃消息。

⑦ 被叫用户摘机,终端代理 B 向代理服务器返回表示连接成功的响应消息(200 OK)。

⑧ 代理服务器向终端代理 A 转发该成功指示(200 OK)。

⑨ 终端代理 A 收到消息后,向代理服务器发送 ACK 消息进行确认。

⑩ 代理服务器将 ACK 消息转发给终端代理 B。

此后,主被叫用户之间建立通信连接,开始通话。

(3) 代理服务器呼叫:其流程示意图如图 7-14 所示。

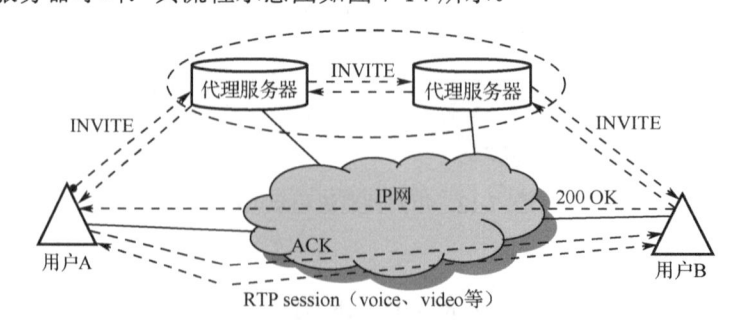

图 7-14　代理服务器呼叫流程示意图

具体过程描述如下:

① 终端代理 A(用户 A)向代理服务器 a 发送呼叫建立请求(INVITE);

② 代理服务器 a 向重定向服务器发送呼叫建立请求,重定向服务器返回重定向消息;

③ 代理服务器 a 向重定向服务器指定的代理服务器 c 发送呼叫建立请求；

④ 被请求的代理服务器 c 使用非 SIP（如域名查询或 LDAP 等）到定位服务器查询被叫地址，定位服务器返回被叫地址（被叫代理服务器 b）；

⑤ 代理服务器 c 向代理服务器 b 发送呼叫建立请求；

⑥ 终端代理 B（用户 B）接收呼叫建立请求（被叫振铃或显示）；

⑦ 终端代理 B 向代理服务器 b 发送同意（或拒绝）消息；

⑧ 代理服务器 b 向代理服务器 c 发送同意（或拒绝）消息；

⑨ 代理服务器 c 向代理服务器 a 发送同意（或拒绝）消息；

⑩ 代理服务器 a 向终端代理 A 指示被叫是否同意呼叫请求。

7.3.2 SDP

SDP 是一种会话描述协议，被用于构成 SIP 请求消息和 200 OK 响应消息的消息体，主要是供主叫和被叫交换呼叫媒体的信息（如媒体流的配置和保持等）的。

SDP 是在 RFC 2327 中定义的，用于为会话通告、会话邀请及其他形式的多媒体会话启动而描述多媒体会话的过程。所谓多媒体会话，就是多媒体发送者、接收者及从发送者到接收者的数据流的集合。视频电话会议呼叫就是一种典型的多媒体会话。SDP 语法简单易懂，已经被用作基于文本的信令协议中呼叫参数协商的编码方法。它对会话描述的格式进行了统一的定义，但是对多播地址的分配方案没有定义，而且不支持媒体编码方案的协商，这些功能是由下层传输协议完成的。

会话描述协议是完全基于文本的协议，采用的是 UTF-8 编码的 ISO10646 字符集。之所以采用文本的形式而不采用诸如 ASN.1 的二进制编码的形式，是为了提高描述的可携带性，使其可以用各种传输协议进行传输，并且可以用各种文本工具软件对会话描述进行生成和处理。为了减少会话描述的开销，便于差错检测，SDP 采用了紧凑型的编码，并且严格规定了各字段的顺序和格式。

7.3.3 其他相关协议

1. Megaco/H.248 协议

Megaco/H.248 协议是用于物理上分开的多媒体网关单元控制的协议，能够把呼叫控制从媒体转换中分离出来，主要用于 IMS 网络中的 MRFC 和 MRFP 之间的通信。Megaco 协议是 IETF 和 ITU-T 研究组共同努力的结果，因此 IETF 定义的 Megaco 与 ITU-T 推荐的 H.248 协议是相同的，只是在协议消息的传输语法上有所区别：H.248 协议采用 ASN.1 语法格式，而 Megaco 协议采用 ABNF 语法格式。

Megaco/H.248 协议说明了媒体网关（MG）和媒体网关控制器（MGC）之间的联系。媒体网关用于转换从电路交换语音到分组交换语音的 IP 分组通信流量，而媒体网关控制器则用于规定这种流量的服务逻辑。Megaco/H.248 协议用于通知媒体网关将来自分组或单元数据网络之外的数据流连接到分组或单元数据流上，如实时传输协议（RTP）。

2. Diameter 协议

Diameter 协议是由 IETF 开发的用于鉴权、授权和结算（AAA）的协议，主要为众多的接入技术提供 AAA 服务。Diameter 协议基于远程用户拨号认证系统（RADIUS），包括两部分：Diameter 基础协议部分和 Diameter 应用部分。Diameter 基础协议部分用于传输 Diameter 数据单元，协商和处理错误，并提供可扩展的能力。Diameter 应用部分定义了特定应用的功能和数据单元。

3. BICC/ISUP

ISUP 即 ISDN 用户部分（ISDN User Part），是 7 号信令系统（SS7）中的一种主要的协议。ISUP 用于建立、管理和释放中继电路，中继电路用于公用电话交换网（PSTN）中传输语音和数据呼叫。BICC（与承载无关的呼叫控制协议）是 ISUP 的一种演进版本，与 ISUP 不同的是，BICC 将信令平面和媒体平面相分离。此外，BICC 支持在一些分组交换网络中使用，如 IP 网络或 ATM 网络等。

4. COPS 协议

COPS 协议即公共开放策略服务（Common Open Policy Service）协议，是一种简单的查询和响应协议，主要用于在策略服务器（策略决策点，PDP）和其客户机（策略执行点，PEP）之间交换策略信息。在 IMS 网络中，COPS 协议主要运行在 GGSN 与 PDF 之间的 Go 接口上。COPS 协议具有设计简单且易于扩展的特点，其主要特征如下：

（1）COPS 协议采用的是客户机/服务器模式，即 PEP 向远程 PDP 发送请求，对相关信息进行更新和删除，而 PDP 需要对 PEP 进行响应和确认。

（2）COPS 协议使用的是传输控制协议（TCP），通过 TCP 为客户机和服务器提供可靠的信息交换。

（3）COPS 协议具有可扩展性和自我识别能力，可以在不修改 COPS 协议本身的情况下支持不同的特定客户机信息。COPS 协议是为策略的通用管理、配置和执行而创建的。

（4）COPS 协议为认证、中继保护和信息完整性提供了信息级别的安全性。COPS 协议也可使用已有安全协议，如 IPSec 和传输层安全协议（Transport Layer Security，TLS），以确保 PEP 和 PDP 之间通信的安全性。

7.4　IMS 呼叫流程

IMS 呼叫流程主要包括用户注册流程、用户基本会话流程、用户与 CS 网的互通流程。

7.4.1　用户注册流程

1. VoBB 用户注册流程

用户注册流程可分为 VoBB（Voice over Broadband，宽带语音）用户和 POTS（Plain Old Telephone Service，普通传统电话业务）用户，VoBB 用户注册流程如图 7-15 所示。

（1）UE 发起注册，向 P-CSCF 发送 REGISTER 消息，完成公共用户身份的 SIP 注册。

（2）P-CSCF 根据消息中携带的归属域域名和用户 URI，判断出 UE 是从拜访网络注册的，因此执行 DNS 查询以定位得到 I-CSCF 的地址，DNS 查询是基于 Request-URI 中的地址进行的。

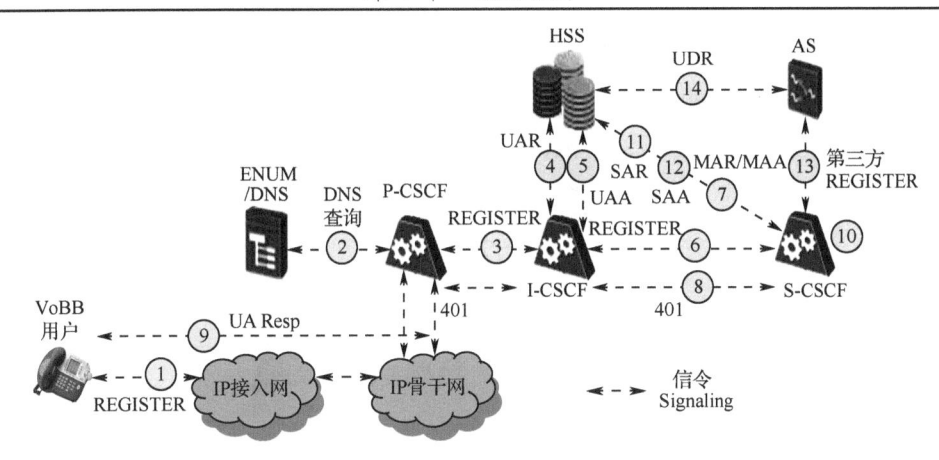

图 7-15 VoBB 用户注册流程

（3）P-CSCF 把 REGISTER 消息转到 I-CSCF，此时信息流中包含 P-CSCF 的地址、P-CSCF 的网络标识、公共用户身份、私有用户身份及 UE 的 IP 地址。

（4）I-CSCF 处理 REGISTER 消息，使用 S-CSCF 名字，通过名字地址解析机制确定 S-CSCF 的地址，I-CSCF 发送的注册信息流中包含 P-CSCF 的地址、P-CSCF 的网络标识、公共用户身份、私有用户身份及 UE 的 IP 地址到所选 S-CSCF 的关联；I-CSCF 还可以根据消息中携带的用户标识和归属域决定需要访问的 HSS 的地址，并向 HSS 发送 UAR（User Authorization Request，用户鉴权请求）消息，请求 S-CSCF 的地址。

（5）HSS 处理 UAR 消息，根据运营商限制和用户签约数据决定是否允许用户登记。若失败，则拒绝注册；若通过，则向 I-CSCF 发送 UAA（User Authorization Answer，用户鉴权应答）消息，返回 S-CSCF 的名称或能力集。

（6）I-CSCF 根据 HSS 返回的结果选择一个合适的 S-CSCF，并向其发送 REGISTER 消息。

（7）S-CSCF 向 HSS 发送 MAR（Multimedia Authorization Request，媒体鉴权请求）消息，取鉴权数据，并指示 HSS 本 S-CSCF 为该用户服务。HSS 根据 MAR 消息中的用户信息生成鉴权数据，向 S-CSCF 返回 MAA（Multimedia Authorization Answer，媒体鉴权应答）消息。

（8）S-CSCF 可选择向 UE 返回 401 未授权响应消息，由 S-CSCF 通过 I-CSCF 对 UE 发起一个挑战。

（9）UE 需根据 401 响应消息计算出鉴权响应，从 AUTN 中抽取 MAC（报文认证码）和 SQN（序列号），计算 XMAC（预期报文认证码）并检查其是否匹配接收到的 MAC，以及 SQN 是否在正确的范围内。如果两者都检查成功，UE 将计算鉴权响应，以及会话的 IK（完整性密钥）、CK（加密密钥），鉴权响应放入 Authorization 头字段中，重新构造 REGISTER 消息，按照初始 REGISTER 消息的路径发给 S-CSCF。

（10）S-CSCF 检查 UE 提供的鉴权响应，若匹配，则鉴权成功。

（11）S-CSCF 向 HSS 发送 SAR（Server Assignment Request，服务分配请求）消息，请求更新用户记录。

（12）HSS 根据 SAR 消息中的 S-CSCF 地址更新用户记录，并向 S-CSCF 返回 SAA（Server Assignment Answer，服务分配应答）消息，其中携带用户签约数据。

（13）S-CSCF 通知 AS 进行第三方注册（可选）。

（14）AS 从 HSS 得到用户数据（可选）。

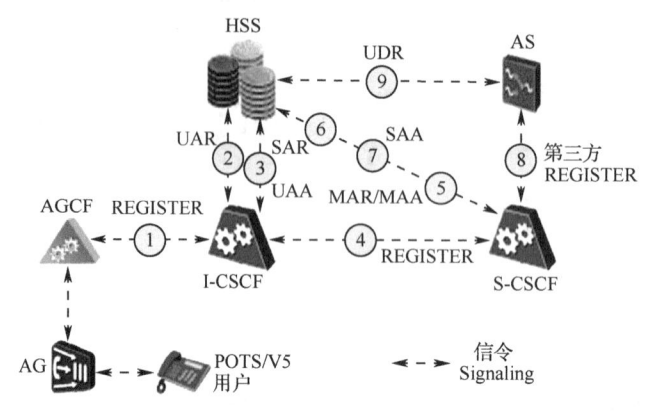

2. POTS 用户注册流程

POTS 用户注册流程如图 7-16 所示。

图 7-16 POTS 用户注册流程

（1）POTS 用户发出 REGISTER 消息，通过内置 DNS 查询得到用户归属网络的 I-CSCF，AGCF（接入网关控制功能实体）把 REGISTER 消息转到 I-CSCF。

（2）I-CSCF 处理 REGISTER 消息，根据消息中携带的用户标识和归属域确定需要访问的 HSS 的地址，并向 HSS 发送 UAR 消息，请求 S-CSCF 的地址。

（3）HSS 处理 UAR 消息，根据运营商限制和用户签约数据决定是否允许用户登记。若失败，则拒绝注册；若通过，则向 I-CSCF 发送 UAA 消息，返回 S-CSCF 的名称或能力集。

（4）I-CSCF 根据 HSS 返回的结果选择一个合适的 S-CSCF，并向其发送 REGISTER 消息。

（5）S-CSCF 向 HSS 发送 MAR 消息，取鉴权数据，并指示 HSS 本 S-CSCF 为该用户服务。HSS 根据 MAR 消息中的用户信息生成鉴权数据，向 S-CSCF 返回 MAA 消息。

（6）S-CSCF 向 HSS 发送 SAR 消息，请求更新用户记录。

（7）HSS 根据 SAR 消息中的 S-CSCF 地址更新用户记录，并向 S-CSCF 返回 SAA 消息，其中携带用户签约数据。

（8）S-CSCF 通知 AS 进行第三方注册（可选）。

（9）AS 从 HSS 得到用户数据（可选）。

3．用户注册过程中的终端、各主要功能网元及其保存的信息

1）P-CSCF 网元

（1）主要功能：负责检查 IMPI（IP 多媒体私有标识）、IMPU（IP 多媒体公共标识）和归属域，根据归属域查询 DNS 获取 I-CSCF 的地址并转发初始注册请求。

（2）保存的信息：注册前保存 DNS 地址，注册中保存 IMPI、IMPU、I-CSCF 地址、UE 的 IP 地址，注册后保存 IMPI、IMPU、UE 的 IP 地址、S-CSCF 地址。

2）I-CSCF 网元

（1）主要功能：负责查询 HSS 进行 S-CSCF 的选择并指定 S-CSCF，并向 S-CSCF 转发注册请求。

（2）保存的信息：注册前保存 DNS 和 HSS 地址，注册中保存 S-CSCF 地址（发送消息

后立即删除），注册后不保存信息。

3）S-CSCF 网元

（1）主要功能：负责从 HSS 下载鉴权数据，对终端进行鉴权；鉴权成功后从 HSS 下载用户签约数据；根据 iFC 进行第三方鉴权。

（2）保存的信息：注册前保存 HSS 地址，注册中保存 HSS 地址、用户签约数据、P-CSCF 地址、P-CSCF 的网络标识、UE 的 IP 地址、IMPI、IMPU。

4）HSS 网元

（1）主要功能：负责与 I-CSCF 交互（下发 S-CSCF 列表与每个 S-CSCF 所支持的性能）确定 S-CSCF；下发鉴权数据和用户签约数据，记录用户注册状态。

（2）保存的信息：注册前保存用户签约数据，注册中保存 S-CSCF 名或地址。

5）终端

保存的信息：注册前保存 DNS 地址，注册中保存 P-CSCF 的网络标识，注册后保存 IMPI、IMPU、域名、P-CSCF 地址、鉴权密码。

7.4.2 用户基本会话流程

用户基本会话流程可分为 VoBB 用户之间、POTS 用户之间以及 VoBB 用户与 POTS 用户之间的基本会话流程。

1．VoBB 用户之间的基本会话流程

VoBB 用户之间的基本会话流程如图 7-17 所示。

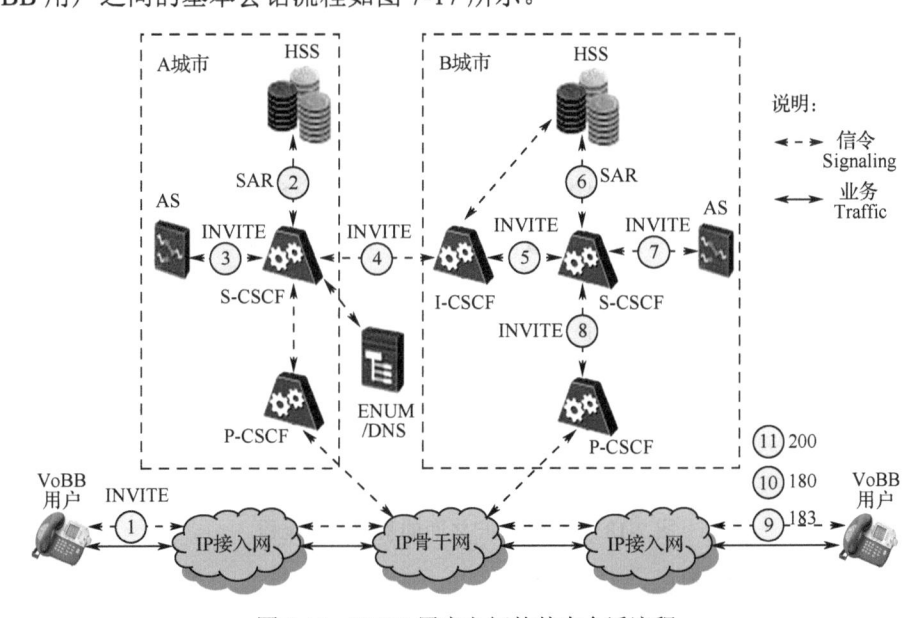

图 7-17　VoBB 用户之间的基本会话流程

（1）主叫用户发起会话请求，通过 P-CSCF 发现，UE 获得 P-CSCF 的地址，从而将请求消息发送到 P-CSCF，通过注册流程，P-CSCF 获得 S-CSCF 的地址，消息到达 S-CSCF。

（2）S-CSCF 从 HSS 下载用户数据（可选）。

（3）S-CSCF 触发主叫业务，AS 进行业务逻辑控制。

（4）S-CSCF 通过 ENUM/DNS 得到被叫用户的 I-CSCF 地址，通过 DNS 解析被叫用户的公共用户身份的宿主部分（域名）。主叫用户 S-CSCF 收到 DNS 返回的被叫用户 I-CSCF 的地址，转发请求消息。

（5）I-CSCF 作为被叫用户归属网络的入口，向本地 HSS 查询并获得在注册过程中为被叫用户选择的 S-CSCF，转发请求消息。

（6）S-CSCF 从 HSS 得到被叫用户数据（可选）。

（7）S-CSCF 触发被叫业务，AS 进行业务逻辑控制。

（8）会话请求被传送到被叫用户，被叫用户 S-CSCF 在被叫用户注册过程中得知被叫用户 P-CSCF 的地址。被叫用户 S-CSCF 作为登记员，将被叫 UE 的 SIP URI 转换成联系地址，通过被叫 UE 的联系地址，将消息发往被叫 UE。

（9）双方进行资源协商。主叫和被叫 UE 在会话的建立过程中需要对媒体的类型和编码方式达成一致，为此需使用 SDP 请求和应答机制对媒体进行协商。

（10）对被叫用户振铃。

（11）被叫用户应答，会话建立。

2．POTS 用户之间的基本会话流程

POTS 用户之间的基本会话流程如图 7-18 所示。

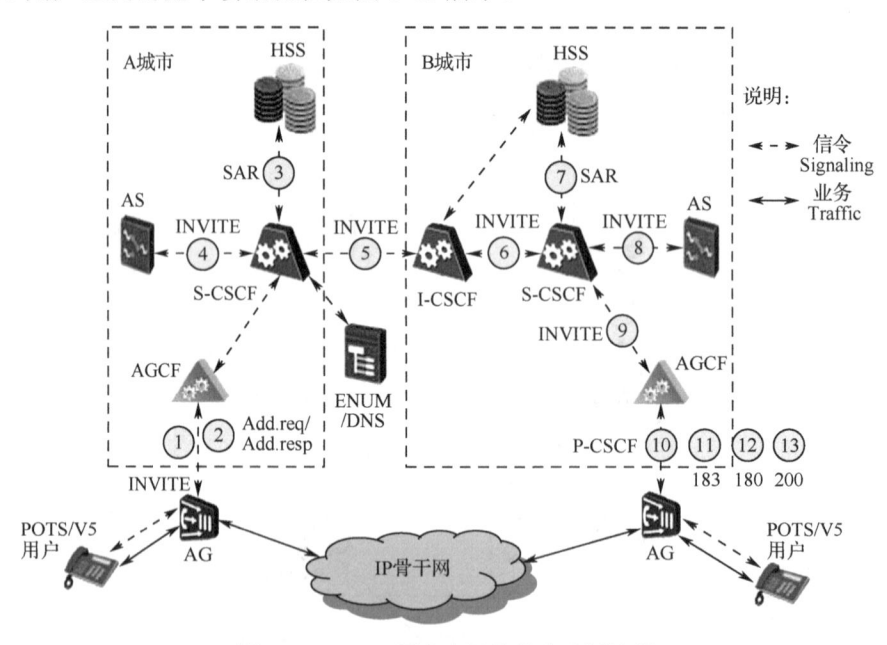

图 7-18 POTS 用户之间的基本会话流程

（1）主叫用户发起会话请求，消息到达 S-CSCF；

（2）AGCF 请求 AG 分配 IP 资源；

（3）S-CSCF 从 HSS 下载用户数据（可选）；

（4）S-CSCF 触发主叫业务，AS 进行业务逻辑控制；

（5）S-CSCF 通过 ENUM/DNS（域名系统）得到被叫用户的 I-CSCF 地址，转发请求消息；

（6）I-CSCF 通过 HSS 查询得到被叫用户注册的 S-CSCF 的地址，转发请求消息；
（7）S-CSCF 从 HSS 得到被叫用户数据（可选）；
（8）S-CSCF 触发被叫业务，AS 进行业务逻辑控制；
（9）会话请求被传送到被叫用户；
（10）AGCF 请求 AG 分配 IP 资源；
（11）双方进行资源协商；
（12）对被叫用户振铃；
（13）被叫用户应答，会话建立。

3. VoBB 用户与 POTS 用户之间的基本会话流程

VoBB 用户与 POTS 用户之间的基本会话流程如图 7-19 所示。

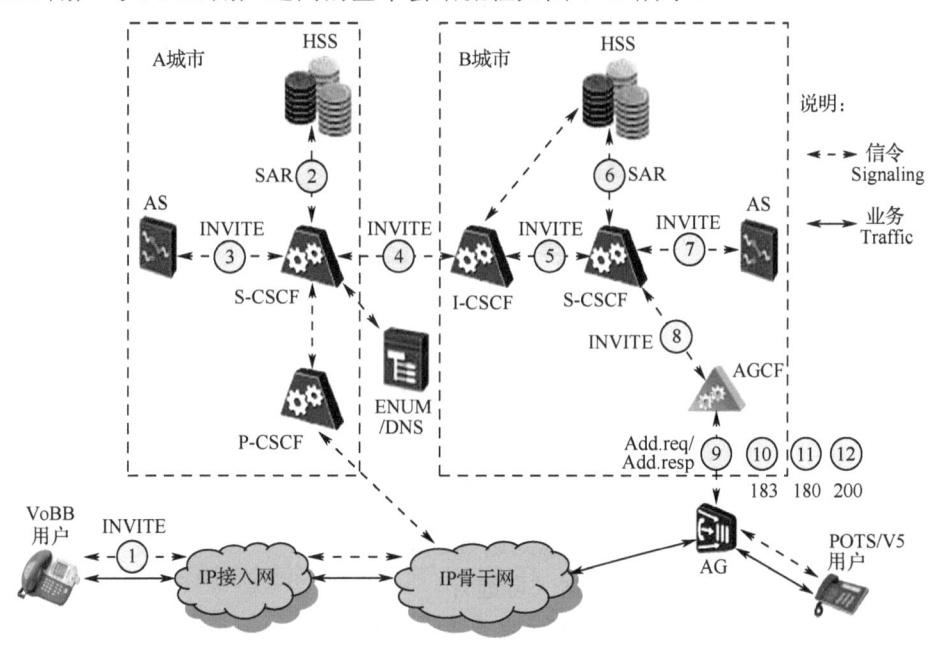

图 7-19　VoBB 用户与 POTS 用户之间的基本会话流程

（1）主叫用户发起会话请求，消息到达 S-CSCF；
（2）S-CSCF 从 HSS 下载用户数据（可选）；
（3）S-CSCF 触发主叫业务，AS 进行业务逻辑控制；
（4）S-CSCF 通过 ENUM/DNS 得到被叫用户的 I-CSCF 地址，转发请求消息；
（5）I-CSCF 通过 HSS 查询得到被叫用户注册的 S-CSCF 的地址，转发请求消息；
（6）S-CSCF 从 HSS 得到被叫用户数据（可选）；
（7）S-CSCF 触发被叫业务，AS 进行业务逻辑控制；
（8）会话请求被传送到被叫用户；
（9）AGCF 请求 AG 分配 IP 资源；
（10）双方进行资源协商；
（11）对被叫用户振铃；
（12）被叫用户应答，会话建立。

7.4.3 用户与 CS 网的互通流程

用户与 CS 网的互通流程可分为 VoBB 用户到 CS 网、POTS 用户到 CS 网、CS 网到 VoBB 用户、CS 网到 POTS 用户的互通流程。

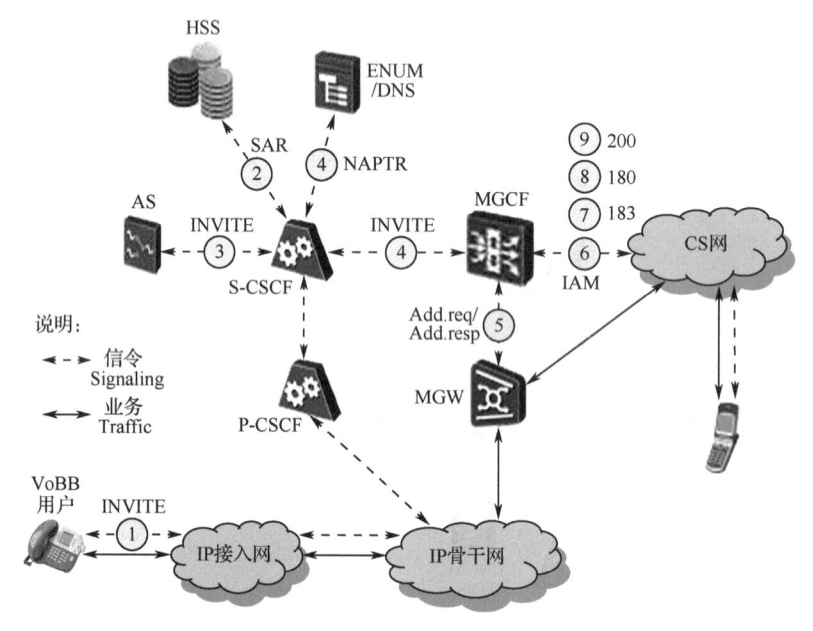

1. VoBB 用户到 CS 网的互通流程

VoBB 用户到 CS 网的互通流程如图 7-20 所示。

图 7-20 VoBB 用户到 CS 网的互通流程

（1）VoBB 用户发起会话请求，消息到达 S-CSCF；
（2）S-CSCF 从 HSS 下载用户数据（可选）；
（3）S-CSCF 触发主叫业务，AS 进行业务逻辑控制；
（4）S-CSCF 查询 ENUM/DNS 失败，将会话请求转给 MGCF；
（5）MGCF 控制 MGW 为会话在 CS 域分配中继；
（6）MGCF 向被叫用户发送 IAM（初始地址消息）；
（7）双方进行资源协商和预留；
（8）对被叫用户振铃；
（9）被叫用户应答，会话建立。

2. POTS 用户到 CS 网的互通流程

POTS 用户到 CS 网的互通流程如图 7-21 所示。
（1）POTS 用户发起会话请求，消息到达 S-CSCF；
（2）AGCF 请求 AG 分配 IP 资源；
（3）S-CSCF 从 HSS 下载用户数据（可选）；
（4）S-CSCF 触发主叫业务，AS 进行业务逻辑控制；

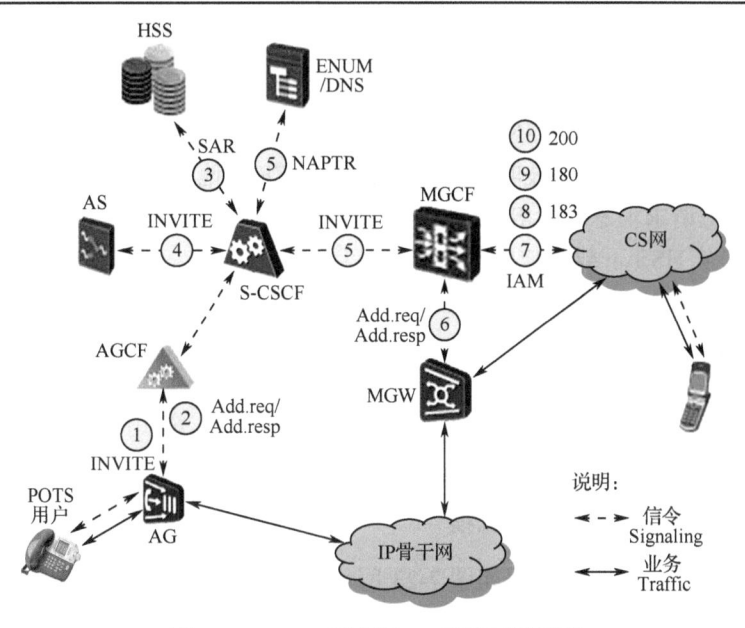

图 7-21　POTS 用户到 CS 网的互通流程

（5）S-CSCF 查询 ENUM/DNS 失败，将会话请求转给 MGCF；
（6）MGCF 控制 MGW 为会话在 CS 域分配中继；
（7）MGCF 向被叫用户发送 IAM；
（8）双方进行资源协商；
（9）对被叫用户振铃；
（10）被叫用户应答，会话建立。

3. CS 网到 VoBB 用户的互通流程

CS 网到 VoBB 用户的互通流程如图 7-22 所示。

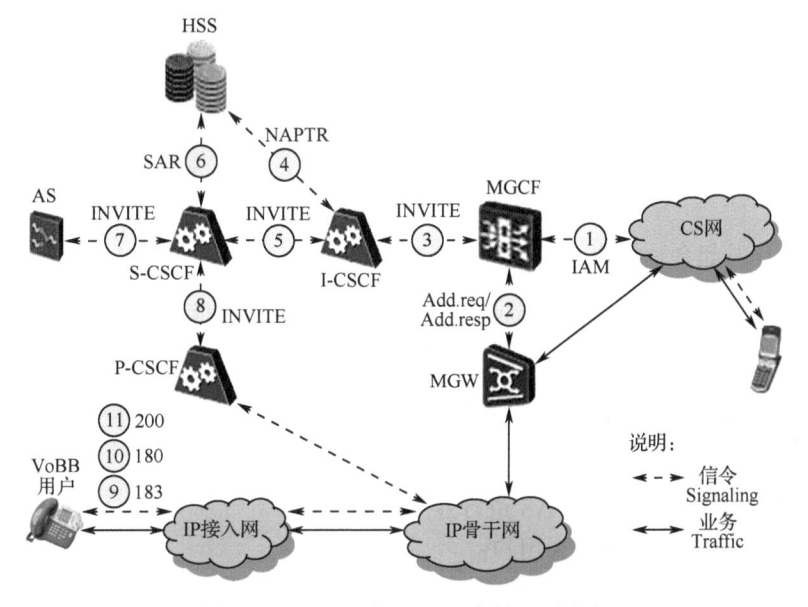

图 7-22　CS 网到 VoBB 用户的互通流程

（1）CS 用户发起会话请求；
（2）MGCF 为会话分配中继；
（3）MGCF 向被叫用户发送 INVITE 消息；
（4）I-CSCF 查询 HSS 得到被叫用户注册的 S-CSCF 的地址；
（5）I-CSCF 把请求消息转给 S-CSCF；
（6）S-CSCF 从 HSS 下载用户数据（可选）；
（7）S-CSCF 触发被叫业务，AS 进行业务逻辑控制；
（8）会话请求被传送到 VoBB 用户；
（9）双方进行资源协商和预留；
（10）对被叫用户振铃；
（11）被叫用户应答，会话建立。

4．CS 网到 POTS 用户的互通流程

CS 网到 POTS 用户的互通流程如图 7-23 所示。

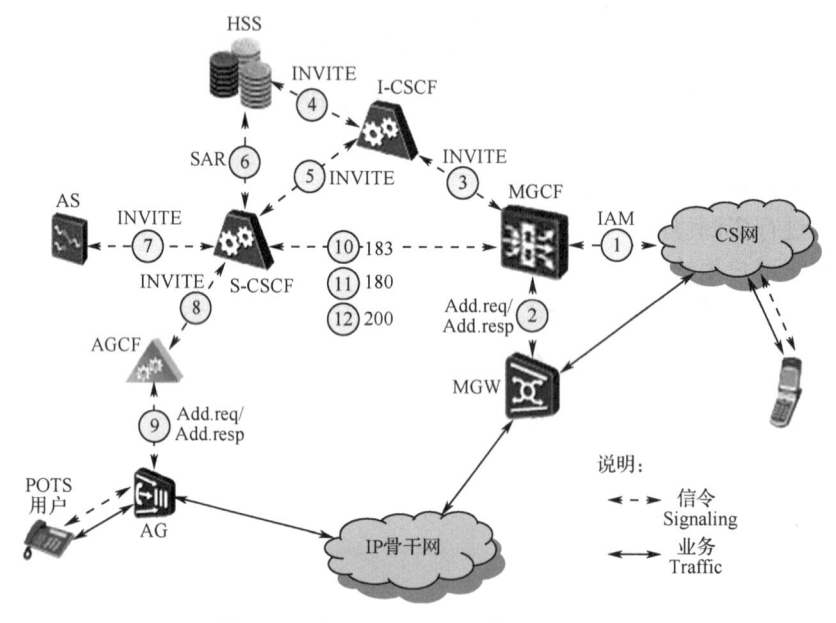

图 7-23　CS 网到 POTS 用户的互通流程

（1）CS 用户发起会话请求；
（2）MGCF 为会话分配中继；
（3）MGCF 向被叫用户发送 INVITE 消息；
（4）I-CSCF 查询 HSS 得到被叫用户注册的 S-CSCF 的地址；
（5）I-CSCF 把请求消息转给 S-CSCF；
（6）S-CSCF 从 HSS 下载用户数据（可选）；
（7）S-CSCF 触发被叫业务，AS 进行业务逻辑控制；
（8）会话请求被传送到 POTS 用户；
（9）AGCF 请求 AG 分配 IP 资源；

(10) 双方进行资源协商和预留；
(11) 对被叫用户振铃；
(12) 被叫用户应答，会话建立。

7.5　IMS 系统应用

这里主要以华为公司开发的 IMS 设备为例，介绍 IMS 设备的构成和组网应用。

7.5.1　典型 IMS 设备

1. 硬件组成

1）机柜

整机采用 N68E-22 机柜，根据机柜内配置的组件的不同，机柜分为综合配置机柜、业务处理机柜和网络机柜。综合配置机柜、网络机柜为必配机柜，业务处理机柜根据用户量或话务量进行配置。每个站点部署的前两个机柜为综合配置机柜，后续机柜采用业务处理机柜。机柜的摆放位置遵循从左到右的原则，依次为网络机柜、综合配置机柜和业务处理机柜。综合配置机柜和业务处理机柜总共最多配置 9 个机框。0 号机框为基本框，1~8 号机框为扩展框。机柜内部组件随组网形式及容量的不同而不同，视实际需求而定。整机配置如图 7-24 所示。

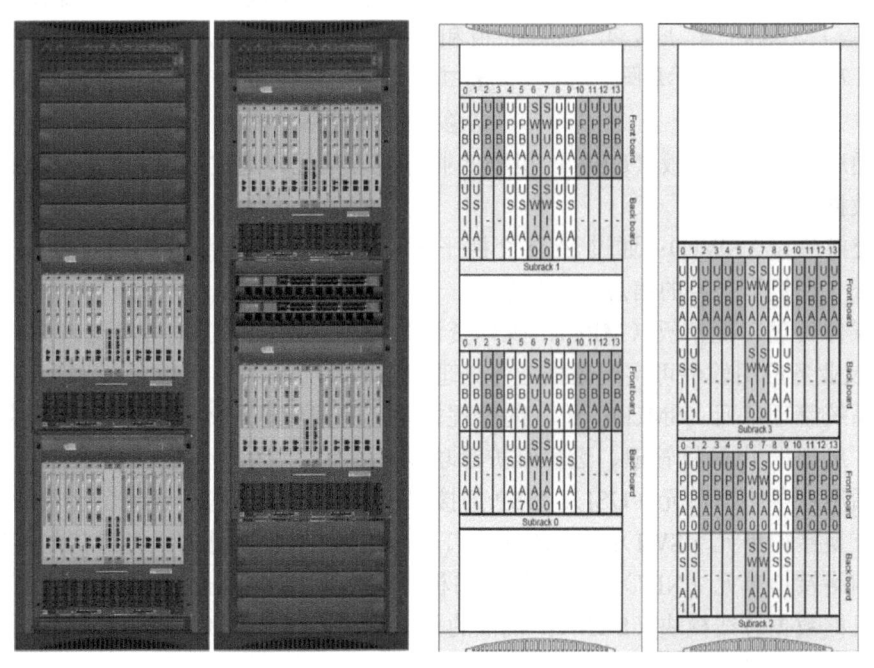

图 7-24　整机配置

2）机框

每个机柜最多可以配置 3 个 OSTA 2.0 机框，机框设计标准满足 NEBS GR-63-core、ETSI 300 019 CLASS 3.1 标准。每个机框都有 14 个标准单板插槽，统一后出线；机框下部配置 2

个风扇盒散热，前/侧进风，后出风；直流供电（-40.5～-72V）。机框外观如图 7-25 所示。机框采取中置背板、前后对插的方式。后插单板作为前插板的后出接口板，前后插板一起作为一块完整的单板；如果单板不需后出接口，可不配置后插板。

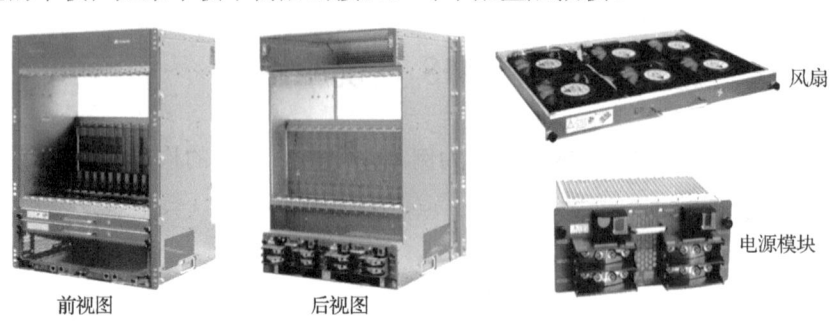

图 7-25　机框外观实物图

如图 7-26 所示，机框一共提供 14 个业务槽位，其中 6、7 槽位为交换单元（SWU）槽位，其他槽位为通用服务器板（UPB）槽位（简称通用槽位）。

图 7-26　机框槽位示意图

3）单板

单板分为前插板和后插板两类。前插板主要包括通用业务处理单板、交换单元、媒体处理功能单板和系统管理单元四种，后插板主要包括通用业务接口单元、交换接口单元、网络接口单元和机框数据总线模块四种。

（1）通用业务处理单板（USP）：机框的业务处理单元，通过在 USP 上安装业务应用软件可实现数据业务处理。

（2）交换单元（SWU）：通过 Base 交换平面与 Fabric 交换平面，完成对内（指同一机框内）和对外（指机框外）的信息交换功能。

（3）媒体处理功能单板（MPF）：媒体资源处理器 MRP6600 的业务处理单元，通过在 MPF 上安装业务应用软件可实现数据业务处理。

（4）系统管理单元（SMU）：机框的管理模块，完成机框设备管理、传感器/事件管理、用户管理、风扇框/电源框管理、远程维护等功能。

（5）通用业务接口单元（USI）：USP 的接口板，作为 USP 与外部设备通信的接口。

（6）交换接口单元（SWI）：SWU 的接口板，作为 SWU 与外部设备通信的接口。

（7）网络接口单元（NIU）：MPF 的接口板，作为 MPF 与外部设备通信的接口。

（8）机框数据总线模块（SDM）：机框的数据模块，通过其 8 位拨码开关定义机框号。它还记录了机框信息、系统性能参数等。

2．主要 IMS 网元设备

基于不同的功能需要，可以利用前述的四种前插板和四种后插板构成不同的网元设备。

1）CSC3300 呼叫会话控制器

CSC3300 集成了 P-CSCF/I-CSCF/S-CSCF/E-CSCF/BGCF/IBCF/MRFC 多种实体功能于一

体，可支持合一部署，也可根据需要灵活分设部署，实现用户访问控制、注册、认证，以及呼叫会话控制、媒体资源控制、业务触发等功能。具体来说，就是由 P-CSCF 提供 SIP Proxy 功能、媒体网关设备控制、接入网管理、安全控制、紧急呼叫识别和路由、计费点控制；I-CSCF 提供运营商 IMS 网络入口、S-CSCF 分配、会话路由、媒体网关设备控制、拓扑隐藏；S-CSCF 提供用户注册、会话处理、业务触发、紧急呼叫路由、计费点控制；MRFC 解析来自 S-CSCF 及 AS 的 SIP 资源控制命令，实现对 MRFP 媒体资源的控制功能；等等。

2）HSS9820 归属用户服务器

HSS9820 是 IMS 用户归属网络中存储用户信息的核心数据库，具有 IMS 的 HSS 和 SLF（用于选择 HSS）实体的功能。HSS9820 从逻辑上划分为 HSS-BE（BACK END，用户数据存储）和 HSS-FE（FRONT END，信令接入、业务逻辑处理）两部分。

3）UAC3000 接入网关控制设备

图 7-27 所示为 UAC3000 在 IMS 网络中的典型组网。UAC3000 提供 AGCF（接入网关控制功能），主要用于控制 H.248 用户、MGCP 用户、V5 用户、ISUP 用户、TUP 用户等接入 IMS 网络中使用 IMS 提供的业务。UAC3000 与 UMG8900、SG7000 等产品配合组网时，可用作传统 PSTN（公用电话交换网）的 C4 局（汇接局）。

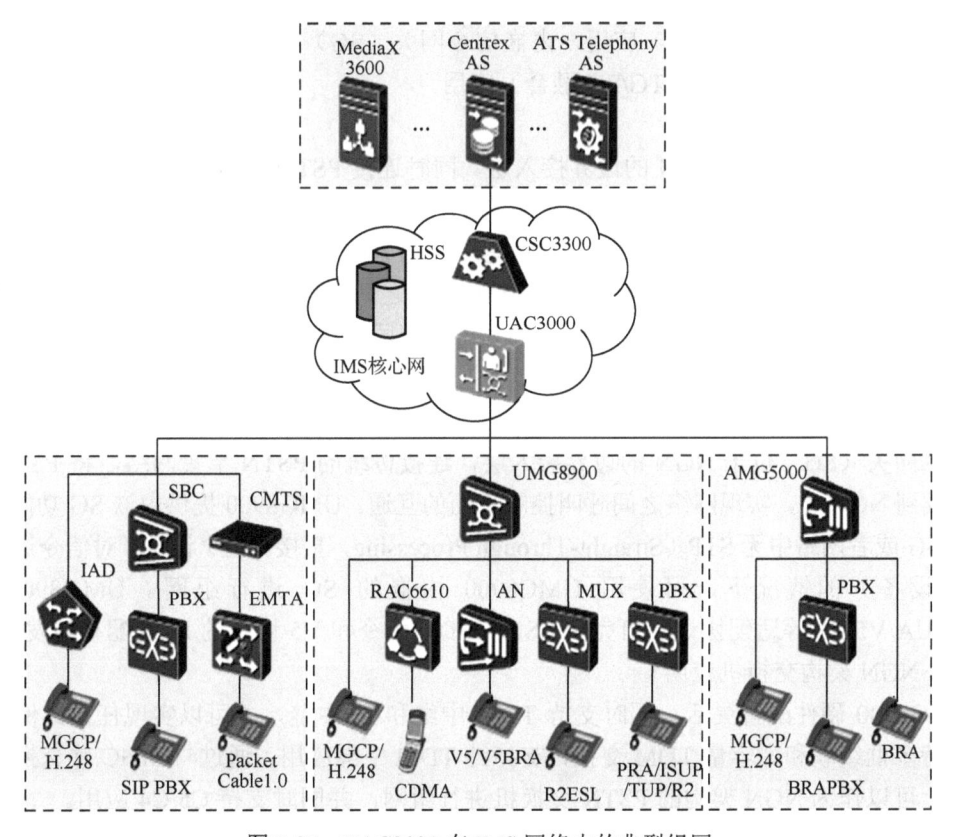

图 7-27　UAC3000 在 IMS 网络中的典型组网

4）ATS9900 通用语音应用服务器

ATS9900 继承了所有常见的 PSTN/ISDN 传统电信增值业务，并在此基础上增加了许多

IMS 独有的特色增值业务。运营商能够使用一套 ATS9900 产品同时为多个接入网（固定网、移动网等）提供相同的增值业务服务，并且能够提供多个接入网融合的特色业务。ATS9900 是一种实现电信业务的 SIP AS，提供基本的语音业务和补充业务，也可同时支持为个人用户和企业用户提供电信增值业务。

5）MRP6600 媒体资源功能

MRP6600 用于提供媒体资源的承载功能，支持放音收号、媒体播放和录制、音视频会议、彩铃/彩影等多媒体音视频业务。MRP6600 具有丰富的音频编解码功能，并支持不同编解码格式之间的转换，通过编解码转换功能实现采用不同编解码格式的网络的互通，为用户提供放音收号、语音会议、视频会议等丰富的音视频业务。

6）SE2300/SE2600 会话边界控制器（SBC）

SE2300/SE2600 定位在 IMS 网络的 ABG（Access Border Gateway，接入边界网关），解决业务部署中遇到的 NAT（网络地址转换）/FW（防火墙）穿越、安全、互通、QoS 等问题。

7）UMG8900 通用媒体网关

UMG8900 通用媒体网关基于标准的 NGN 架构，是华为公司提供的 NGN 解决方案中的关键设备。UMG8900 架构灵活，同一套软硬件平台可以作为 NGN 中接入层的多种业务网关进行组网，包括中继网关（TG）应用、内嵌信令网关（SG）应用、NGN 架构交换机（NGN Enabled Switch）应用、融合（TG/SG 融合）应用。

（1）中继网关应用

中继网关（TG）位于 NGN 的边界接入层，同时连接 PSTN 和 NGN，把 PSTN 原有业务接入 NGN 中。UMG8900 可以作为 NGN 中的 TG 设备进行组网，支持 TDM 到 IP 分组网络的承载转换，支持 G.711/G.723/G.726/G.729 等多种语音编解码，支持传真和 Modem 业务。UMG8900 作为 TG 应用时，可同时支持两个 IP 网络之间的语音业务互通功能；作为 IP 互通网关应用时，两个 IP 网络内部的 IP 地址规划可以相同，也可以不同，通过 UMG8900 实现 IP 地址及传输协议的转换。

（2）内嵌信令网关应用

信令网关（SG）位于 NGN 的边界接入层，连接传统的 PSTN 窄带网络，将 PSTN 中的信令转发到 NGN 中，实现网络之间呼叫控制平面的互通。UMG8900 提供内嵌 SG 功能，在没有独立 SG 或者网络中无 STP（Straight-Through Processing，直接处理）设备（对信令进行直接处理的设备）的情况下，可使用 UMG8900 内嵌的 SG 进行组网。UMG8900 支持 M2UA/IUA/V5UA 等适配协议，可完成 SS7、ISDN 信令和 V5 协议的 IP 适配和转发。

（3）NGN 架构交换机应用

UMG8900 硬件配置灵活，同时支持 TDM 中继和 IP 中继，并可以实现任意比例配置。设备支持多框级联和大容量 TDM 交换，支持纯 TDM 中继应用，通过与 MGC 软交换设备联合组网，可以作为 NGN 架构的 PSTN 交换机进行组网，并同时支持 C5/C4 应用。

（4）融合应用

UMG8900 可以提供独立的 TG、SG 应用，支持业务承载转换、互通和业务流格式处理功能，以实现业务的融合，降低用户的网络建设成本。UMG8900 有着灵活的软硬件架构，通过软件升级即可支持固网和无线网融合，共用核心 IP 承载网。

8) MediaX3600 会议系统

在全球经济迅猛发展的今天，会议系统已经逐渐成为企业和个人日常工作的基本工具。运营商引入会议业务可以在含金量很高的企业市场挖掘潜在的客户，增加运营收入；企业引入会议系统可以提高沟通效率，降低差旅成本和时间成本。

（1）华为融合会议解决方案

华为公司推出了基于 3GPP IMS 的融合会议解决方案，其主要特点为：

① 一套华为融合会议系统可同时提供多种会议类型，包括语音会议、数据会议、标清视频会议、高清视频会议、智真视频会议、Web 会议；

② 在华为融合会议系统中，会议业务与用户接入方式无关，用户可通过 2G/3G 手机、固定电话、IP 软/硬终端、Web 客户端等方式参加会议；

③ 华为融合会议系统采用电信级硬件平台，容量大、可靠性高、统一管理，可由运营商部署，为广大企业用户提供会议业务，大中型企业也可以自己部署华为融合会议系统，满足企业对融合会议、ICT（Information and Communication Technology，信息与通讯技术）集成、业务互通等的需求。

（2）应用场景

华为融合会议系统的应用场景有小容量全媒体会议、大容量全媒体会议、语音+标清视频会议、融合会议媒体平面等。

① 小容量全媒体会议（应用于 SIP 网络，内置 HSS）

小容量全媒体会议（应用于 SIP 网络，内置 HSS）是采用 CSC3300 内置 HSS 来部署华为融合会议系统的，其组网架构和详细组网分别如图 7-28 和图 7-29 所示，与大容量全媒体会议的区别是无须部署外置 HSS、应用于 SIP 网络。

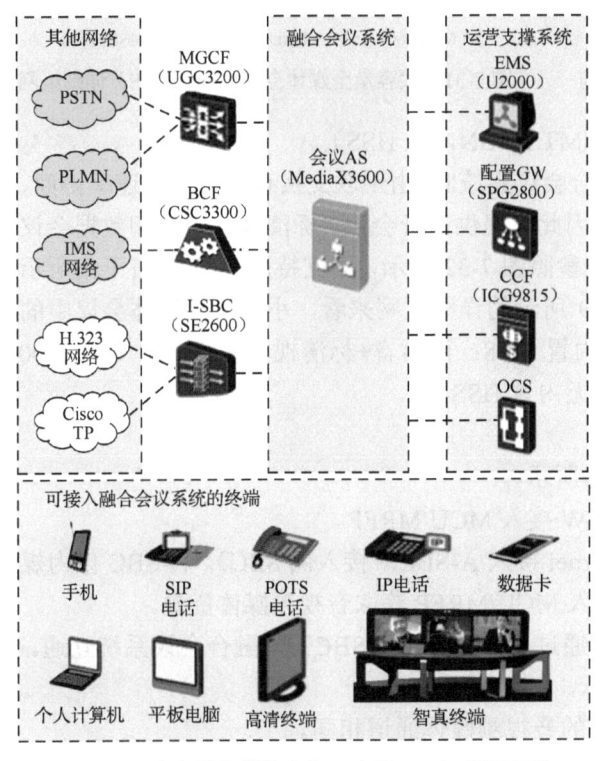

图 7-28　小容量全媒体会议（内置 HSS）组网架构 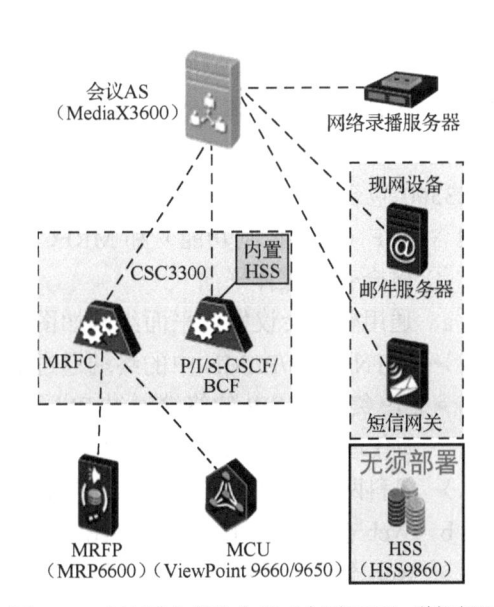　　图 7-29　小容量全媒体会议（内置 HSS）详细组网

② 大容量全媒体会议（应用于 IMS 网络，外置 HSS）

大容量全媒体会议（应用于 IMS 网络，外置 HSS）的组网架构和详细组网分别如图 7-30 和图 7-31 所示，是在现有 IMS 网络中新增部署会议系统或者在新建 IMS 网络的同时部署会议系统。

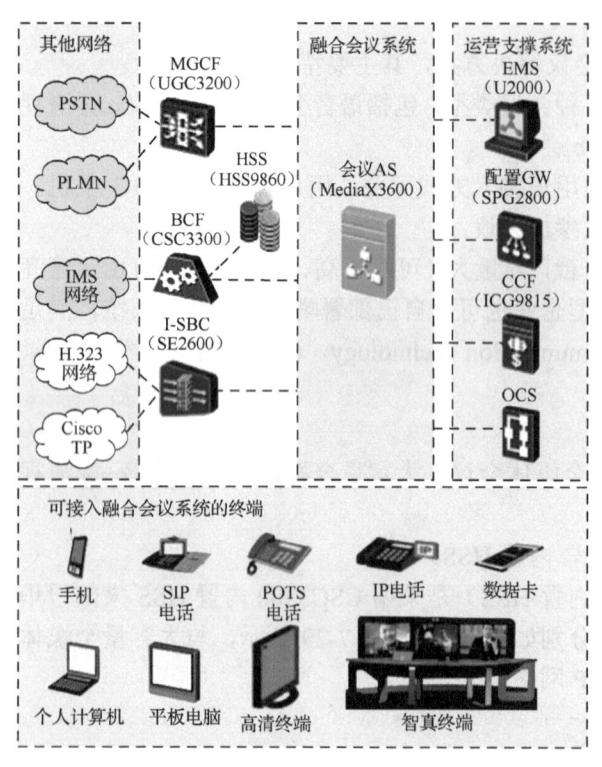

图 7-30　大容量全媒体会议（外置 HSS）组网架构　　图 7-31　大容量全媒体会议（外置 HSS）详细组网

③ 语音+标清视频会议（应用于 GSM/UMTS/NGN，无 HSS）

在 GSM/UMTS/NGN 网络中部署华为融合会议系统时，由于软交换存在不支持速率协商、双流等高清/智真视频会议的基本特性局限，因此只提供语音会议、标清视频会议和数据会议业务，其语音+标清视频会议的组网架构可以参照图 7-32 所示，不支持图 7-32 中右下角所示的高清终端和智真终端。从图 7-33 和图 7-29 所示的详细组网来看，小容量全媒体会议中的 CSC3300 包含 MRFC、P/I/S-CSCF/BCF 和内置 HSS；而语音+标清视频会议中的 CSC3300 只包含 BCF（边界控制功能）和 MRFC，且无内置 HSS。

④ 融合会议媒体平面

a. 通用融合会议媒体平面组网如图 7-34 所示。

➢ PSTN/NGN/PLMN 中的终端通过 MGW 接入 MCU/MRFP。

➢ SIP 终端和 SIP 软终端通过 IP 网/Internet 接入 A-SBC（接入侧 SBC）。A-SBC 作为媒体代理，将 SIP 终端和 SIP 软终端接入 MCU/MRFP 获取音视频媒体资源。

➢ 思科网真会议系统和 H.323 会议系统通过 I-SBC（互联 SBC）与融合会议系统互通。

b. Web 会议媒体平面组网如图 7-35 所示。

➢ Web 会议音视频媒体通道和普通会议的音视频媒体通道相同。

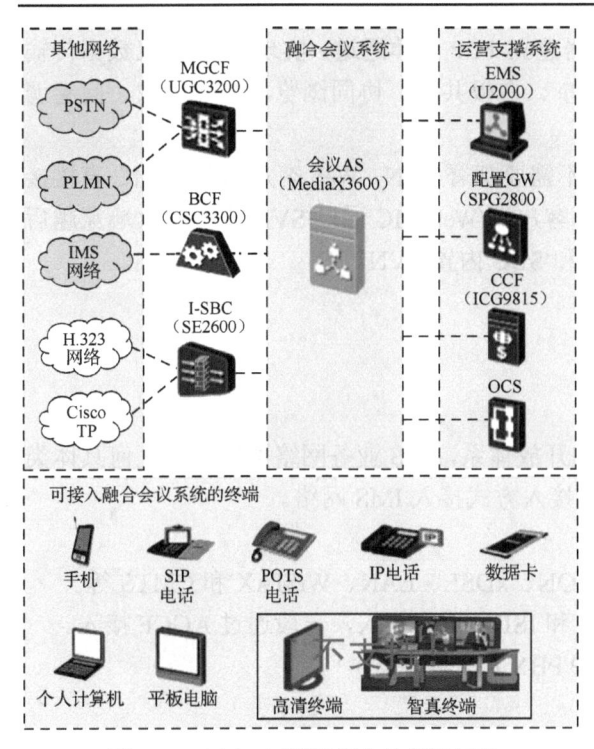

图 7-32 语音+标清视频会议组网架构

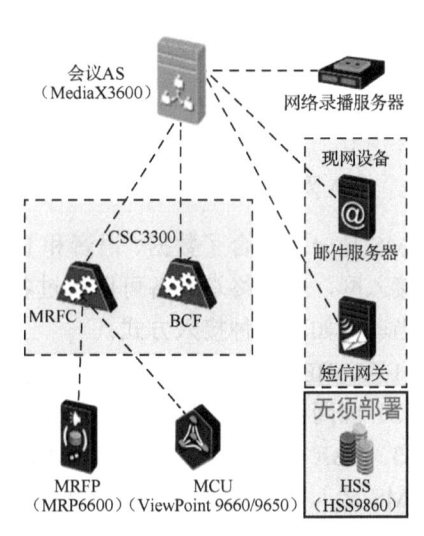

图 7-33 语音+视频会议详细组网

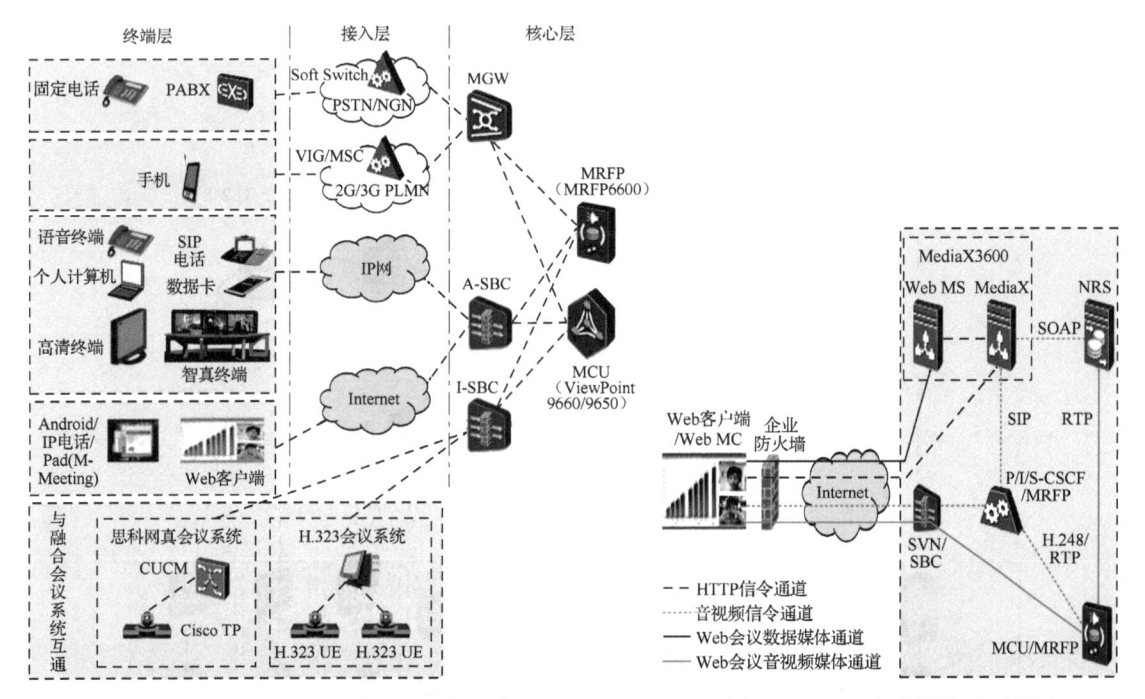

图 7-34 通用融合会议媒体平面组网

图 7-35 Web 会议媒体平面组网

➢ Web 客户端/Web MC 和 SBC 建立 RTP 媒体通道，SBC 作为媒体代理，将 Web 客户端/Web MC 接入 MCU/MRFP，获取音视频媒体资源。

➢ Web 客户端/Web MC 与数据会议服务器建立 TCP 媒体通道，实现 Web 会议数据传输（如发送邮件邀请、屏幕共享、文档共享、白板共享、协同浏览、文件传输、问卷调查、即时消息、举手、会议录制）。

说明：当企业侧没有部署企业防火墙时，不需要部署 SVN，Web 客户端/Web MC 直接接入 SBC；当企业侧部署了企业防火墙时，Web 客户端/Web MC 通过 SVN 进行防火墙穿越后接入 SBC。SVN 有两种部署情况，外置 SVN 和 SBC 内置 SVN。

7.5.2 设备组网应用

1. 接入网接入

IMS 是一个融合了数据、语音和 IP 网络的开放体系，IMS 业务网络不依赖于任何具体类型的接入网，用户终端设备可以通过各种宽带接入方式接入 IMS 网络。

当前有如下几种接入方式：

（1）VoBB 用户接入：主要接入方式为 xPON、xDSL、LAN、WiMAX 和 CMTS 等。

（2）固网网改用户接入：包括 POTS、V5 和 ISDN 用户接入，一般通过 AGCF 接入。

（3）PBX 用户接入：包括 TDM PBX 和 IP PBX 用户接入。

IMS 接入网组网全貌如图 7-36 所示。

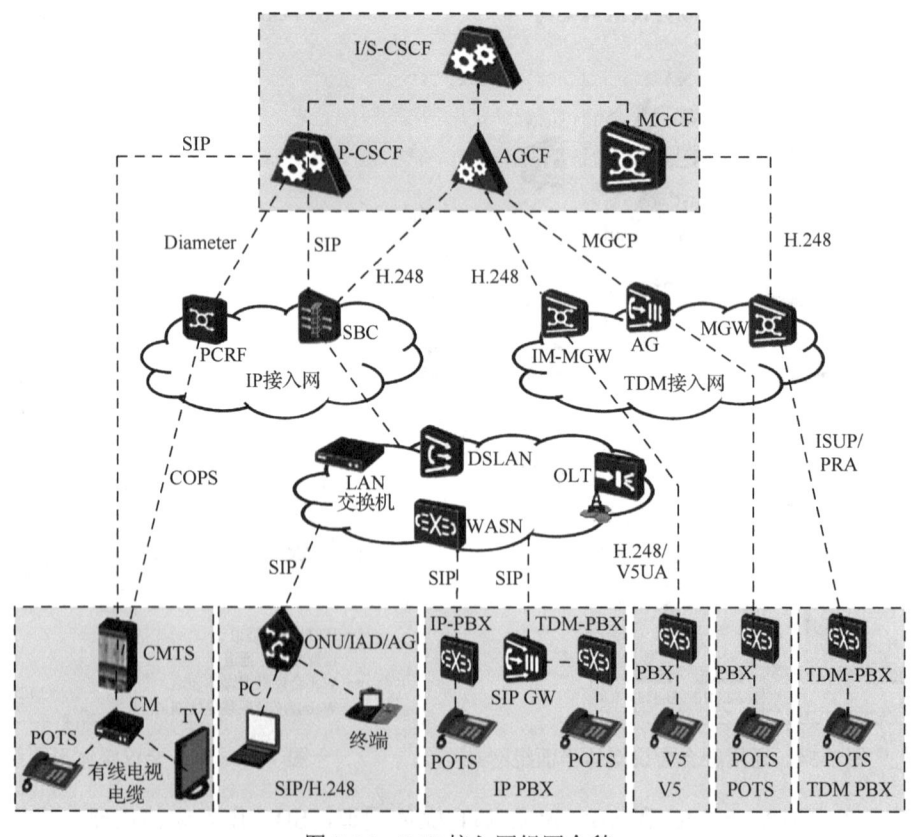

图 7-36　IMS 接入网组网全貌

2. 网间互通

1）通过 MGCF 互通

（1）互通模型

IMS 网络通过 MGCF 可以与 PSTN/PLMN、NGN 互通，其互通模型如图 7-37 所示。

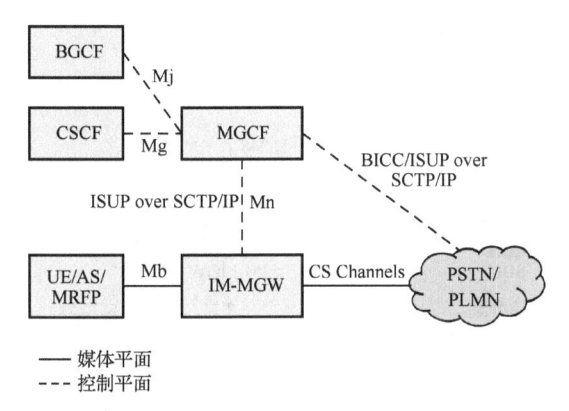

图 7-37 IMS 网络与 PSTN/PLMN 的互通模型

互通模型中包括控制平面互通和媒体平面互通。

① 控制平面互通：由 MGCF 负责控制信令互通，负责 SIP 消息与 BICC/ISUP 消息的相互转换，并控制媒体平面的 IM-MGW。

② 媒体平面互通：由 IM-MGW 负责资源预留、交换媒体数据、更改媒体连接，实现 IMS 网络和 PSTN/PLMN 之间的编解码转换和视频互通。

（2）典型组网

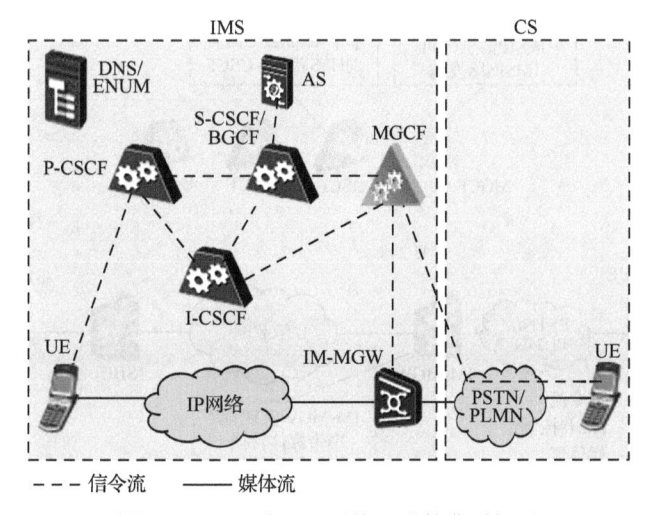

通过 MGCF 互通最常用于 IMS 与 CS 网络互通。IMS 与 CS 网络互通的典型组网如图 7-38 所示。MGCF 位于控制平面，负责 SIP 信令与 ISUP/BICC 等信令之间的转换，并控制媒体平面的 IM-MGW 完成媒体转换。IM-MGW 在 MGCF 的控制下负责媒体处理。

图 7-38 IMS 与 CS 网络互通的典型组网

（3）典型应用

① IMS 用户呼叫 PSTN/PLMN 用户的应用场景如图 7-39 所示。

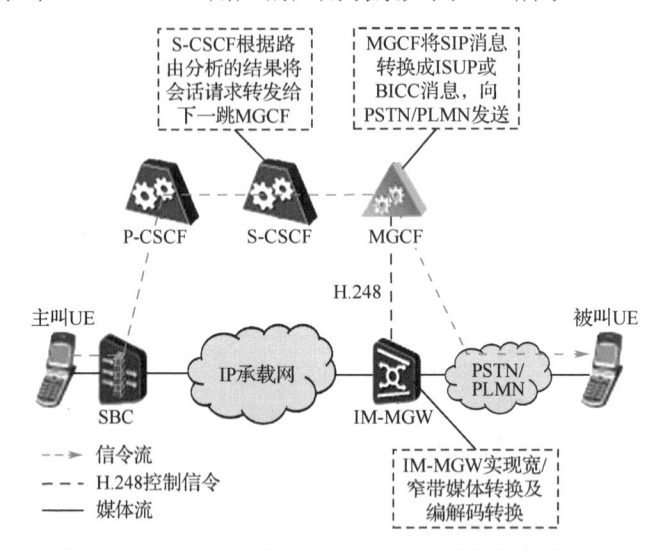

图 7-39　IMS 用户呼叫 PSTN/PLMN 用户的应用场景

从主叫 UE 到主叫 S-CSCF 这一段的流程为 MO（Mobile Originated，移动台发起）流程。

S-CSCF 收到会话请求后，判断被叫的 Request-URI 为 tel URI 形式，对被叫号码进行 ENUM 查询。如果在 ENUM 服务器查询失败，则 S-CSCF 判断被叫用户为 PSTN 用户。S-CSCF 根据路由分析的结果将会话请求转发给下一跳 MGCF。

MGCF 将 SIP 消息转换成 ISUP 或 BICC 消息，向 PSTN/PLMN 发送，从而完成 IMS 网络与 PSTN/PLMN 的互通。

在媒体平面上，IM-MGW 负责控制媒体互通，完成编解码转换。

② PSTN/PLMN 用户呼叫 IMS 用户的应用场景如图 7-40 所示。

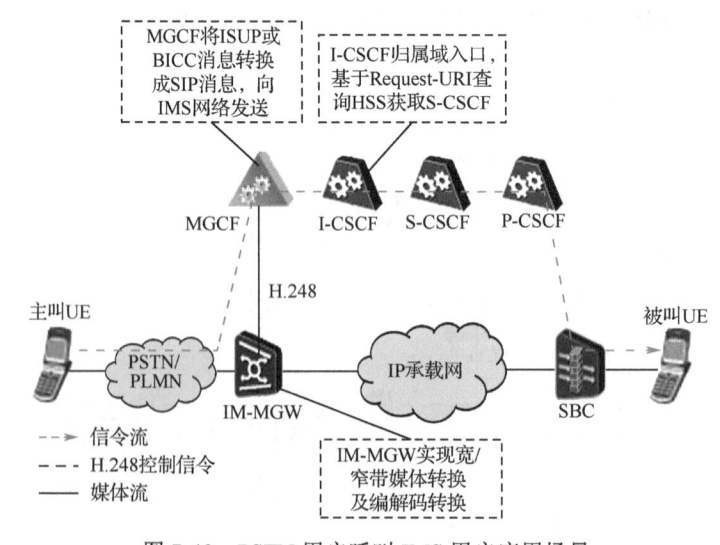

图 7-40　PSTN 用户呼叫 IMS 用户应用场景

控制平面上 MGCF 收到 PSTN/PLMN 用户的 ISUP 或 BICC 消息后，将消息转换成 SIP 消息。MGCF 通过路由分析功能分析被叫号码，选出被叫 I-CSCF，并向该 I-CSCF 转发消息。I-CSCF 通过查询 HSS 找到被叫用户的 S-CSCF，并向该 S-CSCF 转发 SIP 消息，再由被叫 S-CSCF 完成到被叫 IMS 用户的路由。

从 I-CSCF 到被叫 IMS 用户的流程为 MT（Mobile Terminated，移动台终止）流程。

在媒体平面上，IM-MGW 负责控制媒体互通，完成编解码转换。

2）通过互联边界控制功能实体（IBCF）互通

（1）互通模型

如图 7-41 所示，IBCF 与 CSCF 网元对接，提供运营商 IMS 网络与其他运营商 IP 网络的互通能力；IBCF 与 MGCF 网元对接，提供运营商 CS 网络与其他运营商 IP 网络的互通能力。

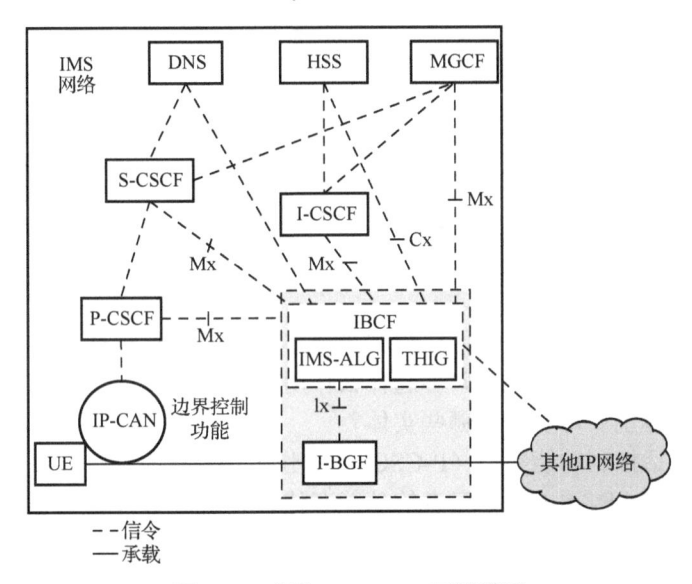

图 7-41 华为 IMS IBCF 互通模型

说明如下：

① IBCF 通过 Mx 接口（SIP）与本域 IMS 其他的 SIP 网元实体交互，如与 P-CSCF、I-CSCF、S-CSCF、BGCF、MGCF 等网元交互。

② IBCF 通过 Ix 接口（H.248 协议）下发媒体信息（包括 QoS 信息和媒体绑定信息）给 I-BGF（互联边界网关功能实体），控制 I-BGF 完成媒体 NAT、QoS 控制、编解码转换等功能。

③ IBCF 通过 ENUM/NP 接口（DNS 协议）查询 DNS 服务器，获取下一跳路由地址。

④ IBCF 通过 Cx 接口（Diameter 协议）查询 HSS，获取本域 S-CSCF 的地址。

（2）典型组网

如图 7-42 所示，在华为 IBCF 互通方案中，由 IBCF 和 I-BGF 完成与其他 IP 网络互通的会话控制、承载控制功能。

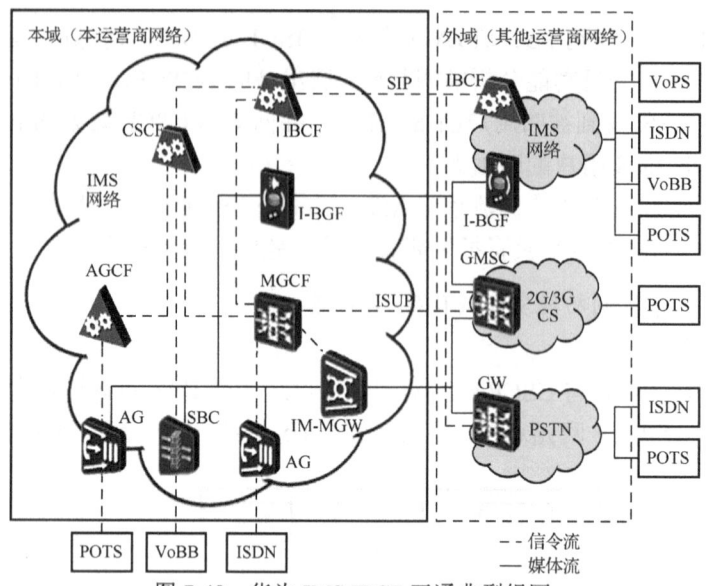

图 7-42 华为 IMS IBCF 互通典型组网

复习思考题

1. 什么是 IMS 技术？
2. 在移动通信领域，主要通过什么样的演进方式将现有业务向 IMS 业务平滑迁移？
3. IMS 的体系结构分为哪几层？各起什么作用？
4. IMS 功能实体主要可以分为哪些实体？
5. 代理呼叫会话控制功能实体（P-CSCF）的作用是什么？
6. P-CSCF、I-CSCF、S-CSCF 三者的功能有什么区别？
7. 归属用户服务器（HSS）的作用是什么？主要包含哪些数据？
8. IMS 和软交换之间的区别主要体现在哪里？
9. IMS 主要包括哪些相关协议？
10. SIP 定义了哪些网络实体？
11. 在 IMS 应用环境下，SIP 主要支持哪些方面的功能？
12. 简要说明基于 SIP 的基本呼叫建立过程。
13. 简要说明 SIP 的用户注册流程。
14. 简要说明 SIP 的用户直接呼叫流程。
15. 简要说明 SIP 的代理服务器呼叫流程。
16. SIP 中主要存在哪些不同类型的服务器，各有什么作用？
17. IMS 呼叫流程主要包括哪几种？
18. 用户基本会话流程包括哪几种？
19. 用户与 CS 网络的互通流程包括哪几种？
20. CSC3300 主要集成了哪些实体功能？
21. IMS 通过什么可以与 PSTN/PLMN、IP 网等实现网络互通？
22. 拓展题：基于 SIP 的呼叫功能流程设计。
23. 拓展题：基于 SIP 的多媒体语音处理流程设计。

第 8 章　新型网络交换技术

随着人们对信息的需求日益扩大和宽带信息网络的建设与发展，以光交换、SDN 和 NFV 等为代表的新型网络交换技术得到了快速发展。本章主要介绍光交换、SDN、NFV 等技术，供读者参考，以对相关技术及其发展有所了解。

8.1　光交换技术

随着人类社会对信息的需求日益扩大，发展迅速的各种新型业务对通信网的带宽和容量提出了更高的要求，通信网的两大主要组成部分（传输部分和交换部分）都在不断地发展和革新。

光纤有着巨大的频带资源和优异的传输性能，是实现高速率、大容量传输的最理想的物理媒质。随着波分复用（Wavelength Division Multiplexing，WDM）技术的成熟，一根光纤中每秒能够传输几百吉比特（Gbit）到太比特（Tbit）的数字信息，这就要求通信网中交换系统的规模越来越大，运行速率也越来越高。未来的大型交换系统将需要太比特/秒的速率来处理每秒总量高达几百、上千吉比特的信息。但是，目前的电子交换和信息处理网络的发展已接近电子速率的极限，其中固有的 RC 参数、时钟偏斜、漂移、串话、响应速度慢等缺点限制了交换速率的提高。为了解决电子瓶颈限制问题，研究人员开始在交换系统中引入光子技术，实现光交换。

8.1.1　光交换概述

光交换是宽带交换的重要组成部分。在长途信息传输方面，光纤已经占据了绝对的优势。用户环路也广泛实现了光纤化，尤其是宽带综合业务传输中的用户线路必须用光纤。这样，宽带交换系统中输入和输出的信号，实际上都是光信号，而不是电信号了。

如图 8-1 所示，当交换设备采用电交换机时，光信号要先转换成电信号才能送入电交换机，从电交换机送出的电信号又要先转换成光信号才能送上传输线路。那么，如果采用光交换机，这些光电转换过程就都可以省去了。

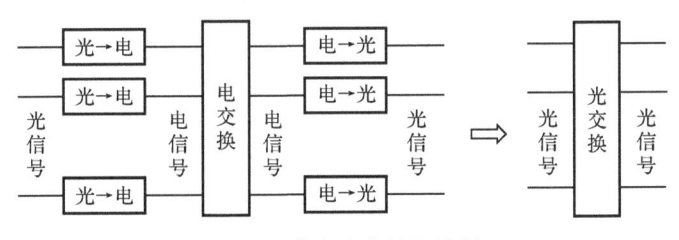

图 8-1　省去光电转换过程

除了减小光电转换过程中的损伤，采用光交换还可以提高信号交换的速率，因为电交换的速率受电子速率的限制。因此，光交换技术是未来发展的重要方向。

应用光波技术的光交换机也由传输和控制两部分组成。把光波技术引入交换系统的主要课题是如何实现传输和控制的光化。从目前已进行的研制和开发的情况来看，光交换的传输路径采用空分、时分和波分等交换方式。

8.1.2 光交换器件

光交换器件是实现光交换的关键，目前光交换器件的种类较多，包括光开关、波长转换器、光存储器、光调制器等，各有特点，下面介绍其中的几种。

1. 光开关

（1）半导体光放大器

通常，半导体光放大器用来对输入的光信号进行放大，并且通过控制放大器的偏置信号来控制其放大倍数。当偏置信号为"0"时，输入的光信号将被器件完全吸收，使得器件的输出端没有任何光信号输出，器件的这个作用相当于一个开关把光信号给"关断"了。当偏置信号不为"0"且具有某个定值时，输入的光信号便会被适量放大而出现在输出端上，这相当于开关闭合让光信号"导通"了。因此，这种半导体光放大器也可以用作光交换中的空分交换开关，通过控制电流来控制光信号的输出选向。图 8-2 所示为半导体光放大器的结构示意图和等效开关逻辑表示。

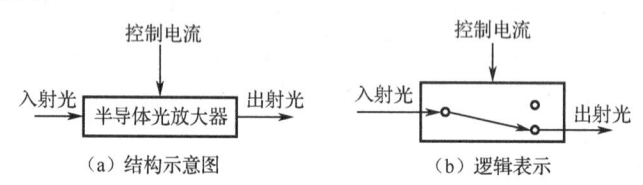

图 8-2　半导体光放大器的结构示意图和等效开关逻辑表示

（2）光波导开关

① 耦合波导开关

半导体光放大器只有一个输入端和一个输出端，而耦合波导开关除有一个控制电极以外，还有两个输入端和两个输出端，其通常利用铌酸锂（LiNbO$_3$）材料制作而成。耦合波导开关结构示意图和等效开关逻辑表示如图 8-3 所示。当两个很接近的波导进行适当的耦合时，通过这两个波导的光束将发生能量交换，并且其能量交换的强度随着耦合系数、平行波导的长度和两波导之间的相位差而变化。只要所选的参数得当，那么光束将会在两个波导上完全交错。另外，若在电极上施加一定的电压，将会改变波导的折射率和相位差。由此可见，通过控制电极上的电压，将会获得如图 8-3（b）中所示的平行和交叉两种连接状态。其交换速率主要依赖于电极间的电容。

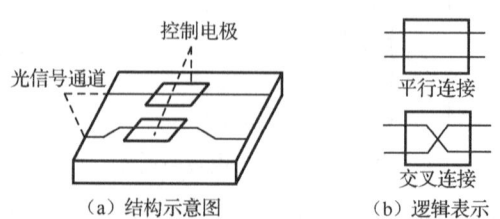

图 8-3　耦合波导开关结构示意图和等效开关逻辑表示

② 硅衬底平面光波导开关

图 8-4 所示为一个 2×2 硅衬底平面光波导开关器件的结构示意图和等效开关逻辑表示。

这种器件具有马赫-曾德尔（M-Z）干涉仪结构形式，它包含两个 3dB 定向耦合器和两个长度相等的波导臂，波导芯和包层的折射差较小，只有 0.3%。这种器件的交换原理是基于硅介质波导内的热-电效应，平时偏压为"0"时，器件处于交叉连接状态；当加热波导臂时，它可以切换到平行连接状态。它的特点是插入损耗小、稳定性好、可靠性高、成本低，适于大规模集成，但响应速度较慢。

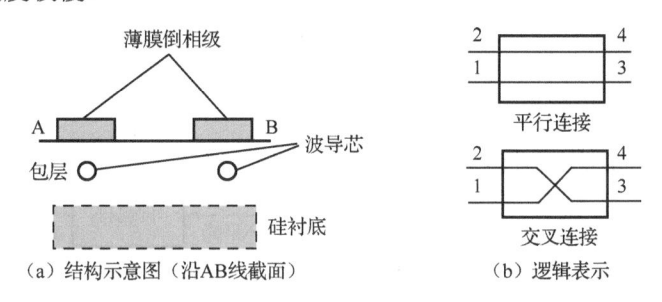

图 8-4 2×2 硅衬底平面光波导开关的结构示意图和等效开关逻辑表示

（3）液晶光开关

液晶光交换技术是利用液晶片、极化光束分离器或光束调相器等器件来实现光交换的技术，液晶光开关的原理是基于液晶材料的电光效应。液晶片的作用是旋转入射光的极化角，当电极上没有电压时，经过液晶片的光线的极化角（偏振态）为 90°，当有电压加在液晶片的电极上时，入射光束将维持它的极化状态不变。

（4）微机电系统光开关

微机电系统（Microelectromechanical System，MEMS）光开关的基本思想，是依靠微型电磁铁或压电器件驱动光纤或反射光的光学元件发生机械移动，使得光信号改变光纤通道。微机电系统光开关的典型做法是利用绝缘层上的硅片生长一层多晶硅，然后镀金制成反射镜，再通过化学刻蚀或反应离子刻蚀方法除去中间的氧化层，保留反射镜的转动支架，通过静电力使微镜发生转动。其特点是体积小、集成度高，并可像集成电路那样大规模生产；但其插入损耗、隔离度、消光比、偏振敏感性等指标较差。

2. 波长转换器

波长转换器是光交换中使用的一种重要器件，如图 8-5 所示，包括直接波长转换和外调制器波长转换两种。直接波长转换是将波长为 λ_i 的输入光信号先由光电探测器转变为电信号，然后去驱动一个波长为 λ_j 的激光器，使得输出波长变为 λ_j。它利用了激光器的注入电流直接随承载信息的信号变化的特性，少量电流的变化就可以调制激光器的波长，大约为 1nm/mA。外调制器的方法是一种间接的波长转换，即在外调制器的控制端上施加适当的直流偏置电压，使得波长为 λ_i 的入射光被调制成波长为 λ_j 的出射光。最常用的外调制器为使用钛扩散铌酸锂波导构成的马赫-曾德尔干涉型外调制器。

3. 光存储器

在全光系统中，为了实现光信息的处理，光信号的存储显得极其重要。在光存储方面，首先试制成功的是光纤延迟线存储器，而后又研制出了双稳态激光二极管存储器。

光纤延迟线存储器的原理较为简单，因为光信号在光纤中传播时存在时延，所以在长度不相同的光纤中传播可以得到时域上不同的信号，使得光信号在光纤中得到存储。双稳态激光二极管存储器的原理是利用双稳态激光二极管对输入光信号的响应和保持特性来存储光信号。当双稳态激光器的输入光信号强度超过阈值时，事先有适当偏置的激光器可产生受激辐射，对输入光信号进行放大，其响应时间小于 10^{-9}s；此后当输入光信号去掉时，其发光状态也可以保持，直至有复位信号到来才停止发光，因受激辐射状态和复位状态都是可保持的，因此具有双稳态特性。由于双稳态激光二极管构成的光存储器具有很高的光增益，可以大大提高系统信噪比，并可进行脉冲整形；但由于存在剩余载流子影响，其反应时间较长，因此速率受到一定限制。

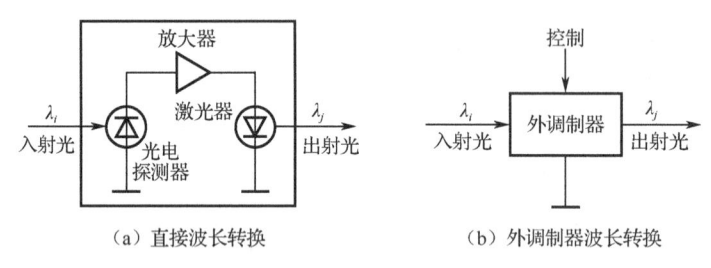

图 8-5 波长转换器结构

4．光调制器

在光纤通信中，通信信息由光波携带，光波就是载波，把信息加载到光波上的过程就是调制。光调制器是实现电信号到光信号的转换的器件，也就是说，它是一种通过改变光束参量来传输信息的器件，这些参量包括光波的振幅、频率、相位或偏振态。

目前广泛使用的光纤通信系统均采用强度调制——直接检波系统，对光源进行强度调制的方式有两类，即直接调制和间接调制。

直接调制（又称为内调制）就是直接对光源进行调制，通过控制半导体激光器的注入电流的大小来改变激光器输出光波的强弱。传统的 PDH（准同步数字系列）和 2.5Gbit/s 速率以下的 SDH（同步数字系列）系统使用的 LED 或 LD 光源基本上都采用这种调制方式。

间接调制（又称为外调制）就是不直接调制光源，而是在光源的输出通路上外加光调制器对光波进行调制，此光调制器实际上起到开关的作用。最常用的光调制器是铌酸锂电光调制器、马赫-曾德尔型光调制器和电吸收半导体光调制器。

8.1.3 光交换网络

光交换元件是构成光交换网络的基础，随着技术的不断进步，光交换元件也在不断地完善。在全光网络的发展中，光交换网络的组织结构也随着光交换元件的发展而不断变化。下面介绍空分、时分、波分、混合等典型光交换网络的结构。

1．空分光交换网络

空间光开关（Space Optical Switch）是光交换中最基本的功能开关。它可以直接构成空分光交换单元，也可以与其他功能开关一起构成时分光交换单元和波分光交换单元。空间光开关可以分为光纤型和自由空间型。

（1）光纤型空分光交换

光纤型空分光交换网络的最基本单元是 2×2 的光交换模块，即 2×2 光纤型空间光开关，在输入端和输出端各有两根光纤,可以完成平行连接和交叉连接两种状态。这样的光开关有三种实现方案,如图 8-6 所示。图 8-6(a)为一个 2×2 光开关,如基于铌酸锂晶体的定向耦合器;图 8-6(b)为四个 1×2 光开关(Y 分叉器)用光纤互连起来组成的 2×2 光交换模块,该 1×2 光开关可以采用铌酸锂光耦合波导开关;图 8-6(c)由四个 1×2 光耦合器和四个 1×1 光开关构成。

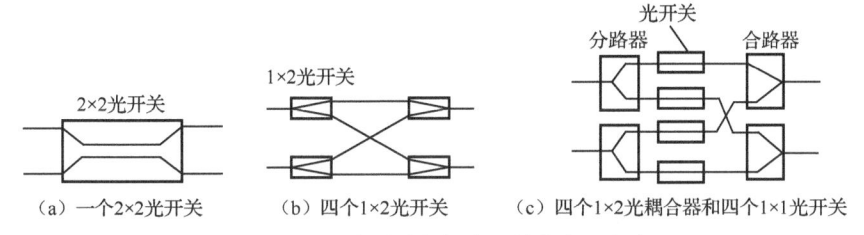

图 8-6 2×2 光纤型空间光开关的实现方案

图 8-6(a)和(b)中的 2×2 和 1×2 光开关属于光波导开关,都由外部控制波导的折射率,选择输出波导;折射率控制通过外加电压形成电场(电光型光开关)或加热(热光型光开关)来进行;这类光开关在交换信号时,除本身的插损外,将把所有的信号功率交换到输出光纤上去。

图 8-6(c)中的 1×1 光开关可以是半导体激光放大器,也可以是自电光效应器件(Self Electrooptic Effect Device,SEED)、光门电路等;无源光分路/合路器可以是 T 型无源光耦合器,它的作用是把一个或多个光输入分配给多个或一个输出。T 型无源光耦合器对光信号的影响是附加插入损耗,但耦合可以与光信号的波长无关;T 型耦合器不具有选向功能,选向功能由 1×1 光开关实现。因此图 8-6(c)所示的空间光开关将把一半的光能浪费掉,从而引入附加损耗,且交换的路数越多,损耗越大。用光放大器作门型光开关可以解决这个问题,但是空间光开关多级互连成大型交换单元时,光放大器引入的放大的自发辐射和通带变窄等问题难以解决。另外,图 8-6(c)所示的空间光开关具有广播发送能力,这在提供点到多点和广播业务时是非常有用的。利用 2×2 基本光开关和相应的 1×2 光开关可以构成大型的空分光交换单元。

除上述的光开关类型外,机械光开关也是一种常用的光开关。机械光开关具有插入损耗小、隔离度高、工作稳定可靠等优点,但它的开关速度较慢。

(2)自由空间光交换

上述光纤型空分光交换网络的光通道是由光波导组成的,光波导材料的光通道带宽受到材料特性的限制,远远没有发挥光的并行性、高密度性的特点。并且,由平面波导开关构成的光交换网络一般没有逻辑处理功能,不能做到自寻路由。而空间光调制器可以通过简单的移动棱镜或透镜控制光束的交换功能。

自由空间光交换与波导光交换相比,具有高密度装配的能力。制作在衬底上的光波导开关由于受到波导弯曲的最小弯曲率限制,从而难以做得很小。另外,当用许多小规模光交换器件组合成更大规模的光交换系统时,必须用光纤把它们互连起来,这样体积将会变得很大。与此相比,自由空间光交换利用的是光束互连,因而可以构成大规模的光交换系统,并且适合做三维高密度组合,即使光束相互交叉,也不会相互影响。

自由空间光交换网络可以由多个 2×2 光交叉连接元件组成,这种光交叉连接元件通常具有两种状态：交叉连接状态和平行连接状态。除耦合光波导元件具有这种特性外，极化控制的两块双折射片也具有这种特性，结构如图 8-7 所示。前一块双折射片对两束正交极化的输入光束进行复用，后一块对其解复用。为了实现 2×2 交换，输入光束偏振方向由极化控制器控制，可以旋转 0°或 90°。旋转 0°时，输入光束的极化态不会改变。旋转 90°时，输入光束的极化态发生变化，正常光束变为异常光束，而异常光束变为正常光束。这种变化是在后一块双折射片内完成的，从而实现了 2×2 的光束交换。

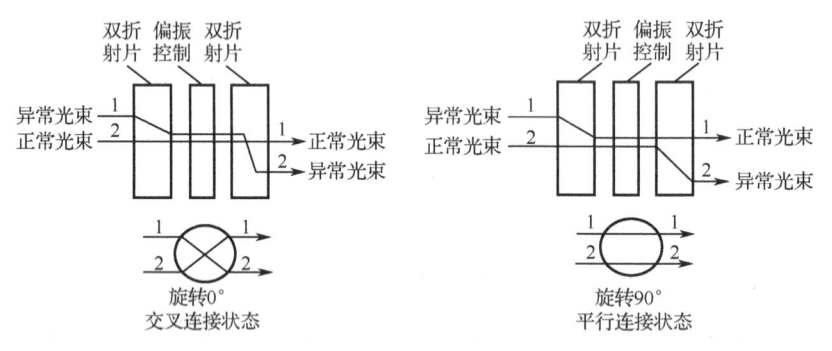

图 8-7 由两块双折射片构成的空间交叉连接单元

自由空间光交换网络也可以由光逻辑开关器件组成，比较有前途的一种器件是自电光效应器件，它可构成数字交换网络。这种器件已从对称态自电光效应器件（S-SEED）、智能灵巧象元阵列器件，发展到 CMOS-SEED。在对自电光效应器件供电的情况下，其出射光强并不完全与入射光强成正比，当入射光强（偏置光强＋信号光强）大到一定程度时，该器件变成一个光能吸收器，使出射光强减小。利用其这一性质，可以制成多种逻辑器件（比如逻辑门）。当偏置光强和信号光强都足够大时，其总能量足以超过器件的非线性阈值电平，该器件的状态将发生改变，输出电平从高电平"1"下降到低电平"0"。借助减少或增加偏置光束能量和信号光束能量，即可构成一个光逻辑门。

如果把 4 个空间交叉连接单元连接起来，就可以组成一个 4×4 空间光交换单元，如图 8-8 所示。这种交换单元有一个特点，就是每个输入端到输出端都有且只有一条路径。例如，在控制信号的作用下，A 和 B 单元工作在平行连接状态，而 C 单元工作在交叉连接状态时，输入线 0 的光信号只能输出到输出线 0 上，而输入线 3 的光信号也只能输出到输出线 1 上。当需要更大规模的交换网络时，可以按照空分 Banyan 结构的构成过程把多个 2×2 空间交叉连接单元互连来实现。

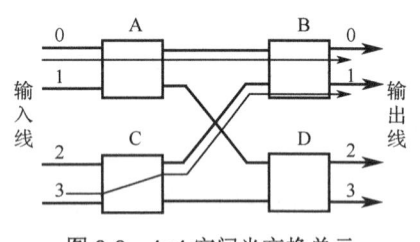

图 8-8 4×4 空间光交换单元

2. 时分光交换网络

在电时分交换方式中，普遍采用存储器作为交换的核心设施，把时分复用信号按一种顺序写入存储器，再按另一种顺序读取出来，这样便完成了时隙交换。光时分复用和电时分复用类似，也是把一条复用信道划分成若干个时隙，每个基带数据光脉冲流占用一个时隙，N 个基带信道复用成高速光数据流进行传输。

时分光交换是基于光时分复用中的时隙交换原理实现的，是指把 N 路时分复用信号中各个时隙的信号交换位置，如图 8-9 所示。每个不同时隙的交换操作都对应 N 路输入信号与 N

条输出线的一种不同连接，因此，也必须有光缓存器才能实现光交换。双稳态激光器可用作光缓存器，但是它只能按位缓存，并需要解决高速化和扩大容量等问题。在光存储器及光计算机等达到实用阶段之前，一般采用光延迟器件实现光存储。光纤延迟线是一种比较适用于时分光交换的光缓存器，其工作原理是：首先，让时分复用信号经过分路器，使每条出线上同时都只有某一个时隙的信号；然后，让这些信号分别经过不同的光延迟器件，使其获得不同的时间延迟；最后，再把这些信号经过一个复用器重新复合起来，时隙交换就完成了。所以，此时的时隙交换器就是由空间光开关和一组光纤延迟线构成的，空间光开关在每个时隙改变一次状态，把时分复用的时隙在空间上分割开，对每个时隙都分别进行延时后，再复用到一起输出。

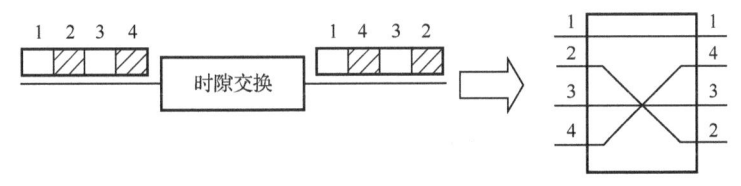

图 8-9 基于时隙交换原理的时分光交换示意图

图 8-10 所示为四种时隙交换器，图中的空间光开关在一个时隙内保持一种状态，并在时隙间的保护带中完成状态转换。其中，图 8-10（a）用一个 $1×T$ 光开关把 T 个时隙分解复用，每个时隙输入到一个 $2×2$ 空间光开关。若需要延时，则将空间光开关置成交叉连接状态，使信号进入光纤环中，光纤环的长度为"1"，然后，将空间光开关置成平行连接状态，使信号在光纤环中循环。需要延时几个时隙就让光信号在光纤环中循环几圈，再将空间光开关置成交叉连接状态使信号输出。T 个时隙分别经过适当的延时后重新复用成一帧输出。这种方案需要一个 $1×T$ 光开关、T 个 $2×2$ 空间光开关和一个 $T×1$ 光开关（或耦合器），空间光开关数与 T 成正比增加。图 8-10（b）采用多级串联结构使 $2×2$ 空间光开关数降到 $2\log_2 T - 1$，大大降低了时隙交换器的成本。图 8-10（a）和（b）有一个共同的缺点是：反馈结构，即光信号从空间光开关的一端经延时后又反馈到它的入端。反馈结构使不同延时的时隙经历的损耗不同，延时越长，损耗越大，而且信号多次经过空间光开关还会增加串扰。图 8-10（c）和（d）采用了前馈结构，使所有时隙的延时都相同。图 8-10（c）中没有 $2×2$ 空间光开关，控制比较简单，损耗和串扰都比较小。但是在满足保持帧的完整性的要求时，它需要 $2T-1$ 条不同长度的光纤延迟线，而图 8-10（a）只需要 T 条长度为"1"的光纤延迟线。图 8-10（d）采用多级串联结构，减少了所需延迟线的数量。

3. 波分光交换网络

密集波分复用是光纤通信的一个趋势。它利用光纤的宽带特性，在 1550nm 波段的低损耗窗口中复用多路光信号，大大提高了光纤的通信容量。在光波分复用系统中，其源端和目的端都采用相同的波长来传递信号。如果使用不同波长的终端之间要进行通信，那么就必须每个终端上都具有各种不同波长的光源和接收器。为了适应光波分复用终端的相互通信而又不增加终端设备的复杂性，人们便设法在传输系统的中间节点上采用波分光交换，就是将波分复用信号中任一波长 λ_i 转换成另一波长 λ_j。

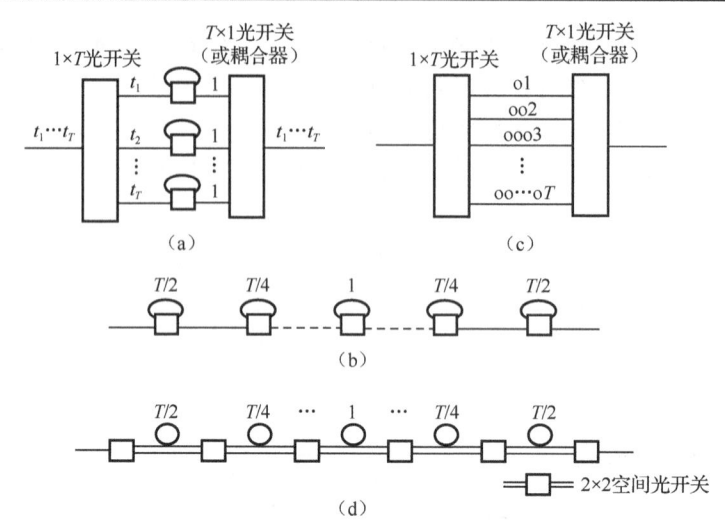

图 8-10 四种时隙交换器

波分光交换网络的结构如图 8-11 所示，其工作原理为：首先由光分束器把输入的多波长光信号功率均匀地分配到 N 个输出端上，光分束器可以采用熔拉锥型-多耦合器件或利用硅平面波导技术制成的耦合器；然后，N 个具有不同波长选择功能的法布里-珀罗（F-P）滤波器或相干检测器从输入的光信号中检出所需的波长输出，虚线框中的模块组合的功能相当于波长解复用器；再由波长转换器把输入光信号转换成想要交换输出的波长的光信号；最后通过光波复用器把完成波长交换的光信号复用在一起，经由一条光纤输出。

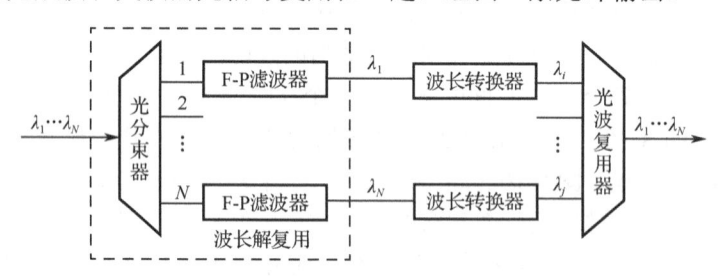

图 8-11 波分光交换网络的结构

实现波长转换有三种主要方案。第一种是利用 O-E-O 波长转换器，光信号首先被转换为电信号，再用电信号来调制可调谐激光器，调节可调谐激光器的输出波长，即可完成波长转换功能。这种方案技术最为成熟，容易实现，且光电转换后还可进行整形、放大处理，但也因光电转换、整形和放大处理，失去了光域的透明性，带宽也受检测器和调制器的限制。第二种是利用行波半导体放大器的饱和吸收特性、半导体光放大器的交叉增益调制效应或交叉相位调制效应来实现波长转换。第三种是利用半导体光放大器的四波混频效应来实现波长转换，此方案具有高速率、宽带宽和良好的光域透明性等优点。

图 8-12 所示为另一种波分光交换结构。它从各个单路的原始信号开始，先用各种不同波长的单频激光器将各路输入信号变成不同波长的光信号，把它们复用在一起，构成一个波分多路复用信号；然后由各个输出线上的处理部件从该多路复用信号中选出各个单路信号来，从而完成交换处理。该结构可看成一个 N×N 阵列型波长交换系统。N 路原始信号在输入端分别调制 N 个可变波长激光器，产生 N 个不同波长的信号，经星型耦合器后形成一个波分多路

复用信号，并输出到 N 个输出端。在输出端可以采用光滤波器或相干检测器检出所需波长的信号。入线和出线连接方式的选择，既可在输入端通过改变激光器波长，也可在输出端通过改变滤波器的调谐电流或改变相干检测本振激光器的振荡波长来实现。

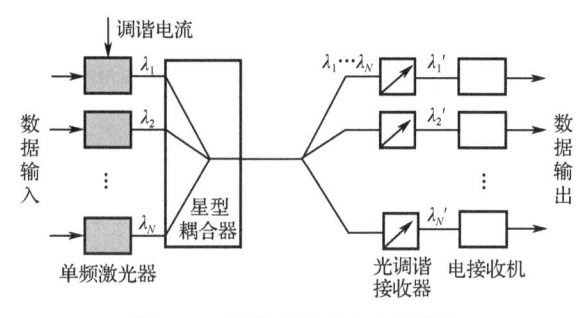

图 8-12 波长选择型光交换结构

4. 混合光交换网络

空分+时分、空分+波分、空分+时分+波分等都是常用的混合光交换方式。图 8-13 所示为 TST 和 STS 两种结构的空分+时分光交换网络，其中，空间复用的时分光交换模块 T 由 N 个时隙交换器（TSI）构成，时间复用的空分光交换模块 S 可由铌酸锂光开关、磷化铟（InP）光开关或半导体光放大器门型光开关（它们的开关速率都可达到纳秒（ns）数量级）构成。图 8-13（b）中的空分光交换模块容量为 $N \times N'$，当 $N' \geq 2N-1$ 时，此交换网络为绝对无阻塞型；当 $2N-1 > N' \geq N$ 时为可重排无阻塞型。图 8-13（a）中空分光交换模块前的 TSI 的输出时隙数与其后的 TSI 的输入时隙数相同，即 $T'=T'$，所以此交换网络只能是可重排无阻塞型。

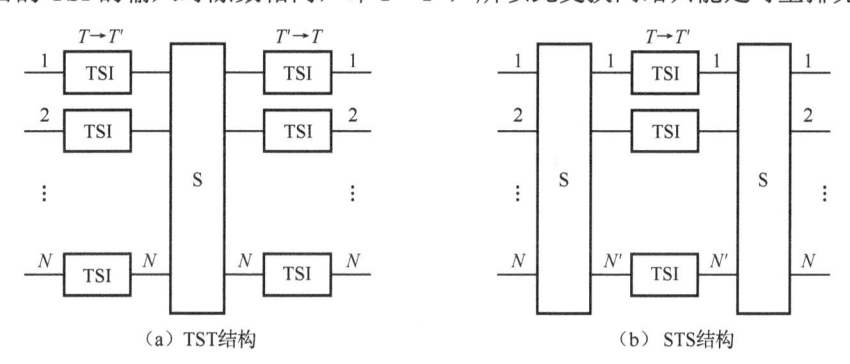

图 8-13 两种结构的空分+时分光交换网络

空分+波分光交换需要波长复用的空分光交换模块和空间复用的波分光交换模块，分别用 S 和 W 表示。由于前面介绍的空间光开关都对波长透明，即对所有波长的光信号交换状态相同，所以它们不能直接用于空分+波分光交换。一种方法是把输入信号波分解复用，再对每个波长的信号分别应用一个空分光交换模块，完成空间交换后再把不同波长的信号波分复用起来，从而完成空分+波分光交换功能，如图 8-14 所示。另一种方法是采用声光可调谐滤波器，它可以根据控制信号的不同，将一个或多个波长的信号从一个端口滤出，而其他波长的信号从另一端口输出，如图 8-15 所示，因此，它可以看作波长复用的 1×2 空间光开关（对不同波长的光信号交换状态不同），由它构成的空分光交换模块很适用于空分+波分光交换，但因它的电调节时间在 10μs 左右，故不适用于时间复用。

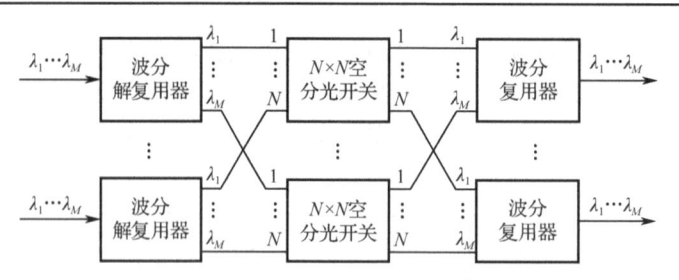

图 8-14 波分+空分+波分混合光交换网络结构

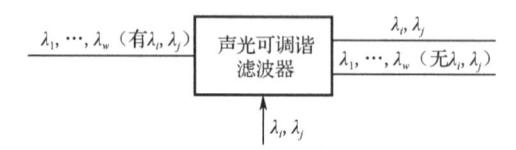

图 8-15 声光可调谐滤波器

用 S、T 和 W 三种交换模块可以组合成空分+时分+波分光交换单元，组合形式有 WTSTW、TWSWT、STWTS、TSWST、SWTWS 和 WSTSW 等。

光纤很细，目前已有成百上千个纤芯的多芯光纤在售，而且每根光纤都具有巨大的频宽，很容易复用多个波长的信号，同时每个波长又可以携带大量时分复用信号。于是，电时分复用（TDM）、光频分复用（OFDM）和光空分复用（OSDM）各占用一个自由度就可以构成一个比单独使用一种复用技术大得多的网络，这就是多维光网络（Multidimensional Optical Network，MONET）。其优点是增加了构成网络的灵活性。光交换技术除了应用于网络架构的全光互连，还有用于未来的光学计算、量子计算、量子通信等领域的可能性。

8.1.4 光交换系统

光交换系统由控制单元、交换单元、输入接口和输出接口四部分组成。交换单元一般有光路交换、光分组交换和光突发交换等交换机制。

1．光路交换机制

光路交换（Optical Circuit Switching，OCS）是目前研究得最多最成熟的交换机制，图 8-16 所示为采用 DXC（数字交叉连接设备）的 OCS 交换节点示意图，典型的技术包括空分、时分、波分和混合光交换等。

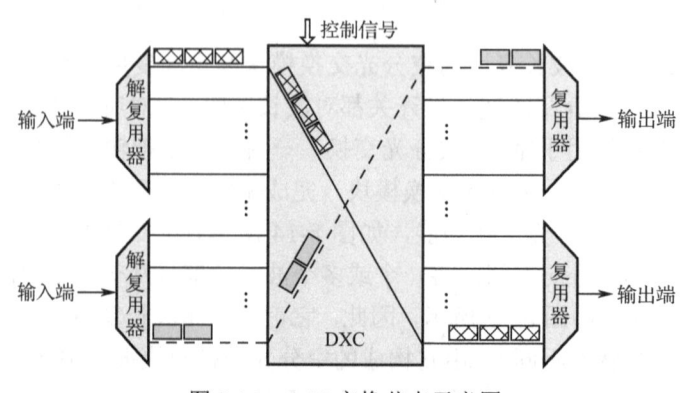

图 8-16 OCS 交换节点示意图

在 OCS 中，网络需要为每一个连接请求建立从源端到目的地端的光链路，每一条光链路上均需要分配一个专门的波长用于传输数据信息。OCS 机制分为三个阶段：（1）光链路建立阶段，需要经过请求与应答确认两个处理过程来完成双向的带宽申请；（2）光链路保持阶段，链路始终被该通信双方占用，不允许其他通信方共享该链路；（3）光链路拆除阶段，通信的任意一方首先发出断开信号，另一方收到断开信号后进行确认，链路资源就被真正释放。与需要进行光-电-光（O-E-O）转换的交换节点相比，OCS 在建立的光链路上传输数据信息，无须进行光域与电域的转换。

2. 光分组交换机制

光分组交换（Optical Packet Switching，OPS）是一种不面向连接的交换方式，在进行数据传输前不需要建立路由和分配资源，不独立占用带宽资源，可以极大地提高光交换网络的灵活性和带宽利用率，非常适合数据业务的传输，从长远来看，OPS 是光交换机制的发展方向。

图 8-17 所示为 OPS 交换节点示意图，每个分组的信头中都必须包含自己的选路信息。在交换分组之前，首先由控制单元对分组的信头信息进行处理，然后根据信头信息向交换单元发送控制信号；其他信息（数据净荷）则不需要由控制单元处理，直接传输给交换单元进行交换。

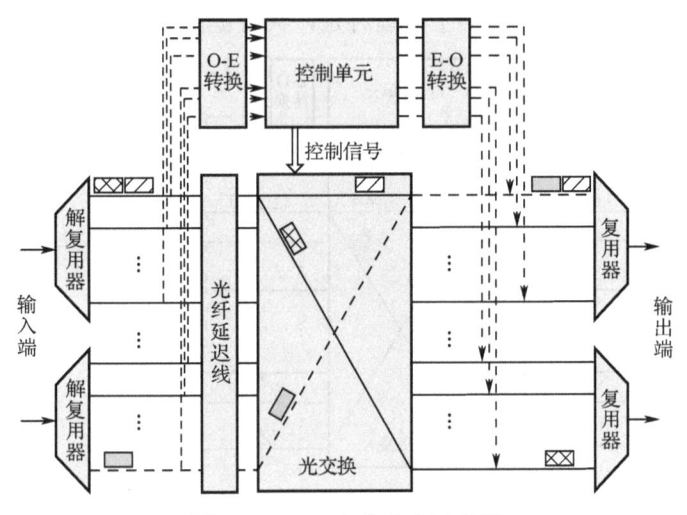

图 8-17 OPS 交换节点示意图

在 OPS 交换节点中，输入接口主要完成：对输入数据信号的整形、定时和再生；检测信号的漂移和抖动；检测分组的信头和有效载荷；分组同步及交换时隙对准；分离分组信头，并传输给控制单元处理；外部传输至内部交换的时延（或波长）的转换。控制单元主要完成：对信头信息进行处理，并进行信头更新（标记交换）；借助网络管理系统及时更新信息转发表，将新的信头控制信息传输给输出接口。交换单元按照控制单元的控制信号指示对分组有效载荷进行交换操作。输出接口主要完成：对输出数据信号的整形、定时和再生；接收来自控制单元的控制信息，给分组有效载荷添加新的信头；分组描绘和再同步；根据需要进行内部交换至外部传输的时延（或波长）转换；调整、均衡输出功率，以便适应不同交换通路及插入损耗的需要。

3. 光突发交换机制

针对 OCS 和 OPS 存在的问题，人们提出了光突发交换（Optical Burst Switching，OBS）。OBS 结合了 OCS 和 OPS 的优点，且克服了两者的部分缺点，是 OCS 向 OPS 的过渡交换方式。

OBS 网络中交换的基本信息单元称为突发，它由突发控制分组（Burst Control Packet，BCP，相当于分组交换中的分组头）与突发数据分组（Burst Data Packet，BDP，即净载荷）两部分组成。突发可以看作由一些较小的具有相同出口边界节点地址和相同 QoS 要求的数据分组组成的超长数据分组，这些数据分组可以来自传统 IP 网中的 IP 分组。

OBS 的基本思想是突发数据分组与突发控制分组的传输相分离，图 8-18 所示为 OBS 交换节点示意图，每个突发控制分组对应一个突发数据分组，这也是 OBS 的核心设计思想。例如，在波分复用系统中，突发控制分组占用一个或几个波长，突发数据分组则占用所有其他波长，实现了物理传输信道的分离。将突发控制分组和突发数据分组的传输相分离的意义在于突发控制分组可以先于突发数据分组传输，为随后的突发数据分组预留资源和建立传输通路，以弥补突发控制分组在 OBS 交换节点的处理过程中的 O-E-O 转换及电处理造成的时延。随后发出的突发数据分组在 OBS 交换节点进行全光交换、透明传输，从而降低了对光缓存的需求，甚至使其降为零。而且，由于突发控制分组的大小远小于突发数据分组，需要进行 O-E-O 转换和电处理的数据大为减少，缩小了处理时延，大大提高了交换速率。

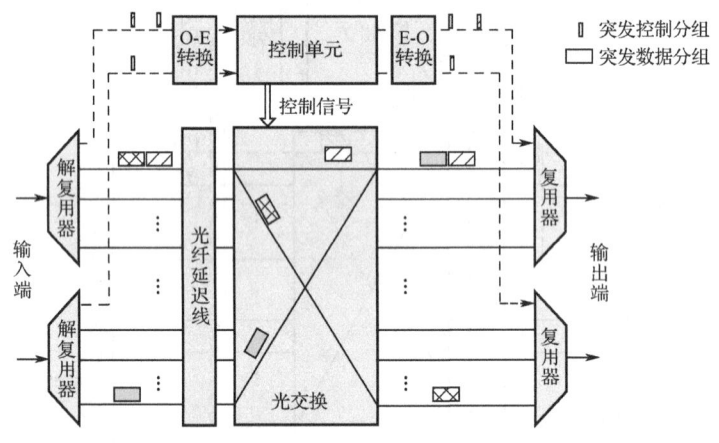

图 8-18 OBS 交换节点示意图

综上所述，在光交换系统实现中，要满足众多用户两两相连的需求，除了要考虑交换元件技术的可实现性，更重要的是解决交换控制机理的实现问题。解决大容量交换系统的控制管理问题，和人们日常中解决复杂问题的方法有点类似。当把一个问题的各个部分顺序排列起来看时，问题会显得烦琐而难以解决，但当把它分成两个方面来看时就会变得简单，如果从多个方面去看就会更加简化。也就是说，单方面看问题，其解决方案的选择只有一维空间（一个自由度），增加一维空间就会增加一个选择自由度，并且每个方面的解决方案将会减少一半，从而会使问题变得清晰且易于解决。

8.1.5 光交换在 ASON 中的应用

自动交换光网络（Automatically Switched Optical Network，ASON）的概念是国际电联于

2000 年 3 月提出的，其基本设想是在光传送网（OTN）中引入控制平面，以网络资源的按需分配来实现光网络的智能化，完成路由自动发现和呼叫连接管理、保护恢复等功能。这使得 OTN 能发展为向任何地点和任何用户提供连接的网，成为一个成千上万个交换节点和千万个终端构成的网络，实现由用户动态发起业务请求，自动选路，并由信令控制实现标记交换路径的建立、拆除，自动、动态地完成网络连接。

ASON 从逻辑上划分为三个平面：控制平面、传送平面和管理平面。控制平面主要由路由选择、信令转发和资源管理等功能模块组成，各个控制单元相互联系共同构成信令网络，用于传送控制信令信息，控制网元的各个功能模块和 ASON 信令系统协同工作，实现连接的自动化和有效的保护恢复机制。传送平面由一系列实体组成，就是 OTN（各节点包括 OXC 和 OADM 等设备），是业务传送的通道，可以提供用户信息端到端的单向或双向传输；具有分层特点，包括光信道（OCh）层、光复用段（OMS）层和光传输段（OTS）层。管理平面完成传送平面、控制平面和整个系统的维护功能，是控制平面的一个补充，具有性能管理、故障管理、配置管理和安全管理功能。

根据不同的连接需求及不同的连接请求对象，ASON 可以提供三种类型的连接：永久连接（Permanent Connection，PC）、交换连接（Switched Connection，SC）和软永久连接（Soft Permanent Connection，SPC）。

1. 永久连接

永久连接如图 8-19 所示，它沿袭了传统光网络中的连接建立方式，永久连接路径由管理平面根据连接请求及网络资源利用情况预先计算，然后通过 NMI-T（Network Management Interface-T，网络管理 T 接口）向各网元发送交叉连接命令进行统一指配，最终由传送平面各网元设备的动作完成通路的建立过程。此方式能很好地兼容传统光网络，连接建立的速度相对较慢。

2. 交换连接

交换连接如图 8-20 所示，是一种由于控制平面的引入而出现的全新的动态连接方式，网络中的各节点能像电话网中的交换机一样，根据信令信息实时地处理相应连接请求。交叉连接的连接请求由终端用户向控制平面发起，通过控制平面内信令和路由消息的动态交互，在终端 A 和 B 之间计算出一条可用的通路，最终通过控制平面与传送平面各网元的交互完成连接的建立过程。此方式可实现连接自动化，且满足快速、动态的要求，符合流量工程的标准。

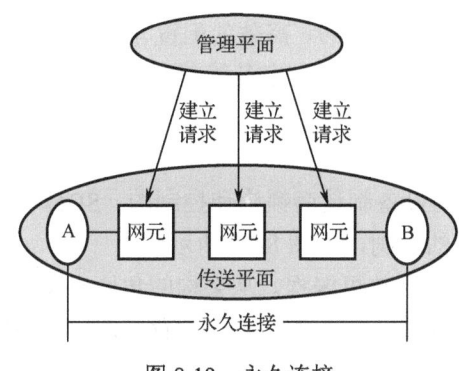

图 8-19　永久连接

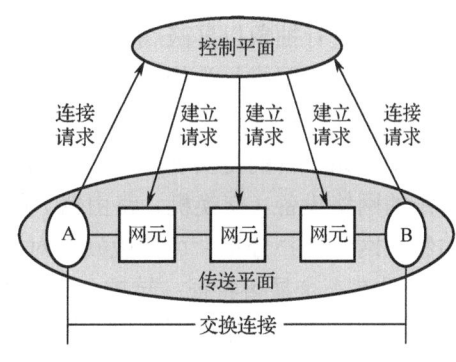

图 8-20　交换连接

3. 软永久连接

软永久连接如图 8-21 所示，是介于永久连接和交换连接之间的一种分段的混合连接方式，由管理平面和控制平面共同完成。在软永久连接方式中，用户到网络部分的连接由管理平面直接配置，网络部分的连接则通过管理平面向控制平面发起请求，然后由控制平面控制完成。它是一种从通过网络管理系统配置实现到通过控制平面信令协议实现的过渡类型的连接方式。

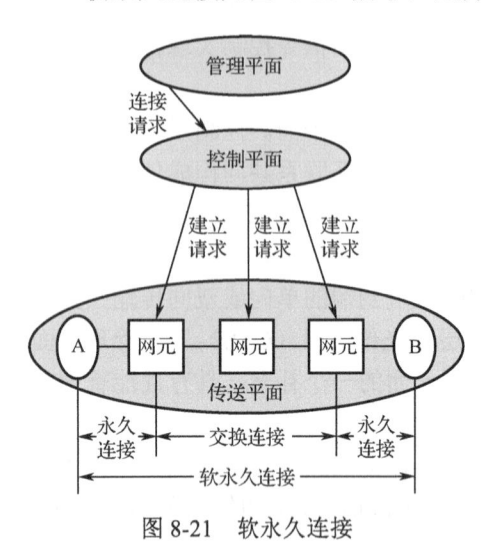

光交换在 ASON 中的应用体现在传送平面。虽然与前述的光交换技术有所区别，但也引入了交换（交叉）的思想，以华为 Optix OSN 9500 智能光交换平台为例，其业务交叉容量最大可达到 4608×4608VC4 高阶交叉和 16128×16128VC12（或 768×768VC3）低阶交叉，可以配置为链型、环型和网孔型等，可灵活进行 VC4、VC3、VC12 粒度调度。

图 8-21 软永久连接

8.2 SDN 技术

随着 Internet 的高速发展，承载网络从最初满足简单 Internet 服务的"尽力而为"网络，逐步发展成能够提供涵盖文本、语音、视频等在内的多媒体业务的融合网络，其应用领域也逐步向社会生活的各个方面渗透，深刻改变着人们的生产和生活方式。然而，面对高效、灵活的业务承载需求，传统网络的网络架构日益臃肿，管理维护、业务部署、需求标准等面临着一系列挑战和变化，而 SDN（Software Defined Network，软件定义网络）是目前系统性解决这些问题的新方法。

8.2.1 SDN 概述

SDN 是一种新型的网络设计理念，通过将网络控制与网络转发解耦合，构建开放可编程的网络体系结构；将部分或全部网络功能软件化，更好地开放给用户，让用户能够更好地使用和部署网络，以适应快速变化的云计算业务。SDN 认为不应无限制地增加网络的复杂度，而需要对网络进行抽象以屏蔽底层复杂度，为上层提供简单的、高效的配置与管理。SDN 旨在实现网络互联和网络行为的定义与开放式的接口，从而支持未来各种新型网络体系结构和新型业务的创新。SDN 规划了网络的软件、硬件、转发面、控制平面等各个组成部分及相互之间的互动关系，目的是实现网络业务的自动化控制。

传统的网络设备（交换机、路由器）的固件是由设备制造商锁定和控制的。SDN 将网络控制与物理网络拓扑分享，可摆脱硬件对网络架构的限制，如图 8-22 所示。

SDN 具有三个显著特征：转控分离、集中控制、开放可编程。从架构的角度出发，SDN 需要实现控制平面与数据平面分离，控制逻辑集中管理；从业务的角度上看，低层网络资源被集中控制，抽象成服务，实现了应用程序与网络物理设备解耦；从网络运营的角度看，网络可以通过编程的方式来访问，实现了应用程序对网络的维护和配置，节约运营成本。

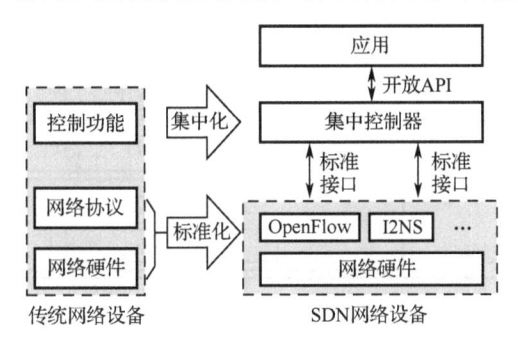

图 8-22　网络设备 SDN 化

（1）转控分离

传统网络设备的控制与转发是不分离的，设备之间通过控制协议交互转发信息。

转控分离是 SDN 最核心的设计理念。SDN 的基本思路是解耦传统网络设备中耦合的控制平面与转发平面（也称数据平面），转发平面依旧由分布式的网络设备组成，网络设备上只保留转发平面（转发表项），而控制平面被抽象集中到了控制器，通过控制器实现网络统一部署和网络自动化。转控分离为控制与转发的处理实体提供了独立部署的能力。

（2）集中控制

SDN 控制器集中了所有的网络控制功能。SDN 可以通过其内部的各种程序控制网络资源管理、路径计算，然后下发路由表给转发器。因而，传统网络中大量的分布式控制平面所需要的 IP 协议（如各种路由协议）也就不需要了。

SDN 控制器实现了对网络基础设施的抽象，屏蔽了底层硬件的复杂性；SDN 控制器既是管理控制者的角色，又是服务提供者的角色。SDN 就是让管理员从功能的角度来管理整个网络。转控分离是实现集中控制的先决条件，SDN 把网络流量的管理层与底层控制流量的数据层分隔开来，但保持着管理层与数据层之间的联系。这种分隔可以提高网络基础设施的灵活性和可控性，管理起来也更加容易。这也意味着在进行网络的整体设计时，可以不用考虑底层物理资源，只需在管理层进行灵活、智能的调整。

（3）开放可编程

SDN 的本质就是网络软件化，提升网络可编程能力，是一次网络架构的重构，而不是一种新特性、新功能。SDN 通过开放的可编程接口，可以实现更加高级的编程能力，进一步增加了灵活性，通过软件灵活地管理网络并与网络设备双向交互。

SDN 转控分离、网络集中控制后，控制平面的功能集中到 SDN 控制器软件上。新特性的部署和新性能的上线，仅需要修改和升级控制器软件，不需要升级转发器。而且，新业务上线无须在控制器上直接操作，仅通过网络应用程序编程即可完成。

如果需要对整个网络架构进行调整、扩容或升级，无须替换底层的转发面设备（如交换机、路由器等硬件），只需通过 SDN 控制器，像升级、安装软件一样对网络架构进行修改，摆脱了硬件对网络架构的限制，节省大量成本的同时，网络架构迭代周期将大大缩短。

8.2.2　SDN 的整体架构

传统网络设备紧耦合的网络架构被分拆成应用、控制、转发三层分离的架构。控制功能被转移到了服务器,上层应用、底层转发设备被抽象成多个逻辑实体,如图 8-23 所示。

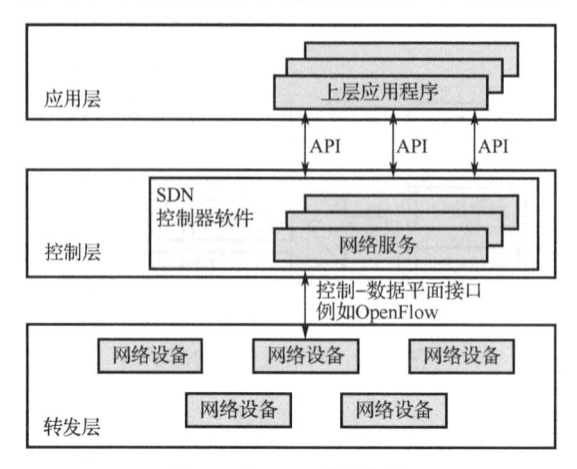

图 8-23 SDN 体系架构

1. SDN 体系架构

（1）应用层

应用层（也称业务层）主要是体现用户意图的各种上层应用程序,此类应用程序称为协同层应用程序,如 OSS、OpenStack 等。SDN 体系架构与传统的 IP 网络一样,具有转发平面、控制平面和管理平面 3 个平面,只是传统的 IP 网络是分布式控制的,而 SDN 是集中控制的。应用层中不同的应用逻辑通过控制层开放的 API 管理能力来控制设备的报文转发功能。

（2）控制层

控制层是系统的控制中心,负责网络的内部交换路径和边界业务路由的生成,并负责处理网络状态变化事件。控制层由 SDN 控制器软件组成,可用 OpenFlow 协议与下层通信。控制层为应用提供的编程接口叫北向接口（North Bound Interface,NBI）,其控制底层设备的转发行为是通过南向接口（South Bound Interface,SBI）来完成的。北向接口也称应用-控制平面接口（Application-Control Plane Interface,A-CPI）,南向接口也称数据-控制平面接口（Data-Control Plane Interface,D-CPI）。

（3）转发层

转发层中主要由转发器和连接器的线路构成基础转发网络,负责执行用户数据的转发,转发过程中所需要的转发表项是由控制层生成的。

2. SDN 架构下的接口

SDN 架构下的接口包括北向接口、南向接口和东西向接口,如图 8-24 所示。

1）北向接口

介于控制器与上层应用程序之间,主要提供 RESTful、NETCONF 协议功能,是一种开放的 API、设备私有接口,所有满足 REST 架构的互联网软件架构都是 RESTful。REST 为"表现层状态转化",表现层就是资源的表现,REST 即被访问的资源（文本、图片、音乐、视频等）从一种形式的状态迁移到另一种形式的状态,本质就是一种互联网资源访问的协议。

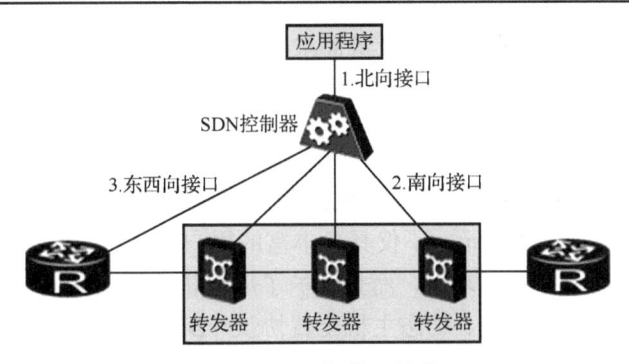

图 8-24 SDN 架构下的接口

2）南向接口

介于控制器与下层转发器之间，提供 OpenFlow、BGP、PCEP 等协议功能。

（1）OpenFlow：该协议是控制器与下层转发器之间的一种基于芯片的接口协议，基于 TCP/IP，用于转发器与控制器之间的通信。

（2）BGP：该协议是在 BGP 的基础上添加了一些 BGP 路由属性（如 Additional Path 属性和 BGP Flow Specification 属性等），用于下发 BGP 的一些路由特性，从而使得 IDC（数据中心）出口路由器根据这些特性实现流量调优。

（3）PCEP（路径计算单元通信协议）：该协议用于控制器根据网络可用带宽计算出流量工程路径，用于数据中心 AS 内部的流量工程隧道的建立。

3）东西向接口

用于 SDN 控制器跨域互联的接口，运行 BGP，作用有二，一是通过简单地修改或升级控制器程序就能提供新业务，二是为 SDN 控制器跨域互联及 SDN 控制器分层部署提供了接口。

当前，运营商网络已经大规模部署了传统分布式网络，不可能在较短时间内升级到 SDN，因此，与传统网络互通是必要的，SDN 控制器必须支持各种传统的跨域路由协议，以便解决和传统网络互通的问题。

8.2.3 SDN 技术的应用场景

与现有网络（尤其是具有代表性的互联网网络）相比较，SDN 技术可以增强控制层的智能边界转发能力、骨干网络的高效承载能力、网络能力的开放和协同，因此，可能引入 SDN 技术的场景包括数据中心、城域骨干网层面、接入网层面等。

1. 数据中心场景

通过引入 SDN 技术，在数据中心物理网络基础上对不同的数据中心资源进行虚拟化，单个数据中心的网络能力可以合成为一个统一的网络能力池，缓解大规模数据中心在承载多租户的业务时所面临的扩展性、灵活性问题，提升网络的集约化运营能力，实现了数据中心间组网方案的智能化承载。一种可行的解决方案是在数据中心出口部署支持 SDN 技术的路由器设备，可实时监控链路的带宽利用率和应用流量，并将监控结果提交给数据中心控制器；数据中心控制器集中控制各个数据中心出口的路由器设备，统一调配多个数据中心出口的链路和业务的流量流向，以便根据当前的业务需求和链路情况进行链路资源调整，提升链路带宽资源的利用率。

2．城域骨干网场景

在城域骨干网中，边界控制设备（如宽带远程接入服务器（BRAS）和全业务路由器（SR））是用户和业务接入的核心控制单元，不仅具备丰富的用户侧接口和网络侧接口，也实现了用户/业务接入骨干网的信息交换等功能，而且维护了用户相关的业务属性、配置及状态，如用户的 IP 地址、路由寻址的邻接表、动态主机配置协议（DHCP）地址绑定表、多播加入状态、PPPoE/IPoE 会话、QoS 和访问控制列表（ACL）属性等，这些重要的表项和属性直接关系到用户的服务质量和体验。基于 SDN 技术，可以将边界控制设备的功能（除路由转发之外）都提升到城域网控制器中实现，并可以采用虚拟化的方式实现业务的灵活快速部署。在此场景中，网络控制器需要支持各种远端设备的自动发现和注册，支持远端节点与主控节点间的保活（Keep Alive）功能，并能够将统筹规划之后的策略下发给相应的远端设备进行转发，包括 IP 地址、基本路由协议参数、MPLS/VPN 封装参数、QoS 策略、ACL 策略等，而边界控制设备只实现用户接入的物理资源配置。同时，多台边界控制设备可以虚拟成一台，将同一个城域网（或分区域）虚拟化为单独的网元，网管人员如同配置一台边界路由器一样，实现统一配置和业务开通，并进行批量的软件升级。

3．接入网场景

接入网中的节点是网络中的海量节点，在日常运维中工作量巨大。在接入网中引入 SDN 技术，可以实现接入节点管理和维护的大大简化，方便快速部署新的业务。一种可行的解决方案是将与光线路终端（OLT）相连的远端节点（包括 MDU、DSLAM 等）变成只保留转发平面的简单设备，实现流转发，将这些节点的控制平面上移到独立的控制器或 OLT 中，远端节点的参数配置均由控制器来下发。由于远端节点支持流转发，当有新的业务或需要在接入节点中启用新的特性时，很大一部分特性可以直接通过对流表的配置来实现，而不需要进行软件升级，这大大加快了业务的部署速度；即使有些新业务现有的控制平面不能支持，也只是需要升级控制平面，而不需要升级大量的远端节点。

4．数据中心安全

通常，企业依靠传统的外围防火墙来保护其数据中心。而 SDN 支持更有针对性的保护并简化防火墙管理，可以通过添加虚拟防火墙来创建分布式防火墙系统，以实现虚拟机保护，而且这一额外的防火墙安全层有助于防止一个虚拟机中的漏洞跳转到另一个虚拟机，SDN 的集中控制和自动化还使管理员能够查看、修改和控制网络活动，以降低违规风险。

5．其他场景

（1）开发运营：SDN 可以通过自动化应用程序更新和部署来促进 DevOps，该策略可以包括在部署 DevOps 应用程序和平台时自动化 IT 基础设施组件。

（2）校园网：校园网可能难以管理，尤其是在需要不断统一 WiFi 和以太网的情况下，SDN 控制器可以通过提供集中控制和自动化、改进的安全性和整个网络的应用级 QoS 来使园区网络受益。

SDN 设计之初并不是为通信网络提升效率的,而主要是希望通过控制平面与转发平面的分离,可以支持应用可编程的网络能力开放,以加强对网络资源使用的应用管控力。因此,虽然 SDN 技术的引入可以支持控制平面的集中化,简化运维并降低运维成本,也可以通过控制层软件的开放,支持客户化定制软件的创新,但是也同样带来了很多的技术挑战和问题:

(1)虽然 Google 等应用提供商具有部署 SDN 的商用案例,但是对于大型网络中引入 SDN 技术,多域的组网和大量转发设备的控制算法是非常复杂的,且 SDN 技术中基于流的转发性能是否能支持互联网海量的数据转发也是有待验证的问题。

(2)控制层成为网络的关键,网络操作系统(NOS)将会和 PC 操作系统、智能手机操作系统一样成为网络链条中的核心,集中式的控制核心对运营商网络的安全可靠性要求更高,且对 NOS 的控制能力提出灵活性、自适应性等更高的要求。采用标记交换形式,从而避免烦琐的 TCP/IP 封装。在此基础上,运营者可利用 SDN API 来设计和部署其业务管理与控制逻辑。

8.3　NFV 技术

纵观通信网络发展历程,在经历了模拟通信、数字通信、端到端 IP 化后,当前通信网络正逐步迈向基于虚拟化、软件化等信息与通信融合技术的通信 4.0 时代。电信网络过去十年的变革核心是 IP 化,其特征是 CT(Communication Tecnology,通信技术)的设备形态及网络实质和 IP 化承载的外在通信方式;而电信网络下一步变革的核心是 IT 化,采用 IT 化的内在实现形式及设备形态,保留 CT 的网络内涵和品质。NFV(Network Function Virtualization,网络功能虚拟化)技术是实现 IT 化的关键技术之一,NFV 将传统通信网络设备功能软件化,通过特定的虚拟化技术,基于 IT 通用的计算、存储、网络硬件设备实现电信网络功能,NFV 将实现传统电信业与 IT 业的深度融合。

8.3.1　NFV 概述

NFV 于 2013 年在 ETSI 由 13 家运营商发起研究,是在云计算在 IT 业取得巨大成功的大背景下提出的,其工作目标是增强系统灵活性,实现网络及应用的快速部署和灵活扩容、缩容。NFV 的关键核心是通过虚拟化技术、基于通用 IT 硬件实现电信功能节点的软件化,被认为是未来通信网络的基础技术。NFV 试图打破传统电信设备的竖井式体系,将通信网元功能分层解耦并引入新的管理和网络编排(Management and Network Orchestration,MANO)体系实现网元全生命周期管理,如图 8-25 所示。

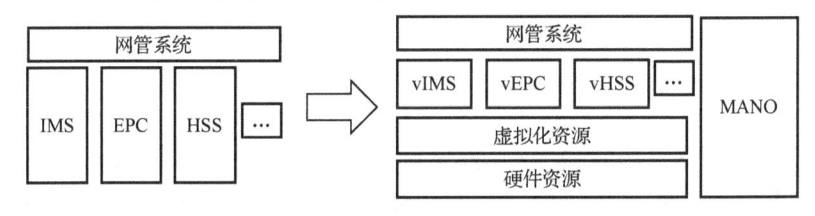

图 8-25　基于 MANO 体系实现网元全生命周期管理

NFV 具有以下四大显著特征。

(1)虚拟化:指将一台物理计算机系统虚拟化为一台或多台虚拟计算机系统。通过虚拟化软件生成虚拟机,供上层应用使用。每个虚拟计算机系统都拥有自己的虚拟硬件(如 CPU、内存和设备等），来提供一个独立的虚拟机执行环境。通过虚拟化层的模拟，虚拟机中的操作系统仍然认为自己独占一个系统在运行。虚拟化可在单一物理机上同时运行多个虚拟机，同一物理机上的多个虚拟机相互隔离，整个虚拟机执行环境封装在独立文件中，虚拟机相互独立，无须修改即可运行在任何物理机上。

（2）通信 IT 基础设施：采用统一的标准化 IT 计算、存储、网络基础硬件。由传统设备中单个网元独享专用硬件变为各网元共享通用 x86 服务器。

（3）云化管理：NFV 改变了现有通信网络设备的软硬件一体化部署模式，使设置在一个数据中心机房中的各虚拟通信网元，通过统一的虚拟资源层，部署到共享的通信云资源池（服务器、存储系统等）中，实现应用和业务的生命周期管理，以及虚拟资源配置等功能。

（4）网络自动化：可与 SDN 结合，使用 SDN 技术自动化配置网络。

8.3.2 NFV 系统的整体架构

NFV 系统包括功能模块和模块间接口两部分。

1．功能模块

由 NFV 基础设施（Network Function Virtualization Infrastructure，NFVI）、虚拟网络功能块（Virtualized Network Functions，VNFs）、管理和网络编排（Management and Network Orchestration，MANO）三部分组成，如图 8-26 所示。

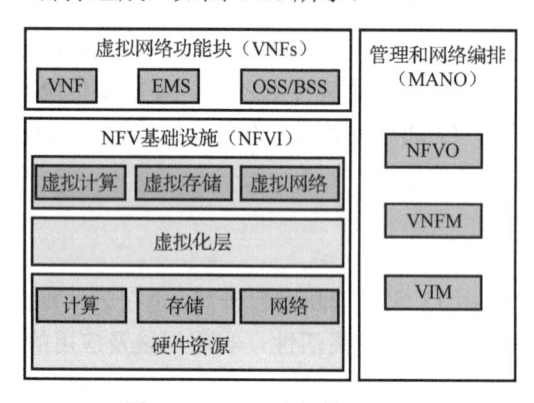

图 8-26　NFV 功能模块架构

（1）NFV 基础设施（NFVI）

NFVI 由通用硬件资源和云操作系统一起构成，包括硬件资源、虚拟化层和虚拟机，提供虚拟化和计算、存储、网络、I/O 通用资源池化功能。NFVI 支持上层 VNF 的运行，为上层 VNF 提供运行环境。

（2）虚拟网络功能块（VNFs）

VNFs 包括虚拟化网络功能（VNF）、网元管理系统（Element Management System，EMS）、运行和业务支撑系统（Operation and Business Support System，OSS/BSS）。VNF 是传统网络功能模块的虚拟化，和传统非虚拟化网络一样，提供真实的网络功能，如 IMS、EPC。EMS 是典型的 VNF 管理系统，这是从传统非虚拟化网络集成而来的组件，在现在的 NFV 系统架构中起着相同的作用。OSS/BSS 也和 EMS 类似，是通信网的大管理平台。

(3) 管理和网络编排（MANO）

MANO 包括虚拟化基础设施管理者（Virtualized Infrastructure Manager，VIM）、VNF 管理者（VNF Manager，VNFM）和 NFV 编排者（NFV Orchestrator，NFVO）。MANO 是 NFV 系统中非常重要的一个部分，它的作用是管理整套系统，并且快速高效地使用整套系统的资源。资源编排逻辑上处于管理的最顶端，是系统平台的调动者，它可以按照网络运营者的想法分配、使用、调度和释放 NFVI 资源池的资源，同时也可以完成 VNF 的部署、撤销等工作，因此，NFV 系统相比于传统非虚拟化系统，在资源的调度使用方面具有明显优势。

NFVO 用于管理网络业务生命周期，并协调 VNF 生命周期的管理（需要 VNFM 的支持）和 NFVI 各类资源的管理（需要 VIM 的支持），以确保所需的各类资源与连接的优化配置。

VNFM 负责管理 VNF 的生命周期，如上线、下线，以及进行状态监控等。

VIM 是 NFVI 的管理者，控制着 VNF 的虚拟资源（如虚拟计算、虚拟存储和虚拟网络）的分配，包括权限管理、增加/回收 VNF 的虚拟资源、分析 NFVI 的故障、收集 NFVI 的信息等。OpenStack 和 VMware 都可以作为 VIM，前者是开源的，后者是商业的。

8.3.3 NFV 技术的应用场景

NFV 技术率先应用的五大场景分别是虚拟化用户驻地设备（Customer Premises Equipment，CPE）、虚拟化宽带远程接入服务器（Broadband Remote Access Server，BRAS）、虚拟化演进分组核心网（Evolved Packet Core，EPC）、虚拟化 IP 多媒体子系统（IP Multimedia Subsystem，IMS）和虚拟化全业务路由器（Service Router，SR）。

(1) 虚拟化 CPE（vCPE）

在定制化家庭网关/企业网关应用中，传统 CPE 存在提供新业务能力差、升级周期长、三层路由配置复杂且故障率较高、网络演进困难等诸多问题。vCPE 将传统 CPE 的三层路由和网络地址转换（NAT）、用户认证、多播控制、增值业务等功能上移到网络侧，客户端设备仅保留二层转发、L2TP 隧道封装及配置、基于二层信息的防火墙等功能。该方式简化了客户侧设备的配置难度，从而降低了用户侧故障率，避免了对网关频繁升级引起的故障和硬件、软件成本的增加，有利于网络演进。

(2) 虚拟化 BRAS（vBRAS）

智能边界是城域网的关键节点，是用户接入的终结点和基础服务的提供点。专业一体化设备在业务功能实现上与硬件强相关，给新业务部署带来很大难题。vBRAS 是实现智能边界虚拟化的代表技术，其以功能集为单元对设备控制平面进行重构，形成用户管理、多播、QoS 与路由等独立模块，每个模块可按需在虚拟机上部署，且可基于通用服务器的虚拟化资源提供能力实现灵活扩展。

(3) 虚拟化 EPC（vEPC）

传统 EPC 设备为专用的硬件设备（大多数为 ATCA 设备），设备通用性差导致研发、测试、入网和运维周期长，且成本难以下降。vEPC 通过通用硬件构建虚拟化的统一平台，支撑 EPC 网元（包括 MME、HSS、PCRF、SGW、PGW）的高效部署，从而降低建网和运维成本。引入虚拟化后，vEPC 网络架构、接口及协议依然遵循原有规范。

(4) 虚拟化 IMS（vIMS）

vIMS 网络可以快速调配硬件资源池中的资源，可以快速搭建业务测试环境，可以对预上线的业务进行上线测试，将有助于运营商缩短业务上线时间，提升市场竞争能力。

（5）虚拟化 SR（vSR）

为了实现虚拟私有云与企业租户的内部网络互通，需要通过虚拟私有云网关在虚拟私有云与企业内部网络之间建立虚拟专用网络（VPN）。vSR 运行在标准的服务器上，可提供路由、防火墙、VPN、QoS 等功能，帮助企业建立安全、统一、可扩展的智能分支，精简分支基础设施的数量和投入。

复习思考题

1. 什么是光交换？它与电交换相比具有哪些优点？
2. 常用的光交换器件有哪些？各有何特点？
3. 光纤型空分光交换网络的光交换模块有几种实现方案？各有何特点？
4. 自由空间光交换网络的主要特点是什么？
5. 在时分光交换网络结构中，为什么要用光纤延迟线或光存储器？
6. 简述波分光交换网络的工作原理。
7. 混合光交换网络的产生解决了哪些问题？
8. 常用的混合光交换网络是哪两种技术的结合？
9. 光交换系统主要由哪几部分组成？
10. 光交换系统的交换单元一般有哪几种交换机制？
11. 什么是 SDN 技术，有哪些特点？
12. 简述 SDN 的整体架构。
13. SDN 架构下的接口有哪些？各有什么作用？
14. 简述 SDN 技术的主要应用场景。
15. 什么是 NFV 技术？它有哪些显著特征？
16. NFV 系统包括哪几个部分？各部分的功能是什么？
17. NFV 技术的应用场景有哪些？
18. 你对交换技术未来的发展有哪些新的观点和认识？

附录 A 英文缩略词

AAA	Authentication Authorization and Accounting	鉴权、授权和结算
AAL	ATM Adaptation Layer	ATM 适配层
AAU	Active Antenna Unit	有源天线单元
ABG	Access Border Gateway	接入边界网关
ACCH	Associated Control Channel	随路控制信道
ACL	Access Control List	访问控制列表
ACM	Address Complete Message	地址全消息
A-CPI	Application-Control Plane Interface	应用-控制平面接口
ADSL	Asymmetric Digital Subscriber Line	非对称数字用户线
AF	Application Function	应用功能
AF PHB	Assured Forwarding Per-Hop Behavior	可靠转发 PHB
AG	Access Gateway	接入网关
AGCF	Access Gateway Control Function	接入网关控制功能
AGCH	Access Grant Channel	允许接入信道
AH	Authentication Header	认证首部
AKA	Authentication and Key Agreement	认证与密钥分配协议
ALG	Application Level Gateway	应用层网关
AM	Admission Manager	接纳管理器
AMA	Automatic Message Accounting	自动信息计费
AMF	Access and Mobility Management Function	接入和移动管理功能
AMG	Access Media Gateway	接入媒体网关
ANC	Answer Signal，Charge	应答信号，计费
ANM	Answer Message	应答消息
API	Application Program Interface	应用程序接口
ARP	Address Resolution Protocol	地址解析协议
ARS	Address Resolution Server	地址解析服务器
AS	Application Server	应用服务器
AS	Assured Service	确保服务
AS	Autonomous System	自治系统
ASBR	Autonomous System Border Router	自治系统边界路由器
ASE	Application Service Element	应用业务单元
ASON	Automatically Switched Optical Network	自动交换光网络
ATCA	Advanced Telecom Computing Architecture	先进的电信计算平台

ATD	Asynchronous Time Division	异步时分
ATM	Asynchronous Transfer Mode	异步传输模式
ATIS	The Alliance for Telecommunications Industry Solutions	世界无线通讯解决方案联盟
AUC	Authentication Center	鉴权中心
AUSF	Authentication Server Function	鉴权服务器功能
BA	Behavior Aggregate	行为聚集
BBU	Building Baseband Unit	室内基带处理单元
BCCH	Broadcast Control Channel	广播控制信道
BCF	Boundary Control Function	边界控制功能
BCH	Broadcast Channel	广播信道
BCP	Burst Control Packet	突发控制分组
BCSM	Basic Call State Model	基本呼叫状态模型
BDP	Burst Data Packet	突发数据分组
BE PHB	Best-Effort Per-Hop Behavior	尽力而为 PHB
BGCF	Breakout Gateway Control Function	出口网关控制功能
BGP	Border Gateway Protocol	边界网关协议
BICC	Bearer Independent Call Control	承载无关呼叫控制
B-ISDN	Broadband-ISDN	宽带综合业务数字网
BLCTL	Basic Level Control Program	基本级控制程序
BOM	Beginning Of Message	信息开始
BPPS	Bit Parallel Packet Switching	并行比特分组交换
BRA	Basic Rate Access	基本速率接入
BRAPBX	Basic Rate Access Private Branch Exchange	窄带专用小交换机
BRAS	Broadband Remote Access Server	宽带远程接入服务器
BRI	Basic Rate Interface	基本速率接口
BSPS	Bit Sequence Packet Switching	顺序比特分组交换
BS	Base Station	基站
BSC	Base Station Controller	基站控制器
BSS	Business Support System	业务支撑系统
BTS	Base Transceiver Station	基站收发信台，2G 基站
CA	Call Agent	呼叫代理
CAMEL	Customized Application for Mobile Network Enhanced Logic	移动网增强逻辑的定制应用
CAN	Controller Area Network	控制器局部网
CAS	Channel-Associated Signaling	随路信令
CBK	Clear Back Signal	后向拆线信号
CBR	Constant Bit Rate	恒定比特率
CCCH	Common Control Channel	公共控制信道

CCF	Call Control Function	呼叫控制功能
CCH	Control Channel	控制信道
CCITT	Consultative Committee of International Telegraph and Telephone	国际电报电话咨询委员会
CCS	Common Channel Signaling	共路信令
CDMA	Code Division Multiple Access	码分多址
CDF	Charging Data Function	计费数据功能
CDN	Content Delivery Network	内容分发网络
CES	Circuit Emulation Service	电路仿真业务
CGF	Charging Gateway Function	计费网关功能
CHF	Charging Function	计费功能
CID	Calling Identity Delivery	来电显示
CIPoA	Classical IP over ATM	经典 IPoA
CIR	Committed Information Rate	承诺的信息速率
CK	Cipher Key	加密密钥
CLF	CLear Forward signal	前向拆线信号
CLNP	Connectionless Network Protocal	无连接网络协议
CLP	Cell Loss Priority	信元丢失优先级
CM	Control Memory	控制存储器
CM	Connection Management	连接管理
CM	Connection Manager	连接管理器
CMTS	Cable Modem Termination System	线缆调制解调器端接系统
COM	Continuation Of Message	报文继续
COPS	Common Open Policy Service	通用开放策略服务
CoS	Class of Service	服务类别
CP	Control Plane	控制平面
CP	Content Provider	内容提供商
CPCS	Common Part Convergence Sublayer	公共部分会聚子层
CPE	Customer Premises Equipment	用户驻地设备
CPI	Common Part Indicator	公共部分指示符
CPS	Common Part Sublayer	公共部分子层
CPU	Central Processing Unit	中央处理器
CR	Cell Relay	信元中继
CRC	Cyclic Redundancy Check	循环冗余校验
CR-LDP	Constraint-based Routing Label Distribution Protocol	基于路由受限标记分配协议
CS	Circuit Switching	电路交换
CS	Convergence Sublayer	会聚子层
CS	Call Server	呼叫服务器

CSCF	Call Session Control Function	呼叫会话控制功能
CSI	Convergence Sublayer Indication	会聚子层指示符
CSPF	Constrained Shortest Path First	约束最短路径优先
CS PHB	Class Selector Per-Hop Behavior	类别选择 PHB
CU	Centralized Unit	集中式单元（中央单元）
CUCM	Cisco Unified Communications Manager	思科统一通信管理器
CUPS	Control and User Plane Split	控制平面和用户平面分离
DARPA	Defense Advanced Research Projects Agency	美国国防部高级研究计划局
DCCH	Dedicated Control Channel	专用控制信道
D-CPI	Data-Control Plane Interface	数据-控制平面接口
DG	Datagram	数据报
DHCP	Dynamic Host Configuration Protocol	动态主机配置协议
DP	Data Plane	数据（转发）平面
DLC	Digital Line Circuit	数字用户电路
DLCI	Data Link Connection Identifier	数据链路连接标识符
DNS	Domain Name Server	域名服务器
DNS	Domain Name System	域名系统
DSCP	Differentiated Services Code Point	区分服务码点
DSL	Digital Subscriber Line	数字用户线
DSLAM	Digital Subscriber Line Access Multiplexer	数字用户线接入复用器
DSN	Digital Switch Network	数字交换网络
DTMF	Dual-Tone Multifrequency	双音多频
DU	Distributed Unit	分布式单元
DUP	Data User Part	数据用户部分
DXC	Digital Cross Connect Equipment	数字交叉连接设备
E-BGP	Extended Border Gateway Protocol	扩展的边界网关协议
EDGE	Enhanced Data Rate for GSM Evolution	增强型数据速率 GSM 演进技术
EF PHB	Expedited Forwarding Per-Hop Behavior	加速转发 PHB
EGP	Exterior Gateway Protocol	外部网关协议
EIR	Equipment Identity Register	设备识别寄存器
EMS	Element Management System	网元管理系统
EMTA	Enhanced Multimedia Terminal Adapter	增强多媒体终端适配器
eNB	Evolved Node B	4G 基站
EOM	End of Message	信息结束
EP	End Point	边界端点
EPC	Evolved Packet Core	演进的分组核心网
EPS	Evolved Packet System	演进分组系统
E-RSVP	Extended Resource Reservation Protocol	扩展的资源预留协议

ESP	Effective Safety Package	有效负载安全封装
ETSI	European Telecommunications Standards Institute	欧洲电信标准组织
FACCH	Fast Associated Control Channel	快速随路控制信道
FBC	Flow based Charging	基于流的计费
FCCH	Frequency Correction Channel	频率校正信道
FCS	Fast Circuit Switching	快速电路交换
FDDI	Fiber Distributed Data Interface	光纤分布式数据接口
FDMA	Frequency Division Multiple Access	频分多址
FEC	Forwarding Equivalence Class	转发等价类
FEP	Front-End Processor	前端处理器
FIFO	First In First Out	先进先出
FMC	Fixed Mobile Convergence	固定网与移动网融合
FPLMTS	Future Public Land Mobile Telecommunications System	未来公众陆地移动电信系统
FPS	Fast Packet Switching	快速分组交换
FR	Frame Relay	帧中继
FS	Frame Switching	帧交换
FTP	File Transfer Protocol	文件传输协议
GCRA	Generic Cell Rate Algorithm	类属信元率算法
GFC	Generic Flow Control	一般流量控制
GGSN	Gateway GPRS Support Node	GPRS 网关支持节点
GMSC	Gateway Mobile Switching Center	关口移动交换中心
gNB	the next Generation Node B	5G 基站
GPRS	General Packet Radio Service	通用分组无线服务
GRE	Generic Routing Encapsulation	通用路由封装
GSM	Global System for Mobile Communications	全球移动通信系统
GSMP	General Switch Management Protocol	通用交换机管理协议
GTP	GPRS Tunneling Protocol	GPRS 隧道传输协议
HDTV	High Definition Television	高清晰度电视
HEC	Header Error Control	信头差错控制
HFC	Hybrid Fiber Coax	混合光纤同轴电缆
HLCTL	High Level Control program	H 级控制程序
HLR	Home Location Register	归属位置寄存器
HSS	Home Subscriber Server	归属用户服务器
HTML	Hypertext Markup Language	超文本标记语言
IAD	Integrated Access Device	综合接入设备
IAI	Initial Address Message with Additional Information	带附加信息的初始地址消息
IAM	Initial Address Message	初始地址消息

IBCF	Interconnection Border Control Function	互联边界控制功能
ICCC	International Conterence on Computer and Communications	计算机与通信国际会议
I-CSCF	Interrogation-CSCF	问询 CSCF
ICT	Information and Communication Technology	信息与通讯技术
ICV	Integrity Check Value	完整性校验值
IDN	Integrated Digital Network	综合数字网
IE	Information Element	信息要素
IETF	Internet Engineering Task Force	因特网工程任务组
IFMP	Ipsilon Flow Management Protocol	Ipsilon 流管理协议
IGP	Interior Gateway Protocol	内部网关协议
IK	Integrity Key	完整性密钥
IKE	Internet Key Exchange	互联网密钥交换
IM	IP Multimedia	IP 多媒体
IM	Instant Message	即时报文
IMEI	International Mobile Equipment Identity	国际移动设备标志
IM-MGW	IP Multimedia Media Gateway	IP 多媒体网关
IMPI	IP Multimedia Private Identity	IP 多媒体私有标识
IMPU	IP Multimedia Public Identity	IP 多媒体公共标识
IMS	IP Multimedia Subsystem	IP 多媒体子系统
IMSI	International Mobile Subscriber Identity	国际移动用户标志
IN	Intelligent Network	智能网
INAP	Intelligent Network Application Part	智能网应用部分
IP	Internet Protocol	互联网协议
IPDC	Internet Protocol Device Control	IP 设备控制
IPoA	IP over ATM	ATM 上的 IP 协议
IPIV	Internet Protocol Television	互联网电视
IP-PBX	IP Private Branch Exchange	用户级交换机
IPX	Internetwork Packet Exchange Protocol	互联网分组交换协议
ISC	International Softswitch Consortium	国际软交换协会
ISDN	Integrated Service Digital Network	综合业务数字网
ISAKMP	Internet Security Association and Key Management Protocol	互联网安全关联和密钥管理协议
IS-IS	Intermediate System-Intermediate System	中间系统-中间系统
ISP	Internet Service Provider	互联网服务提供商
ISUP	ISDN User Part	ISDN 用户部分
ITU	International Telecommunication Union	国际电信联盟
ITU-T	International Telecommunication Union-Telecommunications Standardization Section	国际电信联盟电信标准部

LAI	Location Area Identify	位置区识别，位置区号
LAN	Local Area Network	局域网
LANE	Local Area Network Emulation	局域网仿真
LAPD	Link Access Procedure on the D-channel	D信道链路接入规程
LAPF	Link Access Procedure for Frame-Relay	帧中继链路接入规程
LC	Logical Connection	逻辑连接
LC	Subscriber Line Concentrator	用户集线器
LCN	Logical Channel Number	逻辑信道号
LD	Laser Diode	激光二极管
LDAP	Lightweight Directory Access Protocol	轻量目录访问协议
LDP	Label Distribution Protocol	标记分配协议
LED	Light Emitting Diode	发光二极管
LER	Label Edge Router	标记边界路由器
LFIB	Label Forwarding Information Base	标记转发信息库
LI	Length Indication	长度指示
LIB	Label Information Base	标记信息库
LIS	Logical IP Subnetwork	逻辑IP子网
LLC	Logical Link Control	逻辑链路控制
LLCTL	Low Level Control program	L级控制程序
LM	Layer Management	层管理实体
LSA	Link State Announcement	链路状态公告
LSP	Label Switched Path	标记交换路径
LSR	Label Switching Router	标记交换路由器
LTE	Long Term Evolution	长期演进技术
L2F	Layer 2 Forwarding Protocol	第二层转发协议
L2TP	Layer 2 Tunneling Protocol	第二层隧道协议
MAA	Multimedia Authorization Answer	媒体鉴权应答
MAC	Message Authentication Code	报文认证码
MAM	Maximum Allocation Multiplier	最大分配因子
MANO	Management and Network Orchestration	管理和网络编排
MAP	Mobile Application Part	移动应用部分
MAR	Multimedia Authorization Request	媒体鉴权请求
MARS	Multicast Address Resolution Server	多播地址解析服务器
MBMS	Multimedia Broadcast Multicast Service	多媒体广播多播功能
MC	Multipoint Controller	多点控制器
MCR	Minimum Cell Rate	最低信元速率
MCS	Multicast Server	多播服务器
MCU	Multipoint Control Unit	多点控制单元
MDU	Multiple Dwelling Unit	多住户单元

ME	Mobile Equipment	移动设备
MEC	Multi-access Edge Computing	多接入边缘计算
Megaco	Media Gateway Control Protocol	媒体网关控制协议
MEMS	Microelectromechanical System	微机电系统
MF	Multi-Field	多字段
MFC	Multi-Frequency Compelled	多频互控
MG	Media Gateway	媒体网关
MGW	Media Gateway	媒体网关
MGC	Media Gateway Controller	媒体网关控制器
MGCF	Media Gateway Control Function	媒体网关控制功能
MGCP	Media Gateway Control Protocol	媒体网关控制协议
MIB	Management Information Base	管理信息库
MID	Multiplexing Identifier	复用标志
MM	Mobile Management	移动性管理
MME	Mobility Management Entity	移动管理实体
MMD	Multimedia Domain	多媒体域
MMSC	Multimedia Messaging Service Center	多媒体消息服务中心
MMTel	Multimedia Telephony	多媒体电话
MNC	Mobile Network Code	移动网络代码
MONET	Multidimensional Optical Network	多维光网络
MP	Multipoint Processor	多点处理器
MPEG	Moving Pictures Experts Group	动态图像专家组
MPF	Media Processing Frame	媒体处理功能单板
MPLS	Multi-Protocol Label Switching	多协议标记交换
MPLSCP	MPLS Control Protocol	MPLS 控制协议
MPOA	Multiprotocol over ATM	ATM 上的多协议
MRCS	Multi-Rate Circuit Switching	多速率电路交换
MRFC	Media Resource Function Controller	多媒体资源控制器
MRFP	Media Resource Function Processor	多媒体资源处理器
MRS	Management Route Service	管理路由服务
MRS	Media Resource Server	媒体资源服务器
MS	Mobile Station	移动台
MSB	the Most Significant Bit	最高有效位
MSC	Mobile Switching Center	移动交换中心
MSF	Multiservice Switching Forum	多业务交换论坛
MTP	Message Transfer Part	消息传递部分
MTU	Maximum Transmission Unit	最大传输单元
NAS	Network Access Server	网络接入服务器
NAS	Non-Access Stratum	非接入层

NASS	Network Access Subsystem	网络接入子系统
NAT	Network Address Translation	网络地址转换
NBI	North Bound Interface	北向接口
NCP	Network Control Protocol	网络控制协议
NEF	Network Exposure Function	网络开放功能
NF	Network Function	网络功能
NFV	Network Function Virtualization	网络功能虚拟化
NFVI	Network Function Virtualization Infrastructure	网络功能虚拟化基础设施
NFVO	NFV Orchestrator	NFV 编排者
NG-AP	Next Generation Application Protocol	下一代应用协议
NGN	Next Generation Network	下一代网络
NG-RAN	Next Generation Radio Access Network	下一代无线接入网
NHRP	Next Hop Resolution Protocol	下一跳解析协议
N-ISDN	Narrowband-ISDN	窄带综合业务数字网
NLPID	Network Layer Protocol IDentifier	网络层协议标识符
NLRI	Network Layer Reachability Information	网络层可通达性信息
NNI	Network Node Interface	网络节点接口
NOS	Network Operating System	网络操作系统
NPL	National Physical Laboratory	国家物理实验室
NRF	NF Repository Function	网络存储功能
NRS	Name Resolution Server	名称解析服务器
NSA	Non-Standalone	非独立组网
NSP	Network Service Provider	网络业务提供商
NSSAI	Network Slice Selection Assistance Information	网络切片选择协助信息
NSSF	Network Slice Selection Function	网络切片选择功能
NWDAF	Network Data Analytics Function	网络数据分析功能
OAM	Operation Administration and Maintenance	操作管理和维护
OADM	Optical Add/Drop Multiplexer	光分插复用器
OBS	Optical Burst Switching	光突发交换
OCh	Optical Channel	光信道
OCS	Optical Circuit Switching	光路交换
OCS	Online Charging System	在线计费系统
OLT	Optical Line Terminal	光线路终端
OMA	Open Mobile Alliance	开放移动联盟
OMAP	Operations & Maintenance Application Part	操作维护应用部分
OMC	Operation & Management Center	操作管理中心
OML	Operations & Maintenance Link	操作和维护链路
OMS	Optical Multiplex Section	光复用段
ONU	Optical Network Unit	光网络单元

OPS	Optical Packet Switching	光分组交换
OSA	Open Service Architecture	开放服务体系
OSF	Offset Field	偏移量
OSI	Open System Interconnection	开放系统互连
OSDM	Optical Space Division Multiplexing	光空分复用
OSPF	Open Shortest Path First	开放式最短通路优先协议
OSS	Operation Support System	运行支撑系统
OTN	Optical Transport Network	光传送网
OTS	Optical Transmission Section	光传输段
OXC	Optical Cross-Connect	光交叉连接
OUI	Organization Unique Identifier	组织唯一标识符
PABX	Private Automatic Branch Exchange	专用自动分支交换机
PBX	Private Branch Exchange	专用小交换机
PCC	Policy and Charging Control	策略和计费控制
PCEP	Path Computation Element Communication Protocol	路径计算单元通信协议
PCF	Policy Control Function	策略控制功能
PCH	Paging Channel	寻呼信道
PCI	Protocol Control Information	协议控制信息
PCM	Pulse Code Modulation	脉冲编码调制
PCRF	Policy and Charging Rules Function	策略和计费规则功能
P-CSCF	Proxy CSCF	代理 CSCF
PDCP	Packet Data Convergence Protocol	分组数据汇聚协议
PDF	Policy Decision Function	策略决策功能
PDH	Plesiochronous Digital Hierarchy	准同步数字系列
PDP	Packet Data Protocal	分组数据协议
PDP	Policy Decision Point	策略决策点
PDSN	Packet Data Serving Node	分组数据业务节点
PDU	Protocol Data Unit	协议数据单元
PE	Premise Equipment（Router）	边界设备（路由器）
PEP	Policy Enforcement Point	策略执行点
PES	PSTN/ISDN Emulation Subsystem	PSTN/ISDN 仿真子系统
PFCP	Packet Forwarding Control Protocol	包转发控制协议
PFDF	Packet Flow Description Function	分组流描述功能
PHB	Per-Hop Behavior	每跳行为
PIM	Protocol Independent Multicast	协议无关多播
PGW	Packet Data Network Gateway	分组数据网络网关
PLMN	Public Land Mobile Network	公共陆地移动网
PM	Physical Medium	物理媒质

PMD	Physical Medium Dependent Sublayer	物理媒质关联子层
PNNI	Private Network-to-Network Interface	专用的网间接口
PoC	Push to talk over the Cellular	基于蜂窝通信的半双工语音
POTS	Plain Old Telephone Service	普通传统电话业务
PPP	Point-to-Point Protocol	点到点协议
PPPoE	PPP over Ethernet	以太网上的点到点协议
PPTP	Point-to-Point Tunneling Protocol	点到点隧道协议
PRA	Primary Rate Access	基群速率接入
PRI	Primary Rate Interface	基群速率接口
PS	Packet Switching	分组交换
PS	Praised Service	奖赏服务
PSPDN	Packet Switched Public Data Network	分组交换公用数据网
PSTN	Public Switched Telephone Network	公用电话交换网
PT	Payload Type	净荷类型
PTI	Payload Type Identifier	净荷类型标识符
PVC	Permanent Virtual Circuit/Connection	永久虚电路/连接
PVP	Permanent Virtual Path	永久虚通路（路径）
QoS	Quality of Service	服务质量
RACH	Random Access Channel	随机接入信道
RACS	Resource and Admission Control Subsystem	资源和接纳控制子系统
RADIUS	Remote Authentication Dial In User Service	远程用户拨号认证系统
RAM	Random Access Memory	随机存取存储器
RAN	Radio Access Network	无线接入网
RANAP	Radio Access Network Application Part	无线接入网应用部分
RAS	Registration, Admission and Status	注册、准许和状态
RCS	Rich Communication Services	富媒体通信服务
RFC	Request For Comment	请求评论（IETF 文件类型）
RIP	Routing Information Protocol	路由信息协议
RLG	Release Guard Signal	释放监护信号
RN	Root Node	根节点
ROM	Read Only Memory	只读存储器
RRC	Radio Resource Control	无线资源控制
RRM	Radio Resource Management	无线资源管理
RRU	Remote Radio Unit	远端射频单元
RSL	Radio Signal Link	无线电信号链路
RSVP	Resource Reservation Protocol	资源预留协议
RTCP	Real-time Transport Control Protocol	实时传输控制协议
RTP	Real-time Transport Protocol	实时传输协议
RTSP	Real-time Streaming Protocol	实时流协议

SA	Security Association	安全关联
SA	Standalone	独立组网
SAA	Server Assignment Answer	服务分配应答
SAAL	Signaling ATM Adaptation Layer	信令 ATM 适配层
SACCH	Slow Associated Control Channel	慢速随路控制信道
SAP	Service Access Point	服务访问点
SAPI	Service Access Point Identification	服务访问点标识符
SAR	Segmentation And Reassembly	分段和重组
SAR	Server Assignment Request	服务分配请求
SBI	South Bound Interface	南向接口
SBBC	Service Based Bearer Control	基于业务的承载控制
SBC	Session Border Controller	会话边界控制器
SBLP	Service-based local Policy	基于业务的策略
SCCP	Signaling Connection and Control Part	信令链路连接控制部分
SCH	Synchronous Channel	同步信道
SCP	Service Control Point	业务控制点
SCR	Sustained Cell Rate	持续信元速率
SCS	Service Capability Server	业务能力服务器
S-CSCF	Serving-CSCF	服务 CSCF
SCTP	Signaling Control Transmission Protocol	信令控制传输协议
SDCCH	Stand-alone Dedicated Control Channel	独立专用控制信道
SDH	Synchronous Digital Hierarchy	同步数字体系
SDN	Software Defined Network	软件定义网络
SDP	Session Description Protocol	会话描述协议
SDU	Service Data Unit	服务数据单元
SEED	Self Electrooptic Effect Device	自电光效应器件
SEG	Security Gateway	安全网关
SEPP	Security Edge Protection Proxy	安全边缘保护代理
SG	Signaling Gateway	信令网关
SGW	Signaling Gateway	信令网关
SGCP	Simple Gateway Control Protocol	简单网关控制协议
SGSN	Serving GPRS Support Node	GPRS 服务支持节点
SIP	Session Initiation Protocol	会话起始协议
SLA	Service Level Agreement	服务等级协定
SLC	Subscriber Line Circuit	用户电路
SLF	Subscription Locator Function	签约位置功能
SM	Speech Memory	语音存储器
SMF	Session Management Function	会话管理功能
SMS	Short Message Service	短消息业务

SMSF	Short Message Service Function	短消息服务功能
SMTP	Simple Mail Transfer Protocol	简单邮件传送协议
SN	Sequence Number	序号
SNAP	Subnetwork Access Protocol	子网访问协议
SNMP	Simple Network Management Protocol	简单网络管理协议
S-NSSAI	Single Network Slice Selection Assistance Information	单个网络切片选择协助信息
SOAP	Simple Object Access Protocol	简单对象访问协议
SONET	Synchronous Optical NETwork	同步光网络
SP	Service Provider	服务供应商
SPC	Stored Program Control	存储程序控制
SQN	Sequence Number	序列号
SR	Service Router	全业务路由器
SSCS	Service-Specific Convergence Sublayer	业务特定会聚子层
SSCF	Service-Specific Coordination Function	业务特定协调功能
SSCOP	Service-Specific Connection Oriented Protocol	业务特定面向连接协议
SSF	Service Switching Function	业务交换功能
SSM	Single Segment Message	单段消息
SSP	Service-Switching Point	业务交换点
SS7	Signaling System No.7	7号信令系统
ST	Segment Type	段类型
STD	Synchronous Time Division	同步时分
STF	Start Field	开始码
SVC	Switched Virtual Circuit/Connection	交换虚电路/连接
SVN	Secure Socket Layer Virtual Private Network	安全套接层虚拟专用
TASI	Time Assignment Speech Interpolation	时分语音内插
TC	Transmission Convergence	传输会聚
TCA	Traffic Conditioning Agreement	流量调节协定
TCAP	Transaction Capability Application Part	事务处理能力应用部分
TCH	Traffic Channel	业务信道
TCP/IP	Transmission Control Protocol/Internet Protocol	传输控制协议/因特网协议
TDM	Time Division Multiplexing	时分多路复用
TDMA	Time Division Multiple Access	时分多址
TDME	Time Division Multiplex Equipment	时分复用设备
TDP	Tag Distribution Protocol	标记分配协议
TD-SCDMA	Time-Division Synchronous CDMA	时分同步码分多址
TE	Traffic Engineering	流量工程
TED	Traffic Engineering Database	流量工程数据库
TG	Trunk Gateway	中继网关

TISPAN	Telecommunications and Internet converged Services and Protocols for Advanced Network	电信和互联网融合业务及高级网络协议
THIG	Topology Hiding Internet Gateway	网络拓扑隐藏互联网关
TLS	Transport Layer Security	传输层安全协议
TLV	Type-Length-Value	类型-长度-值
TMG	Trunk Media Gateway	中继媒体网关
TMSI	Temperate Mobile Station Identify	临时移动台识别码
TS	Time Slot	时隙
TSI	Time Slot Interval	时隙间隔，时隙交换器
TTL	Time to Live	生存时间
TUP	Telephone User Part	电话用户部分
UA	User Agent	用户代理
UAA	User Authorization Answer	用户鉴权应答
UAC	User Agent Client	用户代理客户端
UAR	User Authorization Request	用户鉴权请求
UAS	User Agent Server	用户代理服务器
UBR	Unspecified Bit Rate	未定比特率
UDM	Unified Data Management	统一数据管理
UDP	User Datagram Protocol	用户数据报协议
UDR	Unified Data Repository	统一数据存储
UDSF	Unstructured Data Storage Function	非结构化数据存储功能
UE	User Equipment	用户设备
UMTS	Universal Mobile Telecommunications Service	通用移动通信业务
UNI	User-Network Interface	用户-网络接口
UP	User Plane	用户平面
UPF	User Plane Function	用户平面功能
URI	Uniform Resource Identifier	统一资源标识符
URL	Unified Resource Location	统一资源定位符
UUI	User to User Information	用户间信息
VBR	Variable Bit Rate	可变比特率
VC	Virtual Channel	虚信道
VC	Virtual Circuit	虚电路
VCC	Virtual Channel Connection	虚信道连接
VCI	Virtual Channel Identifier	虚信道标识符
VIM	Virtualized Infrastructure Manager	虚拟化基础设施管理者
VIG	Video Interactive Gateway	视频互通网关
VLR	Visitor Location Register	漫游位置寄存器
VN	Virtual Network	虚拟网络
VNF	Virtualized Network Function	虚拟化网络功能

VNFM	VNF Manager	VNF 管理者
VoATM	Voice over ATM	ATM 语音
VoBB	Voice over Broad Band	宽带语音
VOD	Video on Demand	视频点播
VoIP	Voice over IP	互联网电话
VP	Virtual Path	虚通路
VPC	Virtual Path Connection	虚通路连接
VPI	Virtual Path Identifier	虚通路标识符
VPDN	Virtual Private Dial-up Network	虚拟专用拨号网络
VPN	Virtual Private Network	虚拟专用网络
VRF	VPN Route/Forwarding	VPN 路由/转发表
WAN	Wide Area Network	广域网
WCDMA	Wideband Code Division Multiple Access	宽带码分多址
WDM	Wavelength Division Multiplexing	波分复用
WFQ	Weighted Fair Queuing	加权公平排队
WG	Wireless Gateway	无线网关
WiMAX	World Interoperability for Microwave Access	全球微波接入互操作性
WLC	Wired Logic Control	布线逻辑控制
XMAC	Expected Message Authentication Code for User Authentication	预期报文认证码

参考文献

[1] 马忠贵，李新宇，王丽娜．现代交换原理与技术[M]．北京：机械工业出版社，2019．

[2] 罗国明，陈庆华，邹仕祥，等．现代交换原理与技术[M]．北京：电子工业出版社，2021．

[3] 张中荃．现代交换技术[M]．北京：人民邮电出版社，2013．

[4] 张中荃．交换技术与设备应用[M]．北京：人民邮电出版社，2010．

[5] 朱常波，王光全．SDN/NFV重构下一代网络[M]．北京：人民邮电出版社，2022．

[6] 张娇，黄韬，杨帆，等．走进SDN/NFV[M]．北京：人民邮电出版社，2020．

[7] 刘焕淋．光分组交换技术[M]．北京：国防工业出版社，2010．

[8] 王振世．一本书读懂5G技术[M]．北京：机械工业出版社，2020．

[9] 黄昭文．5G网络协议与客户感知[M]．北京：人民邮电出版社，2020．

[10] 陈庆华．现代交换技术[M]．北京：机械工业出版社，2020．

[11] 王丽君．现代交换技术[M]．武汉：华中科技大学出版社，2018．

[12] 王珺．交换技术与通信网[M]．北京：清华大学出版社，2019．

[13] 庞韶敏．移动通信核心网[M]．北京：电子工业出版社，2016．

[14] 聂衡，赵慧玲，毛聪杰．5G核心网关键技术研究[J]．移动通信，2019，43(1)：2-6．

[15] 周敏，张健，王寅．全光交换网络的技术发展与演进趋势[J]．电信科学，2019，35(4)：16-23．

[16] 荀建国，吕高锋，孙志刚，等．网络功能虚拟化技术综述[J]．计算机工程与科学，2019，41(2)：260-267．

[17] 杨放春，孙其博．软交换与IMS技术[M]．北京：北京邮电大学出版社，2007．

[18] POIKSELLKA M，MAYER G. IMS：IP多媒体子系统概念与服务[M]．3版．望育梅，周胜，译．北京：机械工业出版社，2011．

[19] 潘青．ASON设备与工程应用[M]．西安：西安交通大学出版社，2022．

[20] 王健，魏贤虎，易准，等．光传送网（OTN）技术、设备及工程应用[M]．北京：人民邮电出版社，2022．